Dominique Temple

TEORÍA
DE LA RECIPROCIDAD

TOMO II

LA ECONOMÍA DE RECIPROCIDAD

Segunda Edición: 2024

© Licencia Creative Commons: BY-NC-ND

Edición: Dominique Temple

Segunda Edición: Julio de 2024

Impresión bajo demanda: Francia, Lulu Press, Inc.

ISBN : 979-10-97505-24-0

Depósito legal: Julio de 2024

Francia

Primera Edición: La Paz, 2003

TEORÍA
DE LA RECIPROCIDAD

TOMO II

LA ECONOMÍA DE RECIPROCIDAD

Segunda Edición:
Collection « Réciprocité », n° 25, 2024

ÍNDICE DEL TOMO II

4

PREFACIO A LA EDICIÓN DE 2024

Hace 20 años, en Bolivia, estalló una revuelta popular que iba a derrocar al gobierno liberal, llevando la voz de los pueblos originarios a la escena política. En octubre de 2003, la sangre corrió en El Alto. Los aymaras descendieron sobre La Paz. Dos investigadores bolivianos, Javier Medina, filósofo, y Jacqueline Michaux, antropóloga, se ofrecieron a traducir y publicar mis escritos sobre la reciprocidad. Los documentos, recogidos desde Francia, fueron impresos apresuradamente por José Antonio Quiroga, en La Paz, bajo el nombre de *Teoría de la Reciprocidad*[1].

La publicación fue financiada por la Cooperación alemana[2] en Bolivia, que también dio su consentimiento para que estos libros fueran distribuidos gratuitamente a las bibliotecas e instituciones de América del Sur.

El tomo I es la traducción integral de *La réciprocité et la naissance des valeurs humaines* (Paris, 1995), mientras el tomo II expone los fundamentos lógicos necesarios para la base de esta teoría y propone varias aplicaciones. El tomo III recoge todas mis contribuciones a las luchas de las comunidades indígenas de América del Sur, que abordan la cuestión colonial y el frente de civilización según sus propias categorías y no solo las del análisis marxista-leninista u occidental en general[3].

---

[1] *Teoría de la Reciprocidad*, (3 vol.), La Paz, Padep-GTZ, Artes Gráficas Editorial "Garza Azul", Bolivia, 2003.

[2] Cooperación Técnica Alemana PADEP/GTZ - Programa de Apoyo a la Gestión Pública Descentralizada y Lucha contra la Pobreza.

[3] Ya no eran los lemas habituales los que motivaban las luchas de los campesinos de los Andes, sino expresiones indígenas que recordaban a las de las comunidades de la Amazonía peruana, organizadas en consejos étnicos, en los años 70, para obtener el reconocimiento del Estado.

Sin embargo, las circunstancias dramáticas del levantamiento de 2003 en Bolivia impidieron la distribución de esta obra y la *Teoría de la Reciprocidad* desapareció. Sólo unas pocas instituciones bolivianas poseen un ejemplar.

El primer tomo de la *Teoría de la Reciprocidad* contiene tres ensayos: sobre la reciprocidad positiva, la reciprocidad negativa y la reciprocidad simétrica. El primero es la continuación de *La dialéctica del don*, publicado por un grupo de estudiantes bolivianos en París en 1983. El segundo es un análisis teórico de la reciprocidad de venganza, basado en el estudio de Michael Harner sobre la reciprocidad de homicidio en la sociedad shuar de Ecuador. El tercero aborda la reciprocidad simétrica en la *Ética* de Aristóteles y a partir de las obras de Homero: la *Ilíada*, para la reciprocidad negativa; la *Odisea*, para la reciprocidad positiva.

Este libro 1, inicialmente propuesto bajo el título: *L'être contradictoriel*, fue rechazado por los editores franceses a los que se envió, y finalmente fue aceptado a condición de que se redujera a la mitad; lo que suponía suprimir la parte teórica que exponía sus presupuestos lógicos. Así pues, fue publicado por L'Harmattan, con el título: *La réciprocité et la naissance des valeurs humaines*[4]. Estos preliminares, necesarios para liberar el principio de reciprocidad de las garras del imaginario, habían sido traducidos al castellano y publicados por una revista de apoyo a la lucha de liberación del pueblo mapuche: *Huerrquen-Admapu*[5], en Alemania en 1986.

---

[4] Dominique Temple et Mireille Chabal, *La réciprocité et la naissance des valeurs humaines*, Paris, L'Harmattan, 1995.

[5] Ver D. Temple, «Estructura comunitaria y reciprocidad», *Huerrquen-Admapu*, Comité Exterior Mapuche, 1986, republicado por Pedro Portugal y Javier Medina, La Paz, Hisbol-Chitakolla, 1989.

Le Quiproquo Historique (1992) no tuvo mejor acogida en Francia, pero cuando se tradujo en Bolivia (1997), se hizo un nombre en el mundo hispanohablante[6]. La contradicción entre intercambio y reciprocidad, revelada por el *Quid pro quo histórico*, se dramatizó durante las revueltas bolivianas de 2003, y se hizo más evidente en la contradicción entre dos concepciones del valor: la del *precio del librecambio*, y la del *precio justo*. Pero, ¿quién podía definir el *precio justo*? ¿Era la competencia por el poder entre algunos o la consideración de las condiciones de vida de los más desfavorecidos?

El análisis crítico de una situación concreta transformó el antagonismo de civilización en interfaz de sistema. Así es como los acontecimientos obligaron a dar al *Quid pro quo histórico*, reeditado en el tercer volumen de la *Teoría*, los fundamentos lógicos de la reciprocidad, que encontraremos en el segundo.

Es a partir del principio de reciprocidad y de la interfaz de sistemas, que la reflexión teórica ha permitido precisar las dos modalidades fundamentales de la función simbólica: *Las dos Palabras* (que se leerá también en el tomo II) son, después del *principio de reciprocidad* y del *principio de lo contradictorio*, la gran novedad de la *Teoría de la Reciprocidad*.

Se comprenderá que esta obra resulta de la colaboración de numerosos investigadores que no todos podríamos nombrar: Pedro Portugal, Jacqueline Michaux, Javier Medina, Bartomeu Melià, Robert Jaulin, Antonio Colomer Viadel...

---

[6] Ver D. Temple, *El Quid-pro-quo histórico. El malentendido recíproco entre dos civilizaciones antagónicas*, La Paz, Aruwiyiri, 1997.

El *Quid pro quo histórico* es el origen de otra idea progresista desarrollada por Bartomeu Melià durante la celebración de lo que los occidentales llamaron «El Encuentro de los Dos Mundos»: «América no fue descubierta sino recubierta». Y en una visión más profética: «Las estructuras de reciprocidad de las comunidades de América son las semillas del futuro».

han traducido o difundido esas ideas. Que reciban aquí toda mi gratitud, así como todos los que trabajaron para la publicación de esta segunda edición de la *Teoría* en 2024.

Dominique Temple

INTRODUCCIÓN

Javier Medina

Así como en el siglo XIX la crítica más aguda de la *Nationalökonomie* no provino de un economista sino de un filósofo hegeliano: Marx, de igual modo, y significativamente, la lectura más lúcida de la economía, en el cambio de milenio, proviene de un biólogo, en el cual convergen otras disciplinas como la historia, la etnología, la lógica, la física y la filosofía: Dominique Temple. Decimos más lúcida porque Temple entiende la Economía como la complementariedad de dos principios antagónicos: el principio de reciprocidad y el principio de intercambio; en tanto que los economistas de la edad moderna, ideológicamente, han absolutizado sólo el principio de intercambio como si fuese toda la economía y sus "externalidades informales", que no pueden ignorar, se empeñan en entender como si fuesen formas arcaicas, a desarrollar, de un solo principio: el del intercambio.

La economía que regula el FMI y financia el Banco Mundial, el BID, la CAF... se halla en crisis porque, en la era de la globalización de los intercambios y la robotización de la producción, en vez de riqueza, produce pobreza y exclusión a escala mundial; la clerecía económica no está mostrando la capacidad intelectual de revisar su disciplina desde el nuevo paradigma científico; es más, lo desconoce e, incluso, parece ignorar, así mismo, el paradigma newtoniano que, sin embargo, los constituye epistemológicamente. Los economistas actuales, en el Norte y en el Sur, son repetidores de catecismos; se contemplan el ombligo con una mirada atemporal y teológica, desde la recámara de una inmensa pirámide sacrificial. La economía de intercambio es el dogma religioso de las sociedades secularizadas de occidente y las políticas de

11

alivio a la pobreza son el ritual y la liturgia que las operativiza en el Tercer Mundo.

Este segundo tomo es el más denso y arduo de la *Teoría de la Reciprocidad*, pero, así mismo, el más importante porque en él, Dominique Temple nos ofrece una lectura de la reciprocidad y, a fortiori, de la economía a partir de la sistematización lógica, llevada a cabo por Stéphane Lupasco, del nuevo paradigma científico técnico que se alimenta, sobre todo, de los últimos descubrimientos científicos en física cuántica, biología y las así llamadas neurociencias.

La física cuántica, en efecto, reveló que la materia y la energía, proceden de un acontecimiento contradictorio en sí mismo. La noción de *contradictorio* apareció con el descubrimiento del *quantum* de Planck, en el estudio de la luz, cuando explicó que la luz podía manifestarse, ora como la vibración de un medio homogéneo, ora como un haz de partículas elementales. Dicho formalmente: todo acontecimiento contiene en sí mismo las potencialidades de sus contrarios. Como se sabe, la lógica clásica excluye la idea misma de contradictorio. Por ello, la homogeneización del mundo que ha propiciado, en la edad moderna, está llevando a la humanidad al desastre ecológico, económico y espiritual.

Esta dificultad: lo contradictorio, es salvada por los físicos gracias al *principio de complementariedad*, uno de cuyos antecedentes teóricos fue el concepto de *"estados coexistentes"* de Weizsäcker; todo ello todavía tratando de no entrar en conflicto con el principio de no-contradicción de la lógica moderna, para la cual el criterio de verdad es, justamente, la no-contradicción. Aquí se insinúa la gran ruptura epistemológica del nuevo paradigma científico del siglo XX que Temple lleva al análisis de la economía y que vale, incluso, para pensar nuestra nueva Constitución.

A la sazón, hacia 1935, otro principio ya permitía relacionar lo *contradictorio* y lo *no-contradictorio*: el *principio de antagonismo* de Stéphane Lupasco. El *principio de antagonismo* une la *actualización* de un fenómeno a la *potencialización* de su contrario. La potencialización es definida como una conciencia elemental. La onda actualizada está unida a una estructura corpuscular potencializada; la estructura corpuscular actualizada está unida a una onda potencializada y cada una de esas potencializaciones es una conciencia elemental. He aquí el punto de vista de Lupasco.

Heisenberg utiliza la noción de *potencialidad* en el sentido aristotélico de acto y potencia. Aristóteles, en efecto, entendía la *Materia* como una entidad diferenciada que contiene, en *potencia*, los contrarios: el engendramiento y la corrupción, la vida y la muerte, el orden y el desorden. Ahora bien, el aporte de Lupasco estriba en introducir un término nuevo para este estado particular de potencialidades coexistentes simétricas: "el estado T" que significa, justamente, lo contradictorio en sí mismo.

He aquí, empero, que ese Tercero es el tercero que la lógica clásica *excluye* y que, probablemente por ello, Lupasco llama *Tercero incluido*. Ese "estado T" menta, asimismo, la situación en la que las dos polaridades antagónicas de un acontecimiento son de intensidad igual y se anulan recíprocamente, para dar nacimiento a una tercera dinámica entre la energía y la materia, en sí misma contradictoria. Dicho de otro modo, el principio de antagonismo conduce al reconocimiento de una entidad sin materia ni energía, tan real, empero, como la realidad, que Lupasco denomina "Conciencia de conciencia", que no viene a ser sino "energía psíquica" y que Temple llama "afectividad". Con lo cual hemos entrado imperceptiblemente al dominio de la Reciprocidad: la liberación de las energías de las polaridades antagónicas que se topan en el cara a cara del encuentro interhumano.

La reciprocidad permite al ser humano descubrir su condición simultánea y latente de predador y presa, de asesino y víctima; el monoteísmo eligió ignorar y reprimir la polaridad, con las funestas consecuencias que todos conocemos: el holocausto del otro. Dicho de otra manera, la reciprocidad

13

permite entender que el Agente, en su turno, sea Paciente y el Paciente, en su turno, sea Agente; con otras palabras: que cada uno es la sede de lo contradictorio, pero de tal suerte que el contexto de uno es anulado por el contexto antagonista del otro. La existencia del uno es puesta en juego por la existencia del otro y es la relativización mutua, del uno y el otro, lo que da nacimiento a un Tercero incluido que Temple llama "humanidad".

De este modo, el principio de antagonismo, en la lógica sistémica del nuevo paradigma, propone una solución original al problema de las relaciones del espíritu con la materia y la energía. La teoría de Lupasco reduce la distancia entre el espíritu científico y el espíritu místico. Nos hallamos, pues, en las antípodas de la modernidad, donde la economía no tiene nada que ver con la ecología y ambas no tienen ninguna relación con la ética. De aquí dimana la incapacidad de las políticas globales actuales para resolver los problemas producidos por el despliegue de la modernidad: el colonialismo, la evangelización, la industrialización y los ajustes neoliberales de finales del siglo XX.

Por tanto, la Reciprocidad no es un comodín que se saca de la maga, como "economía informal" o "capital social", para maquillar la crisis de la hegemonía unidimensional, monista, del *Kapital* y seguir desconociendo la alteridad de una visión compleja, interconectada, relativística de una realidad que la física mostró polar, contradictoria pero complementaria.

Eso significa e implica que, justamente, aquí donde la economía de intercambio no ha podido desarrollarse, por la presencia indígena que representa su polaridad opuesta y la bloquea; que aquí donde la economía de intercambio no tiene los agentes económicos que puedan implementarla, después que el Estado mismo se rediseñara para ponerse a su servicio: ajuste estructural de 1985; eso significa que aquí el así llamado "desarrollo económico local", "municipio productivo", "lucha contra la pobreza" no pueden seguir pensándose desde solamente la economía de intercambio; pues ésta es nuestra mayor vulnerabilidad y debilidad.

Es preciso, para lo cualitativo y necesario, para la abundancia de lo bueno, reconocer nuestras economías indígenas como políticas públicas municipales. La nueva Constitución, que tendremos que consensuar en el corto plazo, sirva para introducir el principio de reciprocidad como complementario del principio de intercambio en nuestra comprensión de la Economía. Interculturalidad en Economía significa la complementariedad del intercambio y la reciprocidad en tiempo-espacios diferenciados. Intercambio para lo abstracto, lejano, general y cuantitativo; reciprocidad para lo concreto, interactivo, local y cualitativo. En medio, los pueblos indígenas han creado interfaces de sistema, entre la reciprocidad y el intercambio, como sus redes feriales regionales o, en contextos urbanos: Gran Poder, *Urkupiña* o, más allá de las fronteras nacionales: la inmensa red que es la Feria 16 de Julio que desde El Alto se extiende hacia el pacífico, Lima, y hacia el atlántico, Buenos Aires, siguiendo las pautas del compadrazgo y la reciprocidad y, sobre lo cual, las políticas públicas lo desconocen casi todo y siguen produciendo "Estrategias productivas" sobre dos supuestos casi inexistentes en Bolivia: Estado y Mercado.

Este texto pretende ofrecer las herramientas conceptuales para poder leer la compleja realidad económica de sociedades no occidentales, como la boliviana, donde el capitalismo, sencillamente, no funciona y de sociedades postcapitalistas, al decir de Peter Drucker, donde los nuevos movimientos sociales están buscando, todavía a ciegas: "antiglobalización", la complementariedad de la mundialización del intercambio y la mundialización de la reciprocidad.

Javier Medina

La Paz, octubre de 2003

PREFACIO A LA EDICIÓN DE 2003

Esta obra es una recopilación de artículos que hablan de la reciprocidad en cuanto matriz del sentido y matriz del lenguaje, es decir, no sólo como reproducción del don. Esta Introducción, que presenta una selección de textos de manera un tanto caleidoscópica, quisiera proponer aquí algunas indicaciones que podrían ser útiles para ordenar entre sí los conceptos abordados en estos artículos.

Es por la parte III, *La Dialéctica del Don*, que se debería comenzar, para seguir el desarrollo de las ideas según el orden de su aparición cronológica, pero se perdería el acceso inmediato a lo esencial, es decir, a las bases de la teoría de la reciprocidad. Y es más importante dar inmediatamente estos fundamentos de la teoría.

¿Por qué entonces volver a publicar este ensayo en la parte III? La cuestión que pretendía resolver este capítulo (¿la reciprocidad del don es irreducible al intercambio?) define la economía en términos de bienes materiales y servicios lo que es, efectivamente, el objeto del parágrafo III. Por otro lado, los límites de este ensayo (respecto a lo simbólico y a la reciprocidad negativa, entre otros) permiten situar lo que constituyó el meollo de la teoría de la reciprocidad desde entonces.

Me parece también que es imposible no rendir un homenaje a los estudiantes bolivianos que publicaron este ensayo a pesar de dificultades, lo que les es debido en este trabajo. Su fuerza de convicción fue el motor de las investigaciones posteriores. ¿Cómo encontraron el manuscrito en los años 1980? Lo ignoro. Me escribieron para obtener la autorización de publicarlo y decidí encontrarles. Al sexto piso de una casa de París, tras una puerta vetusta sin indicación o nombre y que abría hacía unas gradas de servicio estrechas y oscuras que conducían a un desván debajo del techo, el instinto de cazador me permitió afortunadamente pillarles. Ahí se encontraban, entre otros, Pedro Portugal, quien tradujo este texto al castellano, y Jacqueline Michaux. Es sólo muchos años más tarde que entendí por qué estos jóvenes habían sido sensibles a este documento, a tal punto que lo publicaron a costa suya y a pesar de la oposición de sus colegas franceses, que no encontraron nada mejor que emparedar, tras un falso tabique, la casi totalidad de los ejemplares de la segunda edición. Lo entendí cuando investigadores tan diferentes como Robert Jaulin y Alain Caillé me dijeron que este pequeño ensayo había sido al origen de una serie de nuevas investigaciones sobre el don.

¿Por qué? La palabra contenida en el título basta para adivinar la respuesta: *dialéctica*. Si dialéctica hay, se debe aceptar una perspectiva muy singular e irreductible sobre una polaridad que concluye todo el proceso del don y de la reproducción del don. A partir de ahí, queda imposible poner término al proceso mismo y, por lo tanto, volcar la problemática de la reciprocidad del don en su contrario, como lo hizo Marcel Mauss cuando intentó interpretar la reciprocidad como un intercambio ordenado al interés privado, o como lo hizo también Franz Boas confundiendo más explícitamente la finalidad del don con aquella de la acumulación de bienes y servicios en beneficio del primer donador. La Dialéctica del Don ponía un punto final a la interpretación de la reciprocidad como intercambio motivado por el interés.

I

LOS FUNDAMENTOS LÓGICOS

1

EL PRINCIPIO DE ANTAGONISMO
DE STÉPHANE LUPASCO

Ponencia al coloquio Internacional: «Stéphane Lupasco. L'homme et l'œuvre», *Bulletin Interactif du Centre International de Recherches et Études Transdisciplinaires*, CIRET, n° 13, mayo de 1998.

*

La física cuántica ha revelado que la materia y la energía, que se definían de forma no-contradictoria en la física clásica, derivan ambas de una naturaleza que es en sí misma contradictoria.

La noción de lo *contradictorio en sí* apareció, en efecto por primera vez, con el descubrimiento del *quantum* de Planck, en el estudio de la luz, cuando hubo que explicar que ella podía manifestarse, ora como la vibración de un medio homogéneo, ora como un haz de partículas elementales. Bohr expresó el embarazo de la física, mediante la siguiente ilustración:

> Cuando un espejo semi-plateado es situado en el camino de un fotón, ofreciéndole dos direcciones posibles de propagación, el fotón puede ser grabado sobre una y sólo una de las dos placas fotográficas situadas a gran distancia en las dos direcciones; pero, también podemos, reemplazando las placas fotográficas por espejos, observar los efectos que ponen en evidencia las interferencias entre los dos trenes de ondas reflejados[7].

---

[7] Niels Bohr, «Discussion avec Einstein sur des problèmes épistémologiques de la physique atomique» (1949), en *Physique atomique et connaissance humaine*, Paris, Gauthier-Villars, 1972, p. 74.

He aquí cómo se planteaba un problema totalmente imprevisto para los físicos. En efecto, que el acontecimiento de origen sea capaz de contener en sí mismo las potencialidades de esos contrarios –continuo y discontinuo– puesto en evidencia en la ilustración de Bohr, el uno: por impactos sobre la placa fotográfica, el otro: por las interferencias, mientras que la lógica excluye, de todo conocimiento, la idea misma de lo *contradictorio*.

Personalmente –comenta Bohr– pienso que hay sólo una solución: admitir que, en ese dominio de la experiencia, tenemos que ver con fenómenos individuales y que nuestro uso de los instrumentos de medida nos deja solamente la posibilidad de hacer una elección entre los diferentes tipos de fenómenos complementarios que queremos estudiar[8].

Bohr añade:

(...), importa de manera decisiva reconocer que, cuán lejos los fenómenos puedan trascender el alcance de las explicaciones de la física clásica, la descripción de todos los resultados de experiencia deben ser expresados en términos clásicos[9].

Según esos términos clásicos, los fenómenos complementarios no pueden dejar de ser independientes, los unos de los otros; lo que no permite esperar un conocimiento inmediato y total del acontecimiento del que provienen. La dificultad será salvada, entonces, gracias al *principio de complementariedad*. Es decir, gracias al uso de perspectivas, cada una no-contradictoria en sí misma, exclusivas la una de la otra, y que serán consideradas como complementarias entre sí.

---

[8] *Ibíd.*, p. 76.
[9] *Ibíd.*, p. 58 (subrayado por Bohr).

Ciertos teóricos del formalismo cuántico propusieron acordar el nombre de *complementario* a las soluciones intermedias entre las mediciones de un acontecimiento dado, es decir, a los diferentes grados de actualización de cada fenómeno observado. Esos diferentes grados de actualización son llamados por Weizsäcker «estados coexistentes»[10]. Weizsäcker diferencia esos estados coexistentes por lo que llama «grado de verdad»[11]; es decir, su grado de no-contradicción, ya que, según la lógica clásica, el criterio de verdad es la no-contradicción. El formalismo cuántico permite así relacionar a la lógica del *tercero excluido,* que utilizamos cotidianamente para definir los fenómenos observados, con la lógica del *tercero incluido* que debe ser reconocida para los acontecimientos sobre los cuales trata la observación.

En el Congreso de antropología y etnografía de Copenhague, en 1938, Bohr hizo notar que, en el estudio de las comunidades y de las sociedades humanas, el observador no aprehende de lo que quiere estudiar sino una respuesta provocada por su observación[12]. Bohr propuso, entonces, a los investigadores en ciencias humanas, recurrir también al principio de complementariedad.

Pero, en esa época, otro principio ya permitía relacionar lo contradictorio y lo no-contradictorio: el *principio de antagonismo* de Stéphane Lupasco[13].

---

[10] Cf. Friedrich von Weizsäcker, citado por Werner Heisenberg en *Physique et philosophie*, Paris, Albin Michel, 1971, p. 247.

[11] *Ibíd.,* p. 244.

[12] Niels Bohr, « Le problème de la connaissance en physique et les cultures humaines », Ponencia en el Congreso internacional de antropología y etnografía de Copenhague, agosto de 1938, publicado en *Physique atomique et connaissance humaine, op. cit.,* p. 33-46.

[13] Stéphane Lupasco, *Le principe d'antagonisme et la logique de l'énergie. Prolégomènes à une science de la contradiction,* Paris, Hermann, 1951, 2ª ed., Monaco, Le Rocher, 1987.

El principio de antagonismo de Lupasco une la *actualización* de un fenómeno a la *potencialización* de su contrario. La potencialización es definida como una «conciencia elemental» («co-ciencia», dirá Marc Beigbeder[14]) ya que no se trata sino de conciencia sin conciencia de sí misma, y no de lo que llamamos *conciencia*, cuando hablamos de la conciencia). Para imaginar esta tesis, diremos que la onda actualizada está unida a una estructura corpuscular potencializada; que la estructura corpuscular actualizada está unida a una onda potencializada; y que cada una de esas potencializaciones es una *conciencia elemental*.

A su vez, estas actualizaciones-potencializaciones pueden actualizarse (actualización, pues, de segundo grado). Si esta actualización es del mismo signo que la primera −y así sucesivamente− la serie de las actualizaciones se llamará una ortodialéctica; si ella es de signo inverso, se llamará paradialéctica.

La ortodialéctica de la homogeneización, según la definición de la física clásica, es aquella de la energía, cuya imagen es la luz. La ortodialéctica de la heterogeneización, llamada, ahora, neguentropía, es la de la vida, la de la organización de la materia, el átomo, la molécula, el código genético. La heterogeneización, sinónimo de diferenciación, es un término que, tal vez, puede valorar mejor el hecho de que ese fenómeno se constituye inicialmente a partir de una oposición entre dos polos, apareciendo cada uno como partícula correlacionada con su opuesto. No existen, pues, elementos materiales aislados de manera absoluta, sino parejas o díadas de elementos correlacionados (materia y antimateria).

Cada una de estas dos ortodialécticas tiende hacia un ideal de no-contradicción. La una, ilustrada por el Principio de

---

[14] Marc Beigbeder, *Contradiction et nouvel entendement*, Paris, Bordas, 1972.

Pauli[15], engendra una organización siempre más compleja: la materia viviente; la otra, de la que da cuenta el principio de entropía de Carnot-Clasius, conduce a lo que se llama la «muerte del universo».

Para Bohr, los fenómenos son manifestaciones de una realidad cuya conciencia puede tener una traducción sólo gracias a dos lecturas parciales complementarias. Pero esas dos lecturas no son como las dos caras de una medalla. El fenómeno medido es, cada vez, todo el acontecimiento. La luz se manifiesta ora como onda ora como corpúsculo.

Para Lupasco, la realidad actualizada está unida a una potencialización, una «conciencia elemental», de la que procederá la «conciencia de conciencia» (la conciencia humana) y ésta no será, entonces, arbitraria.

¿Qué pasa, en efecto, cuando dos actualizaciones-potencializaciones antagónicas son de igual intensidad y producen un equilibrio simétrico, es decir, cuando mutuamente se anulan de un modo riguroso? Sucede que el principio de complementariedad de Bohr es inutilizable, que tales estados son incognoscibles, ya que no se puede tener ninguna imagen de ellos, ninguna idea, por el hecho de que no se actualiza ningún hecho que pueda ser medido. Podemos, ciertamente, imaginar, para este estado intermedio entre dos actualizaciones-potencializaciones antagónicas, un espacio de nuevo tipo, pero este espacio, al ser contradictorio, no tiene límite y está totalmente vacío. Nadie puede decir nada de él. Ese «vacío» caracteriza los «estados coexistentes» al grado de verdad cero. Costa de Beauregard sostiene que ya que no es

---

[15] La Física clasifica las entidades elementales en dos categorías, los *bosones*, llamados así porque responden a la estadística de Bose-Einstein, y los *fermiones*, que responden a la estadística de Fermi-Dirac. Los bosones pueden asociarse indiferentemente los unos a los otros, mientras que los fermiones no pueden ser asociados sino con la condición de diferenciarse los unos de los otros (principio de Pauli).

posible hablar de aquello que no se puede medir; el físico debe entonces callar ante lo desconocido.

Volvamos, sin embargo, a los estados coexistentes simétricos: ni ondas ni corpúsculos, ni homogéneos ni heterogéneos. Según Heisenberg:

> (...) cada estado contiene hasta cierto punto los otros "estados coexistentes" (...). Por otra parte, si se considera la palabra "estado" como la que describe una potencialidad dada antes que una realidad –se podría incluso reemplazar el término "estado" por el término "potencialidad"– entonces, el concepto de "potencialidad coexistente" es del todo razonable, ya que una potencialidad puede comportar todo o parte de otras potencialidades[16].

Heisenberg utiliza la noción de potencialidad en el sentido que le daba Aristóteles, que definía la Materia como una entidad que contiene en potencia los contrarios, tales como el engendramiento y la corrupción, la vida y la muerte, el orden y el desorden. Ha llegado el momento de introducir un término nuevo para este estado particular de potencialidades coexistentes simétricas. Se trata del «estado T» de Stéphane Lupasco[17], que significa lo que es contradictorio en sí. Ese estado T es el tercero, que la lógica clásica excluye, y que Lupasco llama el «tercero incluido». Ese estado T corresponde a esta situación particular en la que dos polaridades antagónicas de un acontecimiento son de intensidad igual y se anulan recíprocamente para dar nacimiento a una tercera potencia, en sí misma contradictoria.

Un estado tal, en sí mismo contradictorio, puede ser enunciado bajo forma negativa, por ejemplo: ni onda ni corpúsculo. Pero ¿cómo hablar de forma positiva? Se podría

---

[16] Heisenberg, *Physique et philosophie, op. cit.*, p. 247.

[17] Cf. Stéphane Lupasco, *Le principe d'antagonisme et la logique de l'énergie* (1951) y *L'énergie et la matière psychique* (1974).

decir que el tercero incluido es una semi-actualización de dinamismos antagónicos y, a la vez, una semi-potencialización de esos mismos dinamismos antagónicos. Pero no se comprende, sin embargo, su originalidad como tercera dinámica entre la energía y la materia.

Es ahora que se hace fecunda la proposición de Lupasco de considerar las potencialidades como «conciencias elementales», ya que una conciencia elemental que se relativiza por su conciencia elemental antagónica deja de ser una cuestión ciega respecto de sí misma, mientras que adquiere una luz sobre sí misma a partir del tercero incluido que nace de su relativización por la conciencia elemental que le hace frente, la cual adquiere esta misma luz sobre sí misma, luz que puede describirse, luego, como una luz de luz, una conciencia de conciencia, una iluminación de sí misma. Ahora bien, es de la conciencia, propiamente dicha, de la que en realidad se trata: de la conciencia de conciencia, tal como la conocemos por nuestra propia experiencia humana y que llamaremos *revelación*.

Si se encara este estado T desde el punto de vista de la actualización, relativizada por la actualización antagónica, toda realidad cesa, tanto si se trata de la materia como de la energía, pero el estado intermediario, actualización relativizada por su actualización antagónica, no deja de ser muy real hasta el punto de que podría ser definido por el nombre de materia-energía primordial. El principio de antagonismo conduce así al reconocimiento de una entidad sin materia ni energía, tan real como la realidad, que es a la vez, una conciencia de conciencia. Lupasco la llama «energía psíquica».

Aparece pues, entre las actualizaciones-potencializaciones antagónicas, una tercera polaridad que es la de lo contradictorio mismo y que puede, a su vez, desplegarse como ortodialéctica[18]. Su advenimiento puede ser llamado un fenómeno de auto-conciencia que no conoce otra cosa que aquello con lo cual está en interacción, es decir, él mismo. La energía psíquica tiene una especificidad como conciencia de sí, como revelación transparente de sí misma, desprovista de todo otro conocimiento que no sea la sensación de su propia libertad, aunque esta dinámica no por ello está menos relacionada con los polos de lo contradictorio por todos los grados de verdad de Weizsäcker, de modo que, entre la conciencia de sí y las conciencias elementales, pueden aparecer todas las conciencias de conciencias que nosotros llamamos «conciencias objetivas»[19].

Lupasco subraya una analogía de estructura entre los estados coexistentes de la física cuántica y la conciencia humana. Si no es posible conocer los estados coexistentes de grado de verdad cero, es imposible que no se conozcan ellos mismos, que no sean conciencias de conciencias. Tal fue, por ejemplo, la intuición de la noosfera de Pierre Teilhard de Chardin y de su evolución continua del alfa al omega.

Lupasco se interesó en los sistemas vivos, luego en el sistema psíquico y constata inmediatamente que los sistemas vivos respetan el principio de antagonismo polarizado por la

---

[18] Lupasco definió la actualización-potencialización por los dos polos de lo contradictorio, pero no ha propuesto un término preciso para la manifestación de lo contradictorio como tal. Por otra parte, siempre consideró la afectividad como exterior a la conciencia de conciencia y no propuso la idea de que ella pueda ser la conciencia experimentándose a sí misma.

[19] El principio de antagonismo implica que la actualización de la energía y de la materia no pueden alcanzar una no-contradicción absoluta. En toda materia o energía queda, pues, lo contradictorio que la enlaza a la energía psíquica, pero, recíprocamente, lo contradictorio no puede pasarse de los dinamismos que le dan nacimiento por su confrontación. No hay espíritu sin materia y sin energía.

diferenciación[20], mientras que el sistema psíquico respeta el principio de antagonismo polarizado por lo contradictorio[21].

Las neurociencias confirman el carácter *contradictorio* del sistema psíquico. El sistema psíquico resulta de la confrontación de informaciones antagónicas. Se construye, en efecto, por la complejización de antagonismos. La neurología descubre incluso diferentes fases de la aparición del tercero incluido: cuando las células nerviosas oscilan entre vida y muerte fabrican un equilibrio sin perturbaciones exteriores, participan en la elaboración del preconcepto (no dejan de hacer recuerdo, con ello, a las potencialidades coexistentes de Heisenberg). Esos preconceptos son en efecto neutros, indeterminados, pero cuando los complejos de neuronas movilizadas en su elaboración interactúan con el medio físico o biológico, son orientados (como los acontecimientos cuánticos son fenomenalizados por su interacción con los instrumentos de medida).

El campo del preconcepto se bordea de la conciencia elemental antagónica de la actualización biológica provocada por la acción del medio. Las potencialidades nacientes en el horizonte del preconcepto han de hacerse tanto más no-contradictorias cuanto las actualizaciones a las cuales esas potencialidades están unidas serán no-contradictorias. La realidad del mundo es, pues, conocida de una manera no arbitraria[22]. Las actualizaciones despóticas provocan reacciones cada vez más unilaterales, los reflejos, y las conciencias de conciencias son reemplazadas por conciencias elementales, como las del instinto o la costumbre.

[20] Ver Stéphane Lupasco, *L'énergie et la matière vivante*, Paris, Julliard (1962), 1974, 3ª éd. Monaco, Le Rocher, 1986.

[21] Ver Stéphane Lupasco, *L'Expérience microphysique et la pensée humaine* (1941), 2ª ed. Monaco, Le Rocher, 1989.

[22] Ver Jean-Pierre Changeux, « Remarques sur la complexité du système nerveux et sur son ontogenèse », *Information et communication*, Séminaires interdisciplinaires au Collège de France, Paris, Maloine, 1983.

Pero en el corazón de las conciencias de conciencias, en el estado T, cuando no domina ni la una ni la otra de las fuerzas antagónicas que se afrontan, no puede aparecer nada en el borde de la conciencia de conciencia, y ninguna conciencia puede ser definida. El *concepto* se reduce a un estado coexistente, complejo, es cierto, pero tan indeterminado como el vacío cuántico de los físicos. *No sabríamos nada de esto si la prueba por sí misma de la conciencia no se tradujera por la afectividad.* Y bien, estando esta nueva paradoja, que confunde la reflexión sobre lo contradictorio, la afectividad se traduce por un en-sí absoluto[23].

Si para el físico, los estados coexistentes de grado cero de verdad son incognoscibles, estos estados se revelan a sí mismos en la energía psíquica como pura afectividad[24]. De ello resulta el sentimiento de sí como existencia. De una forma más elaborada, resulta igualmente de ello la conciencia de ese sentimiento como sentimiento de la conciencia. La experiencia introspectiva de duda sistemática es, en efecto, la sede de una certidumbre ontológica que se despliega con tanta más fuerza cuanto la duda se radicaliza.

El principio de antagonismo propone así una solución original al problema de las relaciones del espíritu con la materia y la energía. La energía psíquica es de la misma naturaleza fundamental que todo otro fenómeno, pero tiende hacia lo contradictorio en tanto que la materia y la energía tienden hacia lo no-contradictorio.

---

[23] A causa de ese carácter absoluto, Lupasco situaba la afectividad fuera de la conciencia de conciencia, y en sus primeras obras no aceptaba la idea de que la iluminación de la conciencia pueda fundirse en una afectividad pura; el pasaje le parecía implicar una solución de continuidad irreductible entre dos naturalezas.

[24] Las técnicas de los budistas tienen por objeto crear este estado de vacío de todas las conciencias objetivas, que se traduce por una afectividad «perfecta».

Las manifestaciones de la materia-energía psíquica son entonces irreductibles a las de la materia y la energía, lo que traduce la contradicción, cara a los idealistas, del espíritu y de la naturaleza; sin embargo, ellas son aparentadas, lo que el materialismo había aprehendido intuitivamente. La teoría de Lupasco reduce la distancia entre la ciencia y la ética. No hay hiato entre el espíritu científico y el espíritu místico, solamente una orientación diferente.

Pero lo contradictorio puede también actualizarse (actualización de segundo grado) y ser potencializado por una actualización antagónica. Conocemos bien esta manifestación: la Palabra. En la expresión de la conciencia por un significante, se pueden distinguir dos dinámicas opuestas: la una converge hacia la unidad, la llamaremos Principio o Palabra de unión; la otra va en sentido inverso y se manifiesta por la diferenciación, la llamaremos Principio o Palabra de oposición[25].

Si el estado T queda cabe sí mismo, es atrapado por esta identidad, lo que es una homogeneización de segundo grado. Si se actualiza por diferenciación, será atrapado por una diferenciación tal. Aquí, la palabra no significaría sino para sí: se convertiría inmediatamente en una señal de lo que pone en peligro la existencia del Yo. Lo contradictorio ¿cómo puede escapar, ya sea a su homogeneización definitiva o a su heterogeneización definitiva? Sería necesario que pueda dejar de ser él mismo sin diferenciarse, sin embargo, de sí mismo, o diferenciarse permaneciendo idéntico a sí mismo. Lo contradictorio no puede renacer a menos que la palabra engendre su propia matriz. Una puesta en escena particularmente dramática de este devenir de lo contradictorio que muere en el significante y renace en la estructura del lenguaje, en el juego de significantes, es la escena de la

---

[25] Ver infra el capítulo «Las dos Palabras», p. 125.

Encarnación, de la Muerte y de la Resurrección, de lo que se llama a sí mismo Revelación.

Pero las dos Palabras no pueden reencontrarse, ya que expresan dos actualizaciones que, por definición, son excluyentes la una de la otra. Cada una de las Palabras de unión y de oposición debe encontrar en ella misma la posibilidad de su relativización. La cosa es inmediatamente posible desde que es reproducida por la otra de forma antagónica, es decir, para cada una en una relación de reciprocidad. Por ejemplo, la Palabra de oposición hermana-esposa, o amigo-enemigo, puede ser redoblada por el frente a frente en estado invertido. Este frente a frente es, por ejemplo, el de las organizaciones así llamadas «dualistas», es decir, compartidas en dos mitades que son a la vez amigas y enemigas. Así se reconstituye un espacio contradictorio, pero esta vez a nivel del lenguaje y no solamente de lo real. Y es entonces en estados T diferentes que han de descubrirse en una segunda generación. Ocurrirá lo mismo con la Palabra de unión. Cada una de las dos Palabras tiene, pues, un porvenir distinto para poder estructurarse según el Principio de reciprocidad. Se puede ver en esos dos devenires opuestos: el del pensamiento político y el del pensamiento religioso.

Sobre la relatividad, la expresión «materia» y el Vacío cuántico

La relatividad

En 1905, Einstein mostró que para cada punto del universo, considerado como inmóvil, todo fenómeno obedece a leyes idénticas y que las coordenadas de espacio y tiempo, de cada sistema de referencia utilizado, se enlazan entre sí por las fórmulas de transformación de Lorentz. Esas relaciones fueron presentadas por Minkowski por un continuo de cuatro dimensiones: el espacio-tiempo. Como quiera que fuese, el mismo año, Einstein aceptó dar al descubrimiento de Planck – el *quantum* contradictorio de luz– un alcance decisivo, considerándolo no como un artificio matemático sino como una realidad.

Ya que el análisis fino de la estructura de la energía daba cuenta de una discontinuidad constitutiva del fenómeno más unificado y homogéneo que se conocía de la naturaleza, la luz, Louis de Broglie imaginó que toda materia discreta era la manifestación de una entidad que podía manifestarse igualmente como una realidad homogénea[26]. Así, todo en el universo está marcado por el sello de lo contradictorio.

Einstein aceptará, aunque a regañadientes, que la tesis de una realidad no-contradictoria de la materia ya no tenga sino el carácter de un «programa» para el espíritu científico:

> Existe algo así como el "estado real" de un sistema físico, un estado que existe objetivamente, independientemente de cualquier observación o medida, y que puede, en principio, ser descrito por los medios de expresión de la física (¿Qué medios de expresión y, por lo tanto, qué conceptos fundamentales deben utilizarse a este respecto? (puntos materiales, campos, medios de determinación aún por inventar), esto, en mi opinión, es actualmente desconocido). Debido a su naturaleza "metafísica", esta tesis relativa a la realidad no tiene el sentido de un enunciado claro en sí mismo. Solo tiene el carácter de un programa (...). Es, en verdad, arbitraria desde el punto de vista lógico. Pero si la dejamos caer, es entonces un asunto difícil escapar del solipsismo[27].

---

[26] Louis de Broglie, *Matière et lumière*, Paris, Albin Michel, 1946.

[27] Albert Einstein, citado en *Louis de Broglie, physicien et penseur*, (Textos reunidos por André George), Paris, Albin Michel, 1953.

La expresión «materia»

En el siglo XIX, para los físicos, la materia se oponía a la energía como lo discontinuo a lo continuo. Einstein formuló el principio de equivalencia. Las nociones de materia y energía son entonces reducibles a dos formas de fenómenos de una misma naturaleza, las dos materias o las dos energías: una que tiende hacia lo continuo, lo homogéneo y la muerte; la otra hacia lo discontinuo, lo heterogéneo y la vida.

Los puntos materiales son la expresión de la heterogeneización de la vida, que implica por lo menos una dualidad, una oposición, una contradicción entre dos términos irreductibles el uno al otro aunque correlacionados el uno con el otro. Así, no existe partícula sin anti-partícula (electrón negativo/electrón positivo, por ejemplo). Pero, como se había llamado materia a la partícula observada primero, se llamó anti-materia a la partícula correlativa descubierta luego.

De ahí provienen tres sentidos para la palabra «materia»: un sentido muy general que significa todo aquello que puede ser objeto de medida; otro sentido que significa lo heterogéneo; un tercero, en fin, que significa, al interior de lo heterogéneo, uno de los dos términos de la diferenciación.

El sentido común da a la palabra materia otro sentido: lo indiferenciado, lo contrario de la organización y de la vida, o sea, lo inverso de la definición de los físicos.

En cuanto a Aristóteles, él le dio el sentido de Potencia, es decir, de una entidad que contiene los contrarios de la vida y de la muerte bajo la forma de potencialidades: lo contradictorio.

La palabra «materia» habrá recibido, entonces, las significaciones más opuestas, tanto lo homogéneo, como lo heterogéneo y lo contradictorio. Se podría encontrar otras definiciones de la palabra materia… Conviene, entonces, precisar el sentido de ese término según su contexto.

El vacío cuántico

Cuando una partícula de antimateria y su partícula de materia correspondiente se encuentran, se anulan. Se habla de desmaterialización. Esta desmaterialización da nacimiento a un campo continuo, homogéneo: la energía. La experiencia es reversible (materialización de la energía). Parece, pues, que se podría pasar de manera progresiva de una materia discontinua a una energía continua; pero la física cuántica reveló un vacío entre la una y la otra, como si el pasaje de la una a la otra fuera un salto por encima de la nada. Materialización y desmaterialización de la energía están separadas, la una de la otra, por lo «contradictorio» de Lupasco.

*

2

LA TEORÍA DE LUPASCO

Y

TRES DE SUS APLICACIONES

(1998)

Esta parte presenta:

1) Un bosquejo de la **Lógica dinámica de lo contradictorio** de Stéphane LUPASCO

2) Tres aplicaciones:

– La tesis de los **niveles de realidad** de Basarab NICOLESCU,

– Las **contradialécticas** estudiadas por Bernard MOREL en diferentes doctrinas de la teología católica,

– La tesis de la **reciprocidad antropológica** interpretada a partir de la Lógica de lo contradictorio, de la teoría del conocimiento de LUPASCO y del principio de lo contradictorio.

1. Reseña de la Teoría de Lupasco

1 - Los orígenes de la noción de «contradictorio»: desde los Griegos hasta las ciencias modernas

Los principios de la lógica de identidad excluyen, por definición, que dos estados contradictorios entre ellos puedan coexistir al mismo tiempo y bajo la misma relación. Sin embargo, desde sus comienzos, la filosofía griega, al mismo tiempo que teorizaba esta lógica, reconocía lo contradictorio en sí, bajo el nombre de potencia y de materia (Aristóteles).

La lógica modal, hoy las lógicas polivalentes o estadísticas... introducen un gran número de valores para dar cuenta de estados intermedios entre polaridades contrarias, por ejemplo, lo probable, lo aleatorio, lo incierto... etc. Como quiera que sea, lo contradictorio mismo está siempre situado fuera del marco de esas lógicas, ya que si cada uno de los valores describe un estado más o menos contradictorio, esa descripción es en sí misma no-contradictoria, como la fotografía de un cuerpo en movimiento es inmóvil.

La función simbólica puede entonces expresar de forma no-contradictoria sensaciones, sentimientos o valores, tales como duda, libertad, etc., que son experiencias subjetivas del pensamiento y de las que algunas pueden ser llamadas contradictorias. Con mayor razón, ella puede representar realidades no-contradictorias de la naturaleza y que la experiencia viene a verificar como tales. Se está muy tentado a concluir que la función simbólica no hace sino conformarse a una no-contradicción dada por la naturaleza, y que la realidad última de ésta debe estar constituida por fenómenos no-contradictorios: así, la luz fue imaginada sucesivamente como un fenómeno continuo o discontinuo, pero nunca los dos a la vez.

Y bien, el postulado de que ella debía ser necesariamente no-contradictoria, sea discontinua o continua, se encontró puesta en duda. Planck debía mostrar, estudiando la irradiación de los cuerpos negros, que no puede darse cuenta de las propiedades de la estructura fina de la energía sin introducir en el seno de ésta una contradicción irreducible. La energía luminosa está en un estado indeciso entre lo continuo y lo discontinuo, estado que hay que llamar de una nueva manera. Es la interacción de ese estado, en sí mismo contradictorio, con el instrumento de observación el que produce un fenómeno no-contradictorio, y según el aparato de medición requerido, un fenómeno continuo o discontinuo. Esta tesis fue generalizada por L. de Broglie a toda estructura elemental del universo. Todo fenómeno físico cuántico es entonces un dinamismo que tiende hacia uno u otro de los polos de una estructura contradictoria según el instrumento de medición utilizado para aprehenderlo.

Para representarse lo contradictorio mismo, Bohr propone realizar sucesivamente las experiencias que lo transforman en discontinuo y continuo, e interpretar esas medidas como complementarias. El quantum contradictorio es así traducido por observaciones no-contradictorias (un acontecimiento continuo o discontinuo). Es posible guardar el valor de verdad de la lógica clásica para significar la no-contradicción que da cuenta de la experiencia, y guardar la noción de falso para lo contradictorio mismo, con la condición de establecer entre el uno y el otro grados de verdad.

Cada uno de esos grados de verdad será en sí mismo un valor no-contradictorio que satisfará nuestra lógica usual. Los grados de verdad son comparables a los valores modales o a los valores de las lógicas polivalentes, para representar de forma no-contradictoria lo que es más o menos contradictorio. Heisenberg nota que lo cuántico mismo, por tanto lo contradictorio, puede ser definido como la «coexistencia de las potencialidades» de esos valores. La coexistencia de potencialidades antagónicas de Heisenberg es una fórmula que nos permite acercarnos bastante a la Lógica de lo contradictorio de Stéphane Lupasco.

2 - Una lógica dinámica

Cada acontecimiento es la manifestación de actualizaciones-potencializaciones de sus 2 polos contradictorios.

Un itinerario intuitivo nos permitirá prolongar la perspectiva de Heisenberg con la de Lupasco[28]: si se multiplican al infinito los valores intermedios de esos dos contrarios, o aún los grados de verdad, se puede reemplazar esta infinidad por un vector que significa el pasaje de un contrario al otro. La manifestación progresiva de un contrario será llamada actualización. Pero también se puede encarar este acontecimiento como la dinámica del otro contrario, es decir, como una desactualización de éste. Lupasco propone considerar que la desactualización sea definida de forma positiva y la llama potencialización.

El postulado que funda la Lógica de lo contradictorio (el principio de antagonismo) enuncia que toda actualización va unida a una potencialización antagónica. Cada estado intermedio será constituido entonces por una dinámica que se actualiza unida a su dinámica antagonista potencializándose. Los valores pueden llevarse así a diferentes momentos de esta actualización-potencialización y parece, esta vez, que cada uno está constituido por un grado de antagonismo entre dos opuestos no-contradictorios (actualización y potencialización).

Cada grado será definido por tres parámetros: por la actualización y la potencialización de cada uno de sus

---

[28] Lupasco, *Le principe d'antagonisme et la logique de l'énergie* (1951).

contrarios, y por su quantum de antagonismo, mientras que en la lógica clásica, no puede ser definido sino por su grado de verdad, es decir, de no-contradicción.

El quantum de antagonismo es lo contradictorio excluido de las lógicas tradicionales, que de este modo se reintroduce en el corazón de toda expresión lógica.

La actualización absoluta de la no-contradicción está excluida en esta lógica de lo contradictorio, ya que la actualización absoluta de una dinámica prohibiría toda conjunción antagónica. Ese postulado está alentado por las «relaciones de indeterminación» de Heisenberg que muestran cómo toda actualización tiende asintóticamente hacia la no-contradicción absoluta, aunque sin alcanzarla jamás.

Es importante notar que el quantum de antagonismo, lo contradictorio mismo que Lupasco llama el Tercero incluido, puede acrecentarse en detrimento de la actualización-potencialización de los polos contrarios. Esta lógica dialéctica reconoce tres polos: dos polos definidos por cada uno de sus contrarios y un polo que resulta de su relativización recíproca.

El principio de antagonismo se aplica en fin a la contradicción que encubre a la no-contradicción, que igualmente encubre como a dos contrarios: si la contradicción se actualiza, ella potencializa la no-contradicción (las potencialidades coexistentes de Heisenberg). Si la no-contradicción se actualiza, ella potencializa la contradicción. Así como la lógica de identidad lograba hablar de lo contradictorio de forma no-contradictoria, a su vez la lógica de Lupasco logra hablar de la no-contradicción de forma contradictoria.

Lupasco representa la matriz original de esta lógica así:

e	$\bar{e}$
A	P
T	T
P	A

Que se lee así:

e se actualiza potencializando *no-e* ;

e ni se actualiza ni se potencializa, y *no-e* igual, para engendrar un estado contradictorio (**T**);

no-e se actualiza, *e* se potencializa.

3 - Una lógica de la energía y una lógica formal

Es posible dar a esta lógica un contenido intuitivo: se dirá por ejemplo que la actualización de lo homogéneo va unida a la potencialización de lo heterogéneo, etc. Estas nociones interesan a realidades físicas y biológicas. Así, las nociones de campo, de inercia, de onda entran en el dominio de la homogeneización del universo; las de la materia y antimateria, de corpúsculo, de átomo, de vida entran en el dominio de la heterogeneización.

El razonamiento siguiente permite entonces acceder a una lógica formal: en virtud del principio de antagonismo, la actualización absoluta de un acontecimiento es imposible: el principio de identidad que se expresaría: (*e* implica *e*) y el principio inverso de alteridad absoluta (*e* excluye *e*) están, de hecho, enlazados por el principio de antagonismo. Si el uno se actualiza (A), el otro se potencializa (P):

$$(e \supset e)_A \cdot (e \overline{\supset} e)_p$$

$$(e \overline{\supset} e)_A \cdot (e \supset e)_p$$

Que se lee así:

(*e* implica *e*) A	es conjunto a	(*e* excluye *e*) P
(*e* excluye *e*) A	es conjunto a	(*e* implica *e*) P

(*e* implica *e*) y (*e* excluye *e*) pudiendo ser no importa qué pareja de contrarios, es posible no tener en cuenta sino las relaciones que los caracterizan.

El principio de antagonismo trata entonces de estas relaciones lógicas: se obtiene así la Tabla de las Deducciones siguiente:

$$(\supset_A) \supset (\overline{\supset}_P) \begin{cases} [(\supset_A) \supset_A (\overline{\supset}_P)] \supset [(\supset_A) \overline{\supset}_P (\overline{\supset}_P)] \begin{cases} \cdots \\ \cdots \\ \cdots \end{cases} \\[2ex] [(\supset_A) \overline{\overline{\supset}}_A (\overline{\supset}_P)] \supset [(\supset_A) \supset_P (\overline{\supset}_P)] \begin{cases} \cdots \\ \cdots \\ \cdots \end{cases} \\[2ex] [(\supset_A) \supset_I (\overline{\supset}_P)] \supset [(\supset_A) \overline{\supset}_I (\overline{\supset}_P)] \begin{cases} \cdots \\ \cdots \\ \cdots \end{cases} \end{cases}$$

$$(\overline{\supset}_A) \supset (\supset_P) \begin{cases} [(\overline{\supset}_A) \supset_A (\supset_P)] \supset [(\overline{\supset}_A) \overline{\supset}_P (\supset_P)] \begin{cases} \cdots \\ \cdots \\ \cdots \end{cases} \\[2ex] [(\overline{\supset}_A) \overline{\overline{\supset}}_A (\supset_P)] \supset [(\overline{\supset}_A) \supset_P (\supset_P)] \begin{cases} \cdots \\ \cdots \\ \cdots \end{cases} \\[2ex] [(\overline{\supset}_A) \supset_I (\supset_P)] \supset [(\overline{\supset}_A) \overline{\supset}_I (\supset_P)] \begin{cases} \cdots \\ \cdots \\ \cdots \end{cases} \end{cases}$$

$$(\supset_T) \supset (\overline{\overline{\supset}}_T) \begin{cases} [(\supset_T) \supset_A (\overline{\supset}_T)] \supset [(\supset_T) \overline{\supset}_P (\overline{\supset}_T)] \begin{cases} \cdots \\ \cdots \\ \cdots \end{cases} \\[2ex] [(\supset_T) \overline{\overline{\supset}}_A (\overline{\supset}_T)] \supset [(\supset_T) \supset_P (\overline{\supset}_T)] \begin{cases} \cdots \\ \cdots \\ \cdots \end{cases} \\[2ex] [(\supset_T) \supset_I (\overline{\supset}_T)] \supset [(\supset_T) \overline{\supset}_I (\overline{\supset}_T)] \begin{cases} \cdots \\ \cdots \\ \cdots \end{cases} \end{cases}$$

Tabla de las Deducciones
Lupasco, *Le principe d'antagonisme* (p. 51)

Las observaciones de la física moderna parecen inscribirse fácilmente en el campo de la lógica de Lupasco, ya que todo fenómeno resultante de la interacción entre el instrumento de medición y la cosa observada puede ser interpretado como una actualización. El cociente de antagonismo sin duda no es observable, pero las relaciones de indeterminación de Heisenberg describen la imposibilidad de ignorarlo precisando los límites de las actualizaciones-potencializaciones antagónicas, es decir, los límites de cada fenómeno en el sentido de la no-contradicción.

La física reveló, pues, contrariamente a lo que preveía, que la naturaleza puede interpretarse a partir de una relación entre tres polos, de los que uno es aquello que es en sí contradictorio. Y uno está llevado a preguntarse si no es a este nivel de lo contradictorio que puede instaurarse una relación directa entre lo real y la conciencia.

4 - Una nueva teoría del conocimiento

¿Puede la lógica de Lupasco resolver el enigma de la relación entre la conciencia y lo real, entre lo conocido y el cognoscente?

Lupasco responde con un postulado de una fecundidad inaudita. Llama a la potencialización «conciencia elemental», dejando a la actualización todos los atributos de lo que llamamos lo real. ¿De qué puede servir duplicar lo real con conciencias elementales, o viceversa? Y si el pensamiento da cuenta de un mundo de una forma u otra, ¿por qué imaginar que ello sea a partir de conciencias elementales inversas de lo real?

Lupasco entiende por conciencia elemental una conciencia que no tiene conciencia de sí misma. Es ahora que hay que referirse a los contrarios como polos de una relación contradictoria y a lo que es contradictorio en sí (excluido de todas las lógicas clásicas y modernas) reinsertado por Lupasco bajo el nombre de Tercero incluido.

El Tercero incluido es en suma la resultante de la aniquilación recíproca de dos contrarios. No es, por ello, ninguna realidad observable. Los físicos lo llaman vacío cuántico o la energía vacía o aún el azar puro. Este vacío puede, entonces, tomarse desde el punto de vista de la definición propuesta por Lupasco de la potencialización.

Cuando lo contradictorio se desarrolla en detrimento de las actualizaciones-potencializaciones antagónicas, el carácter elemental de cada una de las conciencias elementales se aniquila mientras que la resultante de esta aniquilación recíproca es una conciencia contradictoria en sí misma solamente ocupada en apreciarse a sí misma, ser una conciencia de sí misma. Pero bastaría que la simetría de los contrarios que se aniquilan no sea perfecta para que quede, en el horizonte de esta conciencia de conciencia, una parte de conciencia elemental. La conciencia de conciencia que no puede ser sino una conciencia de sí misma, por tanto un *sujeto*, deviene conciencia de esta conciencia elemental, lo que se llama una *conciencia objetiva*. Habría que decir más exactamente una conciencia objetivante.

Lo que hemos llamado azar puro, y que se presenta desde ahora como una conciencia contradictoria en sí misma, es un acontecimiento del que no se podría tener ninguna idea si no se revelara de manera específica, ya que no es una conciencia objetivante, ya que no es conciencia de algo. De esta experiencia subjetiva, de esta revelación específica de la conciencia de sí, no tendríamos idea si no fuéramos la sede. Y bien, somos la sede...

La Lógica de lo contradictorio de Lupasco no es, pues, una lógica de la energía verificable por la experiencia, no es sólo una lógica formal, ella es también una lógica de la conciencia y que propone una teoría de las relaciones de lo real y la conciencia, es decir, una teoría de la conciencia de sí y del conocimiento.

2. TRES APLICACIONES

1 - Una visión física de la lógica lupasciana: la interpretación de Basarab Nicolescu

A principios del siglo veinte, los físicos (Einstein, L. de Broglie, Pauli...) quedaron estupefactos ante el descubrimiento de Planck. Planck había estado obligado, para explicar las propiedades de la irradiación de los cuerpos negros, a unir a las ecuaciones matemáticas que describían los fenómenos ondulatorios —por tanto estrictamente continuos— una constante numérica, la constante h, que tenía por efecto asociar a lo continuo lo discontinuo, es decir, de tratar la irradiación como algo a la vez continuo y discontinuo o ni continuo ni discontinuo. ¿Cómo la realidad última podía estar marcada por el sello de lo contradictorio cuando todo el aparato conceptual de la física la postulaba como no-contradictoria?

Planck, se dice, se prohibió creer en su descubrimiento. Einstein fue el primero que tuvo la audacia de tratar la radiación como si estuviera constituida por *quanta*, es decir, entidades en sí misma contradictorias, pero no por ello dejó de rehusarse a creer en su realidad. L. de Broglie, quien imaginó para aquello que la física concebía bajo forma discontinua (las partículas elementales) la solución que Planck hubiera debido postular para la irradiación, una estructura contradictoria, pero se rehusó, igualmente, a creer que su descubrimiento fuera definitivo.

Louis de Broglie, requerido por Georges Mathieu, se negó a discutir el hecho de que la no-contradicción sea o no sea un fundamento de la estructura del universo. Einstein, invocado como en un procedimiento de apelación, se negó a desautorizar a L. de Broglie y de tomar las cosas desde el punto de vista de Lupasco. Sin embargo, la Lógica de lo contradictorio, de la que unos y otros sabían (a veces esta lógica les fue más que una simple referencia) se hallaba alentada por cada uno de sus descubrimientos o, al contrario, los explicaba, por ejemplo, las relaciones de indeterminación de Heisenberg o el principio de Pauli, el principio de equivalencia, o aún la constante cosmológica necesaria para equilibrar las ecuaciones de la teoría de la relatividad generalizada.

El teórico Basarab Nicolescu es el primero en servirse de la lógica lupasciana[29]. Nicolescu afronta el problema que interesaba a Bohr: ¿Cómo realizar el objetivo de la física de traducirlo todo a una visión no-contradictoria cuando el objeto inicial de la física se muestra contradictorio?

Nicolescu definió lo que llama los «niveles de realidad». Un nivel de realidad es un plan de actualización-potencialización de dos contrarios, por ejemplo, el que la física reconoce cuando, según el instrumento de medición utilizado, éste hace aparecer la luz ora como onda ora como partícula. Para el físico, el estado T de Lupasco, en el cual los dos contrarios se anulan para dar a luz a lo contradictorio, queda entonces fuera del alcance de la observación... a menos que pueda ser prisionero de un fenómeno no-contradictorio a otro nivel. El estado T, ese momento contradictorio, puede en

---

[29] Basarab Nicolescu, « Stéphane Lupasco et le Tiers inclus. De la Physique quantique à l'ontologie », en *Stéphane Lupasco: L'homme et l'œuvre*, Monaco, Le Rocher, 1999 ; 1ª ed. en *Bulletin Interactif du Centre International de Recherches et Études transdisciplinaires* (CIRET), n° 13, 1998, reed. en *Revue de synthèse*, 5e série, année 2005/2, p. 431-441.

efecto actualizarse-potencializarse: (*e* que implica contradictoriamente *no-e*) puede actualizarse implicando la potencialización de su contrario (*e* que excluye contradictoriamente a *no-e*) y ello según dos direcciones opuestas, cada una no-contradictoria: esas actualizaciones-potencializaciones son llamadas de «segundo nivel». No deben ser confundidas con las actualizaciones-potencializaciones del primer nivel, actualizaciones-potencializaciones de la relativización de las cuales procede el Tercero incluido. Ellas son, en efecto, el *devenir* de ese Tercero y no su *matriz*. Es, pues, posible apreciar un momento contradictorio como el contenido de una actualización de segundo nivel, ya que esta actualización puede ser medida y conocida.

Nicolescu no presume del número de niveles de realidad cognoscibles por la naturaleza humana. Sin embargo, el sistema psíquico humano no podría reconocer sino algunos niveles de realidad. Más allá, los niveles de realidad se desvanecerían en lo que describe como *no-resistencia* o aún *transparencia* y que llama lo «sagrado». El momento contradictorio incluido en los niveles vividos o conocidos por el hombre, carece igualmente de resistencia. Nicolescu lo llama lo «invisible». Propone, entonces, una nueva relatividad generalizada y un nuevo principio de equivalencia que permitiría enlazar entre sí los diversos niveles de realidad por lo que hace a su punto común: su no-contradicción. Se puede deducir de esta visión que todo lo que es contradictorio se habría enlazado en la red de sus manifestaciones no-contradictorias, ya que lo que escaparía de un nivel de realidad como invisible se manifestaría de forma no-contradictoria a otro nivel de realidad.

El conocimiento sería así siempre el cumplimiento supremo de la experiencia humana. Esta tesis que da al conocimiento un gran poder (el de dar cuenta no sólo de la realidad de la naturaleza, sino de los contenidos de la experiencia contradictoria como tal, es decir, de la experiencia subjetiva), Lupasco mismo la apreciaba hasta el punto más alto como la ambición de la ciencia; pero notaba también que el arte y la experiencia mística exploran otras perspectivas abiertas por su nueva Tabla a donde se puede ver que lo sagrado se revela por su propia dialéctica.

2 - Las contradialécticas en la teología cristiana según Bernard Morel.

¿Hay una relación posible entre lo invisible, presente en nosotros mismos que da sentido a todo lo que conocemos del mundo, y lo que está situado por Nicolescu en la transparencia, es decir, fuera del campo reconocido por la conciencia objetiva y que llama lo *sagrado*? ¿La parte de lo *invisible* que pertenece a la humanidad puede interrogar a lo *sagrado* del universo? ¿Es esta interrogación la de los místicos?

La lógica de Lupasco permite tocar esos problemas antes reservados a la teología cuyo discurso trataba de establecer una coherencia entre diversas experiencias místicas a fuerza de afirmaciones y condenas dogmáticas ejerciendo un poder no desdeñable sobre el mundo. Bernard Morel[30] nos invita a imaginar el diálogo entre lo invisible del hombre y el más allá de la percepción humana, la transparencia. Convengamos en llamar al primero Hombre y al segundo Dios. Se trata, evidentemente, de convenciones y, ya que este diálogo es invisible, convengamos en llamarlo Misterio.

La conjunción Dios y Hombre es, en términos lupascianos, una implicación positiva o negativa que se expresa a partir de Dios o a partir del Hombre con cuatro implicaciones de base: la implicación positiva del Hombre por

---

[30] Bernard Morel, *Dialectiques du mystère*, (Préface de Stéphane Lupasco), Paris, Éditions du Vieux Colombier, 1962.

Dios (el amor de Dios por el hombre), la implicación negativa (el juicio del Hombre por Dios), la implicación de Dios por el Hombre (la fe), y la implicación negativa (el pecado)...

Implicándose contradictoriamente, las dos primeras implicaciones determinan una dialéctica divina del Misterio, las otras dos determinan una dialéctica humana del Misterio. Cada una de esas dialécticas tiene ella misma tres expresiones posibles: por implicación positiva o por implicación negativa o, en fin, por implicación contradictoria; cada una de esas implicaciones de base tiene a su vez tres desarrollos posibles, sean nueve dialécticas de segundo y tercer grado. Bernard Morel muestra luego con una facilidad desconcertante que esas dialécticas corresponden a afirmaciones dogmáticas. Y reproduce la demostración para las nueve dialécticas humanas del Misterio...

Morel se interesa entonces por las relaciones de las dialécticas humana y divina del Misterio. Define primero lo que llama las «relaciones diagonales» de esas dos dialécticas. Se trata de unir el primer término de la dialéctica divina del Misterio, por ejemplo, la implicación positiva del uno y la implicación negativa del otro, lo que nos da seis relaciones diagonales, con cada una que corresponde a un enunciado dogmático simple y claro (sobre el que no profundizaremos aquí).

Sigámoslo más adelante: ahora estudia lo que llama las «conjunciones de base», es decir, la relación entre las dos dialécticas identificantes del Misterio, divino y humano, y la relación entre las dos dialécticas diversificantes, humana y divina; sea la asociación fe-gracia (identificación del hombre a Dios e identificación de Dios al Hombre) y la pareja pecado-juicio (exclusión de Dios por el Hombre y exclusión del Hombre por Dios). Morel observa que: «la teología tiene exigencias canónicas que van a determinar la definición de esas conjunciones». Ellas no están unidas de manera igual: de una se dice que arrastra a la otra por una relación de causa a efecto (el pecado provoca el juicio, la gracia suscita la fe). Por otra parte, esas orientaciones son llamadas irreversibles. Las afirmaciones inversas son rechazadas (no se puede decir que el juicio de Dios provoca el pecado...).

Observemos cuál es la suerte de esas dos conjunciones para comprender su selección. La primera tiende a la identificación de Dios y el Hombre. La implicación positiva es una homogeneización: la fusión de Dios con el hombre, que arrastra la del Hombre con Dios, no forma sino un sacrificio único. En la segunda, la desunión lleva hasta la indiferencia mutua. Aquí aún interviene la teología e impone sus elecciones particulares. Hace abstracción del hecho de que esas dialécticas están orientadas, y considera la primera como una implicación mutua y la segunda como una exclusión mutua. Cada una de ellas tiene tres desarrollos, y se retiene las dos contradialécticas siguientes:

1) La actualización de la implicación mutua positiva implica la potencialización de una exclusión mutua (la pareja de la inmanencia y la fe tiende a suprimir el pecado-juicio)

2) La actualización de la implicación mutua negativa implica la potencialización de una implicación positiva (el pecado que acarrea el juicio aleja la gracia que acarrea la fe).

Bernard Morel las llama las «dialécticas de las conjunciones impuestas». Ellas, en efecto, son impuestas canónicamente de dos formas: la primera, ya se dijo, por el sentido unidireccional que se les da: la implicación del Hombre por Dios arrastra la implicación de Dios por el Hombre, y la exclusión de Dios por el Hombre implica la exclusión del Hombre por Dios, sin reversibilidad posible. La segunda debida al hecho de que la relación del signo de las implicaciones de cada una de esas dialécticas está, a su vez, definido en un sentido determinado: para la primera, el pecado, que acarrea la trascendencia de Dios (exclusión mutua) implica positivamente la potencialización de la gracia que acarrea la fe (inclusión mutua). Dicho de otra forma, la actualización de una exclusión que implica la potencialización de una inclusión es orientada según una dialéctica de implicaciones positivas: la relación de base es una implicación negativa, pero su desarrollo es una implicación positiva. Para la segunda, la inmanencia, juntamente con la respuesta humana que acarrea, tiende a excluir el pecado. Esta vez, la actualización de una implicación positiva que implica la potencialización de una exclusión mutua se desarrolla dialécticamente sobre la línea de las implicaciones negativas.

De nuevo, hay una contradicción entre el signo de conjunción de base (positivo) y el de su devenir (negativo). A esas contradialécticas, Morel las llama del tipo (4) y (5) (las ortodialécticas son del tipo (1), (2) y (3); (1) = la implicación mutua de Dios y del Hombre implica la potencialización de su exclusión, etc.).

El lector que habrá tenido la paciencia de seguir esta argumentación encontrará en la Tabla de deducciones las dos dialécticas en cuestión: sobre la línea diecinueve punteada (partiendo de arriba) de la Tabla, la dialéctica (4); y sobre la novena línea punteada, la dialéctica (5). El solo encontrar esos casos de desarrollos tan complejos sobre una matriz lógica, tranquiliza...

Pero, ¿qué significan esas contradialécticas y por qué son retenidas como dialécticas ortodoxas?

En la dialéctica del tipo (4), cuando los términos del Misterio tienden a separarse (la exclusión de base), el Misterio tiende a la homogeneización de segundo nivel: cuando el Hombre lucha por vivir sin Dios y Dios es juntamente rechazado en la trascendencia, la muerte espiritual es el salario del pecado. En la dialéctica del tipo (5), la primera conjunción evoluciona hacia la identidad, mientras que la implicación de segundo grado tiende a la diversidad: cuando el Hombre y Dios se acercan y se identifican, la conjunción del sacrificio de Dios y del martirio de los creyentes es estructurante del Misterio viviente (Dios ha muerto en Jesucristo y el Hombre ha muerto en la cruz), pero la conjunción de esos dos martirios es la resurrección, la vida eterna. Esas dos dialécticas son, la una, la de la Muerte del Misterio, y la otra, la de la Vida del Misterio. La elección de esas dos dialécticas es, según Morel, la clave de la doctrina de la salvación (la soteriología).

La cuestión es:

> ¿Cómo el hombre que tiene la iniciativa de la separación y del abandono podría elegir la Vida del Misterio? Es ahí que la noción de salvación toma todo su sentido –dice Morel– Hay que confrontar, pues, los devenires para tratar de hacer aparecer el sentido de su afrontamiento dialéctico.

La teología confronta esas dos dialécticas. Se observa inmediatamente que la actualización de la dialéctica Vida del Misterio (la implicación del Hombre por Dios excluye la potencialización de la exclusión de Dios por el Hombre), al desarrollarse sobre la línea de las exclusiones, excluye la Muerte del Misterio (la exclusión de Dios por el Hombre que implica la potencialización de su unión), mientras que lo inverso no es verdad: la actualización de la Muerte del Misterio (la exclusión de Dios por el Hombre que implica la potencialización de su unión), al desarrollarse según la línea de las implicaciones positivas, implica la potencialización de la Vida del Misterio.

La actualización de la dialéctica de la Vida del Misterio excluye la potencialización de la Muerte del Misterio; dicho de otra forma, la Muerte del Misterio se despotencializa a la medida de sus actualizaciones, sin ser repotencializada por las actualizaciones de la dialéctica de la Vida del Misterio; mientras que la Vida del Misterio, al estar despotencializada por sus actualizaciones, es repotencializada por las de la Muerte del Misterio.

Esta observación, dice Morel, es importante: el enfrentamiento de las contradialécticas no se anula en la simetría de una dialéctica contradictorial. Su enfrentamiento manifiesta una evolución del Misterio hacia la Vida (la gracia triunfa sobre el pecado, el amor sobre el juicio).

Las elecciones canónicas no son inocentes. Si Dios tiene la iniciativa de la dialéctica de la Vida, uniéndose a los hombres para conducir el misterio de la salvación... se ve despuntar, lógicamente, una dialéctica precisa: la de la doctrina de la salvación de la que Cristo se convertiría, en el curso de las elaboraciones teológicas, en el mediador.

Se ve hasta qué punto la lógica lupasciana es aquí útil: revela cómo tal elección inicial fuerza a tal otra para que la vida afectiva de los espíritus religiosos se abra camino o, aún, para que tal opción de base haya sido elegida en función de una finalidad dada. Postular, por ejemplo, que Dios tiene la iniciativa de la implicación positiva y el Hombre la de la implicación negativa, acarrea toda una serie de obligaciones para que el Misterio pueda desarrollarse de forma viviente, lo que impone las elecciones canónicas.

La lógica de Lupasco permite comprender tales elecciones; sitúa la menor afirmación o condenación dogmática según su contexto, pero también de considerar otras convenciones y explorar otras vías... Ella relativiza el fanatismo de cada doctrina reduciéndola a simples deducciones lógicas de ciertas opciones de base. En ese sentido, ella es una nueva grilla de lectura científica para textos que, hasta tiempos recientes, se pretendían fuera del alcance de la razón, ofreciéndonos la posibilidad de una teología positiva.

Hemos dado una definición del Misterio según dos polos (Dios y el Hombre). Pero «Dios y el Hombre son convenciones», nos dice Morel, que sólo significan la intervención de la no-contradicción sobre lo contradictorio, para poder hablar de ello según la lógica de la no-contradicción. Se reconoce la empresa de la lógica, el yugo de los significantes no-contradictorios (aquí Dios y el Hombre). Pero en la vida espiritual, ¿es obligatoria esta empresa del significante? ¿No puede, la vida espiritual, prescindir de la vida intelectual? ¿No pretenden acaso los místicos llegar al éxtasis por la noche de los sentidos, de la imaginación y la inteligencia? La teoría lupasciana nos recuerda, sin embargo, que el absoluto, aunque fuera el de lo contradictorio puro, está interdicto. Dios mismo no es sino relación.

El *logos* es la encarnación de lo contradictorio en la carne; decimos que es la mediación de los significantes. Sin embargo, Morel pensaba que la Vida del Misterio era una opción eminente. Justificaba esta elección diciendo que:

> La ortodialéctica (T) representa, de alguna forma, el estado congelado por tantas contradicciones simétricas, que queda la sola contradicción.

Morel compartía la primera impresión de Lupasco ante la ortodialéctica (T) cuando se descubrió: ella no hubiera permitido ninguna respiración de la conciencia de conciencia. Se confunden en esta época (1962, para las Dialécticas del Misterio) el término de contradicción y el de contradictorio (*contradictorial* no existe todavía), y los términos «cristalizado» o «congelado» son utilizados para caracterizar el estado (T). Más tarde, Lupasco dirá que, al contrario, lo «contradictorial» libera de la presión de la no-contradicción que amenaza con fijarlo o disolverlo en el segundo nivel (la unidad de la contradicción es, por ejemplo, la homogeneización de lo contradictorio en el segundo nivel). La ortodialéctica (T) le parecerá de golpe como la dialéctica del amor, cuya potencia inaudita escapa a toda teología.

3 - El principio de lo contradictorio y la reciprocidad antropológica

El principio de lo contradictorio

Según Lupasco, hay que extender el principio de equivalencia entre las dos materias física y biológica (materialización y desmaterialización de la energía) a lo contradictorio mismo (el quantum de antagonismo, la energía del vacío o el azar puro de los teóricos actuales de la física cuántica).

Que el ojo humano trate las ondas luminosas de tal forma que puedan proporcionarnos una imagen de nuestro entorno a cada instante, como un aparato óptico muy simple, y que esas corrientes de ondas recibidas sobre la retina sean convertidas en fotones discretos por otro aparato similar a una placa fotográfica, nos recuerda que la más elemental y común de nuestras sensaciones, la sensación visual, ¡tiene por origen las dos experiencias experimentales de Bohr! Y lo que transmite nuestro cerebro al sistema nervioso aferente, una corriente de ondas magnéticas corriendo sobre la membrana del axón como sobre un cable eléctrico, pero alternado por la variación de los niveles de energías de las proteínas celulares, todas en interacción las unas con las otras, he aquí lo que hace intervenir dos fenómenos complementarios, en el sentido de Bohr. A ello se añadirá que el fenómeno ondulatorio es interpretado, hoy, como una agresión, una lesión, una forma de muerte, mientras que el fenómeno discreto, material, antagonista, que restablece la integridad celular, es interpretado como un fenómeno de vida; y se deberá concluir que al estar ambos fenómenos emparejados antagonistamente, su resultante contradictoria se constituye en informaciones de las que se puede presumir su carácter cuántico. Esas informaciones son alternas, difusas, desmultiplicadas o juntadas y, sistemáticamente, tratadas como para acrecentar el balance contradictorio de un sistema que hay que llamar, a la vez, cuántico y psíquico. ¿Qué se haría, en efecto, de toda esta energía cuántica que nos suministran nuestros sentidos si no se convirtiera en energía psíquica, y de dónde vendría nuestra energía psíquica si no estuviera alimentada por esta energía cuántica?

Stéphane Lupasco, en rigor, se apega a la idea de una analogía de estructura entre lo cuántico y lo psíquico, una analogía proporcional. Muestra, enseguida, que nuestro sistema psíquico es un sistema complejo que tiende hacia un antagonismo generalizado, equilibrado y que, en contacto con el mundo, es más o menos alterado. Esas alteraciones vienen a inscribir, en el horizonte de su campo, ligeras actualizaciones no-contradictorias, inmediatamente potencializadas, es decir, transformadas en conciencias objetivas. Se anticipaba a lo que hoy dicen los biólogos: somos generadores permanentes de preconceptos que se precisan en conceptos cuando entran en interacción con el mundo. De esos preconceptos, tan vacíos como el vacío cuántico, no sabemos nada aparte de que se graban sobre nuestros osciloscopios evidentemente como los símbolos de la ortodialéctica contradictorial sobre la hoja de papel blanco sobre la que Lupasco inscribía las implicaciones del principio de antagonismo. Pero ¿cómo se manifiesta esta energía sin espacio ni tiempo? ¿No se revela a sí misma y en sí misma como la afectividad?

La afectividad no aparece como una interacción, una relación de actualización-potencialización. Ella es en sí. Ella es o no es o no puede ser comunicada. Es una esencia que escapa a toda definición lógica y que, a Lupasco, le parecía introducirse como una intrusa en el psiquismo, sin que se puedan conocer las razones de ello. Sin embargo, el ser humano experimenta, como síntesis de su actividad psíquica, el sentimiento imperceptible de sí mismo, un sentimiento de alguna forma transparente, aunque suficientemente poderoso como para permitirnos afirmarnos frente a la vida o el mundo.

El absoluto que caracteriza toda afectividad y, primero, el sentimiento de sí, parece ser el fruto de lo contradictorio puro, la resultante de la relación contradictoria que se produce donde los contrarios se autodestruyen. Pero cuando un momento contradictorio de nuestra energía psíquica es sometido a las actualizaciones de segundo nivel, esta afectividad transparente y perfecta es modificada y se convierte en una afectividad particular: sufrimiento, alegría, cólera, pena... ¡angustia!

Las actualizaciones-potencializaciones, de segundo nivel, actúan sobre lo contradictorio como un prisma sobre la luz: reducen la afectividad pura en valores distintos. Lupasco observaba, por ejemplo, que la paradialéctica de la unión contradictoria transformaba la afectividad de lo contradictorio (el sentimiento de sí) en sentimiento de angustia. Desde entonces, pues, es posible estudiar los diferentes momentos de la génesis de la conciencia del sujeto que es, fundamentalmente, de naturaleza afectiva, por medio de las paradialécticas.

Así, el animal, sin duda ya tiene un sentimiento de sí mismo pero sujeto a las condiciones vitales y a las de su entorno. Ese sentimiento es desde entonces un sentimiento de existencia, modulado por los objetivos de la vida biológica. La autonomía del animal está al servicio de su vida, aunque ya pueda aparecer cierta capacidad de liberarse de la vida en el juego, el sueño y una cierta gratuidad que se inmiscuye a veces en los constreñimientos de la existencia biológica. Hay que esperar las estructuras sociales humanas para que se despliegue un sí mismo autónomo y libre de todo condicionamiento biológico y de todo contexto físico, un sí mismo separado de los dos universos biológico y físico; un sí mismo librado de la preocupación de la existencia misma.

Las tradiciones hacen alusión a la emergencia de esta libertad de la conciencia de sí con la imagen del día o del sol, que disipa las tinieblas originales, y describen la eficiencia de esta conciencia como la palabra que nombra las cosas, las unas tras las otras, separándolas del caos de las fuerzas ciegas. A menudo ella está presente como el resultado de una metamorfosis de las fuerzas primitivas o, aún, como una liberación del caos de los orígenes y a menudo como una revelación. En lo contradictorio más puro, la conciencia de conciencia está, en efecto, desprovista de todo horizonte objetivo, y todo está comprometido en la prueba de su propia experiencia.

La reciprocidad desde la Lógica dinámica de lo contradictorio

Una revelación se nos aparece entonces como la liberación de una energía de las condiciones de su nacimiento. ¿Cómo una conciencia de sí puede superar todo contexto y merecer desde entonces el nombre de libertad? ¿Cómo lo contradictorio puede ser liberado de las polaridades antagónicas de las que proviene? Esta liberación: he ahí lo que autoriza el principio de reciprocidad.

La reciprocidad permite que el agente sea simultáneamente paciente y el paciente agente, que cada uno sea entonces la sede de lo contradictorio, pero de tal suerte que el contexto del uno es anulado por el contexto antagonista del otro. La existencia del uno está puesta en juego, frente a la existencia del otro, y la relativización mutua, del uno y del otro, da nacimiento a un Tercero incluido nuevo, la humanidad; nuevo ya que está situado en otro nivel que el del sí mismo de cada uno.

La dialéctica que retendrá nuestra atención, desde ahora, es la ortodialéctica contradictorial. En esta dialéctica, lo contradictorio no está sometido a las actualizaciones-potencializaciones de ningún nivel de realidad. Se despliega por el mismo signo que lo define, es decir, de forma igualmente contradictoria.

Esta ortodialéctica pone de manifiesto momentos contradictorios que son iguales y distintos, que se yuxtaponen, los unos a los otros, sin mediación aparente de ninguna realidad. El término *creación* podría dar cuenta de esa relación contradictoria, de un momento contradictorio a otro momento contradictorio. ¿Cuál es el primero y cuál el segundo? El uno supone al otro, pero es el otro el que le da derecho al primero. Y bien, como es claro que el primer momento no podría quedar en sí mismo sin ser atrapado en esta identidad no-contradictoria, aunque el segundo no podría ser distinto sin ser atrapado por una diferencia igualmente no-contradictoria, se ve que el primero debe derivar en la no-contradicción de la diferencia, mientras que aquel que hemos llamado el segundo debe derivar, al contrario, en la no-contradicción de la identidad y recíprocamente. Esas dos derivas, en una relativa no-contradicción, se traducen por la manifestación de lo contradictorio en términos no-contradictorios, pero ello a la cuenta de un momento contradictorio de segundo nivel. Esta deriva es en realidad sumisión de lo no-contradictorio a lo contradictorio (y no la inversa). Se dirá que la conciencia contradictorial utiliza entonces la naturaleza como sus propios significantes.

Se habrá reconocido, en el primer momento contradictorial, la figura del Padre según todas las Tradiciones, y en la expresión de donde procede el segundo nivel, que hemos llamado *deriva*, el Logos (la figura del Hijo). Pero precisemos inmediatamente que el Padre, el Nombre-del-Padre, es fundamentalmente una relación, ya que no se sostiene en sí mismo, al ser un momento contradictorio, sino solamente en el frente a frente con su otro sí mismo (la relación de Alianza, entonces, la Alianza tal como la descubrió Lévi-Strauss en el umbral de la cultura, y de la que nos habla

Jacques Lacan como matriz de la función simbólica, el Nosotros de los *Elohîm* de las primeras narraciones bíblicas). Se ve reaparecer, aquí, una de las intuiciones de las Tradiciones de numerosas sociedades humanas: la relación que asocia, en una común naturaleza contradictorial, tres momentos contradictorios distintos pero inseparables al comienzo de la historia humana. La relación, de un momento contradictorio a otro momento contradictorio, es el principio de reciprocidad, y este principio es la matriz de los valores éticos de todas las sociedades.

La conciencia, la conciencia humana, nace de la reciprocidad; es primero la expresión de una libertad soberana. So pena de ser retomada por el contexto del uno o el otro, ella debe inventar imperativamente un modo de expresión que le sea no solamente propio, sino que someta a la naturaleza a su ley: cuando en su horizonte aparecen los reflejos de las fuerzas de la naturaleza, ella los nombra. Todas las Tradiciones o casi dicen que al disipar del día las tinieblas originales, las cosas fueron nombradas en esta luz. Dos lógicas se enfrentan para esta nominación: la una, polarizada por la dialéctica de la diferenciación, la otra, por la dialéctica inversa de la unión. La primera perspectiva es muy reconocida por la lingüística, la segunda (que engendra, sin embargo, la palabra religiosa) seguramente menos.

Las dos proponen, sin embargo, algo más que la simple significación, ya que la dialéctica de lo contradictorio se continúa: el engendramiento de más sentido. Los significantes deben entonces obedecer al principio de lo contradictorio: comprometerse los unos con los otros en estructuras de discurso que regenerarían las condiciones de emergencia de momentos contradictorios cuyos polos no-contradictorios constituirán nuevos horizontes (las representaciones colectivas). Comprometerse los unos y los otros... se ve que las estructuras que permiten esta resurrección de lo contradictorio son semejantes a las matrices originales: *estructuras de reciprocidad*. La interlocución utiliza la naturaleza en su provecho: se sirve de la naturaleza como significante con el objeto de engendrar siempre más sentido. La naturaleza es movilizada como mediación por la génesis de una libertad superior a la libertad de cada uno.

¿Cuáles son las matrices originales? ¿Existe una estructura inicial o muchas que tengan por objeto crear un momento contradictorio compartido por las unas y las otras?

La más simple es el frente a frente, hasta el punto, incluso, que se reduce la noción de reciprocidad a ese frente a frente. Pero el frente a frente ha sido también tomado como la expresión más reducida de una estructura de reciprocidad generalizada en el que la cantidad de los que intervienen es indeterminado (Lévi-Strauss). Basta, en efecto, que el que actúa sobre un asociado sea el paciente de otro asociado y así sucesivamente para que cada uno sea la sede de un momento contradictorio. Con tres asociados se puede construir un modelo reducido de ese tipo de reciprocidad generalizada, de donde proviene su nombre de «reciprocidad ternaria», por oposición a la precedente, calificada de «binaria» (o restringida). Como quiera que fuese, en los sistemas de reciprocidad más antiguos, los sistemas de reciprocidad de parentesco, una relación recíproca binaria (la alianza) y una relación ternaria unilateral (filiación) se dan juntas. En ese caso, los valores producidos por esas estructuras elementales son indisociables, aunque sean diferentes.

Otras estructuras elementales aparecen pronto, y algunas de ellas pueden ser excluyentes las unas de las otras, de suerte que no pueden ser asociadas a no ser por la coexistencia de instituciones que les son propias. Las modalidades de esta coexistencia explican que hayan sistemas de valores diferentes. Las civilizaciones ya no se nos aparecen, entonces, como variantes de una sola humanidad (según los imaginarios que cambian al albur de las situaciones), sino como una génesis compleja a partir de matrices que autorizan un desarrollo plural.

Esas estructuras pueden asumir formas opuestas: por ejemplo, la reciprocidad de venganza, de asesinato o rapto, se opone a la reciprocidad de dones o alianza. La separación de las estructuras de reciprocidad de sus condiciones de origen (lo real), por su reproducción a otro nivel (lo imaginario), autoriza una invención libre de valores. Una invención que se perdería en una multiplicidad de manifestaciones, si la reciprocidad en el lenguaje no las relativizara, a su vez, para engendrar lo simbólico puro. No hay palabra dirigida al otro que no deba tomar en cuenta el contexto de éste y preocuparse por sus condiciones de existencia. Esta réplica de la reciprocidad de origen, en reciprocidad deseada por el pensamiento, se convierte en la Regla de la reciprocidad (al cabo del encuentro entre dos bandas de Nambikwara, descrito por Lévi-Strauss, los Nambikwara deciden llamarse «cuñados»[31]).

Esta superposición de la Regla a la reciprocidad de los orígenes, puede hacer creer que lo imaginario es tributario de lo real; pero, he aquí que es al revés: se separa de él, ya que se hace capaz de organizarlo. La conciencia, ante lo real, retorna como una voluntad liberada por la reciprocidad de todo determinismo. A partir de entonces, la reciprocidad es su propia ley. La palabra no es solamente designación o proclamación de sentido; ella es un principio de organización de la sociedad por la creación, siempre, de más sentido. Se acostumbra llamar dones a los procedimientos que tienen que ver con las condiciones de la existencia del otro. Las relaciones primitivas son así reproducidas o traducidas en términos de dones recíprocos y, a veces, esos dones se superponen a las relaciones de reciprocidad de parentesco e, incluso, las reemplazan: composiciones o compensaciones son promesas de reciprocidad (prendas) que, empero, pueden confundirse con los dones. Los dones son, así, símbolos, palabras silenciosas

---

[31] Claude Lévi-Strauss, « La vie familiale et sociale des Indiens Nambikwara », *Journal de la Société des Américanistes*, t. 37, 1948, p. 1-132.

que le permiten al imaginario atravesar los límites de lo real, alejarse del cuerpo a cuerpo de los primeros seres humanos para dar una vida propia a sus valores, desconocidos por la naturaleza, y que producen las estructuras de reciprocidad, valores como la amistad, la justicia, la responsabilidad, etc. Así, el pasaje de lo real al imaginario, y luego a lo simbólico, prácticamente no tiene ninguna interrupción, por mucho que se pase de un nivel de realidad a otros niveles de realidad.

Lewis Hyde ilustró esta dinámica entre los Maorí (tribus nativas de Nueva Zelanda) y entre los Inuit y otras tribus del norte del Pacífico[32]: la reciprocidad del frente a frente produce la amistad, luego el círculo se agranda a la sociedad entera. Después, los Maorí integran, a la reciprocidad de los dones, los bosques que les dan pájaros, y los Inuit los ríos que les dan peces, luego, la tierra, el sol, el cielo, y construyen así las quimeras de la reciprocidad que le procuran un alma al universo... Hay, así, tres asociados en el ciclo del don: la naturaleza, uno mismo y el otro. Pero, los Maorí no se detienen ahí, ya que la naturaleza sería como un primer donador y el prestigio se acumularía en beneficio suyo y se convertiría en un poder oculto. Los Maorí invitan al *desconocido* a la teoría del don. Esta vez, el don se sigue hasta el infinito, se constituye en principio del anti-poder, lo que se llama Señor en la tradición judía. Y cuando el hombre concibe el principio del don, como origen del político, y ya no se contenta con recibir de la naturaleza, sino que produce en su lugar las cosas buenas para ser donadas que, sin duda, las produce para donarlas, él mismo se convierte en Señor. ¿No realiza la revolución neolítica el pasaje de una época en la que la reciprocidad se expresaba en lo real: casarse, alimentarse, recolectar, a una época en la que el trabajo permite al hombre estar en el origen de la conciencia del don?

---

[32] Lewis Hyde, *The Gift. Imagination and the erotic life of property*, New York, Vintage Books, Random House, 1983.

O bien los hombres vuelven a poner en la hornilla de la reciprocidad sus representaciones para elaborar más sentido, o bien cada uno se hace, en su imaginario, de valores producidos y los transforma en poder. El hombre adquiere para sí el prestigio más grande y puede convertirlo en potencia material o simbólica en provecho suyo y sojuzgar a su donatario. El señor se convierte en el noble o el sacerdote. Del poder del prestigio a la propiedad de medios de producción de riquezas, no hay un hiato. El intercambio, ciertamente, es una revolución que anula los privilegios, pero generaliza el interés para sí más de lo que generaliza el interés por el otro. La lucha entre la reciprocidad y la no-reciprocidad, la lucha entre la liberación y el poder, es la constante de la historia.

*

3

EL PRINCIPIO DE LO CONTRADICTORIO Y LA AFECTIVIDAD

(1998)

El principio fundamental de la Lógica de lo contradictorio, el Principio de antagonismo de Stéphane Lupasco, enuncia que: A todo fenómeno le va aparejado un anti-fenómeno, de tal suerte que la actualización del uno es también la potencialización del otro, y recíprocamente[33].

Pero ¿qué significa potencialización, si ninguna medida puede dar cuenta de ello?

¿De qué puede servir redoblar el mundo real o, por lo menos, tal como éste se nos aparece en la experiencia, con un mundo inverso y declarado potencial?

La importancia de esta proposición se pone de manifiesto solamente cuando se redobla con otra hipótesis: Lupasco da a la potencialización el estatuto de conciencia elemental. Este último postulado abre la vía a una teoría de la conciencia humana, ya que los momentos intermedios entre dos contrarios deben, en efecto, interpretarse como conciencias de conciencias.

A medida que uno tiende hacia lo que es contradictorio en sí, Tercero incluido de la lógica de lo contradictorio, excluido de la lógica clásica, los fenómenos y sus conciencias elementales se hacen cada vez más indeterminados, mientras

---

[33] Stéphane Lupasco, *Le principe d'antagonisme et la logique de l'énergie* (1951), 2ª ed. Monaco, Le Rocher, 1987, p. 9.

lo que es contradictorio en sí se despliega como *conciencia de conciencia pura.*

Si una de las dos conciencias elementales antagonistas queda dominante, ella emerge de lo que es contradictorio en sí, y la conciencia de conciencia se convierte entonces en una conciencia de conciencia determinada; una conciencia que se podrá llamar objetiva.

En el momento del advenimiento del Tercero incluido, es decir de aquello que es perfectamente contradictorio en sí, ya no hay actualización ni potencialización, no hay medida posible y no puede decirse nada de ello. Al ser toda conciencia elemental relativizada por su contraria, la conciencia de conciencia se convierte en una pura conciencia de sí misma.

Al cesar toda distinción no-contradictoria, le es imposible a la conciencia ser consciente de sí misma como de su propio objeto. La experiencia ya no autoriza ninguna visión de lo que sea, aunque sea esto interior, y debe poder reducirse sólo a la experiencia del sujeto. Desde entonces, es necesario que seamos nosotros mismos la sede de esta experiencia para poder dar testimonio de ella.

Si en el Tercero incluido, la conciencia de conciencia no puede ser sino la prueba de sí misma, ella es como la revelación sin relación a lo que sea, revelación entonces de su ser como absoluto. Esta prueba de sí es de naturaleza afectiva. La conciencia afectiva parece así una manifestación de la conciencia de conciencia pura. Lupasco pensaba que esta conciencia de conciencia no dejaba de ser conciencia de sí misma como de algo y, como no encontraba en la afectividad ninguna objetividad, creía que ella sobrevendría según un procedimiento misterioso.

Con todo, su obra conduce al umbral de lo que llamo el *Principio de lo contradictorio: la equivalencia de lo que es en sí contradictorio y de la afectividad.*

Se presume que la afectividad ya se encuentra en los animales, ya que ellos se manifiestan con expresiones comparables a las de nuestros propios sentimientos. Y bien, los animales afrontan, constantemente, la muerte y pasan por instantes en que la vida y la muerte se dan la cara. Son, pues, la sede de momentos que son en sí mismo contradictorios. Los animales, pues, según el principio de lo contradictorio, deben poder experimentar una conciencia de conciencia que sea un sentimiento de existencia, por muy efímero y frágil que sea. Tal vez, incluso, esta afectividad está por todas partes, comprendiendo ello el nivel de los quarks, como una suerte de sensibilidad primordial del universo. ¿Por qué el gozo o el sufrimiento serían propiedad exclusiva de los seres vivos?

La conciencia afectiva de los animales parece, sin embargo, más elemental que la conciencia afectiva de los hombres. Así, la afectividad fue interpretada como una primera experiencia del mundo. La afectividad nace, sin duda, con la sensación, en la frontera de la actividad biológica y el mundo, donde se la puede llamar primitiva, pero su cualidad depende de las fuerzas puestas en juego para darle nacimiento. Hay, pues, una posibilidad de evolución de la conciencia afectiva como hay una evolución de la conciencia objetiva.

Pero, si la afectividad es manifestación de lo que es en sí perfectamente contradictorio ¿no debiera ser ella una en sí misma en vez de múltiple como nos lo revelan la alegría, el dolor, etc.? Es posible responder, siempre gracias a la teoría de Lupasco, que todo fenómeno, toda actualización-potencialización, es susceptible de una actualización-potencialización de segundo nivel, para retomar una expresión querida a Nicolescu. Así, un acontecimiento en sí mismo contradictorio puede igualmente actualizarse por homogeneización, potencializando su contrario que, si se actualiza, sería un acontecimiento contradictorio que se diferenciaría.

Se constata que la conciencia afectiva del primer nivel, replegada sobre sí misma por la homogeneización de segundo nivel, o aún desplegada por la heterogeneización de segundo nivel, se traduce por sentimientos diferentes. No sabemos por qué la conciencia afectiva se convierte en angustia cuando se condensa en la unidad de la contradicción (homogeneización de segundo nivel), ni por qué, diferenciada en el segundo nivel, da nacimiento a sensaciones intensas que van del dolor al placer y, luego, se desvanece en el aburrimiento. Constatamos solamente que así, prisionera de lo que Lupasco llama paradialécticas, se convierte en señalética de lo que pone en peligro el porvenir contradictorial del Tercero incluido mismo.

Ya que no puede ser nombrada sino cuando es experimentada, la conciencia afectiva no tiene explicación, manifestación del sujeto que no puede ser reportada fuera de él. En el Tercero incluido, ninguna determinación de la naturaleza física o biológica se refleja en el horizonte de la conciencia de conciencia. La conciencia afectiva pura, la del desarrollo contradictorial del Tercero incluido, es una efusión evanescente que es incluso indiferente a toda pena o alegría, que se escapa al ser mismo para aventurarse en el infinito, la afectividad de la libertad.

¿Cómo puede esta afectividad de la libertad evitar ser replegada sobre ella misma por la homogeneización de segundo nivel, sino actualizándose en los diferentes momentos de la existencia a los cuales ella da sentido? Pero ¿cómo escaparía ella entonces a esta dispersión si no estuviera, a su vez, relativizada por una homogeneización inversa? *Esas dos dinámicas de segundo nivel pueden relativizarse la una a la otra si son confrontadas en una estructura que les sea común: esta estructura es el cara a cara, que llamamos reciprocidad primordial y que la antropología descubre en el umbral de toda comunidad humana.* La actualización del Tercero incluido en la homogeneización o heterogeneización del otro y viceversa, lo que, en términos antropológicos, se diría: cuando la *identidad* entre los seres humanos hace juego igual con sus *diferencias.*

El sentimiento compartido en la reciprocidad, que el Tercero incluido engendra en cada uno, se le llama gracia. Para nacer de una estructura de reciprocidad, la gracia hace resplandecer a cada uno, pero se ve primero como el rostro de otro. El otro se convierte en el espejo del Otro, es decir, de la vida espiritual. La gracia, reconocida como recibida del otro, es la amistad.

Los primeros hombres fueron tan trastornados por esta revelación, que se presentaron los unos a los otros buscando ser transparentes a su presencia, desnudos. Luego, subrayaron el esplendor de la gracia mediante la pintura facial y el adorno, las diademas de plumas de oro, los grandes collares cruzados de perlas azules, los mocasines de pieles blancas, y fabricaron máscaras... El infinito se presentó en el cuerpo de cada uno para engendrar el más allá del ser. Se revelaron así los unos a los otros como sobrenaturales, dotados de la palabra, danzando al son de los tambores y de las flautas...

*

II

LOS FUNDAMENTOS
ANTROPOLÓGICOS

1

LÉVISTRAUSSIQUE
HOMENAJE A LÉVI-STRAUSS
LA RECIPROCIDAD Y EL ORIGEN DEL SENTIDO

1ª publicación en *Transdisciplines*, Paris,
L'Harmattan, 1997.

*

Lévi-Strauss sitúa el origen de la función simbólica en la capacidad del espíritu humano de superar el sentimiento nacido de una *situación contradictoria* inherente al encuentro de los primeros hombres, por una representación duplicada de lo que está en juego en este encuentro, en dos términos *opuestos* y *complementarios* que pueden, por lo tanto, intercambiarse: es el *principio de oposición*. Deduce que el «intercambio» es la razón de estos encuentros y la motivación de la función simbólica.

Proponemos, bajo el nombre de *principio de unión*, interpretar sus observaciones que permiten concebir una segunda modalidad de la función simbólica, capaz de transformar un sentimiento nacido de la *situación contradictoria* en una representación expresada por un significante único: la Palabra de unión.

Basta con proseguir esta reflexión para descubrir que estas dos modalidades de la función simbólica requieren la perennización de la situación contradictoria, lo que garantiza la reciprocidad y no el intercambio.

La Lógica dinámica de lo contradictorio es requerida entonces para entender cómo un sentimiento contradictorio puede expresarse mediante una representación no-contradictoria, que expresa la Palabra de oposición o la Palabra de unión.

La reinterpretación de las observaciones de Lévi-Strauss, con la Lógica dinámica de lo contradictorio, conduce a interpretar la reciprocidad como la matriz del sentido.

*

Introducción

Claude Lévi-Strauss dice, cuando se ocupa de la mágica noción de *mana*, en su «Introducción a la obra de Marcel Mauss», que el lenguaje no pudo nacer sino de golpe:

> A consecuencia de una transformación cuyo estudio no compete a las ciencias sociales, sino a la biología y la psicología, se efectúo un pasaje de un estadio en el que nada tenía sentido a otro en el que todo lo poseía[34].

Que el mundo haya significado de golpe, que el hombre haya tenido el sentimiento de una revelación inmediata y total, lo atestiguan las tradiciones más antiguas. Pero ¿por qué se inscribiría este acontecimiento fundador en la evolución psicológica o biológica del hombre? ¿Por qué el acontecimiento de sentido no sería simultáneo para sí y para el otro, y cuál sería entonces el lugar de origen de la función simbólica? ¿No sería una relación social particular que, por no tener precedente en la naturaleza, habría permitido la aparición súbita pero sistemática del sentido?

Por cierto, la biología y la psicología son convocadas a esta cita con la historia humana. Pero, doquiera surja la

---

[34] Claude Lévi-Strauss, Introduction à l'œuvre de Marcel Mauss, en Marcel Mauss, *Sociologie et Anthropologie*, Paris, PUF, (1950), 1991, p. IX-LII (p. XLVII).

palabra, se encuentra la misma matriz: la relación de reciprocidad. Al poner las llaves del advenimiento de la conciencia en la biología y la psicología, el maestro de la antropología estructural da pruebas de demasiada modestia. Nadie, por otra parte, aportó más argumentos que él para apoyar la idea de que la función simbólica tiene asiento en la relación de reciprocidad.

– La primera parte de este análisis: «De Mauss a Lévi-Strauss», evoca la conclusión de Marcel Mauss: la reciprocidad de dones es un lenguaje.

– La segunda parte: «El nacimiento de la función simbólica», recuerda que ese lenguaje puede ser comparado a aquel del que se ocupan los lingüistas y cómo, para Lévi-Strauss, su nacimiento está ligado al intercambio.

– En la última parte: «La reciprocidad ¿es la matriz del sentido?», las categorías propuestas por Lévi-Strauss serán organizadas como para poner en evidencia el papel de la reciprocidad en la génesis de sentido.

1. DE MAUSS A LÉVI-STRAUSS

1 - La reciprocidad redescubierta

El don y la reciprocidad fueron redescubiertos en 1922 por Malinowski en las comunidades trobriandesas: *Los Argonautas del Pacífico*[35]. En 1923, Mauss publica el *Ensayo sobre el don*. Muestra que todas las sociedades humanas, «fuera de la nuestra», tienen una economía regida por la reciprocidad de dones (las famosas «obligaciones de dar, recibir y devolver», ligadas con el *mana*)[36].

Pero he aquí que la supremacía de la sociedad occidental sugiere fuertemente que el «intercambio» es la forma más evolucionada de las prestaciones humanas. La solución más cómoda, para enlazar intercambio y reciprocidad, es interpretar la reciprocidad como un «intercambio arcaico». Por tanto, hay que reducir el *mana*, que ordena las referencias indígenas de la reciprocidad, a un valor que pueda ser intercambiado.

Mauss atribuye el *mana* al donador. Hace de él una propiedad espiritual. Cree que dando algo, da de sí mismo. Los regalos, en los encuentros entre bandas primitivas –dice Mauss– son el equivalente de sentimientos, son parecidos a los gritos, a las lágrimas, a los abrazos.

---

[35] Bronislaw Malinowski (1922), trad. fr. *Les Argonautes du Pacifique occidental*, Paris, Gallimard, 1963.

[36] Ver Marcel Mauss, « Essai sur le don. Forme et raison de l'échange dans les sociétés archaïques » (1923), 2ª ed. en *Sociologie et Anthropologie*, Paris, PUF, (1950), 1991.

Esos gritos, son como frases y palabras. Hay que decir, pero si hay que decirlas, es porque todo el grupo las comprende (…) son esencialmente una simbólica[37].

Gritos, llantos, obsequios, mujeres, son palabras para entrar en comunicación con el otro, obtener su integración a la unidad del grupo.

La idea de que el don es *don de sí* acarrea esta otra, según la cual se crea una dependencia respecto del otro, ya que en realidad el *mana*, el ser del donador, sería inalienable. El que recibiría el símbolo, el donatario, estaría *obligado*, o bien a restituirlo o donarlo, o bien a quedar bajo su dependencia.

La interpretación que Mauss propone del *hau* de los Maorí parece corroborar esta tesis. El *hau* maorí es el *mana*, la fuerza de ser del donador que acompaña el objeto donado y que, donde vaya, deberá retornar.

Según Sahlins[38], los Maorí lo dirían explícitamente: los cazadores devuelven al bosque una parte del don recibido de él (los pájaros que los cazadores matan) gracias al sacerdote (*tohunga*), que acompaña el don de devolución con un pequeño talismán, el *mauri*, la encarnación del *hau*, el espíritu del don. El *mauri* es una prenda, el símbolo del «sí mismo», devuelto al bosque y añadido a la utilidad de las cosas devueltas como testimonio de que no se trata de un intercambio interesado de forma inmediata, sino de un don de benevolencia, que engendra un lazo de dependencia, útil según Sahlins, para que el ciclo del don se reproduzca. Los Maorí intercambiarían el valor de ser, el *mana*, por bienes materiales (el *mauri* por nuevos pájaros).

---

[37] Marcel Mauss, « L'expression obligatoire des sentiments (rituels oraux funéraires australiens », Journal de psychologie, 18, 1921, rééd. en *Essai de Sociologie*, Paris, Éd. de Minuit, coll. «Points», 1971, p. 81-88 (p. 88).

[38] Marshall Sahlins (1974), *Âge de pierre, âge d'abondance. Économie des sociétés primitives*, Paris, Gallimard, 1976.

2 - El intercambio simbólico

Según Mauss, las relaciones de las comunidades primitivas son de «prestaciones totales» en las que todo se intercambia, el alma y las cosas, ya que los «primitivos» no podrían separar lo que es del orden de la afectividad y lo que es del orden de la utilidad; no sabrían disociar el sujeto del objeto ni oponer sus intereses. Mezclarían todo en una aprehensión global. Más tarde, se instaura el «intercambio-don» en el cual el alma y las cosas están aún mezcladas. Para compartir del *sí*, del *mana*, habría que dar en interés del otro. Un intercambio negativo en términos de utilidad sería, así, un intercambio positivo en términos de magnanimidad. Una vez tomado conciencia de esta equivalencia, cada uno pronto tendrá en cuenta que la benevolencia del otro se convierta en ventajas concretas, de suerte que la amistad no sería tan desinteresada como parece.

Aristóteles constataba en el mismo sentido que:

> Si es bueno hacer el bien sin espíritu de retorno, y útil de recibir, todo el mundo o casi aspira a lo bello pero elige lo útil[39].

El intercambio de benevolencia es un intercambio simbólico cuyo secreto es el interés de cada uno. El sí mismo no se aliena definitivamente, solamente es extendido al otro como una tutela, y se convierte así en la seguridad de que los bienes donados en su nombre volverán. El intercambio de sí mismo no es sino un intercambio de intereses secretos. Son numerosos los etnólogos que dirán que la fina palabra de don, es el préstamo, y más: el préstamo con interés. Mauss mismo lo

---

[39] Aristote, *Éthique à Nicomaque*, VIII, XIII, 1162b-1163a (trad. por Gauthier y Jolif), Presses Universitaires de Louvain, 1958.

sugiere. Cuando el intercambio se impone, el don se hace paradójico e irrisorio, manifestación de ostentación, tentativa de probar al otro que uno es tan rico que le puede tirar al otro «la riqueza en la cara». Mauss hace a veces del gasto de prestigio un corolario no de la benevolencia, sino de la soberbia, pero vacila siempre en subordinar la benevolencia al interés.

Finalmente, la hipótesis de que en las *prestaciones totales* la benevolencia pueda ser desinteresada, que el sacrificio de su interés pueda dar testimonio de la amistad, permite a Mauss imaginar que la humanidad progresa por la disociación de un espacio económico, regido por el interés, de un espacio en el que el bien espiritual es tomado en consideración, de preferencia al interés.

En el origen, todo es intercambio, de lo espiritual y de lo temporal. La evolución sería doble, una rama daría el intercambio económico, la otra el intercambio simbólico. Pero la tesis de Mauss no se libera de la idea de intercambio. El don transmitiría entonces un valor útil a cambio de la amistad, y la reciprocidad de dones aumentaría la confianza en los intercambios de bienes.

Mauss va aún más lejos: por la reciprocidad, las dos almas se confunden, se convierten en un cimiento único. Los presentes –dice Mauss–, tomando como ejemplo a los Andamán descritos por Radcliffe-Brown:

> (…) sellan el matrimonio, forman un parentesco entre las dos parejas de padres. Le confieren a ambos lados la misma naturaleza[40].

El *mana* es más que lazo, adquiere una naturaleza como la del cemento entre las piedras. Según tales expresiones, el *don de*

---

[40] Alfred Radcliffe-Brown, *Andaman Islanders* (1922), citado por Mauss, *Essai sur le don, op. cit.*, p. 173.

sí tendría por resultado una referencia común gracias a la cual, desde ahora, los bienes pertenecerían a todos y debieran ser compartidos. Pero entonces, se introduce una idea nueva, la de la producción de este valor que no está en las cosas dadas.

Se puede imaginar, así, que los seres humanos estén deseosos de construir el *mana*.

Mauss cita a los Kanak (Nueva Caledonia), sobre la base de documentos recogidos por Leenhardt:

> Nuestras fiestas son el movimiento de la aguja que sirve para ligar las partes del techo de paja, para no hacer sino un techo, una sola palabra[41].

Los Kanak dan prioridad a la idea de una cosa común y nueva, un solo techo, una sola palabra, como si un lazo semejante tendría más valor que los valores dados. Cada uno no dispone tanto de un valor, que quisiera intercambiar por el del otro, como del deseo del fruto de la reciprocidad, el lazo social. No es posible reducir la amistad a la equivalencia de dos benevolencias. Las dos benevolencias, cosidas juntas para el ida y vuelta de la reciprocidad, engendran un valor nuevo: la *philia* de Aristóteles, la amistad, que otorga a los unos y a los otros un parentesco, una identidad de nueva naturaleza.

3 - La naturaleza del *mana*

¡Pero comienza la paradoja! Mauss precisa, en efecto, acerca de los Andamán:

---

[41] *Ibíd.*, p. 174-175.

(...) esta identidad de naturaleza se manifiesta bien por la prohibición que, desde ahora, se convertirá en tabú. En efecto, desde el primer compromiso de bodas hasta el fin de sus días, los dos grupos de padres no se verán, no se dirigirán la palabra, pero intercambiarán regalos perpetuamente. En realidad, esta prohibición expresa, a la vez, la intimidad y el miedo que se instaura en esta clase de acreedores y deudores recíprocos. Que éste sea el principio, lo prueba el hecho siguiente: el mismo tabú, significativo de la intimidad y del alejamiento simultáneo, se establece también entre jóvenes de ambos sexos que han pasado por las mismas ceremonias de "comer la tortuga y el chancho" y que están igualmente obligados, de por vida, al intercambio de presentes[42].

La nueva identidad es el fruto de una estructura, desde ahora, perenne, en la que la atracción es igual a la repulsión, la proximidad es igual al alejamiento. El lazo social que aparece nuevamente es una afectividad que parece contradictoria en sí misma (*la intimidad y el miedo simultáneos* –dice Mauss). El *mana* no se reduce a dos benevolencias confundidas, a una fraternidad ideal. Es una identidad de naturaleza, pero esta naturaleza no se compara a lo que preexiste; es una naturaleza específica a lo que está entre lo idéntico y lo diferente, entre lo próximo y lo lejano, entre el enemigo y el pariente, entre la unión y la separación. Ella es un término medio entre términos contrarios.

El *mana* es un parentesco nuevo, ya no biológico, que funda la cultura en relación a la naturaleza; es un parentesco espiritual. Esta definición del *mana* que es, por lo menos, la de los Andamán y los Kanak, es la misma que aquella reconocida por Aristóteles para la *areté*, la *philia* y la *charis* (el valor, la amistad y la gracia). Cuando Aristóteles se interroga sobre la *areté*, el valor, remarca que él siempre es el justo medio entre

---

[42] *Ibíd.*, p. 173.

dos extremas opuestos[43], por ejemplo el coraje entre la cobardía y la temeridad. Uno de los extremos es considerado un exceso y el otro como una falta; el uno, pues, antagonista del otro. Y el coraje es el medio entre esos dos contrarios.

4 - La situación contradictoria: una condición previa a la función simbólica

Lévi-Strauss critica que la reciprocidad de los dones sea motivada por un lazo afectivo, hipótesis que seducía a Mauss hasta el punto de que éste se preguntaba si la única razón de la reciprocidad de los dones no era el *mana* mismo, es decir, el valor moral de Radcliffe-Brown, que decía en cuento a los Andamán:

> A pesar de la importancia de esos intercambios, dentro del grupo local y la familia, en otros casos, saben bastarse en cuanto a útiles, etc. y esos presentes no sirven siquiera para el mismo objeto que el comercio y el intercambio en las sociedades más desarrolladas. El objeto es ante todo moral; el objeto es producir un sentimiento amistoso entre las dos personas comprometidas y si la operación no tuviera ese efecto, se arruinaría todo...[44].

Lévi-Strauss reprocha a Mauss el dejarse mistificar por los hechiceros indígenas que recurren, cada vez que deben justificar elementos que les parecen inexplicables, al *mana* como a un *significante flotante, vacío de sentido, un valor simbólico cero*, un término neutro, un salvoconducto, que podría servir para todo supliendo, de manera mágica a la razón de las cosas.

---

[43] Aristote, *Éthique à Nicomaque, op. cit.*, II, 6, 1107 a 2.
[44] Radcliffe-Brown, citado en Mauss, *op. cit.*, p. 172.

Pero admite que el don aporta un valor nuevo, un lazo de amistad[45]. En las sociedades primitivas, se daría para crear alianzas. Cuando un don es relevado por un contra-don, se puede decir, con la condición de llamar intercambio a la reciprocidad de dones: «que en el intercambio hay más que las cosas intercambiada»[46].

Podría creerse, pues, que Lévi-Strauss sitúa en el acto mismo del don el valor de éste. Cita a S. Isaacs, para quien:

> Los niños no experimentan tanto el amor *por el hecho* de los regalos: para ellos, el regalo *es* amor. Su amor es más función del hecho de dar que del don mismo. Para ellos el acto de donar y el don son, a la vez y propiamente, amor[47].

Es también esta relación con el otro la que da su valor al don. Lo que da su valor al objeto, es la relación con el otro. Pero, para Lévi-Strauss, esta relación del don con otro se convierte en una reciprocidad de intereses y, por lo tanto, de intercambio:

> Lo que es desesperadamente deseado, sólo lo es porque alguien lo posee. Un objeto indiferente se convierte en esencial por el interés que otro le dedica; el deseo de poder es, pues, primero y sobre todo, una *respuesta social*. Y esta

---

[45] «¿En qué consisten las estructuras mentales a las cuales recurrimos y que creemos poder establecer la universalidad? Son, parece, en nombre de tres: la exigencia de la Regla como Regla; el concepto de reciprocidad considerado como la forma más inmediata bajo la cual pueda integrarse la oposición de mi y del otro; por fin, el carácter sintético del Don, es decir el hecho de que la transferencia estada de acuerdo de un valor de un individuo a otro cambia éstos en socios, y añade una nueva calidad al valor transferido». Claude Lévi-Strauss, *Les Structures élémentaires de la parenté* (1949), Paris-La Haye, Mouton, 1967, p. 98.

[46] *Ibíd.*, p. 69.

[47] Susan S. Isaacs, *Social Development in Young Children* (1933), citado por Lévi-Strauss, *ibíd..*, p. 100.

respuesta debe ser comprendida en términos de poder o, más bien, de impotencia: quiero poseer ya que, si no poseo, tal vez no pueda obtener el objeto si tengo necesidad de él; "el otro" lo guardará siempre. No hay, pues, contradicción entre propiedad y comunidad, entre monopolio y compartir, entre *arbitrario y arbitraje*: todos esos términos designan las modalidades diversas de una tendencia, o de una sola necesidad primitiva: la necesidad de seguridad[48].

Esas consideraciones se refieren a la infancia, pero es el mismo análisis que prevalece en el estudio de los Nambikwara (Brasil). Esas comunidades se acercarían la una a la otra ya que cada una codiciaría los objetos poseídos por la otra. Cuando Lévi-Strauss interpreta la poligamia entre los Nambikwara, afirma que el individuo deja al jefe la mujer, a la cual podría pretender, a cambio de la seguridad que éste le pueda asegurar[49]. La alianza misma es, pues, reducida a una utilidad; la confianza o la paz a la necesidad de seguridad. Se intercambia así lo útil por la alianza, pero porque la alianza es útil. Se ve la paradoja: por un lado, el intercambio es llevado al don recíproco, y aparece inmediatamente un valor que no está constituido en los objetos dados; por otro lado, el don es llevado al intercambio propiamente dicho, es decir, a la satisfacción de intereses individuales o colectivos debidamente catalogados.

Lévi-Strauss recalca el primado del intercambio:

Ya que el matrimonio es intercambio, ya que el matrimonio es arquetipo del intercambio, el análisis del intercambio puede ayudar a comprender esta solidaridad

---

[48] *Ibíd.*, p. 100.

[49] «Al reconocerlo [el privilegio del jefe polígamo], el grupo intercambió los *elementos de seguridad individual* que se ligaban a la norma monógama, contra una *seguridad colectiva* que se deriva de la organización política». *Ibíd.*, p. 51.

que une el don y el contra-don, el matrimonio a otros matrimonios[50].

La emergencia del pensamiento simbólico debía exigir que las mujeres, como las palabras, fuesen cosas que se intercambian. Era, en efecto, en este nuevo caso, la única manera de sobrepasar la contradicción que hacía percibir a la misma mujer bajo dos aspectos incompatibles: por una parte, objeto de deseo propio y, por tanto, estímulo de los instintos sexuales y de la apropiación; y, al mismo tiempo, como sujeto, percibido como tal, del deseo del otro, es decir, una manera de enlazarse al aliarse[51].

Se ve imponerse la idea de intercambio entre dos intereses, el goce de la mujer y la seguridad que se quiere obtener de la alianza con el otro. Todo se mide en intereses (la mujer como objeto sexual, luego, la alianza como necesidad de seguridad). Esta lucha de intereses crea, sin embargo, una situación contradictoria –la aprehensión de la mujer bajo dos aspectos incompatibles: objeto de deseo propio y del deseo del otro– sentimiento contradictorio en sí mismo y que se trata de sobrepasar.

5 - ¿Cómo nace la palabra?

Lévi-Strauss encuentra el mismo fenómeno en el nacimiento de la palabra. Es una situación contradictoria que hace necesaria la mediación de la función simbólica.

Desde que un objeto sonoro es aprehendido como ofreciendo un valor inmediato a la vez para el que habla y

---

[50] *Ibíd.*, p. 554.
[51] *Ibíd.*, p. 569.

el que escucha, adquiere una "naturaleza contradictoria" que no puede ser neutralizada sino por el intercambio de valores complementarios al cual se reduce toda la vida social[52].

¿Qué quiere decir esta naturaleza contradictoria? De la misma forma en que una mujer se convierte en la sede de dos deseos antagónicos, el deseo sexual que implica su posesión y el deseo de paz con el otro, que implica su abandono; todo aquello, pues, que es portador de un mismo valor para sí y para el otro, adquiere una naturaleza contradictoria. ¿Cómo sobrepasar esta situación?

Cómo, en el caso de las mujeres, que la pulsión original forzó a los hombres a "intercambiar" palabras ¿no debiera ésta ser buscada en una representación desdoblada, ella misma resultante de la función simbólica que hace su primera aparición?[53].

Lévi-Strauss pone entonces entre comillas la palabra «intercambiar», cuando se trata de la palabra. Se trata, pues, de un intercambio fundado en una representación desdoblada de esta aprehensión contradictoria, desdoblada en dos valores opuestos pero complementarios. Lévi-Strauss llama «principio de oposición» a esta primera modalidad de la función simbólica.

La invención de la oposición *esposa-hermana*, permitirá a cada uno dirigir a su hermana hacia otro, a cambio de la suya y de procurarse, a la vez, el gozo y la alianza. Pero, desde ahora, algo precede al intercambio: esta representación desdoblada, este principio de oposición que viene a reemplazar una aprehensión contradictoria en sí misma. Una

---

[52] Claude Lévi-Strauss, *Anthropologie structurale*, Paris, Plon, vol. I, 1958, p. 70-71.

[53] *Ibíd.*, p. 70.

representación tal está destinada a la comunicación; postula que uno de los dos términos de la oposición significa para el uno, cuando el otro término significa para el otro. Que cada uno pueda encontrarse, por simetría o alternancia, en la oposición del otro, que podrá sustituir una de sus representaciones por la otra. El intercambio de una hermana por una esposa se hace posible ya que esas nociones están correlacionadas entre sí. La una no puede existir sin la otra.

Uno de los términos de la oposición, por ejemplo, es el signo de la proximidad o de la identidad, el otro el de la extrañeza o la alteridad. No es una propiedad particular, dice Lévi-Strauss, la que hace apropiada o inapropiada a la mujer para el matrimonio, sino el hecho de asegurar una situación de alteridad, hasta el punto de que, si en una comunidad primitiva vuestros adversarios han raptado a vuestras hermanas, por el mismo hecho de que se encuentran frente a vosotros, ellas pueden convertirse en vuestras mujeres por el mismo hecho de que podéis designarlas como *otras*[54].

La aplicación simétrica de ese principio de oposición define un marco para el intercambio. Lo que es pensado por uno mismo puede ser pensado por el otro. Para Lévi-Strauss tenemos, pues, la siguiente secuencia:

1) Una situación dada, ofrece a ciertas relaciones una naturaleza contradictoria,

2) neutralizada por la función simbólica, que aparece con el principio de oposición, y que consiste en dar a estas relaciones una representación desdoblada en dos términos opuestos y complementarios,

3) representación gracias a la cual cada uno puede intercambiar con el otro cuando se encuentra en una situación simétrica.

Pero ¿es necesario imaginar la codicia de los unos y los otros, por los objetos dados, para engendrar una situación

---

[54] Lévi-Strauss, *Les Structures élémentaires de la parenté, op. cit.*, p. 132-135.

contradictoria? ¿No es engendrada sistemáticamente esta situación contradictoria por toda relación de reciprocidad?

Vamos a precisar el rol que Lévi-Strauss otorga a la reciprocidad entendida como estructura psicológica frente al intercambio. Nos interrogaremos, enseguida, sobre la función simbólica tal como la describe Lévi-Strauss para poner en evidencia que ella puede manifestarse no sólo como *una*, sino como *dos* modalidades iniciales. Esta observación permitirá cuestionar las condiciones de origen que se había creído poderle atribuir.

2. EL NACIMIENTO DE LA FUNCIÓN SIMBÓLICA

1 - La tesis de la primacía del intercambio sobre la reciprocidad

¿Puede seguir sosteniéndose que el intercambio precede a la reciprocidad como si la reciprocidad no fuera sino una relación de simetría entre dos participantes interesados por el intercambio? Si se trata del intercambio, en el sentido moderno del término, es decir, el intercambio de valores reificados, entonces la respuesta es negativa.

En una de las grandes polémicas de *Las Estructuras elementales del parentesco*, Lévi-Strauss establece que la reciprocidad precede al intercambio. Frazer había observado, en numerosas comunidades australianas, que el sistema clasificatorio en uso indicaba que la hija del hermano de la madre (prima cruzada), con la cual el matrimonio está prescrito, era también la hija de la hermana del padre (dos veces prima cruzada) [55]. Frazer adelantó la idea de que la base de las relaciones matrimoniales era un simple intercambio de hermanas de la primera generación, luego, de primas de las generaciones siguientes. Pero, entonces, se encontró ante un enigma: ¿por qué los matrimonios entre primos paralelos son prohibidos en esas comunidades? Los primos paralelos (hija del hermano del padre o hija de la hermana de la madre) ¿No tienen el mismo valor de intercambio que los primos cruzados (hija del hermano de la madre, hija de la hermana del padre)?[56].

Lévi-Strauss responde que para resolver el enigma, antes que pensar en el intercambio hay que pensar en la reciprocidad y, para ello, partir del principio de oposición[57]: un hombre recibe una mujer, que los hijos heredan, y puede afectarse esa prestación con el signo "menos". Si su hermano recibe igualmente una mujer, sus hijos heredan el mismo signo «menos». Los primos (llamados paralelos, ya que los padres

---

[55] James G. Frazer, *Folklore in the Old Testament* (1919), citado por Lévi-Strauss, *Les Structures élémentaires de la réciprocité*, p. 155-157.

[56] Para Frazer, las cosas quedan claras: el matrimonio matrilateral es una forma del matrimonio entre primos cruzados él mismo que se deduce del intercambio de las hermanas: «Es razonable suponer que en todas las tribus australianas que permitieron o favorecieron el matrimonio entre primos cruzados, este tipo de matrimonio nació como una consecuencia directa del intercambio de las hermanas, y de que de allí él no tiene otra explicación. Es razonable, por eso, de suponer que el intercambio de las hermanas se deriva directamente de la necesidad económica de pagar a una esposa en especie, en otros términos, de dar a una mujer a cambio para la mujer que uno mismo se recibió en matrimonio». *Ibíd.*, p. 158.

[57] «Pero si es cierto −como intentamos demostrarlo aquí− que el paso del estado de natura al estado de cultura se defina por la aptitud, por parte del hombre, a pensar las relaciones biológicas en forma de sistemas de oposición (…), será necesario admitir quizá que la dualidad, la alternancia, la oposición y la simetría (…) constituyen menos fenómenos por explicar que los datos fundamentales e inmediatos de la realidad mental y social, y que se deben reconocer en ellas los puntos de partida de toda tentativa de explicación». *Ibíd.*, p. 157-158.

comunes son del mismo sexo) son pues del mismo signo (heredan los unos como los otros la deuda de una mujer). En cambio, si un hombre da a su hermana en matrimonio, esta prestación será connotada por el signo «más», que heredan sus hijos. Los primos (primos cruzados, ya que los parientes comunes son de sexo opuesto) son de signos diferentes ya que heredan los unos una deuda, los otros un crédito. El intercambio no tiene lugar si la mujer no está marcada con el signo de alteridad, es decir, que no se da sino entre primos cruzados[58]. He ahí recusada toda la teoría de la primacía del intercambio…

Puede decirse que el intercambio es rechazado en aval de la reciprocidad. La reciprocidad es concebida como la aplicación, por cada participante, del principio de oposición necesario para definir la alteridad. El principio de oposición es una modalidad de la función simbólica que permite neutralizar la naturaleza contradictoria de cierta posición entre dos asociados. La distinción entre el intercambio y la reciprocidad, como regla psicológica, permite situar el intercambio como

---

[58] «Frazer –dice Lévi-Strauss– concibe el intercambio de las esposas como una solución conveniente al problema económico de saber cómo se puede obtenerse a una mujer. Afirma en sucesivas ocasiones que el intercambio de las hermanas y muchachas "fue por todas partes, al origen, una simple operación de trueque" (…). Al contrario, postulamos primero la conciencia de una oposición: oposición entre dos tipos de mujeres, o más bien entre dos tipos de relaciones donde se puede estar frente a una mujer: o hermana o hija, es decir mujer cedida, o sea esposa, es decir mujer adquirida; mujer pariente o mujer aliada. Y mostramos cómo, a partir de esta oposición primitiva, una estructura de reciprocidad se construyera, según la cual el grupo que adquirió debe volver y aquél que cedió puede exigir; así constatamos que, en un grupo cualquiera, los primos paralelos el uno con el otro son resultantes de familias que se encuentran en la misma posición formal, que es una posición de equilibrio estático, mientras que los primos cruzados son resultantes de familias que se encuentran en posiciones antagónicas, es decir, las unas con relación a los otros, en un equilibrio dinámico que es la herencia de la parentesco, pero que solo la alianza tiene el poder de solucionar». (*Ibíd.*, p. 159-160).

una consecuencia de una relación de objetos, y la reciprocidad como una relación entre sujetos.

Queda por precisar esta relación ínter-subjetiva. ¿Pertenece la regla de reciprocidad a la conciencia de cada uno de los sujetos antes de que entren en interacción o la conciencia misma nace de una relación de reciprocidad previa y aún inconsciente?

Mientras que en la interpretación de Mauss la función simbólica es una representación, la representación, por ejemplo, de la benevolencia mediante un regalo, aquí ella asegura el desdoblamiento de una aprehensión contradictoria en sí misma en una oposición de dos términos, cada uno no-contradictorio pero complementario del otro. Este principio conduce a la reciprocidad, incluso antes de que el intercambio tenga lugar, ya que al encontrarse cada uno, simultánea o alternativamente, en la situación del otro, encuentra interés en la regla de reciprocidad: No renuncio a mi hija o a mi hermana sino con la condición de que el vecino también renuncie a las suyas. De manera que:

> El intercambio es solamente un aspecto de una estructura global de reciprocidad que hace el objeto (en condiciones que aún quedan por precisar) de una aprehensión inmediata e intuitiva de la parte del hombre social[59].

Sin embargo, si la reciprocidad en tanto que regla psicológica parece convertirse en un preámbulo al intercambio, el intercambio queda como la operación fundamental, ya que exige la reciprocidad como el medio de pensar el valor del que dispone el otro como el equivalente del que dispone uno. La reciprocidad es un marco conceptual; es el intercambio el que es relacional.

---

[59] *Ibíd.*, p. 159.

¿Cómo se construye la relación de reciprocidad a partir del principio de oposición? Lévi-Strauss responde: por la simetría de los dos grupos que están en una situación idéntica. Las representaciones obtenidas por el principio de oposición se hacen comunes a los dos participantes por aproximaciones sucesivas en el curso de múltiples tentativas de intercambio. Esas representaciones serían así valores en sí mismos.

> Era de la naturaleza del signo lingüístico el no poder quedar mucho tiempo en el estado al cual Babel puso fin; cuando las palabras eran aún los bienes esenciales de cada grupo particular: valores tanto como signos; preciosamente conservadas, pronunciadas a propósito, intercambiadas contra otras palabras cuyo sentido velado enlazaría al extranjero, como uno mismo se enlazaba al iniciarlo; ya que, al comprender y hacer comprender, uno suelta algo de sí, y se toma algo del otro. La actitud respectiva de dos individuos que comunican adquiere un sentido del que otra forma estaría desprovista: desde ahora, los actos y los pensamientos se hacen recíprocamente solidarios; se ha perdido la libertad de confundirse[60].

Lévi-Strauss estima que, al origen, las palabras fueron valores, como lo son las mujeres. Pero, entonces, las mujeres quedan como valores al convertirse en signos, las palabras dejan de ser valores para devenir sino signos (salvo para los poetas…) ¿Cómo se efectúa este pasaje del valor al signo?

El intercambio conduce al reconocimiento mutuo de la significación de las palabras. El sí mismo que se supone ya ahí, como valor, es propuesto al otro por un término que lo designa y que se hace signo cuando esta competencia es reconocida y aceptada de forma idéntica por los dos participantes.

Sin embargo, Lévi-Strauss se une al punto de vista de los lingüistas, no es posible reducir la palabra:

---

[60] *Ibíd.*, p. 568-569.

(…) a un intermediario inerte y privado de eficacia por sí mismo, el soporte pasivo de ideas a las cuales la expresión no confiere ningún carácter suplementario[61].

Cita a Cassirer:

> El lenguaje no entra en un mundo de percepciones objetivas terminadas, para atribuir solamente, a objetos individuales dados y claramente delimitados los unos en relación a otros, "nombres" que serían signos puramente exteriores y arbitrarios; sino que él mismo es un mediador en la formación de los objetos; es, en cierto sentido, el denominador por excelencia[62].

Lévi-Strauss concluye *Las Estructuras elementales del parentesco* comparando el lenguaje de la alianza matrimonial con el lenguaje que estudian los lingüistas y propone una nueva perspectiva:

> Si la interpretación que hemos propuesto es exacta, las reglas de parentesco y matrimonio no se hacen necesarias por el estado de sociedad. Ellas son el estado de sociedad él mismo, modificando las relaciones biológicas y los sentimientos naturales, obligando a tomar posición en estructuras que los implican al mismo tiempo que otras, y obligándolas a sobrepasar sus primeros caracteres. El estado de naturaleza no conoce sino la indivisión y la apropiación, y su azarosa mezcla. Pero, como lo había remarcado Proudhon, a propósito de otro problema, no se puede desplazar esas nociones sino con la condición de situarse en un nuevo plan: "La propiedad es la no-reciprocidad, y la no-reciprocidad es el robo… Pero la comunidad [se entiende una entidad colectiva homogénea]

---

[61] *Ibíd.*, p. 566.

[62] *Ibíd.*, p. 566 (Ernst Cassirer, « Le langage et la construction du monde des objets », *Psychologie du langage*, Paris, Éd. Minuit, 1933, p. 23).

es también la no-reciprocidad, ya que es la negación de términos adversos; es aún el robo. Entre la propiedad y la comunidad, yo construiré un mundo". Ahora bien, ¿qué es este mundo, sino aquel del que la vida social se aplica con todo a construir y reconstruir sin cesar una imagen cercana y nunca integralmente lograda, el mundo de la reciprocidad que las leyes del parentesco y del matrimonio hacen, por sus cuenta, salir laboriosamente de relaciones que, de otro modo, serían condenadas a quedar ya sea estériles, ya sea abusivas?[63].

¿Designan las palabras objetos aprehendidos en función de su utilidad y que es necesario intercambiar para evitar una contradicción de otra forma insoluble o dicen, más bien, el sentido que nace de la relación de reciprocidad?

¿Debe uno primero iniciar al otro en su vocabulario, intercambiar signos para que pueda proceder a las equivalencias simbólicas que permitirían el intercambio real? ¿Sería necesario que se intercambie el valor de las palabras para que pueda tener lugar el intercambio de cosas? ¿Procede el lenguaje mismo de una función simbólica dominada individualmente? ¿Puede tener un sentido el enunciado de la palabra antes de tenerlo para el otro? O bien, ¿no emerge el sentido a partir de una relación de reciprocidad previa y la palabra es comprendida simultáneamente por todo participante en esta reciprocidad? ¿Precede la subjetividad a la inter-subjetividad o a la inversa?

---

[63] *Ibíd.*, p. 562 (P.-J. Proudhon, «Solution du Problème social», *Œuvres*, vol. VI, p. 131).

2 - El intercambio generalizado

Si la función simbólica fuera una propiedad innata de la conciencia individual, cada primo podría reproducir con su primo paralelo un nuevo intercambio fundador. Uno no saldría de la problemática de Frazer.

Se puede responder a esta crítica diciendo que el individuo pertenece a una totalidad, obedece a las representaciones colectivas de un grupo cuyo interés aún está indiviso, de manera que es natural que la segunda o tercera generación respete la representación de la pareja inicial. Lévi-Strauss acepta la idea de *prestación total* de Mauss: es el clan entero el que intercambia, no los individuos. La reciprocidad puede ser siempre considerada como una estructura psicológica, pero al servicio de la identidad del grupo. Lévi-Strauss se inquieta, sin embargo, por la cuestión.

> Con la organización dualista, el riesgo de ver una familia biológica erigirse en sistema cerrado está, sin duda, definitivamente eliminado. (...) Pero otro riesgo aparece inmediatamente: el de ver dos familias, o más bien dos linajes, aislarse del continuum social bajo la forma de un sistema bipolar, el de un par íntimamente unido por una serie de inter-matrimonios y que se basta a sí mismo, indefinidamente. La regla de exogamia, que determina las modalidades de formación de tales pares, les confiere un carácter definitivamente social y cultural; pero lo social podría no ser dado sino para ser, inmediatamente dividido. (...) Es ese peligro que evitan las formas más complejas de exogamia, como el principio del intercambio generalizado; también como las subdivisiones de las mitades en secciones y sub-secciones, donde grupos locales, cada vez más numerosos, constituyen sistemas indefinidamente más complejos. Ocurre pues con las mujeres como con la moneda de intercambio, de la que a menudo ellas llevan el nombre y que, según la admirable palabra indígena "figura

el juego de una aguja de coser los techos y que, ya sea dentro, ya sea fuera, lleva y trae siempre la misma liana que fija la paja"[64].

Lévi-Strauss desplaza la cuestión del intercambio y de la reciprocidad, del *intercambio restringido* al *intercambio generalizado*.

Y el debate resurge. Los términos son claros: se trata de intercambio y la mujer es entonces «moneda». Se puede comparar el intercambio restringido a un trueque, y el intercambio generalizado al intercambio monetario, intercambio a donde un valor de uso es utilizado como equivalente general. Las comunidades de reciprocidad llaman a menudo a las muchachas con el nombre de «moneda». ¿Pero se trata de una moneda de intercambio?

Que la futura esposa sea llamada con el nombre de moneda nos parece significar, para los interesados, que es llamada por la humanidad producida por la reciprocidad, como pura manifestación de la espiritualidad. La moneda en cuestión significa lo que ha aparecido entre los hombres y que no puede pertenecer a nadie, ya que nació de su relación de reciprocidad, de la relación misma y no de la equivalencia de los objetos entre ellos. Para ser intercambiada, sería necesario que la moneda ya no sea el símbolo del valor producido por la reciprocidad, sino la encarnación de la representación que permite la comunicación humana, que Lévi-Strauss reduce al intercambio[65].

---

[64] Lévi-Strauss, *ibíd.*, p. 549 (Maurice Leenhardt, *Notes d'Ethnologie Néo-calédonienne*, Paris, Travaux et mémoires de l'Institut d'Ethnologie, 1930, p. 48 et p. 54).

[65] «Sin reducir la sociedad o la cultura a la lengua, se puede empezar este "revolución copernicienne" (como dicen los Sres. Haudricourt y Granai) que consistirá en interpretar la sociedad, en su conjunto, en función de una teoría de la comunicación. A partir de hoy esta tentativa es posible a tres niveles: ya que las normas de la relación y el matrimonio sirven para garantizar la comunicación de las mujeres entre los grupos, como las normas económicas

¿Pero no es eso lo que propone lo imaginario: ofrecer una representación material de lo que está más allá de la naturaleza? ¿No se puede, a partir de entonces, interpretar como un intercambio la comunicación de esas representaciones? Sin duda, pero esta moneda es el símbolo del valor creado por la reciprocidad y puede, también, ser implicada otra vez en nuevos ciclos de reciprocidad...

3 - El principio de oposición

Lévi-Strauss se preguntaba por la estructura que permitiría resolver el problema planteado por la percepción de las cosas, *a la vez, bajo la relación de yo y del otro*. Que las cosas: «sean del *uno* y el *otro* representa una situación derivada en relación al carácter relacional inicial», y es entonces:

> (...) en ese carácter relacional del pensamiento simbólico que podemos buscar la respuesta a nuestro problema[66].

Sin embargo, este pensamiento simbólico le parece nacer en el seno del individuo; es, por lo menos, lo que postula en lo que llama el *intercambio generalizado*. Piensa que el *otro* está instalado *a priori* en cada uno. Lo *diferente* estaría inscrito en el principio de oposición y, por consiguiente, en el inconsciente del individuo. Observa, en efecto, que el principio de oposición ya es eficiente a nivel del inconsciente del lenguaje. Los fonemas, por ejemplo, no están movilizados por ellos

---

sirven para garantizar la comunicación de los bienes y servicios, y las normas lingüísticas, la comunicación de los mensajes». Lévi-Strauss, *Anthropologie structurale, op. cit.*, p. 95.

[66] Lévi-Strauss, Introducción a la obra de M. Mauss, *op. cit.*, p. XLVI.

mismos, sino por sus oposiciones. A su vez están constituidos por «rasgos distintivos» (*semas*) que igualmente sólo son significativos por su oposición. Imagina entonces que el pensamiento no hace sino perseguir el trabajo de un inconsciente biológico, y este el trabajo del sentido, ya que los sentidos analizan el mundo por este mismo proceso. Y se puede encontrar, así, analogías en todos los estadios de la evolución, remontándose hasta los quarks...

Disponiendo entonces de una actitud predeterminada para desmantelar las contradicciones, se hace natural que, frente a una contradicción con otro, cada uno recurra a la misma solución para evitar el enfrentamiento. ¿Pero por qué los animales no proceden de la misma forma? ¿No sería sino una cuestión de grado en la evolución biológica?

Lévi-Strauss dejará calificar a su teoría de «materialismo biológico»[67]. Pero piensa en un desarrollo del que cada etapa es una sistematización más compleja que la precedente y consecuentemente enriquecida con nuevas cualidades y propiedades.

4 - El precedente lingüístico

El materialismo biológico de Lévi-Strauss nos enseña que el pensamiento utiliza los mecanismos de la vida ¿pero no se arriesga uno, al juntar tan estrechamente el pensamiento y la vida, a que la conciencia humana aparezca como la última invención de la vida, con la consecuencia de la homotecia estructural del consciente y el inconsciente, como si la

---

[67] Rudy Steinmetz, « Le matérialisme biologique de Lévi-Strauss », *Revue Philosophique de la France et de l'Étranger*, n° 4, Paris, PUF, 1984, p. 427-441.

conciencia fuera la superficie del inconsciente y el inconsciente la suma de las invenciones precedentes de la vida?

Jakobson, al que Lévi-Strauss se refiere, señala que el lenguaje humano no es reductible a la comunicación biológica incluso si utiliza toda su riqueza instrumental. Insiste sobre el hecho que no se trata de una cuestión de grado en la evolución. Jakobson aísla el problema del sentido del de la comunicación que hace intervenir mensajes y señales según un código determinado.

> El pasaje de la zoosemiótica a la palabra humana es un salto cualitativo gigantesco, contrariamente a la vieja creencia behaviorista según la cual existiría una diferencia de grado y no de naturaleza entre el lenguaje del hombre y el lenguaje del animal[68].

Pero ¿cómo definir esta diferencia de naturaleza entre la comunicación humana y la comunicación biológica? Jakobson es el inspirador del principio de oposición de Lévi-Strauss. Descubrió, en efecto, que los fonemas son tributarios de un principio que llama el *principium divisionis*. Observa también que el elemento de correlación, que enlaza entre ellos los dos fonemas de cada par −ese *nudo común*− puede aislarse y constituirse como un fonema particular dotado por sí solo de un valor operatorio. Es entonces un *archifonema*, que llama

---

[68] «Cuando dejamos las ciencias propiamente antropológicas para la biología, ciencia de la vida en que abarcábamos la totalidad del mundo orgánico (…) se colocan ante una dicotomía decisiva: no solamente la lengua pero todos los sistemas de comunicación utilizados por los sujetos hablantes (y que implican todos el papel bajo-yaciente del lenguaje) difieren notablemente de los sistemas de comunicación utilizados por los seres que no son dotados de la palabra, porque en el hombre, cada sistema de comunicación está en correlación con el lenguaje y que en la red general de la comunicación humana es el lenguaje que ocupa el primer lugar». Roman Jakobson, *Essais de linguistique générale*, Paris, Éd. de Minuit, (1963), 1973, vol. 2, p. 45-46.

también el *tertium comparationis*[69]. Jakobson habla entonces de dos principios donde, hasta ahora, Lévi-Strauss no había utilizado sino uno solo.

Pero se pueden descomponer los fonemas en *rasgos distintivos*, componentes últimos que permiten diferenciar los morfemas (elementos que poseen una significación propia) entre ellos. Parece, esta vez, que no se encuentran equivalentes del archifonema. El binarismo estaría, pues, en la base de las estructuras elementales del lenguaje. Sin embargo, los rasgos distintivos no son aleatorios. Están correlacionados. Dos términos son correlativos verdaderos si la existencia del uno hace suponer necesariamente la existencia del otro. Los rasgos correlativos tienen entonces una parte común, comparten cierta identidad fundamental, el equivalente del *tertium comparationis*. Se ve así aparecer un otro dinamismo diferente al de la oposición o de la diferenciación que es el de la unión o correlación.

Hemos tomado como referencia los trabajos de Jakobson, pero podrían convocarse a otros análisis lingüísticos que llevan a las mismas observaciones. Greimas, por ejemplo, propone llamar «articulación sémica» a la oposición de los rasgos

---

[69] «Un tipo de oposición que había aislado del resto a título de prueba y que llamaré durante un tiempo "correlaciones" se probó más tarde ser una clave para el análisis completo de los sistemas fonológicos. Se describía una correlación como una oposición binaria manifestada por más de un par de fonemas: el uno de los miembros de cada par de términos contradictorios se caracteriza por la presencia de una marca fonológica dada, y el otro por su ausencia; esta ausencia puede ser reforzada por la presencia de una propiedad contraria. El *principium divisionis* que es el mismo en todos los pares correlacionados, es "factorisado" (puesto en factor). Puede funcionar independientemente de cada par correlacionado recíprocamente; el *tertium comparationis* –el archifonema como llamaba el núcleo común de dos fonemas de un par correlacionado puede extraerse a su vez de la propiedad diferencial y asumir un papel autónomo cuando por ejemplo las rimas checas o serbias ignoran la diferencia fonológica entre vocales largas y breves». *Ibíd.*

distintivos, y «eje semántico» al denominador común de los dos términos:

> Una estructura elemental puede ser aprehendida y descrita sea bajo la forma de eje semántico, sea bajo la de articulación sémica[70].

Guardemos la terminología de Jakobson... Al *principium divisionis* hay que añadirle entonces el *tertium comparationis*. A la oposición, a la dualidad, hay que añadir la correlación, la unión de contrarios. Como le es inmediatamente necesario normar las dos funciones, una de disyunción y la otra de conjunción, y como no retiene lo que es contradictorio en sí, como su origen común, el estructuralismo debe acordar la primacía a la una o a la otra. Y elige la disyunción. La oposición sería primera, la unión segunda. Se plantea, sin embargo, la cuestión de saber si el principio de oposición basta para dar cuenta de la función simbólica.

5 - El principio de unión

Si la lingüística ofrece con el *tertium comparationis* la idea de un segundo principio, distinto del de oposición ¿no deberíamos

---

[70] Algirdas J. Greimas, « La structure élémentaire de la signification en linguistique », *L'Homme*, t. 4, n° 3, 1964, p. 5-17; 2ª ed. Paris, PUF, 1976. Y Jakobson recuerda que Hjelmslev llama el eje semántico la *sustancia*, y la articulación sémica la *forma*. Por lo tanto: «la oposición de la forma y la sustancia se encuentra enteramente situada al interior del análisis del contenido; ella no es la oposición del significante (forma) y del significado (contenido) (...) es decir la forma es muy también que significa que la sustancia». Jakobson, *op. cit.*, p. 14. Citemos también el punto de vista de Viggo Bröndal que define además de la articulación *sémica*, un tercero *sema* que puede ser ni positivo ni negativo, y que dice neutral.

remontarnos del lenguaje a las estructuras de parentesco y buscar si un equivalente de este principio no sería igualmente operacional a su nivel? ¿No habría que redoblar el análisis de Lévi-Strauss? Queda por hacer, en efecto, una analogía entre el *tertium comparationis* y una nueva modalidad de la función simbólica, analogía equivalente a aquella que proponía Lévi-Strauss entre el *principio de oposición* y el *principium divisionis*.

El mismo Lévi-Strauss es el que nos invita a hacerlo. Si se imagina que dos grupos se manifiestan, el uno en relación al otro, como semi-aliados, semi-enemigos, la aprehensión de esta situación, en sí misma contradictoria, debe neutralizarse por una solución no-contradictoria. Y bien, esta no es siempre la representación desdoblada que propone el principio de oposición sino, al contrario, la unidad de la contradicción, una síntesis, que se presenta como un objeto sagrado[71].

Lévi-Strauss reconoció este principio de unión bajo el nombre de unidad y antagonismo (principio de unidad del que da igualmente cuenta por la noción de «casa»[72]). Y también

---

[71] «Así, la excepcional complejidad del pensamiento religioso y la cosmología pawnee, adjunta a la elaboración muy avanzada de su ritual, se puso en relación con una característica de su lógica: por una curiosa paradoja cuya su historia ofrece quizá la clave, los pensadores indígenas parecen especialmente sensibles a la oposición y a la contradicción, que tienen muchas dificultades de superar. Con todo, los términos mismos entre los cuales estas oposiciones se establecen son siempre *ambivalentes*; no son nunca términos simples, sino *síntesis anticipadas de estas mismas oposiciones* que la análisis descubre como difícilmente reducibles. Por ejemplo, el ritual del *Hako* tiene por objeto la mediación (concebida por el pensamiento indígena como muy arriesgada) entre toda una serie de pares: padre-hijo, conciudadanos-extranjeros, aliados-enemigos, hombres-mujeres, cielo-tierra, día-noche, etc. Ahora bien, los agentes de esta mediación son objetos sagrados, cada unos de los cuales figuran un término de la oposición, *constituyéndose al mismo tiempo de elementos prestados para partes iguales a las dos series de pares*». (subrayado nuestro). Claude Lévi-Strauss, *Paroles données*, Paris, Plon, 1984, p. 256.

[72] «Resulta de los hechos de que, tanto a Borneo que a Java, el par marital forma el verdadero núcleo de la familia y más generalmente de la parentela.

opone esos dos principios de oposición y de unión, que llama disyuntivo y conjuntivo, o diferencial y orgánico, en ocasión de algunas de sus aplicaciones...

> El juego parece entonces *disyuntivo*: crea una separación diferencial entre los jugadores y los campos que no estaban marcados así al inicio. De forma simétrica e inversa, el ritual es *conjuntivo*, ya que establece una unión (se puede decir una comunión) o, por lo menos, una relación orgánica entre dos grupos (que pueden, en el límite, confundirse el uno con la persona del sacerdote, el otro con la colectividad de fieles) dados como disociados al inicio[73].

El sacerdote parece más bien el árbitro, el centro, la unidad de todo, el único hablante, la Palabra de unión. Subrayemos el carácter religioso de esta Palabra de unión. Podemos decir que el factor de correlación de Jakobson, la unión, se impone sobre el factor de oposición, y más, que el *tertium comparationis* se impone sobre el *principium divisionis*. Desde

---

Ahora bien, este papel central de la alianza se manifiesta bajo dos aspectos: como principio de unidad, para apoyar un tipo de estructura social, que desde el año pasado, convinimos de llamar "casa"; y como principio de antagonismo, puesto que, en los casos en cuestión, cada nueva alianza causa una tensión entre las familias, con respecto a la residencia −viri o uxorilocale− del nuevo par, y en consecuencia de la de las dos familias que estará a cargo de perpetuar. Se sabe que en los Iban, y también a otra parte, esta tensión se exprese en y por un método de descendencia que Freeman llama "utroláteral", es decir la incorporación de los niños a la familia en la cual en el momento de su nacimiento, suyo dos padres eligieron residir, por libre decisión y también en respuesta a las presiones venidas del uno y del otro lado. Los etnólogos pues se equivocaron buscando, para este tipo de institución, un substrato que pidieron a veces a la descendencia, a veces a la propiedad, a veces a la residencia, proporcionarles. Creemos, al contrario, que es necesario pasar de la idea de un *substrato objetivo* a la de la *objetivación de una relación*: relación inestable de alianza, que, como institución, la casa tiene por papel de inmovilizar, sea bajo forma fantasmal». *Ibíd.*, p. 194-195 (subrayado por Lévi-Strauss).

[73] *Ibíd.*, p. 257.

el momento que el sacerdote expresa la palabra de todos, se convierte en análogo a un archifonema...

El principio de oposición, primera modalidad de la función simbólica, puede dar nacimiento al intercambio, pero el principio de unión, si es una segunda modalidad de la función simbólica, no conduce al intercambio, sino, al contrario, a la comunión o al compartir. A partir de ahí, debemos abandonar la idea de que el intercambio sea la razón de la mediación simbólica. ¿Pero cuál es la razón de esta?

3. LA RECIPROCIDAD ¿ES LA MATRIZ DEL SENTIDO?

1 - El principio de lo contradictorio

El principio de unión, pues, es apto para dar testimonio del sentido, del mismo modo como el principio de oposición, al cual acabamos de referirnos. Estamos invitados a suponer subyacente, al uno y al otro, una estructura que pueda, a ambos, contenerlos en potencia. ¿No sería la estructura en la que nacería el sentido antes de ser expresado por la conjunción o la disyunción?

Una estructura fundadora que no sea ni del tipo del *principium divisionis* ni del tipo del *tertium comparationis*, aunque los contenga en potencia a ambos a la vez, o que pueda ser su fuente común, no puede ser, a su vez, sino *contradictoria en sí*. Sería entonces la matriz del sentido. Aparece una diferencia radical entre los sistemas de comunicación biológica y humana. Como observaba Lévi-Strauss, la comunicación biológica se actualiza por oposiciones, por diferenciaciones. Pero en los sistemas biológicos, no hay lugar para aquello que es contradictorio en sí. La biología clásica, por lo menos, no trató de descubrir el lugar de lo contradictorio en la naturaleza. Para Lévi-Strauss, lo contradictorio es un instante fugaz, que no se despliega de ninguna forma para sí mismo; lo que se comprendería si solamente resultase de encuentros aleatorios.

Y bien, donde se instala el lenguaje humano, se ve aparecer una relación que sostiene el advenimiento de lo que es contradictorio en sí: la relación de reciprocidad autoriza, en efecto, la confrontación y el equilibrio de fuerzas contrarias, tales como la atracción y la repulsión, heterogeneización y homogeneización, diferenciación e identificación...

Se puede decir, incluso, que sólo hay una relación conocida que ponga a dos participantes en una situación tal que el mismo objeto adquiera para cada uno de ellos una naturaleza contradictoria y que autoriza una de las dos soluciones siguientes: o bien la representación de este objeto por una oposición de dos términos opuestos y complementarios (y esta representación desdoblada es la misma para cada uno de los participantes, de manera que pueden intercambiar), o bien su representación bajo la forma de un término único, ambivalente, pero igualmente idéntico para los dos protagonistas: esta relación es la reciprocidad.

La reciprocidad permite una confrontación durable y sistemática de conciencias elementales antagónicas entre sí, cuyo medio contradictorio se revela como sentido de la una y la otra.

Es, sin duda, Aristóteles el primero en situar el origen del sentido en el corazón de la reciprocidad. Establece que el justo medio entre dos contrarios no resulta de su mezcla sino que se opone a ellos —ya que son, cada uno, unidimensionales— como el lugar de su contradicción, es decir, que se despliega a expensas suyas. Y bien, este tercer polo nace en la relación de reciprocidad. Aristóteles lo demuestra a propósito del sentimiento de la justicia.

2 - La reciprocidad, sede de lo contradictorio

Ciertamente, como toda virtud, la justicia es un justo medio entre un exceso y una falta, ya que la injusticia desfavorece a otro y da más a quien no lo merece y al otro menos, pero si cada uno se declara «justo», según su propio sentimiento, habría tantas justicias como individuos. La justicia tiene esto de particular: que se define en relación al otro. Es la igualdad con el otro la que determina el justo medio.

Pero ¿qué quiere decir la igualdad? ¿Cómo hacer iguales a seres diferentes? La igualdad no sabría reducirse a la identidad; ella es, más bien, una confrontación y un justo equilibrio entre la identidad de los unos y los otros, y su diferencia; un equilibrio entre una identidad que acepta ser relativa, ya que reconoce una diferencia y esta diferencia que acepta ser igualmente relativa, hasta instaurar la *mesotes*, el justo medio, la «justa distancia», según la hábil traducción de Antoine Garapon y Paul Ricœur[74].

La justicia reenvía a una estructura ya no psicológica sino social. ¿Cómo se realiza esta confrontación y esta buena distancia? Por la reciprocidad. La reciprocidad, al invertir los papeles de los participantes, tiene por efecto reproducir en cada uno la conciencia del otro. «El que actúa debe padecer», dice un proverbio muy antiguo, según Esquilo[75]. A partir de la relativización mutua de la acción y de la pasión de sus conciencias respectivas, de sus conciencias elementales, nace el justo medio, una conciencia de sí misma que les da a los dos sus sentidos. Si el medio es una tercera fuerza, la del sentido mismo que nace del equilibrio entre dos contrarios, ahora

---

[74] Paul Ricœur, « Le juste entre le légal et le bon », *Lectures 1- Autour du Politique*, Paris, Éd. du Seuil, 1991, p. 193.

[75] Esquilo, *Las Euménides* (Traducción por Ariane Mnouchkine).

sabemos cómo instaurarlo. El sentido de la justicia nace de la reciprocidad. Y es él el que aclara la injusticia por exceso, o la injusticia por falta. Aristóteles muestra que todos los valores proceden de un mismo principio y declara a la justicia la «madre de todos los valores».

Será necesario, de todas formas, que las conciencias antagonistas elementales de las que procede, cada vez, el justo medio, sean interpretadas a la luz de la física contemporánea para que se pueda concebir lo contradictorio como fuente de la conciencia humana.

Pero Aristóteles ya había remarcado que, entre prójimos, la reciprocidad engendra un sentimiento que llama *philia*, esa palabra difícil de traducir, a la que se da el sentido de amistad; que Finley prefiere traducir por «mutualidad» y que sería, para Vullierme: el «deseo en tanto que deseo de forjar comunidades»[76].

La comunidad aristotélica, en efecto, está fundada por la reciprocidad. Aristóteles dice crudamente que vivir juntos no es pastar el mismo prado. Y emplea una expresión sorprendente. No *philein* (amar) sino *antiphilein*. No es ultrapasar el pensamiento aristotélico al traducir *antiphilein* como el cara a cara de la reciprocidad bilateral donde nace el deseo de lo que se llama, a veces, el Otro. *Anti* es el cara a cara de la reciprocidad. Y bien, la *philia* no es una conciencia objetiva, no es una conciencia de conciencia en el sentido en el que se dice

---

[76] «La *philia* no debe confundirse con la pasión que le corresponde o *philesis*, amor-pasión, ni con la amistad que se dice *philia* por catachrèse o sinécdoque. Ella no es nada otro que el propio deseo en tanto que es deseo forjar a las comunidades con el fin de se realizar completamente». Jean-Louis Vullierme, « La juste vengeance d'Aristote et l'économie libérale », en Raymond Verdier (dir.), *La vengeance*, vol. 4, Paris, Cujas, 1984, p. 186. Ver también: « La réciprocité symétrique dans la Grèce antique », en Temple y Chabal, *La récirocité et la naissance des valeurs humaines*, Paris, L'Harmattan, 1995, publicado en *Teoría de la Reciprocidad*, Tomo I, tercera parte: La reciprocidad simétrica en la antigua Grecia.

del pensamiento que incluso cuando no piensa sino en sí mismo, no piensa nunca sino en un objeto[77]. La *philia* es un sentimiento puro que el filósofo compara incluso al amor.

¿Cómo conciliar la idea de que la conciencia de conciencia nazca de la reciprocidad, como iluminación del mundo o de las cosas, y que la afectividad, el sentimiento, aparezca como la expresión más completa de esta prueba de la conciencia de conciencia en el cara a cara del *antiphilein*? Hay que imaginar que el sentimiento, la afectividad de la conciencia afectiva, es la forma en la que se revela la conciencia cuando es pura conciencia de sí misma, pero cuando lo contradictorio, que le da nacimiento, está un tanto desequilibrado por el dominio de uno de los dos polos sobre el otro, aparece en derredor de esa afectividad un horizonte objetivo. La conciencia de conciencia deja de ser un sentimiento puro para convertirse en el sentido de lo que aparece en el horizonte como mundo.

La teoría de la reciprocidad sugiere que no existen dos fenomenologías, la una de la afectividad y del sentimiento, y la otra que sólo se interesaría por el conocimiento del mundo, sino una sola que da cuenta de todas las manifestaciones intermedias entre lo que puede ser génesis del sentimiento puro y desvelamiento del conocimiento puro.

3 - La reciprocidad ternaria

Hemos analizado el frente a frente de la reciprocidad bilateral, comentando a Aristóteles y refiriéndonos a las teorías de Stéphane Lupasco, como la posibilidad, para cada asociado, de redoblar su punto de vista con el del otro, de tal

---

[77] Lévi-Strauss, Introduction à l'œuvre de Mauss, *op. cit.*, p. XLVII.

suerte que de la relativización de esos dos términos contradictorios entre sí surja un tercer término, contradictorio en sí mismo, que se da sentido a sí mismo y da sentido a los otros dos términos.

Por tanto, el sentido no se intercambia como si ya estuviese allí. Hay que producirlo. Es a nivel de esta producción que interviene, según nosotros, la relación de reciprocidad, que debe distinguirse de la del intercambio. Es ella la que permite producir el sentido. La palabra, por tanto, supone la reciprocidad. Ella es la expresión de lo que es producido como sentido en la relación de reciprocidad. A partir de ese momento entonces significa, simultáneamente, para todos aquellos que construyen la reciprocidad o la reconstruyen.

Pero ¿cómo las sociedades que no están organizadas según el principio del cara a cara llegan al mismo resultado?

El principio de reciprocidad no desaparece con la desaparición de la reciprocidad bilateral, cuando puede realizarse por medio de nuevas relaciones, aunque no simétricas. Cuando la reciprocidad ya no es bilateral, cada uno está entonces obligado a dar a ciertos asociados y de recibir de asociados distintos de aquellos a quienes él da. En esta reciprocidad generalizada, cuya forma más simple es una relación ternaria, cada asociado, en vez de donar y recibir de quien está enfrente, da de un lado y recibe del otro. Las dos dinámicas antagónicas, de donar y recibir, se superponen siempre en la conciencia de cada uno. El sentido nace de la misma forma: la superposición de dos dinámicas antagónicas permite la emergencia de un término medio.

La estructura ternaria engendra, como la estructura bilateral, un lazo social, pero este ya no es una amistad reservada a un participante dado, ya que este ya no se refleja en el rostro del otro. Es un sentimiento que se reproduce de prójimo en prójimo indefinidamente y que adquiere, al mismo tiempo que este alcance general, una singularidad propia a cada uno ya que toma su fuente en el individuo. Aquí, el lazo social, entendido como el sentido de los actos humanos, es individualizado en lugar de ser compartido entre dos participantes. Una situación tal confiere a lo que era la amistad, en la reciprocidad bilateral, otra expresión: la responsabilidad. Mauss, cuando analizaba estructuras ternarias estaba pues autorizado, en cierta forma, a ver en el *mana* el *ser* del donador y no solamente un lazo social entre donadores.

Pero hay más: al ser cada uno intermediario de otros dos, es la encarnación del lazo social que los une cuando la circulación de dones tiene doble sentido. Transforma entonces esta responsabilidad en una nueva preocupación: la del equilibrio de lo que va de uno de los participantes al otro y de lo que va del otro al uno. La responsabilidad se transforma así en un sentimiento de justicia.

Los valores producidos por la reciprocidad restringida y generalizada, que se llamarán respectivamente: amistad, responsabilidad y justicia, son manifestaciones muy diferentes de la complementariedad de intereses (particulares y colectivos), algo completamente distinto de lo que puede interesar al grupo, tanto si se lo interpreta como confrontación de individuos autónomos o como totalidad homogénea. ¿Cuál es el lazo social que no se reduce a ningún determinismo de la naturaleza? No se lo comprenderá si se quiere considerar a toda costa las prestaciones humanas como intercambios limitados por el interés de los unos y los otros.

4 - La estructura social de base

Lévi-Strauss se interrogó, a consecuencia de una observación de Radcliffe-Brown, sobre el hecho de que las relaciones afectivas, cualificadas, de una estructura de parentesco dada, una vez connotadas por un valor positivo o negativo, se muestran organizadas como lo que un fonólogo llamaría «parejas de oposición». Pero, sobre todo, la suma algebraica de esas connotaciones es siempre nula, desde el momento en el que se toma, como malla de la red de parentesco, la madre, el padre, el hijo y el hermano de la madre. Entre las expresiones positivas y negativas, prevalece el equilibrio. De esta constancia, Lévi-Strauss saca la conclusión de que el tío materno hace parte de la estructura fundamental de la sociedad. ¿Por qué? —se pregunta. Porque es él el que da a la mujer en matrimonio. El tío es entonces necesario para fundar la exogamia. Es el pivote de la alianza.

Lévi-Strauss oponía a la antropología anglo-sajona, sobre todo a las tesis de Radcliffe-Brown, que pensaba establecer la estructura social sobre el padre, la madre y los niños, la familia en una palabra, la idea de que la alianza es primera, en relación a la identidad familiar. Hacen falta dos familias — dice— para hacer una... Pero es una condición, en su demostración, el que la sociedad humana repose en el equilibrio neutro de sus relaciones afectivas. Un lazo ya es establecido entre el hermano y la hermana, que se puede calificar de identificación, sin presumir de su valor negativo o positivo. Cuando se instaura una relación matrimonial, la identidad del hermano se redobla en una relación de diferenciación, ya que la mujer acepta tomar partido por el extranjero. Esta relación tendrá un valor inverso de la que prevalece entre el hermano y la hermana. El equilibrio afectivo requiere que la hermana no deje de depender del hermano al convertirse en esposa de otro. La célula inicial del parentesco humano es contradictorial.

Una organización de parentesco dualista nace desde que la hermana de uno, al convertirse en esposa del otro, crea una situación contradictoria. La esposa de otro permanece, en efecto, cerca de su hermano, es decir, queda siempre en situación contradictoria. En las *Estructuras elementales del parentesco*, la mujer «intercambiada» sella el parentesco espiritual del grupo, ya que no deja de pertenecer a las dos mitades que reúne de forma contradictoria. Pero ocurre lo mismo para el hombre, hermano y esposo. Cada uno de los términos de la relación de parentesco estará siempre implicada en una situación contradictoria. Esta se caracteriza entonces por una afectividad, que se considera neutra, lo que no quiere decir nula. ¿No es esta afectividad el cimiento que Lévi-Strauss recusaba; el *mana* del que Mauss hacía depender las instituciones primitivas?

Esta necesidad de lo contradictorio aparece todavía mejor desde otro punto de vista del mismo Lévi-Strauss: muestra que la exogamia no es absoluta, que es relativizada por una cierta identidad, lingüística o incluso de parentesco; ella remite a condiciones precisas. Cierto, el otro debe ser otro, pero no hasta el infinito; hay que ser reconocible de cierta manera como emparentado. Debe ser diferente pero no indiferente.

En el pensamiento de los Indios de América septentrional y, sin duda, en otras partes, el equilibrio familiar es concebido siempre como doblemente amenazado: sea por el incesto, que es una condición abusiva, sea por una exogamia lejana que representa una disyunción llena de riesgos. Y bien, los lazos familiares no deben ser ni cerrados ni excesivamente abiertos. Dos peligros acechan el orden familiar y social: el de la unión odiosa con el hermano, y el de la unión inevitable con un "no-hermano" que puede ser, por ese hecho, un extranjero e incluso un enemigo. En esta perspectiva, es posible reconstituir el grupo formado, desde América hasta el Sudeste Asiático, por los mitos de matrimonio entre un ser humano y un animal. A veces el animal es el perro, ser "doméstico" como el hermano, otras veces una bestia feroz (generalmente un oso), animal "caníbal", como se afirma frecuentemente de los extranjeros[78].

---

[78] Lévi-Strauss, *Paroles données, op. cit.*, p. 108.

El debate que opuso a Lévi-Strauss con los funcionalistas, que leían en el parentesco la identidad originaria y en las reglas de matrimonio la forma de reproducir la identidad, encontró su epílogo. La identidad del parentesco y la heterogeneidad de la exogamia (conjunción y disyunción) deben equilibrarse contradictoriamente para que el término de humanidad tome sentido.

5 - La función contradictorial

La palabra ¿testimonia solamente acerca del sentido o bien recrea las contradicciones de su origen; reproduce nuevas situaciones contradictorias?

La palabra no se contenta con significar, es creadora, ya que implica la palabra del otro, la respuesta del otro para engendrar más sentido. Es ella la que se encarga del papel que, originariamente, estuvo en el origen de la reciprocidad: realizar las condiciones de lo contradictorio. Tiene una función contradictorial.

Buscaremos poner en evidencia el papel creador de la palabra a partir de cada una de las modalidades de la función simbólica que hemos llamado principio de oposición y principio de unión.

En la mayoría de las sociedades que han conservado organizaciones dualistas, se puede observar la importancia de la oposición correlativa[79]. Pero esas oposiciones se invierten, se

---

[79] «(…) queda por analizar a cada sociedad dualista para encontrar, detrás del caos de las normas y hábitos, un diseño único, presente y activo en contextos locales y temporales diferentes. Este diseño (…) se trae a algunas relaciones de correlación y de oposición, inconscientes seguramente, incluso del pueblo a organización dualista, pero que, por el hecho de ser

redoblan simétricamente como si obedecieran a un principio de reciprocidad interna.

Lévi-Strauss ha señalado que las organizaciones dualistas reestablecen siempre, a partir de la oposición, un equilibrio contradictorio. Observa, en efecto, que las mismas mitades de una organización dualista son, a la vez, las mitades de una reciprocidad de alianza y, a la vez, las mitades de una reciprocidad de hostilidad. Así, el equilibrio de la hostilidad y de la intimidad recrea las condiciones de lo contradictorio[80].

Sahlins, por su parte, observa que la organización social de los indígenas de las islas Moala y Lau (Fiji orientales) reposa en un sistema de reciprocidad típicamente dualista: En Lau, dice un Lauano: «todo ocurre de a dos»[81]. Sahlins enumera, luego, una serie de oposiciones contrastadas entre los Moalano, que ilustran «la productividad simbólica del dualismo».

---

inconscientes, deben estar también presentes en los que nunca han conocido esta institución». Lévi-Strauss, *Anthropologie structurale, op. cit.*, p. 29.

[80] «Se designa del nombre de organización dualista un tipo de estructura social, frecuentemente encontrado en América, Asia y Oceanía, caracterizado por la división del grupo social −tribu, clan o pueblo− en dos mitades cuyos miembros mantienen los unos con los otros relaciones pudiendo ir de *la colaboración más íntima a una hostilidad latente*». (Subrayado nuestro). (*Ibíd.*, p. 14). En *Las Estructuras elementales*, Lévi-Strauss precisa: «(...) las mitades están vinculadas la una a la otra, no solamente por los intercambios de mujeres, pero por el suministro de prestaciones y contraprestaciones recíprocas de carácter económico, social y ceremonial. Estos vínculos se expresan frecuentemente en forma de juegos rituales, que traducen bien la *doble actitud de rivalidad y solidaridad* que constituye la característica más sorprendente de las relaciones entre mitades». (...) «Como intentaremos mostrarlo −añade Lévi-Strauss− el sistema dualista no da nacimiento a la reciprocidad: constituye solamente su puesta en forma». Lévi-Strauss, *Les Structures élémentaires de la parenté, op. cit.*, p. 80 y p. 81 (subrayado nuestro).

[81] Marshall Sahlins (1976), *Au cœur des sociétés. Raison utilitaire et raison culturelle*, Paris, Gallimard, 1980, p. 40.

Lévi-Strauss piensa que esta capacidad de reduplicación de la oposición inicial está inscrita en las potencialidades del mecanismo biológico de la sensación y la percepción[82].

La actividad gozosa y generosa del Espíritu no dejaría de explorar todas las posibilidades de multiplicación y de reversión de las relaciones de oposición.

> (...) excitado por una relación conceptual, el pensamiento mítico engendra relaciones que le son paralelas y antagonistas. Que lo alto sea positivo y lo bajo negativo induce inmediatamente la relación inversa, como si la permutación en varios ejes de términos pertenecientes al mismo conjunto, constituiría una actividad autónoma del espíritu (...)[83].

En ese caso, una de esas reversiones tiene posibilidades de ser seleccionada inmediatamente por la reciprocidad: aquella que recrea una situación contradictoria, está en la fuente del sentido para todos los asociados de la comunidad. Se podría llamar a ese principio de oposición de dos oposiciones, *principio de cruce*.

Lo contradictorio, pues, no se borra, renace sin cesar. Pero hemos percibido otra modalidad de la función simbólica antagonista del principio de oposición, que hemos llamado principio de unión. Este es dado de forma simultánea con el principio de oposición. ¿Puede decirse que la Palabra que procede de él da, a su vez, nacimiento a lo contradictorio?

---

[82] «(...) los esquemas sufren transformaciones en serie a las cuales algunos elementos negativos toman un valor positivo y contrariamente (...) en resumen, se creería de buen grado que la actividad intelectual goza de propiedades que sabemos más fácilmente reconocer en el orden de la sensación y la percepción». Lévi-Strauss, *Le regard éloigné*, Paris, Plon, 1983, p. 234.

[83] *Ibíd.*, p. 234.

La Palabra de unión no es solamente convergencia con el único cuidado de reunir una totalidad, ella comunica la unidad de forma centrífuga, la difunde, la dispersa... Es una fuerza motriz en dirección de lo que es lo contrario del todo: la nada. Entre el todo y la nada, instaura el umbral. Podríamos llamar, a ese principio que pone en contradicción el todo con la nada: *principio de liminalidad*.

El principio de unión debe, así, conducir a un principio de organización social que llamaremos monista para señalar su analogía con el principio dualista.

Las prestaciones de todos convergen hacia un centro en el que se acumulan las riquezas y desde donde son redistribuidas. El centro dispone de las voluntades de cada uno, las organiza y les da una coherencia que asegura su mayor eficacia. Es en el centro que la palabra religiosa eleva sus altares y sacrifica. Es desde el centro que difunde gracias y bendiciones. Las pirámides de las grandes civilizaciones maya, azteca, inca, egipcias... evocan esta organización monista. Las escaleras de las pirámides dicen que en la periferia se va hacia la tierra precaria, mientras que hacia el centro uno se eleva hacia el cielo. Y los hombres habitan entre el cielo y la tierra, son el justo medio entre esos dos movimientos divergente y convergente.

6 - La reciprocidad fuente de la función simbólica

Hemos partido de la idea de Mauss según la cual cada uno se dirige al otro para evitar la guerra; designa sus sentimientos mediante gritos, gestos, dones, palabras a las cuales inicia a su compañero. La reciprocidad era la actitud simétrica del otro.

Mauss percibió entre los Andamán, sin embargo, que el valor espiritual nacía de un equilibrio de fuerzas antagonistas;

incluso se acercó mucho a la idea sugerida por un texto de Radcliffe-Brown de una producción del valor espiritual a partir de la reciprocidad.

Lévi-Strauss aborda la cuestión de este antagonismo imaginando lo contradictorio en el origen de la función simbólica, pero sitúa lo contradictorio en la indecisión de guardar una ventaja y adquirir otra, es decir, en la contradicción aleatoria de un encuentro fortuito motivado por deseos antagonistas. Subordina la función simbólica a la realización de los intereses en juego que el intercambio podría satisfacer. La reciprocidad se debería a la aplicación por socios, que serían casi iguales e idénticos, del principio de oposición a la contradicción que se les presenta. Lévi-Strauss muestra, en efecto, que la función simbólica puede manifestarse por una oposición correlativa desdoblando una aprehensión contradictoria de un objeto convertido en el diferendo de deseos antagonistas.

Ese principio de oposición se nos apareció sólo como una de las modalidades de la función simbólica. Hemos extendido la noción de *casa*, de Lévi-Strauss, a la de una segunda modalidad de la función simbólica, el principio de unión. Y bien, si el principio de oposición y el principio de unión tienen un origen común, éste no puede ser sino lo que es contradictorio en sí y lo contradictorio debe encontrar entonces un estatuto de referencia que permita a la función simbólica tener el mismo resultado para sí y para otro.

Aristóteles vio en la *mesotes* el justo medio entre términos antagonistas, y en la *isotes* la relación de igual a igual, la distancia social que permite el equilibrio entre la identidad y la diferencia.

Mostró, igualmente, que la reciprocidad es la estructura que permite este equilibrio y funda el sentimiento del justo medio. Hicimos intervenir, entonces, una nueva categoría: el principio de lo contradictorio.

La reciprocidad es la relación necesaria para que una situación pueda ser contradictoria simultáneamente para uno y para otro de forma sistemática.

Lévi-Strauss, igualmente, reportó a la reciprocidad, que en la serie maussiana estaba situada después del intercambio, antes del mismo, mostrando que es eficaz desde la aplicación simétrica del principio de oposición de dos participantes idénticos, así como nosotros la trasladamos antes de la función simbólica, ya que ella ya es eficaz para estructurar lo contradictorio.

La reciprocidad ya no significa una capacidad del individuo de descubrir al otro, a partir de una alteridad previa sumergida en lo dado biológico, sino más bien la relación de la que nace un sentimiento inmediatamente compartido por todos y la palabra inmediatamente comprendida por todos.

Lévi-Strauss reunió los elementos de un sistema, la *situación contradictoria*, el *principio de oposición*, primera manifestación de la función simbólica, la *reciprocidad*, el *intercambio* y la noción de *casa*. No le da estatuto a la *situación contradictoria*: en los dos encuentros que describe para ilustrar el principio de reciprocidad, el de los viajeros en pequeños restaurantes del Languedoc (Sur de Francia) en el que se observa la reciprocidad en la ofrenda de vino y la de los Nambikwara en la espesura brasilera, la situación contradictoria es fortuita[84]. Para que la función simbólica tenga una oportunidad de ser eficiente, hay que imaginar una sucesión feliz de situaciones contradictorias aleatorias, sancionadas por una sucesión de intercambios logrados. Los grupos que intercambian deben tener intereses idénticos y ser de fuerza igual, ya que si no la fuerza bastaría para satisfacer la codicia de los unos en detrimento de los otros, y esos grupos deben lograr sus intercambios por bastante tiempo como para

---

[84] Lévi-Strauss, *Les Structures élémentaires de la parenté, op. cit.*, p. 68-69 y p. 78-79.

que la fuerza de la costumbre instituya entre ellos señales y referencias comunes, otras tantas condiciones, difíciles de imaginar como constantes de la vida primitiva[85]. En fin, si bien Lévi-Strauss descubre el principio de unión, no le otorga un estatuto igual al que le otorga al principio de oposición.

Basta, sin embargo, modificar el orden de esos descubrimientos para obtener otra coherencia que suprima la necesidad de condiciones excepcionales como la de la igualdad de los grupos, o de la angurria por los privilegios del otro; coherencia que dé cuenta de hechos dejados a su cuenta desde el punto de vista de la función simbólica (el principio de casa).

Si la reciprocidad es primera, la situación contradictoria deja de ser aleatoria. Lo contradictorio no sólo está perennizado sino engendrado sistemáticamente como la fuente de la función simbólica. Todo lo que cae en la red de la reciprocidad adquiere sentido automáticamente. Se comprende, de inmediato, por qué las prestaciones de origen son *totales*.

El principio de reciprocidad relativiza, en efecto, cada percepción elemental por su percepción antagonista. La reciprocidad crea un justo medio cuyo valor propio es irreducible a la de los extremos de donde procede. La conciencia de la justicia o el sentimiento de amistad son tales

---

[85] Marshall Sahlins, sin embargo, intentó poner de manifiesto que los grupos primitivos podían ser de fuerza igual. Sugiere considerar que el don puro, o lo comparte, encuentra sus límites con la satisfacción de las necesidades inmediatas de la vida doméstica. Los grupos primitivos serían pues alrededor iguales, pero competidores el uno con el otro. Podrían así establecer relaciones de intercambios y de reciprocidad mezcladas. Cf. Sahlins, *Stone Age Economics* (1972). La tesis no obstante no tiene en cuenta que el don o el comparte pueden no ser justificado por la satisfacción de necesidades materiales sino por el deseo de valores espirituales lo que pone en entredicho pues la idea de un cierre del don sobre la producción doméstica. Ver D. Temple, *La dialectique du don*, Paris, Diffusion Inti, 1983, y en castellano: *La dialéctica del don*, La Paz, Hisbol, 1ª ed. 1986, 2ª ed. 1995, 3ª ed. *Teoría de la Reciprocidad*, Tomo II, 2003.

medios entre la percepción del otro y la de sí mismo; es por ello que aparecen como Tercero en relación al uno o al otro[86]. Ese Tercero es, en las comunidades de origen, lo que Mauss llama el *mana*. En ese sentido, el *mana* es una unidad, una totalidad compartida por todos, aunque no es dado *a priori* y debe ser producido por la reciprocidad, no es una entidad previa o anclada a los orígenes.

La reciprocidad encuentra desde entonces su sitio después de la función simbólica, si bien no se trata tampoco del inconsciente biológico de Lévi-Strauss. El inconsciente encuentra una definición psíquica, un estatuto freudiano.

El principio de oposición, que toma su fuente en la diferenciación biológica, es utilizado para dar una solución no-contradictoria y permitir la comunicación: es la manifestación del sentido en tanto que significación, pero no está solo. Es disputado por el principio de unión.

El principio de unión no viene a dar razón de aquello que sería dejado por cuenta por el principio de oposición. Es una segunda modalidad de la función simbólica que pretende dar otra versión de los mismos acontecimientos.

Reciprocidad, contradictorio, oposición, unión, forman desde ahora un complejo coherente para engendrar el sentido y permitir la comunicación, que no tiene más necesidad de la costumbre, de la *igualdad* y la *identidad*, de la simetría de los grupos primitivos ni el interés por cosas raras, ni aún el *intercambio* para justificarse.

La reciprocidad es, como muestra Lévi-Strauss en *Las Estructuras elementales del parentesco*, el umbral entre naturaleza y cultura, pero no está subordinada al intercambio. El intercambio interesa a lo que lo imaginario es susceptible de reificar y de dominar para satisfacer el deseo de poseer; la reciprocidad se interesa en el más allá de las cosas visibles, en la construcción del sujeto humano, en los valores humanos.

---

[86] Cf. Temple y Chabal (1995), *Teoría de la Reciprocidad*, tomo I.

Ella es la matriz del hombre social, del hombre hablante, del inconsciente y del lenguaje. Es la matriz del sentido. No es solamente característica de las familias originales, de los grupos segmentados o de las jefaturas o los imperios tradicionales, irriga la vida social, económica, política de todas las sociedades del mundo.

*

2

LAS DOS PALABRAS

El Principio de reciprocidad es actualizado por distintas estructuras sociales, cada una produciendo un sentimiento de humanidad específico.

En sí contradictorio, el sentimiento producido por cada una de las estructuras de reciprocidad debe expresarse de manera no-contradictoria. Es la finalidad de la función simbólica.

Como hay dos polos contrarios posibles para una misma situación contradictoria, cada uno en sí mismo no-contradictorio (los contrarios), una de estas actualizaciones será llamada Palabra de oposición, mientras que la otra será llamada Palabra de unión.

Estas dos modalidades de la función simbólica son el origen de la Palabra política y la Palabra religiosa.

1. LA RECIPROCIDAD PRIMORDIAL Y EL PRINCIPIO DE LO CONTRADICTORIO

Mauss observaba que, en las sociedades primitivas, una misma estructura une no sólo las prestaciones de carácter económico y utilitario, sino también: «gentilezas, festines, ritos, servicios militares, mujeres, niños, fiestas, ferias (…)». Propuso llamar a todo esto: el «sistema de las prestaciones totales»[87].

En el *Ensayo sobre el don*, se interesa por una estructura heredada de esas prestaciones de origen, que llama el «intercambio-don» y que analiza como tres «obligaciones»: dar, recibir y devolver. Ahora bien, en las prestaciones totales, el cara a cara de los clanes, de las familias o las tribus, etc., no da testimonio ora de la amistad ora de la hostilidad; por el contrario, da testimonio simultáneamente tanto de la amistad como de la hostilidad.

Mauss no insiste en esta simultaneidad. Sin embargo, cuando habla de una relación de solidaridad, emplea la expresión paradójica de enfrentamiento:

> Las personas presentes en el contrato son personas morales: clanes, tribus, familias, que se enfrentan y se oponen (…)[88].

Y cuando propone un ejemplo de prestaciones totales, elige el de las comunidades dualistas de Australia, ya que están esencialmente divididas en dos mitades. En esas comunidades, cierta hostilidad entre las mitades solidarias impide que se fusionen en una sola entidad colectiva y unitaria.

---

[87] Mauss, « Essai sur le don », *op. cit.*, p. 151 (Subrayado por Mauss).
[88] *Ibíd.*, p. 150.

Lévi-Strauss no insiste más que Mauss en el equilibrio de la hostilidad y la amistad, pero pone este equilibrio netamente en valor en su definición de organizaciones dualistas:

> Ese término define un sistema en el que los miembros de la comunidad –tribu o pueblo– se reparten en dos divisiones, que mantienen relaciones complejas que van de la hostilidad declarada a una intimidad estrecha, y donde diversas formas de rivalidad y de cooperación se encuentran habitualmente asociadas[89].

La reciprocidad de origen está fundada a la vez en el principio contradictorio y en el principio de reciprocidad; con el segundo que sirve de sede o de matriz del primero. En el cara a cara así sellado, el enfrentamiento y la solidaridad, como dice Mauss, están íntimamente equilibrados.

Lévi-Strauss dio una descripción colorida de una situación de la que nace tal organización dualista: el encuentro entre dos bandas de Nambikwara del Brasil occidental (Mato Grosso)[90]. Al comienzo de la temporada seca –describe– se abandona la aldea temporal y cada grupo se «fragmenta» en varias bandas nómadas, que durante siete meses van recorriendo la sabana en busca de caza[91]. Cuando dos bandas aisladas perciben las humaredas de sus hogares, se aproximan con temor y esperanza: «¿La banda que se acerca es amistosa u hostil?» Pronto acampan cerca, se espían, se entrevén. Cuando tiene lugar el encuentro, que va a durar toda la noche,

---

[89] Lévi-Strauss, *Les Structures élémentaires de la parenté*, p. 80.

[90] Lévi-Strauss, « La vie familiale et sociale des Indiens Nambikwara », *op. cit.*, p. 90-94.

[91] «Así, la actitud de dos bandas que saben que están cerca la una de la otra es muy significativa. Temen el contacto, pero al mismo tiempo lo desean. De hecho, no pueden encontrarse accidentalmente, porque llevan varias semanas observando cómo se eleva el humo vertical de sus hogueras, perfectamente perceptible desde decenas de kilómetros (...)». *Ibíd.*, p. 91.

las manifestaciones de enemistad de los unos se cruzan con los gestos de amistad de los otros, sin contabilidad ni regateo, con la mayor generosidad, pero también, lo más a menudo, con aires de desafío. Es imposible decidir si el alba se levantará sobre la paz o la guerra. El tiempo de la ambigüedad y de la indecisión de un equilibrio entre la confianza y la desconfianza no llega a romperse para ceder el sitio a la fusión de dos grupos o a su separación.

Cuando, después de muchos encuentros, los Nambikwara deciden aliarse para no formar sino una entidad social, perennizan este instante de equilibrio llamándose los unos a los otros «cuñados», como si las mujeres de los unos hubieran sido tomadas entre las hermanas de los otros. Los dos grupos no deciden, pues, llamarse «hermanos», y unirse en una sola familia. No eligen tampoco términos extranjeros que autorizarían que cada uno intercambie con el otro y retorne a su casa enriquecido por los bienes que esperaba. Eligen los términos de una relación de parentesco que reenvía a una relación de reciprocidad original, ya que cuando se toma la mujer del otro, el hermano de la esposa está necesariamente frente a frente. Una estructura semejante de reciprocidad soporta un sentimiento contradictorio, ya que resulta del equilibrio de fuerzas antagonistas de inquietud y de solicitud.

Lévi-Strauss aproximaba este encuentro a una práctica corriente en nuestra sociedad y que observaba en los modestos restaurantes del Languedoc (Sur de Francia): la oferta recíproca del vino, que viene a disipar la incomodidad resultante de una situación forzada: el acercamiento a la misma mesa, de viajeros que no se conocen[92].

La reciprocidad, a veces reducida a una simple simetría o reversibilidad, a veces confundida con una complementariedad biológica de fuerzas opuestas (lo masculino y lo femenino), existe entonces como una forma característica de las relaciones

---

[92] Lévi-Strauss, *Les Structures élémentaires de la Parenté*, p. 69-70.

humanas. Ella es, entonces, la realización, para cada participante, de un equilibrio permanente entre fuerzas antagonistas: solicitud y prevención, atracción y repulsión, vivir y morir, adquirir y perder, alimentar y ser alimentado, ser idéntico y diferente. Tales equilibrios no existen en ninguna otra parte en la naturaleza. Dos predadores pueden, ciertamente, encontrarse unidos, pero cazan juntos o se enfrentan hasta que uno triunfe sobre el otro. Incluso el macho y la hembra no quedan frente a frente el uno del otro: se fusionan y se separan enseguida. Sólo los hombres se reconocen en un equilibrio de fuerzas antagonistas en los que la conciencia elemental de aquel que actúa se redobla con la conciencia elemental del que padece, de manera que de su relativización mutua nace una conciencia de conciencia.

La reciprocidad le permite, en efecto, a quien actúa sobre el otro, el padecer al mismo tiempo esta acción, ya que ella es reproducida en su lugar por el otro. Ella permite, entonces, que cada uno disponga, a la vez, de su percepción inicial y de la percepción antagonista que era la de quien tiene enfrente. La estructura de reciprocidad es la sede privilegiada de una resultante contradictoria de percepciones antagonistas en el origen de la conciencia de conciencia. Cuando la relativización de dos conciencias elementales antagonistas es completa, la conciencia de conciencia que resulta de ello se convierte en el sentimiento del ser mismo de la conciencia. Y bien, ese sentimiento no es solamente para sí, sino simultáneamente para-sí-y-para-el-otro.

La reciprocidad es una estructura bipolar, sede de una revelación común a dos participantes, revelación que también parece imponerse desde el exterior a cada uno y cumplirse en cada uno. Ella es la sede de un acontecimiento fuera de la naturaleza física y biológica, de alguna forma sobrenatural, si se llama naturaleza a eso sobre lo cual dan cuenta la física y la biología.

El sentimiento que nace de la reciprocidad es recibido como el de la humanidad para todos aquellos que participan de su matriz. El hombre es, primero, el huésped de la humanidad. Es el sentimiento del ser mismo de la conciencia, propia a todos aquellos a quienes la reciprocidad implica, a todos los miembros de la comunidad. Las prestaciones primitivas son *totales*, ya que comprometen hombres, mujeres, niños, familias y clanes…, y porque ellas interesan al conjunto de las actividades que pueden realizar el equilibrio de las fuerzas puestas en juego. Todo lo afectado por esta estructura se ve entonces dotado de un valor común, que Mauss llama el *mana*.

El principio de lo contradictorio, la afectividad y la conciencia objetiva

¿Puede detectarse ese principio en la base de todo sistema de parentesco?

En un capítulo de la *Antropología estructural*[93], Lévi-Strauss muestra que la estructura de parentesco más simple reposa sobre cuatro términos (hermano, hermana, padre, hijo):

> (…) unidos entre sí por dos parejas de oposiciones correlativas y tales que, en cada una de las generaciones en cuestión, existe siempre una relación (afectiva) positiva y una relación negativa[94].

El átomo de parentesco está estructurado de tal manera que la suma de las relaciones de hostilidad y de amistad declaradas sea algebraicamente nula, es decir, que esas relaciones oscilan alrededor de una resultante contradictoria.

---

[93] Lévi-Strauss, *Anthropologie structurale, op. cit.*, vol. 1, p. 38-52.
[94] *Ibíd.*, p. 56.

Esas relaciones elementales pueden, cierto, ser modificadas, pero la regla se mantiene: la suma de las relaciones cualificadas queda siempre neutra; toda expresión negativa está compensada por una relación positiva.

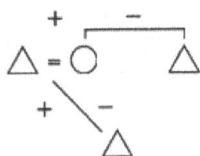

Trobriand. - matrilin.

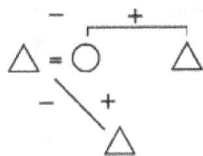

Tcherkesses. - patrilin.

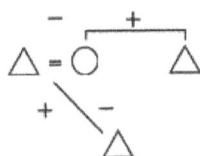

Siuai. - matrilin.

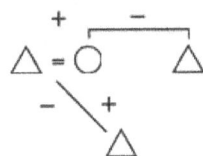

Tonga. - patrilin.

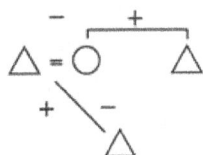

Lac Kutubu. - patrilin.

Lévi-Strauss, *Antropología estructural*, p. 54

Se trata, en esos ejemplos, del equilibrio de actitudes que reciben una calificación. Pero Lévi-Strauss precisa:

En realidad, el sistema de actitudes elementales comprende, por lo menos, cuatro términos: una actitud de afección, de ternura y de espontaneidad; una actitud resultante del intercambio recíproco de prestaciones y de contra prestaciones; y, además de esas relaciones bilaterales, dos relaciones unilaterales: una correspondiente a la actitud de acreedor, la otra a la de deudor. Dicho de otra forma: mutualidad (=); reciprocidad (+ −); derecho (+); obligación (−); esas cuatro actitudes fundamentales pueden ser representadas en sus relaciones recíprocas (...)[95].

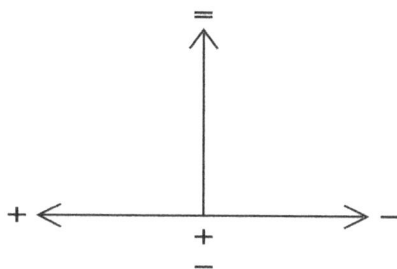

$$
\begin{array}{c}
= \\
\Big\uparrow \\
\Big| \\
+ \Longleftarrow \! \Longrightarrow - \\
+ \\
-
\end{array}
$$

Esta representación hace aparecer dos nuevas actitudes que no tienen calificación ni positiva ni negativa: la una para la afectividad pura (=) *espontaneidad* y *ternura*, muy próxima al sentimiento de ser hombre que nace en el corazón de la conciencia de conciencia como sentimiento del ser mismo de la humanidad; la otra (+ −) su inversa, que testimonia de una ausencia de sentimiento o de afectividad compartida, y que caracteriza el intercambio, que Lévi-Strauss llama «reciprocidad».

---

[95] *Ibíd.*, p. 60.

Veamos el esquema propuesto por Lévi-Strauss. El signo de la mutualidad (=) se encuentra sobre un eje perpendicular al de la simple oposición del más (+) y del menos (−), a manera de oponerse a su contrario, representado por el punto (+/−). El punto (+/−) es mediano entre el (+) y el (−) del eje horizontal, es llamado «reciprocidad», pero en este caso Lévi-Strauss menta el intercambio, ya que atribuye el signo positivo al «deudor» y el signo negativo al «acreedor».

Tanto si él hubiera querido significar un donatario en el deudor como un donador en el acreedor, la conclusión sería la misma. Habría dos soluciones para su relación: o bien redoblarían, cada uno, el don del otro con el objeto de crear la amistad, o bien el segundo anularía el don del primero por su contra-don, interpretado como un intercambio a fin de restablecer una situación de indiferencia mutua. Para oponer esas dos actitudes, la una de reciprocidad verdadera, que Lévi-Strauss llama mutualidad, la otra de intercambio, que Lévi-Strauss llama reciprocidad, habrá que reproducir el eje vertical a media distancia de los dos protagonistas, un polo de los cuales testimoniaría del intercambio, el otro de la reciprocidad verdadera.

En el intercambio, los dos protagonistas reemplazan parte de sus bienes materiales por parte de los bienes materiales del otro[96]. Cada uno de los participantes, al no tener otro objetivo que su interés, se encuentra solo consigo mismo. El intercambio no tiene otra afectividad que el contento consigo mismo; está desprovisto, en todo caso, de la menor amistad.

Opuesta al intercambio, Lévi-Strauss sitúa entonces la mutualidad, evidentemente la verdadera reciprocidad, de

---

[96] Respetaremos la acepción general que nuestra sociedad da al intercambio: se intercambia una cosa por otra. El intercambio implica un tener, implica también un interés por otro haber, realiza la sustitución de un haber por otro.

donde nace un plus de ser, de «ternura y de espontaneidad»... una amistad.

La geometrización propuesta por Lévi-Strauss permite sobrepasar las confusiones de vocabulario. Ella introduce la distinción entre el intercambio y la reciprocidad. Aporta al sistema de las actitudes calificadas, sistema que tiende hacia aquel de las apelaciones de parentesco, una corrección importante ya que añade una afectividad mutua que testimonia directamente de la reciprocidad y, por otra parte, revela una ausencia de afectividad que testimonia del intercambio. Ella hace aparecer un eje de la afectividad mutua. Ella sugiere, en fin, que la afectividad total de una estructura social puede ser positiva sobre este eje del equilibro contradictorio, a pesar del hecho que la suma de afectividades calificadas de positivas o negativas es siempre algebraicamente nula.

Notemos, solamente, que en una estructura social de reciprocidad, cada uno es tributario de su estatuto comunitario, y que el individuo puede tener que soportar cargas afectivas que tienden a restablecer equilibrios cuyas perturbaciones fueron producidas muy lejos de él, y cuyas causas él ignora.

El destino es necesidad estructural. El sentimiento de humanidad, que nace de la reciprocidad, no se contenta con ser, él se manifiesta, se nombra. El ser social, que toma asiento en esta estructura primordial, se nombra como tal, tal vez porque está, justamente, liberado de toda determinación natural. La expresión de un sentimiento semejante, nacido de la contradicción de fuerzas opuestas, no tiene equivalente en la naturaleza: es la palabra.

Se puede imaginar que el hombre está en este punto fascinado por el ser que nace de la reciprocidad, es decir, por su propia emergencia en tanto que ser revelado a sí mismo, que no puede dejar de comprometer toda su existencia en esta producción. El primer nombre que emerge de esta reciprocidad es «Henos aquí», «Somos los Hombres

Auténticos» –tal es el primer nombre, siempre para decir que la manifestación de una conciencia revelada a sí misma es lo propio del hombre.

La razón de la reciprocidad es la de permitir el nacimiento de un sentimiento común que es un lazo más fuerte que el de la necesidad biológica. Empleamos la palabra lazo porque tiene un valor antropológico, es el lazo de almas de Marcel Mauss. Una tal potencia es indivisa. No puede ser contada en beneficio de lo que sea ni en provecho de lo que sea, ya que parece venir de otra parte. Así, como no excluye ninguna actividad humana, no excluye a nadie.

–¿Cómo se efectúa, luego, la repartición de ese sentimiento entre las diversas relaciones humanas?

Cada actividad, que se realiza como relación de reciprocidad, se convierte en la fuente de un momento contradictorio específico y adquiere su propio sentido. Si cada grupo sufre un asesinato y mata a la vez, la contradicción de dos conciencias elementales de ser matado y de matar se convierte en un sentimiento particular, diferente de aquel de alimentar y ser alimentado, de proteger y ser protegido... Si el sentimiento de humanidad se expresa en el don de víveres, es por ser viviente, y no sólo por ser hombre, que se precisa el sentimiento de ser.

Leenhardt[97] cuenta que los Kanak, en las islas Lifu, se llaman *Kamo. Mo* es una partícula que hace parte de un duelo (*mo-ro*) y quiere decir «vida», mientras que *ro* quiere decir «inerte». Los *kamo* son, pues, los seres que se dicen «vivientes». El sentimiento del primer nombre se aclara así por la operación en la cual está más precisamente comprometido.

Y bien, cada vez que se abre una relación de reciprocidad específica, puede aparecer un hiato entre al actuar y el padecer.

---

[97] Maurice Leenhardt, *Do Kamo. La personne et le mythe dans le monde mélanésien* (1947), Paris, Gallimard, 1985.

135

La actividad que no está relativizada del todo por su contrario está unida entonces a una conciencia elemental no-contradictoria, residual. Cada vez que la relación de reciprocidad es así polarizada por el dominio de un término sobre el otro, se crea un desequilibrio que sobreimpone al sentimiento inicial su propio alcance. Un desequilibrio semejante se traduce por la aparición de una imagen objetiva. Por ejemplo, el uno dona hoy y el otro devolverá algún día próximo, entonces la conciencia elemental unida al acto de donar viene a bordar el sentimiento de ser humano con una imagen particular.

Del equilibrio de lo contradictorio, manifestado por el sentimiento puro, se pasa fácilmente a esos equilibrios imperfectos dominados por una u otra de las conciencias elementales no-contradictorias. La conciencia de conciencia que se resolvía en un sentimiento de sí mismo como pura libertad, se convierte, entonces, en la conciencia de conciencia particular.

Cada vez que la relación de reciprocidad es polarizada por el dominio de uno de los términos aparejados por la reciprocidad sobre el otro, disminuye el *mana*, dejando aparecer un reflejo de las cosas que las encierra como la cáscara a la almendra.

El donador ve la percepción elemental unida al acto del don y que es lo contrario de este acto, es decir, aquí −en el acto del don− la imagen de una adquisición, que emerge del sentimiento de ser como un horizonte de este sentimiento. Desde entonces, el donador tiene la conciencia de acrecentar su ser. Esta adquisición es el prestigio, que resplandece tanto más que es el ser mismo el que se difunde en la imagen de adquirir.

−¿Cómo se transforma el *mana*? Se transforma en cada horizonte que nace a la superficie del sentimiento de sí desde que una iniciativa viene a orientar la relación de reciprocidad. El sentido realiza esta orientación. El sentido difiere del ser ya que es el ser donado a una conciencia elemental.

La palabra tiene sentido para el otro como para sí mismo, ya que designa lo que participa del ser en la reciprocidad...[98] Sin embargo, el sentimiento de ser, el *mana*, desde el momento en que se representa mediante algo, debe conciliar al ser al cual se refiere y la acción o la cosa mediante la cual se revela y que, por ser del orden de la naturaleza, es caracterizado como no-contradictorio.

Ese pasaje de lo contradictorio al significante no-contradictorio es la ocasión de una alternativa, ya que lo contradictorio puede traducirse por uno u otro de los dos polos no-contradictorios de los que es el hogar: sea ser unificado, focalizado en el Uno, sea ser dividido, compartido entre Dos.

Dos procesos lógicos pueden ser así comprometidos en la manifestación de la palabra y conducen, el uno a un término único, y el otro a dos opuestos, que se diferencian el uno del otro pero que juntos significan igualmente lo que nace en la reciprocidad: unión y oposición. La unión repliega lo contradictorio en su expresión no-contradictoria, es la palabra que llamaremos Palabra de unión. O bien la oposición despliega lo contradictorio en lo no-contradictorio inverso, el de la diferencia, es la Palabra de oposición.

Hay dos manifestaciones del ser: encarnarse en uno u otro de los dos polos de la relación de las que él mismo es el corazón, la identidad y la diferenciación, lo heterogéneo y lo homogéneo, lo uno y lo doble...

La Palabra de unión se expresa entonces por un solo término (el Medio, el *Taypi*, el Centro, el Eje, la Mezcla, lo Gris, el Corazón...).

La Palabra de oposición se expresa por la actualización de la diferenciación, que se traduce por una oposición correlativa de dos términos (lo Bajo y lo Alto, el Este y el

---

[98] Es porque nace de la reciprocidad que el término original le parece al observador tener dos sentidos mientras que nunca tiene más que uno para quien participa de la relación misma.

Oeste, lo Hacia arriba y lo Hacia abajo, la Sombra y la Luz…). Aristóteles llamó *oposición correlativa* a esta oposición de diferenciación.

El lenguaje es, ante todo, la exploración de las posibilidades ofrecidas por el desarrollo de esas dos Palabras. El objeto de nuestro estudio es el devenir de estas dos Palabras.

2. LA PALABRA DE OPOSICIÓN, EL PRINCIPIO DUALISTA

El nombre de las organizaciones dualistas viene de que están divididas en mitades. Pero esas mitades son siempre el soporte a la vez de la amistad y de la enemistad. Es, pues, posible tomarlas a cada una como doble, como si hubieran dos mitades que se ayudarían mutuamente, amigas, superpuestas a dos mitades que se oponen, enemigas. El principio dualista hace de tal manera que las mitades enemigas sean las mitades amigas. Este equilibrio es muy bien valorado por la definición que Lévi-Strauss propone de él y que ya hemos citado[99].

Lévi-Strauss ilustra, enseguida, el papel de una modalidad fundamental de la función simbólica, que llama el principio de oposición[100]. Luego vuelve al equilibrio de lo

---

[99] «Ese término define un sistema en el cual los miembros de la comunidad −tribu o pueblo− están repartidos en dos divisiones que mantienen relaciones complejas, que van desde la hostilidad declarada a una intimidad muy estrecha, y donde diversas formas de rivalidad y de cooperación se encuentran asociadas habitualmente». Lévi-Strauss, *Les Structures élémentaires de la parenté, op. cit.*, p. 80.

[100] «(…) dos héroes culturales, tanto hermanos mayor y menor, tanto gemelos, juegan un importante papel en la mitología: la bipartición del grupo social se continúa a menudo por una bipartición de los seres y las cosas del universo y las mitades asociadas a oposiciones características: lo

138

positivo y negativo, ya que las condiciones de lo contradictorio son inmediatamente restablecidas:

> Finalmente, las mitades están ligadas la una a la otra, no solamente por el intercambio de mujeres, sino por el suministro de prestaciones y contra-prestaciones recíprocas de carácter económico, social y ceremonial. Esos lazos se expresan frecuentemente bajo la forma de juegos rituales, que traducen bien la doble actitud de rivalidad y de solidaridad que constituye el rasgo más sorprendente de las relaciones entre las dos mitades (...) Como trataremos de mostrar, el sistema dualista no da a luz a la reciprocidad: sólo constituye la puesta a punto de ella[101].

La puesta a punto del principio de reciprocidad es la constante reactualización de equilibrio entre fuerzas contrarias.

La cuadripartición

En un caso particular, aislado por Tristan Platt[102] en Los Andes (área ocupada por los Macha, al norte de Potosí), la organización dualista parece desdoblada en cuatro mitades, dos por la solidaridad y dos por la hostilidad. Las comunidades

---

Rojo y lo Blanco, lo Rojo y lo Negro, lo Claro y lo Oscuro, el Día y la Noche, El Invierno y la Primavera, el Norte y el Sur, el Cielo y la Tierra, la Tierra Firme y el Mar o el Agua, lo Bueno y lo Malo, lo Izquierdo y lo Derecho, lo Fuerte y lo Débil, lo Mayor y lo Menor». *Ibíd.*

[101] *Ibíd.*, p. 80-81.

[102] Tristan Platt, « Symétries en miroir. Le concept de Yanantin chez les Macha de Bolivie », *Annales*, 33e année, n° 5-6, Paris, Armand Colin, 1978, p. 1081-1107. En español: «Espejos y Maíz: el concepto de Yanantin entre los Macha de Bolivia», *Parentesco y matrimonio en los Andes*, cap. 4, Pontifica Universidad Católica del Perú, Lima, 1980, p. 139-182.

macha controlan la agricultura de manera que la misma comunidad posee tierra en las alturas y en los valles. El control ecológico repercute en la sociedad: el pastor de llamas de altura trabaja para el cultivador de maíz de abajo y recíprocamente. Las dos mitades de arriba y de abajo, que Platt llama *puna* y *valle*, son tan dependientes la una de la otra que sería peligroso para ambas romper su solidaridad. Las dos mitades no pueden cuestionar su complementariedad, que se asemeja a una complementariedad biológica.

El sentido de alto y bajo está fijado por las determinaciones de la naturaleza. Lo alto es «ecológicamente» alto y no sólo el opuesto imaginario de la otra mitad, mientras lo bajo es «ecológicamente» bajo. Esta sobredeterminación impide modificar los contenidos de las dos mitades: es definitivamente positiva. Las alianzas matrimoniales, que tienen lugar entre puna y valle, se convierten en relaciones simétricas de pura solidaridad.

Pero Platt observa que existen otras dos mitades (*Urinsaya* y *Aransaya*) que se reparten la montaña, y ello no en un plano horizontal sino vertical, y esas dos mitades están destinadas a oponerse periódicamente y recíprocamente en enfrentamientos que pueden llegar hasta la muerte de los hombres.

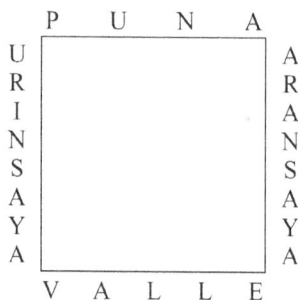

```
          P   U   N   A
      U  ┌─────────────┐  A
      R  │             │  R
      I  │             │  A
      N  │             │  N
      S  │             │  S
      A  │             │  A
      Y  │             │  Y
      A  └─────────────┘  A
          V   A   L   L   E
```

Entre esas dos mitades *Urinsaya* y *Aransaya* nunca hay relaciones matrimoniales, sino su «equivalente antagonista». La descripción de Platt de esta equivalencia es muy sugestiva:

> En algunos casos en los que no están presentes las autoridades nacionales —especialmente durante las *ch'ajwas* [enfrentamientos]– la ferocidad del conflicto puede llegar a tal punto que las víctimas son despedazadas con las manos desnudas —se desdeña el uso del cuchillo– y se come parte de ellas: he oído hablar a gente macha con orgullo de su reputación de *runamikhunj* (="devoradores de hombres") (...). Me han hablado de un caso en el que los miembros del Aransaya agarraron a la mujer del *kuraka* del Urinsaya y la violaron en masa.

> En este lugar es imposible realizar un análisis detallado y una interpretación de las luchas: el punto de importancia simplemente hace referencia a la connotación sexual de las dos mitades, implícitas ya en los nombres "mitad superior" y "mitad inferior", dada la asociación que acabamos de mencionar entre arriba/abajo y masculino/femenino. La violación en masa pudo explicitar esta relación; además, tanto el devorar como el luchar se identifican con la copulación, en incontables cuentos, bromas y adivinanzas[103].

Connotación sexual, pero inversión de sistema. La equivalencia entre devorar y acoplarse, batirse y aliarse, es una equivalencia, a condición empero de pasar de un sistema de (reciprocidad de venganza) a un sistema de reciprocidad positiva (reciprocidad de dones)[104].

---

[103] Platt, «Espejos y Maíz...», *op. cit.*, p. 156.

[104] Lévi-Strauss dice, en efecto, a propósito de la similitud de las relaciones alimenticias y sexual: «Aún aquí, se alcanza el nivel lógico por empobrecimiento semántico: el "más grande" común denominador de la unión de los sexos y del que come y el que es comido, es que uno y otro

Se puede deducir, en esta equivalencia, la hipótesis de que los dos sistemas de mitades, descritas por Platt, representan aquello de lo que un sistema dualista ofrece la síntesis mediante la superposición de una relación de amistad y una de hostilidad de igual intensidad.

Para estas cuatro mitades, Tristan Platt emplea el término de cuatripartición. Como las dos primeras mitades están ecológicamente Arriba y Abajo, y que las otras dos *Urinsaya* y *Aransaya*, aunque laterales desde un punto de vista topológico se llaman con términos que quieren decir «superior» e «inferior», Platt estima que:

> (...) el sistema cuádruple puede ser considerado el resultado de la doble operación de la oposición única entre arriba y abajo[105].

Pero, entonces, no se comprende por qué dos mitades son hostiles y dos aliadas. ¿No debieran todas ser hostiles o aliadas?

Como el autor emplea el término de cuatripartición también para definir la reciprocidad de alianza entre las mitades puna y valle, y lo emplea nuevamente para las manifestaciones de hostilidad entre las mitades *Urinsaya* y *Aransaya*, porque esas manifestaciones de amistad u hostilidad son desdobladas entre hombres y mujeres, hay que admitir que se trata, aquí, de un principio lógico *a priori* sin contenido y que puede aplicarse a numerosas situaciones sin relación entre sí. Los Macha, y de forma más general los andinos, pensarían usando formas geométricas, pensarían por «cuadrados»[106].

John Murra y Nathan Wachtel discuten esta forma de ver:

---

operan una conjunción por complementariedad». Lévi-Strauss, *La pensée sauvage*, Paris, Plon, 1962, p. 140.

[105] Platt, *op. cit.*, p. 149.

[106] *Ibíd.*, *op. cit.*, p. 177.

De hecho, el sentido profundo del dualismo andino se deja ver, sin duda, en uno de sus rasgos más originales, a saber, su estructura en "juegos de espejo": los elementos que entran en una de las categorías clasificatorias son susceptibles de desdoblamientos indefinidos. Es así que la mitad de lo Alto se descompone en una parte percibida como lo Alto de lo Alto y otra considerada como lo Bajo de lo Alto (y así sucesivamente para las otras categorías). Esos desdoblamientos se cruzan, se entrecabalgan, engendran cuadriparticiones complejas, diseñando configuraciones diversas siguiendo el punto de vista adoptado[107].

La regla enunciada por Murra y Wachtel debería encontrar una verificación en la observación de una progresión aritmética, ya que cada dualidad es susceptible de desdoblarse sola e independientemente de la otra. Por otra parte, el contenido de una serie dicotómica debería ser siempre lo mismo.

En cada dicotomía deberían encontrarse nuevas identidades semejantes a las precedentes. La verificación de esta construcción estructuralista debería ser relativamente fácil... Pero, como quiera que fuese, el término cuatro no debería merecer aquí una preeminencia sobre el termino dos. El término de cuadripartición se hace redundante en relación al de bipartición. No tiene, en efecto, otra significación que la reiteración del principio de oposición de Lévi-Strauss.

La terminología de Platt testimonia, sin embargo, de una intuición que, tal vez, no se deja reducir al «desdoblamiento» de Murra y Wachtel. Pero ¿pensarán los andinos por cuadrados?

Las observaciones de Platt subrayan una sobre-determinación ecológica entre puna y valle. Esta conduce a cuatro mitades mientras que dos permiten, normalmente, el

---

[107] John V. Murra y Nathan Wachtel, Présentation, *Annales*, 33ᵉ année, n° 5-6 sept.-oct., Paris, Armand Colin, 1978, p. 889-894 (p. 892-893).

equilibrio de reciprocidad. Se pasa, así, de la relativización mutua de lo negativo y lo positivo, que normalmente tiene lugar en las organizaciones dualistas, a una separación de lo positivo y lo negativo, pero también a su exacerbación.

¿Sería necesaria tal exacerbación para que el uno no pueda borrarse en la conciencia, antes de ser confrontado con el otro? Las cuatro mitades son, en efecto, indisociables a pesar de ser completamente opuestas de dos en dos.

Las organizaciones cuadripartitas aparecen, así, como organizaciones dualistas en las que las fuerzas que sostienen el equilibrio contradictorio de la amistad y la enemistad están separadas. Esas fuerzas están separadas, aunque inmediatamente exageradas, como si ellas también pudieran engendrar así una resultante contradictoria en la conciencia de los miembros de la comunidad.

La cuadripartición visualizaría así términos en otras partes superpuestos, mezclados y relativizados. En esta hipótesis, la cuadripartición no puede ser retraída a la simple reiteración de una dicotomía formal.

La cuadripartición, tal como nosotros la interpretamos, implica que la reciprocidad aparezca bajo una modalidad muy particular. Entre las mitades sobredeterminadas puna/valle, la relación, en efecto, es exclusivamente de alianza. El elemento de lo alto y el elemento de lo bajo son solidarios y sólo solidarios. Una reciprocidad tal retrae la alianza matrimonial a una complementariedad biológica. Ella reduce el sistema de parentesco a una simetría de amistades: el «intercambio» de hermanas o de hijas (la hermana del de arriba va abajo, mientras que la hermana del abajo va arriba).

Sin embargo, los ritos que nos recuerda Platt evocan un dualismo en el que tiene lugar la expresión negativa de la reciprocidad. En el rito de la fundación de un hogar, dos hombres que se disfrazan de pájaros suben al techo a simular el principio de la construcción de un nido, que acaba en una disputa, mientras que dos hombres abajo acumulan y confunden juntos los bienes de los dos esposos en la casa, disfrazándose de vizcachas.

Los Macha mismos dicen –observa Platt– que una familia no es el resultado de la complementariedad de dos opuestos, ya que se dice a veces que cada familia es *tawantin* (compuesta «de cuatro elementos»). Así, la reciprocidad de parentesco escaparía de la sobredeterminación de la reciprocidad de dones.

Sin embargo, un término macha define también la reciprocidad de solidaridad pura: *yanantin*.

> La palabra *yanantin* se compone de la raíz *yana* (= "ayuda"; cf. *Yanapay* = "ayudar") y la terminación -*ntin*; de acuerdo a Solá (1967) -*intin* es "inclusivo en su naturaleza, con implicaciones de totalidad, de inclusión espacial de una cosa dentro de otra, o de identificación de los elementos como miembros de la misma categoría". Así, *yanantin*, puede ser traducido estrictamente como "ayudante y ayudado unidos para formar una categoría única"[108].

Se comprende que el término *yanantin* sea, por derivación, utilizado para definir el par y toda simetría bilateral. Los ojos, las orejas, las manos, los gemelos del mismo sexo, etc., son *yanantin*.

La cuadripartición conduce, así, a definir las mitades positivas y las mitades negativas como pares, con cada uno que obedece a una reciprocidad que calificaremos de unívoca. Ella es la de una sola dimensión, la amistad o la hostilidad. En la cuadripartición estudiada por Tristan Platt, la separación de las funciones positivas y negativas conduce, pues, a dos sistemas de reciprocidad unívoca. Pero cada sistema es el contrario del otro.

---

[108] Platt, *op. cit.*, p. 163.

En Los Andes, el término dualista es utilizado frecuentemente para significar una reciprocidad de tipo *yanantin*. Ahora bien, la verdadera organización dualista pone frente a frente no sólo la solidaridad sino también la hostilidad y de tal manera que la hostilidad y la amistad se equilibran para mantener, entre los unos y los otros, cierto espacio contradictorio. Si se quisiera retener el sentido que le presta Wachtel, de simple reduplicación, el término dualista sería insuficiente para describir tales comunidades. Habría que complementarlo con un concepto que significase que la dualidad positiva se cruza con una dualidad semejante pero negativa. Habría que inventar un principio de cruce, cuya función fuese la de restaurar la relación de hostilidad allá donde hay relación de identidad, con el objeto de crear lo contradictorio. Se comprende, entonces, que disociadas, esas relaciones puedan disponerse según la imagen de un cuadrado o, incluso, de una cruz, para traducir la adopción, por cada término opuesto, de una parte del otro, o el redoblamiento de una oposición por esta oposición invertida. La forma de reciprocidad podría, pues, definirse mediante esta matriz:

	+	−
+	+ +	+ −
−	− +	− −

Sistema cuadripartito

(D. Temple)

146

Una matriz tal hace aparecer dos fórmulas dualistas verdaderas (+ −) y dos formas de reciprocidad unívoca (+ +) y (− −), cuya oposición forma el sistema cuadripartito.

El origen de la cuadripartición

¿Cómo se pasa de la noción de dualismo a la de cuadripartición, o viceversa?

En su tesis sobre la reciprocidad de parentesco, Lévi-Strauss explicaba:

> Comprendemos, bajo el nombre de intercambio restringido, a todo sistema que divide el grupo, efectiva o funcionalmente, en un cierto número de pares de unidades intercambiadores y tales que, en un par cualquiera X–Y, la relación de intercambio sea recíproca, es decir, que si un hombre X esposa a una mujer Y, un hombre Y debe siempre poder esposar a una mujer X. La forma más simple del intercambio restringido está dada en la división del grupo en mitades exogámicas, patrilineales o matrilineales. Si se supone que a una dicotomía fundada sobre uno de los dos modos de filiación se superpone una dicotomía fundada sobre el otro, se tendrá un sistema de cuatro secciones en vez de dos mitades[109].

Un análisis de Sahlins del sistema de reciprocidad en los Moalano de las Islas Fiji, nos permite ser más explícitos. En la Isla de Lau, «todas las cosas van de a dos». La organización social es típicamente dualista. Sahlins enumera una serie de oposiciones contrastadas y las comenta así:

---

[109] Lévi-Strauss, *Les Structures élémentaires de la parenté*, p. 170.

Pero no sería justo considerar esos contrastes simplemente como una serie de oposiciones conformes (…) en sus términos más generales, la lógica recíproca es que cada *clase* mediatiza la naturaleza del otro, que es necesaria para la realización y regulación del otro, de manera que cada grupo contiene necesariamente al otro. La configuración que resulta de ello no es tanto una simple oposición como un sistema de cuatro partes operado por la réplica de una dicotomía dominante[110].

Como Tristan Platt, Sahlins hace del principio de cuadripartición un principio inicial, un código que informa, tanto las relaciones de parentesco y alianza, como los ritos, la producción, el valor de los bienes, etc.

En las islas Lau, en verdad, todo va por cuatro. Cuatro es el concepto numérico de una totalidad. Son necesarios cuatro grupos para hacer una isla, cuatro días de intercambio (de cuatro tipos de bienes) para realizar un matrimonio, cuatro noches de tratamiento para realizar una curación (…). Inmediatamente, la mención de sistemas de cuatro partes evocaría al antropólogo un tipo clásico de sistema matrimonial, y el tendría razones para suponer su existencia en Moala[111].

Un código así, sin embargo, responde a un principio estructural. Cuando se dice, en efecto, que cada grupo contiene necesariamente al otro, también se dice que el otro no es reductible al uno. Aquí, la reciprocidad redobla la identidad de la diferencia. La relación dual es, pues, doble desde el principio. La relación cuadripartita, según Sahlins, proviene de lo que la reciprocidad pone en presencia no de amigos o enemigos, sino de amigos y de enemigos; de que el

---

[110] Sahlins, *Au cœur des sociétés, op. cit.*, p. 40.
[111] *Ibíd.*, p. 44-45.

dualismo no corresponde, solamente, a una oposición y una bipartición de valores complementarios, sino al redoblarse de esta bipartición de valores complementarios por una bipartición de valores contrarios a los precedentes[112].

Lévi-Strauss, en ese sentido, había mostrado que toda filiación unilateral enmascara una doble dicotomía, y que la doble filiación no es solamente la reduplicación de una dicotomía inicial, sino la oposición de una filiación a otra:

> Un régimen de filiación matrilineal no reconoce ningún lazo social de parentesco entre un niño y su padre; y en el clan de su mujer –del que sus hijos hacen parte– él mismo es un "visitante", un "hombre-de-afuera" o un "extranjero". La situación inversa prevalece en un régimen de filiación patrilineal[113].

Es decir, que la ausencia de la segunda filiación significa una negación del contenido de la primera filiación. Como ésta tiene por contenido la identidad, esta ausencia significa la diferencia, ya que si la filiación matrilineal perpetúa la identidad, la continuidad, la no-patrilinealidad significa lo heterogéneo, lo exógeno, la ruptura: la hostilidad.

---

[112] Cómo no recordar a Marcel Granet describiendo el matrimonio en China: «Entre ellos la proximidad es tan grande que puede serla sin llegar a la identidad sustancial. Esta proximidad particular a aquellos que están llamados a formar no un grupo, sino una pareja, reposa no en cualidades comunes, sino en cualidades complementarias. Está fundada en sentimientos mixtos en los que entran, en partes iguales, un espíritu de solidaridad, un espíritu de rivalidad. Una palabra que significa cónyuge significa también rival e incluso enemigo. La mujer introducida en la familia agnática de los tiempos feudales es una asociada que, pronto transformada en enemiga, frecuentemente entra en lucha con su esposo para defender los intereses de su propia parentela. El grupo de cónyuges anexados a una familia indivisa, al mismo tiempo que forma un lote de rehenes, es un partido de delegados que representa a un grupo rival». Marcel Granet, *La civilisation chinoise*, Paris, Albin Michel (1929), 1988, p. 182.

[113] Lévi-Strauss, *Les Structures élémentaires de la parenté*, p. 120.

Lévi-Strauss subraya, de una manera muy general, que la filiación matrilineal se acompaña de la residencia patrilocal. El marido es un extranjero, un «hombre de afuera», a veces, un enemigo…

(…) y, sin embargo, la mujer se va a vivir a su casa, en su pueblo, para procrear niños que nunca serán los suyos. La familia conyugal se encuentra quebrada y se vuelve a quebrar sin cesar. ¿Cómo una situación semejante puede ser concebida por el espíritu, cómo pudo inventarse y establecerse? No se lo comprenderá, a no ser que se vea en ello el resultado de un conflicto permanente entre el grupo que cede la mujer y el que la adquiere. Cada uno, sucesivamente, se hace con la victoria, según los lugares. (…) La filiación matrilineal es la mano del padre, o del hermano de la mujer, que se extiende hasta el pueblo del suegro[114].

La reciprocidad de parentesco es un combate, no es solamente una solidaridad. Es una solidaridad que se cruza con una hostilidad. Hay que arrancar al otro algo, tanto como que hay que donar al otro. La reciprocidad no es unidimensional. Está sometida al principio de lo contradictorio.

3. LA PALABRA DE UNIÓN Y EL PRINCIPIO MONISTA

El principio de oposición de Lévi-Strauss (o Palabra de oposición), el principio dualista y la cuadripartición son categorías bien conocidas. Lo que nosotros llamamos principio de unión (Palabra de unión) y principio monista, en cambio,

---

[114] *Ibíd.*, p. 136.

merecen ser explicitados. La observación etnológica da innumerables ejemplos de ello, pero los comentaristas lo retrotraen, en general, a formas heterodoxas de dualismo.

La Palabra de unión focaliza el ser común en un centro. La unión es *Él*. Y ese *Él* es Todo. Se podría dar una lista de representaciones debidas al principio de unión que haga eco a las representaciones del principio de oposición: el Todo, el Centro, el Medio, la Cumbre, el Hermafrodita, lo Ambiguo, la Duda, lo Gris, el Ecuador, el Eje, el Solsticio, la Esfera, el Corazón, la Boca, la Mezcla, lo Neutro…

Por cierto, el Todo tiene un contrario. Pero la Nada y el Todo no tienen correlación. La oposición de Nada y Todo no es, pues, idéntica a la oposición de Alto y Bajo. Lo Bajo se opone a lo Alto por referencia a él, por diferenciación de una esencia común: la altura. No ocurre lo mismo con contrarios tales como la Nada y el Todo. El Todo no comparte su esencia con la Nada.

La Palabra de unión focaliza lo contradictorio en el Uno. Lo contradictorio de los orígenes es así forzado por el significante de la unidad a no formar sino una totalidad, aunque el seno de esta totalidad no deje de ser contradictorio. El Uno es, pues, complejo, ya que retiene en sí la relación primordial.

El ser, pues, habla ahora por la Palabra de unión. Habla por el Uno que encierra lo contradictorio en el Todo, y lo que le escapa no es su frente a frente, sino que se presenta primero como Nada. El Todo es como una esfera que se ata por sí misma en el seno de la Nada.

Pero esta frontera es particular. De ser definida, reenviaría a una dualidad, una oposición, una exclusión. Si el Todo fuera luminoso, por ejemplo, y su frontera fuera precisa, más allá hubiera, inmediatamente, la sombra y encontraríamos el contraste significativo de la Palabra de oposición. El pasaje del Todo a la Nada se da, entonces, como un pasaje continuo, progresivo, de grado en grado. Ocurre lo mismo en el interior del Todo. Ya que ya no es posible oponerlos en el interior de la totalidad, las diferencias serían progresiones y regresiones continuas. No puede haber en ellas un lugar privilegiado, como centro que se opondría a una periferia fija, ni de una cualidad que se opondría a otra.

Robert Jaulin, hablando de las sociedades Sara del Chad, dice que el Sí mismo puede ser lo que se define por la unidad del techo, de la corte, del barrio, del pueblo, de la región:

> Ser de lo "mismo" se puede tanto en razón de la residencia como de la producción o el consumo de alimentación, de la relación a la tierra, a los muertos, etc.[115].

El Sí mismo es así plural según el punto de vista que se siga, según las estaciones y los caminos. No es siquiera necesario que el centro sea reconocido; éste puede ser difuso. No hay, en todo caso, un lugar en relación al cual se podría precisar una oposición. Hay un punto de reunión que puede ser positivo pero también negativo, como lo es el centro de batalla en la guerra. El centro está en todas partes y nace o renace cada vez de forma indeterminada; es nómada.

A partir de entonces, la referencia al Sí mismo, que Jaulin llama también el nodo, es el centro de un Todo cuyos límites son fluctuantes y pueden ser diferentes según el discurso. Nada permite asignarle un valor propio. El centro de referencia de la esfera, el nodo del Todo, es indefinible o incierto. El Sí mismo adquiere una gran riqueza de amplitudes y definiciones.

La Palabra de unión nunca es marcada; ella reenvía, de forma simultánea, a todos los contrarios. Robert Jaulin la llama *reflexiva* en el sentido en el que el mismo movimiento

---

[115] Robert Jaulin, Prefacio, *en* Patrick Deshayes y Barbara Keifenheim, *Penser l'Autre chez les indiens Huni Kuin de l'Amazonie*, Paris, L'Harmattan, 1994, p. 5-27 (p. 7).

parte de sí y vuelve a sí, alimentado por el aporte de todo lo que participa de la unión de la comunidad.

La repartición del Todo, en la comunidad, se traduce por la idea de compartir.

> El compartir es una relación reflexiva, no opera necesariamente en el estricto marco del individuo por sí mismo, sino, más bien, en aquel de otros distintos a él y que le son, en este aspecto, lo "mismo", lo en Sí. Una comida se comparte consigo mismo y con los otros. El compartir funda una comunidad, genera un universo del que constituye la evidencia, la imposición. De ahí que la cultura sea reflexiva; es el lazo siempre inmediato, cualquiera sea su espesor, la duración de su existencia[116].

Robert Jaulin llama Gente de Sí a los miembros de una comunidad en la que domina esta percepción de su identidad como totalidad, y llama Gente de Otro a los que, a causa de su percepción del otro, no participan de esta totalidad[117]; de donde proviene una nueva definición de la alteridad.

Ya no se trata de alteridad en el sentido en el que el otro es reconocido como otro sí mismo, sino donde el otro es el que no tiene ninguna relación consigo mismo; es el completamente otro. El sentido de otro es, pues, profundamente diferente del que le da Lévi-Strauss, para quien el otro es el frente a frente en una relación de reciprocidad.

Los términos de complementariedad, diferencia, reflexión, etc., reciben, igualmente, una significación diferente y su coherencia proviene del hecho de que se refieren al principio de unión, en vez de corresponder al principio de oposición.

---

[116] *Ibíd.*, p. 6.

[117] Robert Jaulin, *Gens du soi, gens de l'autre*, Paris, Union Générale d'Éditions 10/18, 1973.

4. EL PRINCIPIO DE CASA EN LAS COMUNIDADES OCCITANAS

Las organizaciones sociales, a las cuales la Palabra de unión da nacimiento, no recibieron de la antropología la misma atención que las estructuras dualistas. Ciertamente, las descripciones que testimonian de ello no son raras como, por ejemplo, la de Emmanuel Le Roy Ladurie.

Le Roy Ladurie sostiene que el *domus* o el *ostal*, en Occitania a fines de la Edad Media, es un «concepto unificador» de la vida social, familiar y cultural en el comienzo de la religión.

Nada muestra mejor la importancia del *domus* como principio unificador de la vida social, familiar, cultural o del pueblo, que el papel de piedra angular que ella desempeña en Alto Ariège y en Montaillou en la construcción o reconstrucción del catarismo[118].

Y cita un diálogo elocuente:

¿Dónde vas? me pregunta Guillermo.

– Voy a la iglesia.

– Y bien, replica Guillermo: Ahí estás hecho un muy bueno "eclesiástico". Tanto valdría que ruegues a Dios en tu casa como en la Iglesia.

Le respondí que la iglesia es un lugar mucho más conveniente para orar a Dios que la casa. Entonces murmuró, dirigiéndose a mí:

– No eres de la fe[119].

---

[118] Le Roy Ladurie, *Montaillou: village occitan de 1294 à 1324*, Paris, Gallimard, 1975, p. 53.

[119] *Ibíd.*, p. 54.

Casa contra casa… El hombre que volvía a las fuentes de la religión tenía la sensación de que la casa era, más que un abrigo, el lugar originario de la religión.

En Montaillou, archipiélago de casas, se cuentan entonces once *domus* cátaras y cinco católicas. Le Roy Ladurie observa:

> Todos nuestros montañeses subrayan de corazón y con una energía convincente la fuerza místico religiosa de la *domus*. Nuestros testigos podrían apropiarse la fórmula latina que yo formulé para esta circunstancia: *cujus domus, ejus religio*[120].

De la Palabra se pasa al principio organizador:

> Desde un punto de vista jurídico mágico, habría que decir etnográfico, el *ostal* de Ariège, así como la *casa* andorrana, representan más que la suma de individuos perecibles que componen la casa correspondiente. La casa pirenaica es una persona moral, indivisible en bienes y dueña de un cierto número de derechos: estos se expresan por la propiedad de una tierra, por los usos del bosque y los pastizales comunes de la montaña, *solanes* o *soulanes* de la parroquia[121].

Le Roy Ladurie subraya otras funciones de unión del *domus* y el *ostal*. El *ostal* es la casa de los vivientes y de los muertos…, «ella continua al personaje de su dueño difunto».

La preocupación por la *domus* no es, pues, patrilocal o matrilocal, sino ambivalente[122].

---

[120] *Ibíd.*, p. 59.
[121] *Ibíd.*, p. 59-60.
[122] *Ibíd.*, p. 63.

La casa, en fin, está dirigida por un jefe que no es, necesariamente, el padre o la madre como es el caso en una organización dualista, sino la personalidad más fuerte.

> La sumisión al jefe de la casa (…) puede convertirse en culto a la personalidad, hecho de admiración, de adoración[123].

El centro reúne todo; es el único lugar en el que todo converge, de donde todo proviene. Los habitantes del *domus* no vacilan en llamar Dios a ese Todo. Le Roy Ladurie cuenta cómo el montaillounense Bernard Clergue, al enterarse de la muerte de su hermano, jefe de la casa, se derrumba: «Ha muerto mi Dios. Ha muerto mi gobernador…».

Interpretamos las observaciones etnográficas que establecen el principio de unión con un razonamiento similar al de los antropólogos cuando analizan organizaciones dualistas. Siguiendo el «principio organizador» que aquí focaliza y redistribuye toda autoridad, el principio de unión es el equivalente al principio de oposición de Lévi-Strauss. Si el principio de oposición es una modalidad de la función simbólica, es grande la tentación de considerar el principio de unión como una segunda modalidad de la función simbólica.

En cuanto al principio organizador de la vida material y espiritual, que hemos llamado principio monista, simétrico del principio dualista, éste reestablece el equilibrio de lo contradictorio a partir del redoblamiento de la unión en sentido inverso.

¿Cómo se reestablece este equilibrio? El hermano de Bernard Clergue, jefe de la *domus*, primero es «adorado». «¡Mi Dios está muerto!», por tanto, movimiento centrípeto; pero es de él que todo vuelve: «¡Mi gobernador!». Él es el centro de la

---

[123] *Ibíd.*, p. 65.

redistribución: fuerza centrífuga. Equilibrio contradictorio entre dos movimientos, el que reúne y el que redistribuye.

El Uno, en efecto, puede ser convergente o divergente; puede atraer al otro hacia sí o puede distribuir a partir de sí. Y ya que hay dos movimientos propios del Uno, el principio monista consistirá en equilibrar esos dos movimientos, el movimiento convergente de la ofrenda hacia el centro, y el movimiento centrífugo de la redistribución a partir del centro. De la contradicción de esos dos movimientos renace el equilibrio entre fuerzas antagonistas.

En una organización dualista, las representaciones desdobladas por el principio de oposición son redistribuidas de tal forma que las cosas que pueden ser llamadas positivas redoblan a aquellas que pueden llamarse negativas. Lo mismo ocurre en una organización monista.

El principio que llamamos monista, por analogía con el principio dualista (por lo menos tal como lo hemos definido), da cuenta, por relación con el principio de unión, de ese segundo tiempo. Este podrá, incluso, ser visualizado en el espacio habitado por los hombres. Lo contradictorio aparecerá, entonces, como el lugar, a media distancia, entre el centro y la periferia; de donde proviene la formación de organizaciones concéntricas.

En su obra *Paroles données*, Lévi-Strauss reconoce implícitamente este principio. En diversos puntos, da cuenta de la gran cantidad de sociedades para cuya comprensión:

> Hay que introducir, en la nomenclatura etnológica, la noción de casa (en el sentido en el que se habla de "casa noble") (...): persona moral, detentora de un dominio que se perpetúa por transmisión de su nombre, de su fortuna y de sus títulos (...)[124].

---

[124] Lévi-Strauss, *Paroles données, op. cit.*, p. 189 y p. 190.

Se trata, en efecto, en las sociedades basadas en la "casa", de hipostasiar la oposición de los receptores y los donadores bajo la apariencia de unicidad reencontrada. Es, pues, la oposición de la filiación y la alianza la que hay que trascender[125].

El principio de casa consiste, por tanto, en nombrar la unidad de la contradicción entre la diferencia (de alianza) y la identidad (de filiación) o, aún, en resolver la contradicción donadores-receptores por un término que signifique la unidad de esta contradicción; y es que, efectivamente, se trata de la contradicción, ya que esta unidad es conflictiva:

> Finalmente, en todas las sociedades basadas en la "casa", se observan tensiones y conflictos entre principios antagonistas que son de naturaleza excluyente: filiación y residencia, exogamia y endogamia y, para emplear una terminología medieval, que se aplica perfectamente a otros casos, derecho de raza y derecho de elección[126].

El principio de casa es, pues, un principio de unión de fuerzas antagonistas, Palabra de la unidad de contradicciones.

---

[125] *Ibíd.*, p. 198.
[126] *Ibíd.*, p. 190.

5. EL PRINCIPIO DE CASA EN LAS COMUNIDADES RUANDESAS

Ilustraremos el *principio de casa* y sus aplicaciones en una sociedad africana, la nación ruandesa. Nos referimos a la obra de Édouard Gasarabwe: *El gesto Ruanda*[127].

El símbolo de la autoridad y de la palabra es un asiento que se encuentra en el centro de la casa:

> Sólo el centro de la Choza[128] paterna posee la virtud que hace a los hombre "grandes". (...) El asiento del jefe queda permanentemente en el centro de la Choza: impone por sus dimensiones, su madera lustrada y la veneración que generalmente la rodea[129].

La choza tiene la forma de una pirámide cónica. La cumbre del techo es un nudo de paja que se prolonga en una flecha (el *agasongero*), que el autor compara bellamente a una antena espiritual[130].

Esta flecha capta el *Imana*, la gracia que viene del roquerío azul (el cielo) y la conduce a la choza[131]. Ella es, también, un pararrayos espiritual:

---

[127] Édouard Gasarabwe, *Le geste Rwanda*, Paris, Union Générale d'Éditions 10/18, 1978.

[128] Gasarabwe escribe la choza cuando se trata del techo y la Choza cuando se trata de la comunidad humana que vive bajo ese techo.

[129] *Ibíd.*, p. 376-377.

[130] «Literalmente "el pequeño-punto-del-acabado" asocia perfectamente la imagen de "la última mano en la choza" y "el punto litúrgico que defiende la choza contra el maleficio"». (*Ibíd.*, p. 355).
«La construcción de rugo se termina —en lo que concierne a los trabajos— por el techo de cal que recibe un penacho de hierbas trilladas enrolladas alrededor de una percha llamada *agasongero*». (*Ibíd.*, p. 253).

[131] «El montaje de la flecha es una verdadera liturgia». (*Ibíd.*, p. 356).

Ausente, el Rugo se convierte en un caos. *Imana* golpea allá donde habitualmente era clemente, favorable[132].

Notemos ese doble poder del *Imana*: la clemencia y el maleficio.

Privado de su pináculo, el "templo-choza" se hace inhabitable, ya que está privado de su contacto con el *Imana* (Dios)[133].

La Palabra Dios subraya la connotación religiosa del valor en juego. Gasarabwe insiste en ese carácter:

Si el Animista hubiera poseído un Canon jurídico, este habría mencionado: la flecha da, confiere a la Choza su validez, en tanto que templo de Culto a los Ancestros. (…) En efecto, la Choza recubierta solamente de paja no es habitable. (…) Vida cultural, vida cotidiana, que deberíamos llamar "profana", se bañan la una y la otra en un clima místico y se confunden… sin que sea posible aislar lo que pertenece a la creencia religiosa o mágica, de lo que pertenece al conocimiento físico, empírico[134].

Así, pues, la Palabra de unión pretende dar cuenta de la totalidad del campo de la conciencia; no pasa por la bipartición. Es concurrente de la Palabra de oposición para proferir, también, la poesía, la política, la justicia, el bien y el mal. Todo está encerrado en un mismo sitio. Es el término *religioso* el que le conviene.

El autor insiste:

---

[132] *Ibíd.*, p. 363. «La Choza, Matriz de Linaje (*Inzu*), es para el animista un santuario purificante.» *Ibíd.*, p. 375.

[133] *Ibíd.*, p. 204.

[134] *Ibíd.*, p. 353-354.

La presentación completa de los ritos que tienen lugar en el centro de la choza exigiría, de nuestra parte, una descripción técnica de los usos "esotéricos" de la vida cotidiana y de la vida cultual, lo que equivale a decir a la elaboración de todo un tratado sobre la religión de una aldea animista... Aldea, ya que la religión no es un asunto privado, sino grupal. (...)

Cuando el centro *Kirambi* es el de la Choza-Palacio, ésta se transforma en un Santuario secreto, en un "sancta sanctorum" del reino animista. Todas las consagraciones importantes del Reino: la entronización del rey y de las insignias del poder, la aceptación de riquezas, por las cuales hay que rendir homenaje al cielo... se cumplen en este lugar[135].

El centro es, primero, la referencia a una totalidad. La arquitectura de la choza expresa por sí misma esta totalidad, mediante la imagen de una estructura circular. El esqueleto de la choza está formado, en efecto, por tres círculos superpuestos, de los que el primero es un cojinete de paja que anuda la antena a la cumbrera del techo. Esos anillos y el nudo son significativos:

El trabajo de la carcasa que emerge de la tierra toma por punto de partida el anillo; la cobertura termina en el anillo-cojinete, abierto al Roquerío celeste por la "percha", verdadera antena mística del hogar animista. Visto desde el interior, el anillo cojinete ofrece el aspecto de un "nudo" y el nudo, cualquiera que sea, es, en todo el universo animista, el equivalente a "detención, inmovilización"[136].

El autor insiste sobre la clausura, la detención de lo que está juntado, atado en el seno del hogar, en el seno de la

---

[135] *Ibíd.*, p. 374-375 y p. 379.
[136] *Ibíd.*, p. 343.

choza, totalidad en el exterior de la cual no queda sino aquello que no tiene relación consigo mismo: el Afuera, el Otro, el Extranjero de Robert Jaulin. Ahí todavía, el círculo de la comprensión mutua define una frontera entre aquellos que comparten la misma redistribución y aquellos que no la comparten. El hogar, sin ser excluyente de los otros, no deja de ser, por ello, una esfera de convivialidad cerrada. Se encuentran los mismo términos, o casi, que aquellos que utilizaba Jaulin al hablar de un Sí mismo cerrado, en tanto que reflexivo, unido por la comunión, por el compartir, pero que también se podía expresar de una manera abierta, ya que no puede precisarse en virtud a una oposición; abierta, pues, en la medida en que su frontera es progresiva.

Pero ¿de qué es centro, el centro? ¿De una totalidad que une los contrarios en la unidad de su contradicción? Nada lo ilustra mejor que el rito del matrimonio. La choza une las dos partes en el seno del clan que recibe a la mujer.

> Antes de que los jóvenes casados formen una pareja, por la consagración ritual de la unión, la choza traga, como una gran boca que ingiere a la pareja hacia la Choza-Comunidad-Humana, representada por los "ancestros"[137].

> La novia se sienta en las faldas de su futura suegra. De esta manera, el ingreso al regazo de la familia se convierte en real, no solamente en sentido simbólico, sino también materialmente en virtud de la postura que "diseña" el clan en ese momento preciso de su vida en común[138].

> La choza se convierte en escultura viviente del Hombre Total, acuclillado para ser fecundado y para dar a luz; figura de la unidad primordial en la cual la Matriz y el

---

[137] *Ibíd.*, p. 319.
[138] *Ibíd.*, p. 318.

Flujo seminal se reúnen. La Choza aparece, pues, bajo el aspecto unitario del Hombre Viviente cuyo orden y continuidad son asumidos por los sexos diferenciados[139].

Gasarabwe nos dispensa de comentarios: «Hombre Total», «Figuración de la Unidad Primordial» en la cual «se reúnen Matriz y Flujo Seminal», «El aspecto unitario del Hombre Viviente»…

La antena de la choza capta el *Imana* para encerrarlo en la choza y la boca traga a la nueva familia en la unidad del clan. Las imágenes no se cansan de mostrar la unión de lo que en otras partes está separado y diferenciado por la Palabra de oposición.

> La choza, en el corazón de los símbolos, reúne la realidad biológica de un ser andrógino, padre y madre a la vez, de la familia extendida y del linaje[140].

El movimiento señalado expresa la unión de fuerzas contrarias, su convergencia: la unidad de la contradicción.

Y bien, el jefe de la choza es también un principio de redistribución que despliega la autoridad de los ancestros y que transmite el *Imana*, el espíritu del don y el don mismo, no solamente a la familia próxima, sino al mayor número posible de aliados[141]. En el centro de la choza, en la vertical de la flecha, tienen lugar los rituales de la vida ruandesa, todos ellos simbólicos del don ordenado por un centro redistribuidor. El

---

[139] *Ibíd.*, p. 303-304.

[140] *Ibíd.*, p. 303.

[141] «La choza no es solamente el símbolo del cuerpo humano, que se define por una comunidad de origen –la Matriz– ella es también el centro de las riquezas del mundo, que proliferan alrededor del Hombre, fecundador de lo animal y de lo vegetal. El orden universal, que es armonioso, va de Dios – *Imana*– al Mundo Viviente, pasando por el Hombre, que se hace el Adivino o el descubridor de los misterios de la Vida». (*Ibíd.*, p. 304).

edificio social, político, económico tradicional ruandés reposa sobre el don. El don se enriquece con la reproducción del contra-don de aquellos que lo reciben.

El don engendra el valor de prestigio. Y el valor se acrecienta por el hecho de que el don recibido por el don donado, sea vuelto a donar. La «crecida» *del don* entraña la del valor de prestigio. Esta crecida es la *Ubuhake*.

La *Ubuhake* –de la que Gasarabwe dice que determina las relaciones sociales entre los receptores de bovinos y los donadores[142]– significa, literalmente, la «crecida de la vaca».

La crecida está asimilada a la fecundidad de la vida (llevar un ternero). En su traducción espiritual, significa la potencia del espíritu del don. La crecida es doble: para el donatario, bienes materiales y, para el donador, prestigio y rango social. Pero el valor de prestigio, para valerle un prestigio superior al del donador, debe ser él mismo reinvertido en nuevos dones o sacrificios[143].

El valor de prestigio se representa por el ganado que, por consiguiente, deviene sagrado; los Ruandeses anuncian sus rangos mediante la importancia de su ganado sagrado[144].

---

[142] *Ibíd.*, p. 314.

[143] El sacrificio es encarado aquí como un don de todos para todos, un don que le vale su nombre al grupo entero y que asegura un lazo social único entre todos. El sacrificio, en tanto que ofrenda, le permite a cada uno participar de la humanidad del grupo. Que las vacas puedan medir el sacrificio hace de ellas una moneda sacrificial (pero no por ello una moneda de intercambio. No se intercambia nada por vacas). El don de una vaca establece un lazo social. Por ejemplo, las vacas son usadas en el matrimonio como una manifestación de la potencia del marido. De las vacas depende entonces el que los jóvenes puedan contraer matrimonios de los que nacerán los vástagos del linaje, «aquellos que permitirán que el ascendente acceda al rango de ancestro en lugar de convertirse en un espíritu condenado a errar en el exterior de la jefatura». (*Ibíd.*, p. 45).

[144] «Los grandes "feudales" podían ser servidores de otro "feudales". Los Bahutu, "nuevos nobles" por la riqueza en tierras y bovinos, se convertían en "castellanos"» (*Ibíd.*, p. 43). En lo más bajo de la escala, situación de la

El donador no es el propietario de la gracia, del espíritu del don. Como todo donador es, igualmente, donatario y, a ese título, mediador: mediador entre los del presente, los del futuro y los del pasado: los ancestros.

La gracia divina (el *Imana*) pasa por un hilo genealógico que une al primer fundador de la choza hasta las generaciones futuras. El jefe de la choza distribuye también, según un plan horizontal, y mantiene diferentes relaciones matrimoniales, de hospitalidad, etc.[145]. El ser expresado bajo una forma unitaria es difundido así de manera centrífuga, incluso diversificada. La choza da hacia el exterior.

El autor compara la choza a un templo, a un canasto, incluso a un vientre animal que distribuye la vida. Aquí, la boca come, está movilizada por el movimiento centrípeto del principio de unión. Entonces el *ojo* habla, el ojo se abre al mundo y pronuncia el movimiento centrífugo que extiende el territorio de la unión. Los Ruandeses precisan: el «ojo único», como si se tratara de expresar la Palabra de unión. El ojo único es el *irengo*, la puerta de la Choza[146].

«El *irengo* no puede ver dos cosas a la vez». ¡Feliz hallazgo! El *ojo* no podrá decidir sobre lo que viene de la Palabra de oposición. Ve, juzga y decide soberanamente sobre todo, pero

---

mayor parte de los agricultores y de los Batutsi desposeídos de rebaños, se encontraba un pueblo ávido de poseer y listo a comprometerse, bajo una simple promesa de "don de bovinos".

[145] «En efecto, la Choza reúne no sólo la familia primaria, la de la ascendencia y la descendencia, sino también a todos los aliados y los hermanos de estos últimos y las familias de las mujeres de estos últimos.» (*Ibíd.,* p. 302).

[146] «Se coloca un palote a través del *irembo*. La presencia de esa madera ritual cierra la salida, que se hace imposible. La mujer la salta y hace su camino acompañada por su marido a cierta distancia del *rugo*. "Lo imposible es imposible" dice la choza que no posee sino un ojo y entonces no puede "ver doble". Una persona, con ojos de ritual, puede, en consecuencia, estar corporalmente fuera del recinto, quedando "espiritualmente" en la choza». (*Ibíd.,* p. 290).

es tan único que no ve a la Palabra de oposición, a su espalda, ofrecer a los habitantes de la Choza otra visión del mundo: cuando tienen lugar las relaciones llamadas «profanas», ellas deben tomar otra entrada que la de la *boca*, una entrada secreta, franqueando las palizadas por otro lugar diferente al del portal principal. De ello, no se seguirá ninguna venganza del *ojo* que no ve sino lo que está unido y no ve lo que es «opuesto».

En los Ruandeses, el mundo de las oposiciones, de las distinciones, es secreto, subterráneo, escondido, mientras que el mundo de la unión es la religión que domina. Pero el *ojo* es soberano y justo, ya que lo ve todo, cada vez que hay profanación de su Palabra en el campo que es suyo: por ejemplo, la falta de respeto del ritual religioso.

Alrededor de la Choza todo se ordena de forma concéntrica y cada arco de círculo nuevo, protegido por una palizada, define el campo de una actividad bajo el *ojo* de la Choza.

El conjunto del territorio se llama *Rugo*, un término que tiene dos sentidos, el de un espacio espiritual y el de un espacio material.

La elegancia de la exposición hubiera requerido una traducción pasaporte, como la de la etnología clásica: recinto. Quedarse con tal adecuación sería comparable a traducir la palabra castellana "casa" por un término supuestamente equivalente, por ejemplo, abrigo. En esas condiciones, desafortunado sería el estudiante francés que quisiera comprender la Casa de los Borbones... o simplemente la Casa Dupont (...).

A los ojos de los habitantes de la pequeña república, en efecto, *Rugo* hace aparecer una cosa muy diferente que la silueta de un recinto: el hombre adulto se define por su *Rugo:* la importancia de éste último *clasifica* socialmente al individuo entre los ricos o los pobres; su misma existencia es el fruto de lazos inmateriales fecundos y sólidos, aquellos que hacen de cada cual el hijo o la hija de un linaje. En el espacio geográfico el *Rugo* es la residencia comprendida en su totalidad: choza, palizadas y campos adyacentes. (...)

El *Rugo* es, a la vez, el hombre, la mujer, los niños y los bienes de esta comunidad[147].

Todo está dicho, y en los términos de Lévi-Strauss. Él decía que el principio basado en la casa, no es el de la chimenea o del abrigo, es un concepto con un valor ético, como cuando se habla de la Casa de los Hasburgos o la Casa de Francia. Es eso lo que Gasarabwe se empeña en precisar, cuando se refiere a la Casa de los Borbones o la de los Dupont, para indicar la unidad espiritual de un clan o de una familia.

Esta descripción nos ofrece tanto como lo que Bartomeu Melià o Branislava Susnik nos describieran acerca del *teko* guaraní[148], unidad privilegiada que sirve de referencia a un clan patrilineal. Robert Jaulin diría que el *Rugo* es el techo de una comunidad reflexiva, fuera de la cual el Otro es el «extranjero», incluso si la frontera con este Otro no se pudiera definir de una manera precisa.

El *Rugo* es el techo de una comunidad reflexiva fuera de la cual el otro es el extranjero, aunque la frontera con este otro no puede definirse de manera precisa. Franquear esta frontera, es estar en ninguna parte, es haber dejado la unidad del ser[149].

---

[147] *Ibíd.*, p. 195, p. 290 y p. 202.

[148] Ver Bartomeu Melià, *El guaraní conquistado y reducido, Ensayos de etnohistoria*, Biblioteca Paraguaya de Antropología, vol. 5, Centro de Estudios Antropológicos de la Universidad Católica de Asunción, 1986, 2ª edición 1988; y Branislava Susnik, *El indio colonial del Paraguay*, Museo Etnográfico "Andrés Barbero", Asunción del Paraguay, 1965-1966.

[149] «*Nturirenge*: "no cruces el *irembo*", suena para los Ruandeses como un artículo de decálogo para el creyente: no pasarás por lo que está prohibido. Materialmente, el *irembo* no es más que un pasaje estrecho, entre dos universos, el "en-casa" y "el afuera": lo Ruanda de todos. Pero ese sentido material, que tiene que ver con la arquitectura, está de lejos rebasado por el

La Totalidad de sí se distingue del Afuera, del Otro del exterior, del Desconocido o del Extranjero, de lo que no es, momentáneamente al menos, del orden del Sí mismo, sin ser, por ello, connotado peyorativamente.

Entre los dos piquetes, el visitador se anuncia mediante las fórmulas al uso:

– Gente de aquí, dennos... leche y víveres...

Respuesta: – Trabajamos en ello, ¡tened al rey o al presidente, con vosotros!

– Él vive siempre aquí...[150].

El nombre del Rey es la clave de acceso entre una totalidad y otra totalidad en una totalidad más grande...

El *rugo* es una esfera cerrada, contenida en otra esfera cerrada...

El *muryango* –en sociología– es una estructura superpuesta a los patrilinajes (*ama-zu*). Estos últimos reúnen unidades estrechas, biológicamente identificables. El *muryango*, en cambio, reúne los *mazu* –chozas– clanes cuya extensión va más lejos que la "choza" en la misma "etnia" –raza– y más allá de la raza, a patrilinajes sin ninguna comunidad de linaje. Esta amalgama de razas tan diferenciadas como los Bahutu y los Batutsi por el modo de vida anterior a la sedentarización de estos últimos es, a nuestro parecer, en el corazón de la formación de la nación ruandesa...[151].

---

alcance "ético" de la única apertura del *rugo* al mundo. (...) "Ser pasado por encima *rugo*" es en definitiva el equivalente de la imagen prestada a la navegación "ser arrojado por la borda". –Si se trata de un "tronco de hijo de Eva", ello significa el retorno al infinito, de donde han salido los hombres que pueblan la tierra». (Gasarabwe, p. 265).

[150] *Ibíd.*, p. 266.

[151] *Ibíd.*, p. 316.

La flecha es central; el asiento está en el centro del espacio sagrado, el *Irambi*, centro de la choza; la choza es el centro del *rugo* y el *rugo*, a su vez, hace parte de una nueva esfera, el *muryango*, y los *muryango* se inscriben en la Ruanda de la que el Rey es el centro. Pero ¿cómo se realiza esta unidad? Gasarabwe la describe:

> Hace algunos años, sobre una colina ruandesa, antes de las divisiones étnicas y la cristianización, cada habitante podía contar con todos los otros: los trabajos de importancia, que amenazaban con durar mucho tiempo, reunían a todos los hombres hábiles para construir, incluso cultivar. (…) Un rugo se instala en un *umuhana* se añade a la colectividad. El *umuhana* se analiza de la siguiente forma: - *umu*: indicador de clase; -*ha*: donar; -*na*: "y" partícula que expresa la reciprocidad al final de los verbos, la asociación entre los términos independientes. El *muhana*, como indica su nombre, significa entonces: el participante, el socio, aquel con quien se intercambian los dones. El *muhana* litúrgico de la construcción de chozas entra ciertamente dentro de una mentalidad que la civilización del dinero y de la ganancia ha abolido[152].

¿La reciprocidad? Una reciprocidad unitaria, una reciprocidad de compartir. No aquella que liga el uno al otro a un constructor con otro constructor, a cambio de revancha, sino una reciprocidad simultáneamente extendida a todos: cada uno se siente llamado a construir la choza del otro como si fuera la suya; cada uno es constructor de choza, de todas las chozas. Dejemos hablar al autor:

> La construcción −entre los Ruandeses− es en verdad un pacto. Así como los compañeros de guerra se juran fidelidad y asistencia en todas las circunstancias, tanto en

---

[152] *Ibíd.*, p. 243-244.

casa como en el extranjero, intercambiando simbólicamente su sangre, así también los habitantes de una colina concluyen un pacto tácito mediante la cooperación de la que acabamos de señalar algunos de sus rasgos esenciales[153].

El aspecto ritual de la construcción de la choza y del rugo no se detiene exclusivamente en la presencia del adivino en el terreno; los obreros mismos conciben este acto no como uno de generosidad y humanidad, sino como la prueba de su propia existencia por y para el grupo. Se va a "construir", como se va a la guerra, sin sueldo[154].

La reciprocidad en cuestión es como un pacto de sangre que sella la unidad de todos en la vida y la muerte. La reciprocidad, aquí, es comunión y cada uno se convierte en parte de los otros, da a todos sin que nadie le deba contraparte, ya que recibe, recíprocamente, de todos.

---

[153] «Al *Mugorozi* –Arquitecto– le toca el honor de supervisar la conformidad de la construcción a las normas que se atribuyen al ancestro Gihanga, ese rey civilizador que trazó la frontera del estado en el curso de una caza, descubrió las vacas y creó el tambor. Se puede afirmar, sin exagerar, que el Arquitecto del *Rugo* es el sacerdote de este ilustre Rey, cuyos rasgos, a la vez divinos (omnisapiente) y humanos (la caza, la mujer, los hijos) dan que pensar que ese primer hombre fue, definitivamente, un dios». (*Ibíd.*, p. 242).

[154] «El alegre equipo de constructores no tiene, por cierto, conciencia de conmemorar –como podrían concluir los comentadores de temas antropológicos generales– la instalación del hombre sobre la tierra, el (equipo) piensa sobre todo en la utilidad y la belleza de la choza que va a agrandar. Pero saben que tras su partida un anciano pasará para instalar a los ancestros de su linaje, mostrarles el nuevo altar en el que serán honrados. Algunos estarán en la fiesta, otros serán invitados a ella para la iniciación de los niños que nacerán, tal vez se encarnarán uno de los personajes principales de la liturgia iniciática, alguno a Binego, otro Mashira, otro a Ryangombe y aún otros… En todo caso, un *Rugo* se instala y se añade a la comunidad un *Umuhana*». (*Ibíd.*, p. 243).

La reciprocidad es ofrenda a la totalidad en una indivisión cuyo centro es, sucesivamente, cada antena de las chozas afiliadas al *Imana*. Se va a construir como se va a la guerra, sin sueldo, ya que se trata nada menos que de la propia existencia. Una fe tal es de naturaleza religiosa: el adivino consagrará la choza como un templo. Gasarabwe llama al nuevo hogar, ¡el altar!

Pero entonces nos falta un centro último, el rey-sacerdote de Ruanda. Y bien, la fuerza de las evidencias se convierte, aquí, de tal naturaleza que ya no podemos añadir nuestro comentario; hay que abrir el libro de Gasarabwe; hay que leerlo entero para escuchar la Palabra de unión:

En la vida profana nada asimila el *Rugo* al Estado; sin embargo, a partir de las consideraciones sobre el desenvolvimiento de numerosos ritos, se reconoce fácilmente el símbolo. Particularmente, cuando el rey se hace pontífice y conduce la liturgia, el Rugo-Palacio se convierte en el altar del Ruanda que gobierna. El *rugo* del rey es un palacio vegetal, parecido al de los súbditos en cuanto al esquema y los materiales que lo componen. Pero, en el marco ritual, es el teatro de ceremonias que no pueden desenvolverse en ningún otro punto del país y, a tal título, tiene un peso particular. El carácter semi-nómada del rey ruandés (...) se explica por la voluntad ritual de hacer del país entero el "rugo del soberano". Las ceremonias de entronización se desarrollan, sin embargo, en el corazón del país, en el recinto principal, llamado *bwami*... en la realeza. (...) En el curso de los desplazamientos del soberano por las diferentes moradas secundarias, por el contrario, él dispensa su carácter sagrado por todos los horizontes del estado. Las moradas dispersas extienden la personalidad del monarca a la escala del país[155].

---

[155] *Ibíd.*, p. 218-219.

Pero, en sus límites territoriales, la totalidad ruandesa está lista para arriesgarse al diálogo con lo que aún es desconocido, a arriesgarse al Afuera, un salto en lo no-En-Sí que puede abrirle el acceso a nuevos valores, a menos que ella no encuentre un principio decidido a destruirla para imponer su propia ley.

Toda la nación cree que todos los males: epidemias, pestes bovinas, sequías, lluvias de diluvio… que obligan al pobre a desplazarse para buscar el pan… vienen de la zona fronteriza y de los bosques. Esta creencia de orden general se redobla con una xenofobia que la buena conciencia quiere, sin embargo, reprimir cada vez. Temer al extranjero sería insensato… así no se teme verdaderamente sino lo que puede hacer mal y de lo que, en el fondo, se aprende que se comporta mal… ya que no es Ruandés[156].

La frontera no es sólo negativa, es la esperanza de que el orden ruandés podrá apaciguar, unificar, incluir al otro en la esfera del compartir.

¿El Afuera, más allá de la muerte-frontera de Sí mismo, no es la fuente del misterio donde el ser no tiene nombre, y que Gasarabwe traduce como Dios, *Imana*?

El *irembo* es la apertura y la esperanza de la frontera hacia Afuera. Está abierto hacia el cielo, hacia el infinito.

Así a la imagen cotidiana del pasaje, se unen sucesivamente los símbolos "de la esperanza" (los tópicos agrandados, el horizonte cargado de bendiciones) "de un porvenir dichoso" (…). Las columnas del *irembo* no soportan sino el *Ikirere* "atmósfera", impalpable pero diferente de la nada. En la atmósfera planea, por así decir, la "gracia salvadora", mientras que la nada para el

---

[156] *Ibíd.*, p. 287.

hombre, es la "ausencia de memoria", de lo viviente que se acuerda del ser que fuimos[157].

Pero, los Ruandeses que dan una tal prioridad a la Palabra de unión, ¿ignoran acaso la Palabra de oposición?

¡De ninguna manera! Con un solo rasgo, el rito recuerda que, en el origen, el fundamento del lenguaje humano fue compartido entre dos manifestaciones que tenían como claves emblemáticas: la cifra ocho y la cifra uno:

> El *rugo* debe ser construido en ocho días y acabado el noveno. La misma duración es de rigor para la renovación de las pieles de tambores. Si los Animistas hubieran escrito el Génesis, probablemente hubieran transmitido al mundo la semana de nueve días. El rey vivió ocho días. ¡El noveno descubrió el Fuego![158].

---

[157] *Ibíd.*, p. 268-269.
[158] *Ibíd.*, p. 253.

6. EL PRINCIPIO DE LIMINALIDAD ENTRE LOS NDEMBU

Interrogaremos, ahora, un trabajo de Victor Turner, *El fenómeno ritual*, subtitulado: *Estructura y anti-estructura*[159], para discutir el concepto de liminalidad que nos parece precisar lo que hemos llamado la función contradictorial desde el momento que ella se manifiesta a partir de la Palabra de unión.

Turner parte de la observación de los rituales de la sociedad Ndembu del noroeste de Zambia. Estudia en particular la entronización de un nuevo jefe de la comunidad. El principio de liminalidad viene a completar otros dos principios que el autor llama *estructura* y *communitas:*

> Es como si hubieran dos *modelos* principales yuxtapuestos y alternados de interrelación humana[160].

El primer modelo es el de un sistema de posiciones institucionales diferenciado, culturalmente estructurado, segmentado y a menudo jerárquico[161].

El segundo:

> (...) que emerge de forma reconocible en el período liminal, es el de una sociedad, que es un *comitatus*, una

---

[159] Victor W. Turner (1969), *Le phénomène rituel: Structure et contre-structure*, Paris, PUF, 1990.

[160] *Ibíd.*, p. 97.

[161] «Por estructura quiero decir, como anteriormente, "estructura social" tal como la entienden la mayoría de los antropólogos británicos, es decir, un arreglo más o menos discriminante de instituciones especializadas interdependientes y la organización institucional de las posiciones y/o de los actores que ellas implica. No hablo aquí de la "estructura" en la acepción hecha corriente por Lévi-Strauss, es decir, en tanto que ella se relaciona con categorías lógicas y tiene la forma de las relaciones entre ellas». (p. 161).

comunidad no estructurada, o estructurada de forma rudimentaria y relativamente indiferenciada, o incluso una comunión de individuos iguales que se someten juntos a la autoridad general de los mayores rituales[162].

Es el segundo principio el que nos interesa. ¿La *communitas* de Turner se opone a la estructura diferenciada, como lo desconocido a lo conocido, como el caos al orden, lo inculto a lo cultivado, la naturaleza salvaje a la estructura pensada, el no-en-Sí a lo Sí-mismo?

A primera vista parece que sí, ya que Turner opone dialécticamente la *communitas* a la estructura:

> El pasaje de un estatuto menos elevado a otro más elevado, se hace a través de los limbos de una ausencia de estatuto. (...) En otros términos, cada individuo hace, en su vida, la experiencia de estar expuesto, alternativamente, a la estructura y a la *communitas*, así como a diferentes estados y a transiciones del uno al otro[163].

Sin embargo, según el autor mismo, en la *communitas* prima la igualdad sobre la desigualdad, la comunión sobre lo particular, lo homogéneo sobre lo heterogéneo, la participación sobre la separación, la unión sobre la oposición, lo degradé sobre el contraste. Y bien, todos los primeros términos de estas alternativas no constituyen caracteres del caos o la nada. La *communitas* no resulta de la ausencia de un orden estructurado por el principio de oposición. ¿No estará estructurada por el principio de unión?

Turner mismo dice:

> No es sólo el jefe en los ritos que examinamos aquí, sino también los neófitos en muchos ritos de pasaje, quienes

---

[162] *Ibíd.*, p. 97.
[163] *Ibíd.*, p. 98.

deben someterse a una autoridad que es, nada menos, que la de toda la comunidad. Esta comunidad es la depositaria de toda la gama de valores y de lazos de parentesco propios a esta cultura[164].

No es necesario insistir en la semejanza de los principios de *communitas* y de casa de Lévi-Strauss o el *domus* propuesto por Le Roy Ladurie. Como el «En-Sí» de Robert Jaulin, profiere, bajo la forma de totalidad religiosa, los valores que divide y clasifica el principio de oposición.

La *communitas*, totalidad de unión, no es el reverso de la cultura, la noche de la que emerge la luz, el caos del que viene el pensamiento, sino otra cultura, otro pensamiento, otra luz, la de la comunión y de una unidad contigua, difusa, progresiva. Cada uno, en efecto, participa del todo estando en relación con el mismo centro de referencia, solidario en un todo que asume todo, y por esta relación de cada uno con el Todo, es necesaria una nueva noción, que hemos tomado de Jaulin, la noción de compartir.

El compartir es una relación sin ruptura, sin cálculo ni comparación. Es, igualmente, abundancia y gratuidad, incluso en la indigencia. No es una relación individual de un donador a un donatario, sino difusión de prójimo en prójimo de lo que pertenece a todos simultáneamente y *a priori*. El compartir es libérrimo; nace de una forma continua del ser que da a cada uno el sentimiento de participar en un Sí mismo comunitario.

Pero ¿qué es esta redistribución de una totalidad que se comunica entera a cada uno y que no cuenta el número, una comunidad en la palabra que no se agota al volver siempre a ser dicha? Una redistribución tal no es la repartición de diferentes partes del ser, es, más bien, la multiplicación de la unidad de ser que se comunica, integralmente, a cada uno. El compartir es esta difusión de la totalidad a todos los que

---

[164] *Ibíd.*, p. 103.

pueden recibirla. Es el milagro de la multiplicación del Uno. El compartir traduce para todos la unidad del ser de la comunidad que incluye en ella los vivos y los muertos y, por tanto, la tradición. Es la expresión concreta de la Palabra de unión.

> (...) el que hace papel de sacerdote proclama ante el pueblo que se ha reunido para ser testigo de la instalación: "Escuchad todos, pueblo reunido, Kanongesha ha venido para nacer hoy a la dignidad de Jefe. Esta arcilla blanca (*mpemba*) con la cual el jefe, los santuarios ancestrales y los oficiales serán untados, es para ustedes, todos los Kanongesha de antes reunidos aquí juntos". (...)

> En las sociedades tribales, igualmente, la palabra no significa comunicación, sino también poder y sabiduría. La sabiduría [*mana*] que es transmitida en la liminalidad sagrada no es simplemente agregación de palabras y de frases; ella tiene un valor ontológico, remoldea el ser mismo del neófito[165].

La Palabra de unión no diferencia el sentido en valores particulares, opuestos, complementarios; recoge, al contrario, el ser de la comunidad (ella tiene un valor ontológico) y lo remoldea: helo aquí reformado en una totalidad de autoridad y sabiduría. Y esta totalidad no es otra que su carácter religioso.

> Es por ello que en los ritos *chisungu* de los Bemba, tan bien descritos por Audrey Richards (1956), se dice que la muchacha reclusa se ha "convertido en mujer" gracias a los mayores —y ella lo hizo así por la instrucción verbal y no verbal que recibe en preceptos y símbolos, especialmente

---

[165] Turner, *Le phénomène rituel, op. cit.*, p. 103-105.

por la revelación que se le hace de las "cosas sagradas" de la tribu, bajo el símbolo de la cerámica[166].

Para los Ndembu, la imagen del alumbramiento es la jarra. En esta tradición religiosa, la génesis de la humanidad, tiene por imagen dominante la cerámica. Aquí, la Palabra de unión revela al ser social como un alumbramiento.

¿El principio de liminalidad de Turner enlaza una estructura de la *communitas* a otra estructura de la *communitas*? Así pues ¿cómo se realiza ese pasaje? ¿en qué consiste el principio de liminalidad?

Según su descripción de la iniciación *Kumukindyila* de un nuevo jefe:

> El jefe y su esposa están vestidos de forma idéntica, con un paño de cordero y comparten el mismo nombre *mwadyi*. (…) Esta apariencia asexuada y el anonimato son atributos característicos de la liminalidad (…) Simbólicamente, todos los atributos que distinguen las categorías y los grupos en la estructura de orden social están suspendidos aquí; los neófitos son simplemente personajes de transición, todavía sin sitio ni posición[167].

Esas personas no son simplemente ambiguas o neutras o mezcladas, son más radicalmente «anuladas», reducidas a harapos, cuando no a la desnudez misma. No se inscriben en una forma intermediaria entre dos estructuras; ya no son nada. Ni siquiera se las puede adscribir a la *communitas*: están rechazadas a un estatuto inferior al de los miembros de la *communitas*.

---

[166] *Ibíd.*, p. 103.
[167] *Ibíd.*, p. 103.

Es como si estuvieran reducidas o rebajadas a una condición uniforme para ser remoldeadas de nuevo...[168].

El término en el cual insistimos no es «uniforme» sino «rebajado». El futuro jefe es conducido con su esposa a una pequeña choza llamada *kafu*,

> (...) término que los Ndembu hacen derivar de *kufwa*, "morir", ya que es aquí que el futuro jefe muere a su condición de individuo ordinario[169].

Que el iniciado ya no sea nada, está claramente expresado por lo que Turner propone llamar «el rito de las Injurias al Próximo Jefe»: «Cállate, tu eres un imbécil miserable y un egoísta...». Después de esas imprecaciones, le es anunciado que ha sido elegido para acceder a la dignidad de jefe de todos, por consiguiente como centro para la *communitas*:

> No seas egoísta, ¡no guardes la dignidad de jefe para ti sólo! (...). Eres tú, y sólo tú, el que quisimos que sea nuestro jefe. Deja que tu mujer prepare los alimentos para la gente que viene aquí, al pueblo principal.

He aquí que, situado en la oscuridad de la Nada, el elegido a la dignidad de jefe es promovido a ser el único, aquel en quien convergen los homenajes de todos, y de quien todo vuelve para todos. Turner comenta, en el mismo sentido:

> Él "debe reír con la gente" y la risa *(ku-seha)* es, para los Ndembu, una calidad "blanca" y hace parte de la definición de la "blancura" o de las "cosas blancas"[170].

---

[168] *Ibíd.*, p. 96.
[169] *Ibíd.*, p. 100-101.
[170] *Ibíd.*, p. 104.

Es, ahora, ese orden de la *communitas* el que Turner evoca como organizándose a sí mismo incluso alrededor del que va a ser su centro. El jefe debe *reír*, ya que la risa es signo de esta blancura que simboliza «el lazo sin discontinuidad, que debe, idealmente, reunir a la vez a los vivos y a los muertos».

Ciertamente, el ser es común a las dos Palabras, pero parece, cada vez más claramente, que los autores coinciden en reconocer la Palabra de unión como la expresión religiosa que une, que enlaza, ello tanto para Turner como para Le Roy Ladurie y otros intérpretes.

Pero, entonces, si la palabra de todos no puede ser dicha sino por uno solo de entre todos, aparece una contradicción entre el *centro* que habla por la totalidad y la *periferia* de la totalidad.

El centro, ya sea espontáneo, nómada, compartido, dice *Él* por todos. La palabra se convierte en la encarnación del principio de unión, pero el *Tercero* no puede quedar en un lugar definido por relación al cual el resto significaría el no-ser. El Tercero es contradictorio y su vía es lo contradictorio, de donde una fuerza centrífuga que lo retrotrae del centro a la periferia lo compromete en el Afuera, en el Otro de Robert Jaulin, en el mundo que no es él.

¿Cuál se impondrá, el centro o la periferia? ¿El «corazón» o la «boca»? En esta frontera renace un pronombre impersonal para proferir la unidad de una relación reflexiva con el más allá. *Él* se descentra para renacer donde todo es posible, es decir, entre el Sí-mismo y el no-Sí-mismo. Ahora *Él* se proyecta sobre un círculo liminal para proferir una palabra que compromete la totalidad de la esfera del Ser en su reencuentro con el no-Ser. Y ahí, se despoja de todo aparato, abandona la gloria de los reyes, aunque para adquirir la transparencia, la ligereza y lo sobrenatural.

> En la mayor parte de los tipos de liminalidad, se asigna al sentimiento de humanidad un carácter sobrenatural y, en la mayor parte de las culturas, este período de transición

está en relación estrecha con creencias sobre los poderes protectores y primitivos de los poderes o seres divinos o sobrehumanos[171].

Uno quisiera continuar nombrando a esos seres divinos o sobrehumanos como «espíritus». Lo que importa, aquí, es el carácter sobrenatural que emerge del equilibrio de lo contradictorio reencontrado, contradictorio que no está situado en la región central, en el corazón de la totalidad, recogido por la tradición de la *communitas*, en el núcleo del Sí mismo, sino que está trasladado a la frontera donde se anuncia el Fuera-de-Sí, un más allá de Sí mismo, un ser sobrenatural irreducible al Sí mismo, que pertenece ya no a la generación de la comunidad, la raza o la nación, sino que es creencia y potencia «divina» aún sin palabra. Lo contradictorio se ha llevado desde el corazón, por la palabra, a la boca, a la frontera del Sí mismo; desde el corazón ha ido al mundo y, allá, en la intersección del hombre y de lo desconocido nace algo que es más que el ser retrotraído al Sí-mismo. Si en esta liminalidad un carácter sobrenatural es asignado al sentimiento de humanidad, es porque la palabra se ha convertido en la expresión de un sentimiento de humanidad que se abre sobre el más allá.

> Las fuerzas que transforman a los neófitos en el curso de la liminalidad para que alcancen su nuevo estatuto son sentidas, en los ritos del mundo entero, como fuerzas más que humanas, incluso si son invocadas y canalizadas por los representantes de la comunidad.

Así, pues, hay que asociar a la Palabra de unión, que dice el Todo en el Uno, un movimiento centrífugo que retrae el centro a la frontera del Todo para unirse con el no-ser y

---

[171] *Ibíd.*, p. 105-106.

constituir, de esta relación, un nuevo ser. A ese principio que envía a la periferia, si no el centro por lo menos la totalidad, proponemos llamarlo, retomando el término de Turner, *principio de liminalidad*. Corresponde a lo que, en la Palabra de oposición, fue llamado *principio de cruce*, para completar el principio de oposición.

No se comprendería que el principio monista y el principio dualista puedan organizar la sociedad a partir de esas dos Palabras, si lo contradictorio mismo no renaciera como aprehensión simultánea bajo el punto de vista del Sí mismo y el Otro, aunque no pueda renacer sino aquello que permite pasar de lo no-contradictorio a lo contradictorio, merced a aquello que hemos denominado la *función contradictorial*.

Al igual que la función simbólica tiene dos modalidades, el principio de unión y el principio de oposición, la función contradictorial tiene dos modalidades para engendrar el ser de la Palabra: el principio de cruce y el principio de liminalidad.

Así, el principio de liminalidad de Turner parece distinto al umbral entre dos Palabras, entre dos discursos, el discurso político y el discurso religioso. La liminalidad hace pasar de una estructura monista a otra estructura del mismo tipo, como si «el pasaje de un estatuto menos elevado a otro más elevado se hiciera a través de los limbos de una ausencia de estatuto».

La liminalidad es un umbral entre dos estados en los que la unidad adquirida se expone a la contradicción de la nada o de la muerte para crear un ser superior, de cuyo principio de unión se apodera inmediatamente. La periferia, umbral mismo de la totalidad con el no-ser, se convierte en el lugar privilegiado para el ser hablante. En este estudio no haremos sino evocarlo mediante una breve alusión a una brillante ilustración de Turner: Francisco de Asís. Como Cristo, he aquí a un hombre que se mueve en el umbral y que rechaza el dejarse recuperar por el centro. Desde el momento que su obra amenaza con ser institucionalizada, se retira con sus doce apóstoles. Ignora el orden centralizado. Ignora la «casa», aunque ésta fuera de Dios. A la omnipotencia del centro, que atrae todo hacia sí, Francisco opone el despojamiento de lo liminal, la pureza de una espiritualidad aligerada de la gloria, la evidencia de la desnudez del ser, lo que Robert Jaulin, en las últimas páginas de *L'Année chauve*[172], llama el «silencio». Sus sucesores tendrán la alternativa de la conciliación o de la oposición con el principio de unión. Se dividirán en conventuales y espirituales. Los espirituales sufrirán la Inquisición. Los dominicos los vencerán y la tiara liquidará el limen.

Lo que el centro no podía soportar era ser reducido al centro, es decir, ser privado de su dialéctica misionera, de su mecanismo de crecimiento. Los discípulos de Francisco de Asís, al contrario, no podían soportar que se enfeude el umbral al centro. Pretendían agrandar el umbral hasta que sea el nuevo mundo; lo alargaron hasta el Hermano Lobo o el Hermano Sol. Francisco de Asís lo agrandaba hasta lo imposible. Engendraba una palabra nueva, descentrada, no religiosa, sobrenatural, milagrosa. Lo agrandaba hasta la Muerte, la Muerte... ¡que llamaba «amiga»!

Sin la muerte, la vida no puede ser relativizada y no puede dar nacimiento a lo sobrenatural. Cualquiera que sea la experiencia, cualquiera sea su imaginario, los hombres deben alcanzar, por el sufrimiento o por la mortificación, el equilibrio en el que se consumen las fuerzas de la vida para que del anonadamiento mutuo de la muerte y de la vida nazca la verdadera Vida, la Vida del espíritu, fuera del tiempo, fuera de todos los espacios, fuera de la naturaleza.

Volvamos a la Palabra de unión. Ella funda la comunidad, como una totalidad construida, que se da un corazón y una boca. La totalidad es estructurada de una forma que le es propia. Esta estructura es la unidad dotada de una morfología concéntrica, compuesta por aquel que habla por todos, en el centro, aunque éste sea provisorio, por una esfera

---

[172] Robert Jaulin, *L'Année chauve*, Paris, Métailié, 1993.

que representa la totalidad y por una periferia exterior, donde se encuentra lo Desconocido.

Pero ¿las dos Palabras, la Palabra de unión (religiosa) y la Palabra de oposición (política) cohabitan entre los Ndembu de Zambia? Las observaciones de Turner son las que dan la respuesta:

> Entre los Ndembu, los poderes rituales del jefe soberano fueron limitados por y combinados con aquellos detentados por un jefe soberano del pueblo autóctono mbwela, que no se sometió a sus conquistadores lunda, conducidos por el primer kanongesha, sino tras una larga lucha. Un importante derecho le fue devuelto al jefe Kafwana, perteneciente a los Humbu: una rama de los Mbwela (…). En las relaciones entre los Lunda y los Mbwela, y entre Kanongesha y Kafwana, se encuentra una distinción, que en África es familiar, entre los pueblos que detentan la fuerza política y militar y los pueblos indígenas que les están sometidos pero que, no obstante, poseen poderes rituales[173].

---

[173] Turner, *The ritual process*, *op. cit.*, p. 99-100.

7. LA COEXISTENCIA DE LAS DOS PALABRAS ENTRE LOS HUNI KUIN

Discutiremos aquí el trabajo de Patrick Deshayes y Barbara Keifenheim[174] sobre los *Huni Kuin* (más conocidos con el nombre de Kashinawa o Cashinahua) que viven en la Amazonia peruana.

La sociedad de los Huni Kuin está organizada en dos mitades, los *Inubake* y los *Duabake*:

> Estas dos mitades están divididas también por sexos de suerte que nos encontramos con cuatro partes: Los *Inubake* se subdividen en *Inubake*, para los hombres, e *Inanibake* para las mujeres. De la misma manera los *Duabake* se dividen en *Duabake*, para los hombres y en *Banubake*, para las mujeres. (…) Cada una de estas cuatro partes se vuelve a dividir una tercera vez en dos grupos de generaciones alternas: grupos de identidad, si los hay, al interior de los cuales se perpetúan los nombres y las identidades individuales del abuelo al nieto, del anciano al niño[175].

No hay duda: los Huni Kuin son un modelo de organización social dualista. Ellos mismos dan una versión de ello en un mito que cuenta su origen:

---

[174] Patrick Deshayes y Barbara Keifenheim, *Penser l'Autre chez les indiens Huni Kuin de l'Amazonie*, (Prefacio de Robert Jaulin), Paris, L'Harmattan, 1994. Versión en español: *Pensar el otro. Entre los Huni Kuin de la Amazonía peruana*, Lima, IEFA/Centro Amazónico de Antropología y Aplicación Práctica, 2003.

[175] Deshayes y Keifenheim, *Penser l'Autre chez les indiens Huni Kuin de l'Amazonie*, p. 63 de la versión francesa (traducción de Deshayes y Keifenheim, 2003).

Un día se puso a llover muy fuerte, como es frecuente en esta estación, pero esta vez la lluvia no se detenía; tanto y tan fuerte fue que las fuentes y los ríos se desbordaron. La única que llegó a salvarse fue *Nete Bekun* (*Nete*: "estrella"; *Bekun*: "ciego") que se refugió en el techo de la casa. Fue llevada muy lejos por la corriente, hacia abajo del poblado. A la bajada del agua ella se encontró sola sobre la tierra. Llorando por sus parientes día y noche, llenó cuatro calabazas con sus lágrimas y con el moco que caía de su nariz. Lloró tanto que se quedó ciega. De las cuatro calabazas salieron en orden: un muchacho, dos niñas y un muchacho: *Inu, Inani, Banu, Dua*... *Nete Bekun* los crió como a sus propios hijos[176].

Aplicadas estas diferencias a las cuatro partes de la sociedad *Huni Kuin*, los grupos de generaciones alternas generan los ocho *shutabu* (clases)[177].

Nombre	misma mitad	mismo sexo	misma generación
BETSA	+	+	+
EPA	+	+	−
PUI	+	−	+
CHAI	−	+	+
ACHI	+	−	−
AIN	−	−	+
KAKU	−	+	−
EWA	−	−	−

Conjunto de posibles relaciones para un hombre (p. 122.)

---

[176] *Ibíd.*, p. 65.
[177] *Ibíd.*, p. 112.

He ahí, pues, un sistema clasificatorio fundado en el principio de oposición. Ese sistema es, como lo dice Jaulin mismo, el *orden kashinawa*.

Deshayes y Keifenheim proponen entonces una primera definición del Otro, que llaman el «Otro del interior»:

> Ciertamente no existe una mitad del "Sí" y una mitad del "Otro". El Otro y el Si, al ser conjuntos definidos relacionalmente, se constituyen solamente en las relaciones recíprocas. Así, cada miembro de una mitad es para otro miembro de esta misma mitad alguien del "Sí", mientras que es alguien del "Otro" para un miembro de la segunda mitad[178].

Aquí respetan, pues, la terminología lévi-straussiana. Y bien, es en esta sociedad, que podría ser un prototipo del sistema dualista, que los autores pondrán en evidencia otra organización distinta, la organización monista.

> Si ese sistema define explícitamente a Otro-aliado, define implícitamente un nuevo Sí constituido por dos mitades totémicas y un nuevo Otro rechazado hacia lo desconocido. Ese nuevo Sí, son todos aquellos que tienen un sitio en ese sistema relacional descrito precedentemente. El nuevo Otro, son los extranjeros, aquellos que no tienen nada en relación a ese sistema[179].

Deshayes y Keifenheim se refieren, desde ahora, a las categorías de Jaulin. Las personas del Sí son personas de lo Mismo. Son las que se encuentran, las unas y las otras, en relación a la comunidad de bienes y valores que las une.

---

[178] *Ibíd.*, p. 117
[179] *Ibíd.*, p. 140.

Ese *Kuin* "cerrado" –dice Jaulin–, ideal, endogámico, corresponde a un modelo de lenguaje cuyo objeto es el de diferenciar: la frontera es teórica, ella cierra el *Kuin* sobre sí mismo, pero no postula ni relaciones negativas ni la certidumbre de la no-relación con el otro; no es, en este sentido, sino silencioso[180].

Diferenciar quiere decir, desde ahora, extraerse del caos, testimoniar por algo que se reconoce en relación a lo que le es indiferente. La frontera no demarca otro sí mismo, sino el no-sí mismo. Queda silenciosa en torno a lo que no está en el interior de ella misma, ciega en relación a lo que no encierra. El Otro, de Jaulin, no está definido por una negación sino por lo indefinido. Un indefinido al borde de aquello que es definido, para no ser una negación, plantea una dificultad lógica, ya que los Huni Kuin llaman, sin embargo, *kuinman* al no-Sí mismo.

Notemos, primero, lo que afirma el mito de los Huni Kuin:

> Los Huni Kuin aparecen después del diluvio. Son los hijos de *Nete Bekun*. Los antepasados antes del diluvio son los *Hiri*. Esto es muy importante porque demuestra que la aparición de la división interna *Inu / Inani / Dua / Banu* es simultánea a la división *Huni / Kuin* y *Huni Kuinman*[181].

Se remarca también el nombre de la madre única que alía dos términos contradictorios: *estrella ciega*.

Se podría decir que la Palabra de oposición es simultánea a la Palabra de unión. En cuanto a los ancestros de antes del diluvio, ellos están ni presentes en la Palabra de oposición ni presentes en la Palabra de unión, pero son la fuente de ellas.

---

[180] Robert Jaulin, Prefacio, en Deshayes y Keifenheim, *op. cit.*, p. 11.
[181] Deshayes y Keifenheim, *op. cit.*, p. 153.

La simultaneidad de las dos Palabras implica la competencia de los dos principios contrarios de la organización social. Los autores ilustran esta doble lógica:

> Al mismo tiempo que se decide con quién se deben casar y que por este hecho se dice quién es el Otro-aliado, se distingue el Sí y este Otro aliado, formando así la unidad de los *Huni Kuin* del resto de los hombres que viven sin estas reglas: los *Huni Kuinman*. Esto para decir que no hay en esto ningún principio de primacía sobre lo que llamamos "primera" concepción del Otro con relación a la "segunda"[182].

No obstante, el hombre debe tomar su esposa entre las mujeres *ain*, es decir, la mitad diferente y de la misma generación. Y bien, sólo son *kuin* las muchachas de sus *kuka kuin* o de sus *achi kuin*, es decir, hermanos de su madre o hermanas de su padre, sus primos cruzados. *Kuin* aquí significa, pues, lo que está conforme a la regla de reciprocidad bilateral más estricta (el intercambio restringido de Lévi-Strauss). A los otros se los llama *kuinman*. Se podría pensar, entonces, que *kuin* quiere decir «verdadero». *Kuin* sería un adjetivo. Sería «verdadero» todo lo que estaría regido por el sistema clasificatorio. Todo podría definirse según el mismo método: el poblado (*mae*) es *kuin* si es «creado por dos hombres que son dobles primos cruzados[183]». Los otros *mae* son *kuinman* y su existencia es pasajera.

Parece que uno podría contentarse con la idea de perfección o de verdad para definir el *kuin*. Pero si la idea de *kuin* incluye la de perfección de una comunidad de ocho clases exogámicas, también es la idea de una totalidad de compartir.

---

[182] *Ibíd.*, p. 153-154.

[183] *Ibíd.*, p. 149. «*Mae kuin*: pueblo "ideal" hecho de ocho clases a partir de dos hombres primos cruzados. Cualquier otro pueblo es *mae kuinman*» –dice Jaulin, Prefacio, *op. cit.*, p. 15.

Kuin es la totalidad ideal de la humanidad. El término *kuin* designa todo lo que es propio a los *Huni Kuin*: las plantas que cultivan, por ejemplo, mientras que las plantas cultivadas por los blancos son *kuinman*. Los hombres *Kuin* son los hombres que respetan los principios *kuin*. Los otros son *Huni Kuinman*.

Huni Kuin es un nombre genérico que reagrupa en la unidad a todos aquellos que obedecen al mismo sistema clasificatorio. Pero no designa lo que es previamente definido o clasificado por la Palabra de oposición. Designa lo mismo de forma diferente. Para hacer esta distinción, Deshayes y Keifenheim hablan de una cerámica hecha en la comunidad y de la misma cerámica hecha afuera:

> Los *Huni Kuin* consideran como *shumu kuin* las jarras de uso cotidiano destinadas para contener líquidos. Las jarras rituales, así como los demás objetos que se usan en las ceremonias, adornadas con dibujos *kene* [expresión de identidad], se consideran como *shumu kuinman*. Por tanto si *kuin* significara "verdadero" o "auténtico" o, por lo menos, tuviera un grado de veracidad o autenticidad propia únicamente de los *Huni Kuin*, los objetos serían tanto más *kuin* cuando llevaran la señal de las identidades *Huni Kuin*, es decir, los *kene*. Pero lo que ocurre es más bien lo contrario. Son *kuin* solamente aquellos objetos *no-keneya*, es decir sólo los objetos que no llevan la señal de identidad de ninguna persona[184].

Pero, comenta Jaulin:

> Incluso cuando no parece tener otro sentido que el de contener, incluso cuando ninguna "escritura", ningún signo parece conferirle otra función que la de contener – como la función de identidad expresada por los dibujos expresivos del propietario de una jarra– será *kuinman* si es

---

[184] Deshayes y Keifenheim, *op. cit.*, p. 156.

extranjero; y lo será en primer lugar, porque pertenece al dominio *kuinman* que es el del no-Sí, del "extranjero", del Otro[185].

Una jarra usual del mundo Blanco no es pues *kuin*, ya que no pertenece al campo de referencia definido por el universo *kuin*. Aún falta que la jarra se inscriba en esta totalidad. Esta inscripción supone que sea, mentalmente, la imagen de este universo, que lo refleje. De ahí el término de *reflexividad* que se da a ese tipo de totalidad.

El *kuin* es un concepto de la totalidad del ser. Todo elemento *kuin* responde a una definición propia al «dominio» (la *domus*, que Le Roy Ladurie sitúa en el origen de la palabra religiosa) (el principio de *casa* de Lévi-Strauss): los hombres, las jarras hechas por las mujeres de la comunidad, las plantas cultivadas por la comunidad, los animales domésticos, la aldea, etc., son *kuin*. Sólo los animales (*yuinaka*) comidos por los humanos y no también por los Espíritus son *kuin*, es decir, «idealmente comestibles».

Yuinaka kuin: los animales que sólo serían comidos por los hombres y no igualmente por los espíritus[186].

Se expresa la originalidad de la Palabra de unión de la siguiente manera:

El *kuin* se refiere concretamente al orden del Sí. Pero para determinar el Sí como una unidad del *kuin* lo califica como *reflexivo*. Es decir, un Sí que no le preocuparía nada más que no tener relación a no ser consigo mismo[187].

---

[185] Jaulin, *op. cit.*, p. 12-13.
[186] Jaulin, *op. cit.*, p. 12.
[187] Deshayes y Keifenheim, *op. cit.*, p. 155.

Por tanto, es justo decir, junto con Deshayes y Keifenheim, que la misma realidad es proferida tanto por la palabra clasificadora, la Palabra de oposición, como por la Palabra de unión. Los *Kashinawa* utilizan las dos Palabras. *Kuin* es la unidad de ocho, el círculo que encierra el cuadrado. *Kuin* es principio de unidad, Palabra de unión, que quiere decir, a su manera, lo que quieren decir a la suya las ocho clases *kashinawa*.

La liminalidad desdoblada entre los Huni Kuin, las fronteras *Kayabi* y *Bemakia*

Pero, entonces, se plantea la pregunta: ¿cómo dar a la junción del Sí y del no-Sí una forma que no sea la de una oposición marcada? ¿Cómo el *kuin*, en tanto totalidad de aquello que está definido, puede no oponerse a lo indefinido? Hay que imaginar un pasaje continuo, una región intermediaria y, consecuentemente, un tercer término. La frontera entre el Sí y el no-Sí se convierte en una región indecisa, más allá o más aquí del Sí.

Mientras que en un sistema dualista aquellos que están fuera de la reciprocidad no son humanos, de la forma más abrupta que hubiera, aquí el pasaje hacia lo que no es la totalidad humana es paradójicamente progresivo, hasta el punto que Robert Jaulin, que definió el *kuin* como totalidad cerrada, pudo decir que el *kuin* era «abierto».

Hay, en efecto, un región de aproximación alrededor de lo que está definido por las reglas de orden *kashinawa*, desde el momento en que su realidad es percibida por el principio de unión. Si el modelo, el ideal o el referente, se traduce por la palabra *kuin*, todo un mundo gravita alrededor de él: más o menos perfecto, más o menos integrado a la totalidad, más o

192

menos lejos del centro focalizador. Esta primera región, que es la zona de influencia del *kuin*, se llama, entre los *Huni Kuin*, *Kayabi*.

Deshayes y Keifenheim proponen considerar la frontera del *kuin* no ya a partir del centro *kuin*, sino del horizonte *kuinman*. Se aprehende así, inmediatamente, otra región intermediaria como la zona de influencia, lo más frecuentemente de amenaza o de opresión, de lo que no es *kuin* para la sociedad de Huni Kuin. Esta región intermediaria es la parte de humanidad *kuin* modificada (generalmente asesinada) por los seres *kuinman*. Se trata de una zona de sombra que se extiende sobre el territorio normalmente aclarado por la luz *kuin*. Esta región, que sufre la influencia del afuera, es llamada *Bemakia* por los Huni Kuin.

Vemos tomar forma, de una manera particular, a la noción del Otro según Jaulin (el Otro que Deshayes y Keifenheim llaman desde ahora «Otro de fuera»), ya que este Desconocido viene a manifestarse y a afectar el orden del *kuin*. Reconocer la sombra llevada por el Otro sobre el Sí, reconocer las manifestaciones del no-Sí en tanto que sufridas por el Sí, confiere, a lo radicalmente Otro, una presencia real. Así, los autores ven, en la influencia *bemakia*, la eficiencia del *extranjero* sobre el orden *kuin* y en definitiva la realidad misma, ya que es la única prueba, percibida y reconocida del Otro de Jaulin. Desde ahora el *Otro* puede definirse. Los animales no-*kuin*, por ejemplo, y que son el alimento de los extranjeros, son animales *bemakia*.

El no-Sí tiene, pues, atributos que pueden apreciarse por las degradaciones o afecciones sufridas por el Sí mismo. El no-Sí mismo no es anulado por la nada, al contrario, es percibido como poderoso. Si el *kuinman* no puede ser definido, ya que es lo contrario de lo que puede serlo, no ocurre lo mismo con su influencia.

Los efectos sufridos por el *kuin* trazan, en negativo, el rostro del Extranjero. *Bemakia* es la huella del Otro desconocido por el mundo conocido. Para Deshayes y

193

Keifenheim, lo radicalmente Otro debe acercarse a esta definición: es *bemakia* y puede ser designado sin ser opuesto a lo *kuin*, sin referencia con el orden *kuin*. Se instala una relación con él, una relación de influencias entre principios contrarios:

> Lo que expresa *bemakia* es el Otro, el Otro claramente definido en un espacio con hábitos que le son propios y con los que las relaciones, puesto que se dan, no son del orden de la reproducción del cada día, sino de una manera excepcional[188].

Lógicamente, entonces, en esta perspectiva, *bemakia*:

> Es una categoría cerrada e inmutable lo mismo que *kuin*. La lista de animales *bemakia* es tan cerrada como la de los animales *kuin*. Con diferencia a *kuin* que expresa el Sí, *bemakia* caracteriza al Otro: no simplemente en lo que es no-Sí (no-Sí es, como ya se ha dicho, *kuinman*) sino en su especificidad[189].

El desplazamiento de la contradicción entre el Sí mismo y el Otro (Otro = *kuinman* se convierte en Otro = *bemakia*) se acuerda con el hecho de que la Palabra de unión hace imposible toda oposición complementaria; ella instituye en el lugar y sitio de una oposición correlativa una superposición de influencias de principios contrarios, de manera que puede decirse:

> El mundo *Huni Kuin* es bipolar: el *kuin* por un lado y el *bemakia* por otro. El *kuin* representa ciertamente el punto de vista de los *Huni Kuin*, el *bemakia*, al estar opuesto espacial y existencialmente, es el Otro[190].

---

[188] *Ibíd.*, p. 173.
[189] *Ibíd.*, p. 177.
[190] *Ibíd.*, p. 183.

Por lo tanto, ahora hay que distinguir una banda de frontera entre el *kuin* y el *kuinman* donde se manifiestan las influencias del *kayabi* y del *bemakia*. Las dos fronteras no se recubren. *Kayabi* es un *kuin* débil, impotente o alterado. *Bemakia*, por el contrario, parece tener el poder de alterar la realidad social de los *Huni Kuin*.

Los autores ven esta bipolaridad proyectada en el suelo: el espacio de la aldea está rodeado de una zona de bosque cultivado, luego de bosque atravesado por caminos de caza y finalmente de selva virgen. La aldea es *kuin*, el espacio cultivado *kayabi*, del bosque de caza se dice que está habitado por los Espíritus, es, pues, *bemakia* y el bosque profundo *kuinman*. Reconocen que:

> La zona de transición define en este caso una situación de reencuentro muy fuerte, puesto que pone en oposición a los hombres y los Espíritus[191].

Los autores sitúan, desde ahora, esta zona de pasaje como un lugar de enfrentamiento de dos polos que definieron precedentemente, el bosque profundo, solamente poblado por los Espíritus *bemakia* y la aldea, habitada por los Huni Kuin.

Y bien, al interior de la aldea todas las relaciones son de reciprocidad positiva, modeladas por la alianza de parentesco. El orden interno *kashinawa* está planificado sólo por la reciprocidad positiva (alianzas matrimoniales y ofrendas recíprocas). Según Deshayes y Keifenheim, en cambio, los Espíritus son percibidos como hostiles, hasta el punto de que el solo hecho de comer los animales de los que se alimentan (sólo lo hacen de animales *bemakia*) les hace correr un grave riesgo a los Huni Kuin :

---

[191] *Ibíd.*, p. 189.

Ya el simple hecho de haber sido conducido por circunstancias excepcionales a matar uno de estos animales, obligará al cazador a someterse a un ayuno prolongado y a rituales de purificación. Esta provocación con respecto a los Espíritus arrastrará, inevitablemente una respuesta agresiva por parte de ellos. Es una manera violenta de entrar en contacto con el Otro para medirse con él, al precio de perderse como humano[192].

¿Esos rituales de purificación no serían de mortificación? Esta muerte ritual, que se anticipa a la venganza del otro ¿no sería la puerta de la reciprocidad negativa, la reciprocidad de venganza? La caza de un animal *bemakia* ¿no es el asesinato de un animal protegido, vale decir, animado por un espíritu hostil que se vengaría? Provocación y respuesta agresiva inevitable ¿no es la reciprocidad negativa misma?

La falta de informaciones no nos permite, desgraciadamente, sostener esta hipótesis. Pero los autores nos dan indicaciones que podemos interpretar como las huellas de un discurso de los Huni Kuin sobre la reciprocidad de los asesinatos. Deshayes y Keifenheim cuentan cómo el cazador debe llamar al animal para tirarle con el arco. Pero si no logra hacerlo, lo seguirá para acercarse. Puede así perderse en el bosque de los Espíritus y convertirse en su presa: cazador cazado por otros cazadores... ¿No estamos, de nuevo, en la evocación de la reciprocidad negativa?

¿Habría, pues, una relación entre la caza, por lo menos la caza en el bosque profundo, y la reciprocidad negativa?

El buen cazador, por cierto, es celebrado como un gran donador por aquellos que se benefician de la redistribución de alimentos. Pero un mito de los Huni Kuin cuenta que había un cazador tan torpe que un espíritu de su *Shutabu* le tuvo pena y le dio su ayuda. Nos enteramos, pues, de que si los Espíritus

---

[192] *Ibíd.*, p. 194.

pueden ser tildados de hostiles, aquellos de su propio clan son hostiles a los otros, y así son protectores del clan. Esta precisión nos invita a considera a los Espíritus ya no como Espíritus enemigos sino como Espíritus guerreros.

El mito continúa: A partir de entonces, el cazador torpe se convirtió en un gran cazador. Pero he aquí que su espíritu protector sedujo a su mujer y el hombre se vengó matándolo. ¿no es esa la instauración de la reciprocidad de venganza? La caza es una actividad cuyos referentes son el enfrentamiento de los guerreros.

Internarse en lo profundo del bosque es desafiar a los Espíritus. Por tanto, dicen Deshayes y Keifenheim:

> Es una manera violenta de entrar en contacto con el Otro para medirse con él, al precio de perderse como humano[193].

¿Quieren decir los autores que la apuesta de la reciprocidad de violencia es la de adquirir un ser superior al del *kuin*? ¿O que se trata, incluso, de la ambición de ser la sede del espíritu nacido de la reciprocidad de venganza, aunque sea al precio del ser *kuin*, es decir, del ser adquirido por la reciprocidad de ofrenda?

¿Querrían decir que el hombre busca, en las fronteras de las ofrendas recíprocas, otra relación de reciprocidad para entrever lo que nacerá más allá?

¿Qué cazan los *Huni Kuin* que se van a cazar a la selva virgen? ¿Conocen la tentación de ser otro en vez de ser-para-ellos-mismos? ¿Serían el sufrimiento y la muerte la vía de otro mundo? ¿Qué guía al cazador más lejos que al criador de ganado, como si estuviera llevado por la agitación de los árboles, los laberintos de los ríos, como si estuviera atraído por los suelos movedizos de los pantanos, por los cortinajes de las

---

[193] *Ibíd.*

sombras, los follajes y las lluvias? ¿Por qué va hasta el extremo de sus fuerzas, por qué se arriesga bajo la bóveda de los muertos? ¿Será la obsesión de una presencia a la que se acerca cuando abandona su propio Sí?

Deshayes y Keifenheim definieron el centro *kuin* como el principio de unión de la reciprocidad positiva, y un círculo *kayabi* como región intermediaria entre el *kuin* y el *kuinman*.

Sus observaciones sobre las relaciones entre la aldea y la selva virgen, los cazadores y los espíritus, los espíritus y la venganza, conducen a una nueva perspectiva: la frontera *bemakia* parece, ahora, testimoniar de la reciprocidad negativa.

Cuando los autores califican *bemakia* a la frontera de una entidad cerrada, se puede comprenderla no ya como lo que es propiedad del Otro, sino como aquello que da cuenta de la totalidad de la reciprocidad negativa, de la misma forma en que *kayabi* es la frontera de una totalidad de reciprocidad positiva.

Las dos fronteras, *kayabi* y *bemakia*, pueden ahora interpretarse como dos fronteras del Sí, una en términos positivos y la otra en negativos, ello en relación a lo Desconocido. Roberts Jaulin dice que el desafío a lo Desconocido, la provocación al no-sí, tiene por objeto afirmar el orden *kashinawa*. Invitación y desafío se dirigen al amigo y al enemigo posibles que puedan salir de la sombra para pertenecer al mundo *kashinawa*, invitación al caos para que el ser emerge a la luz, para que la humanidad llegara a ser, incluso como espíritus enemigos, invitación a lo desconocido temido, como los Incas de los Andes, o incluso los Blancos, esos dioses de otro mundo[194].

---

[194] Hoy en día la categoría *bemakia* es utilizada para los intercambios comerciales que no son dones recíprocos sino relaciones de intereses concurrentes, es decir, para el comercio con los *blancos*, que parece ser interpretado por los Huni Kuin como reciprocidad negativa.

Robert Jaulin tiene razón: el Afuera, lo Otro irreductible, es *kuinman*. *Bemakia* es una frontera de la reciprocidad negativa, expresada por la Palabra de unión.

La coherencia del análisis de Deshayes y Keifenheim quisiera que, si *bemakia* no fuera sino el Otro y *kayabi* el Sí, el *bemakia*, en tanto que negativo, sea redoblado por un *bemakia* positivo y el *kayabi*, en tanto que positivo, por un *kayabi* negativo —ya que al Otro radicalmente otro no se lo puede suponer ni solo negativo ni solo positivo—, o que el *bemakia* como el *kayabi* no sea ni negativo ni positivo sino uno y otro a la vez. A manera de respuesta, Deshayes y Keifenheim nos dan a interpretar la fiesta ritual de los Huni Kuin:

> De pronto, a la entrada del poblado se empiezan a escuchar gritos y aullidos. Parece desatarse desde la selva para avanzar hacia el poblado. En ese momento los hombres del poblado cogen sus arcos y sus flechas y se precipitan sobre este extranjero invasor. Entre los gritos de los defensores se formulan sin sorpresa las mismas exclamaciones: "Los hombres plantas…, los extranjeros…, los Espíritus de la selva". En efecto, a medida que se acerca, la masa se hace más definida y se pueden apreciar en ella a los hombres o seres extraños que la componen. Los hombres del poblado esperan, poco después tiene lugar el enfrentamiento. Silbido de flechas, disparos de fusil hasta llegar al cuerpo a cuerpo. En ese momento los hombres del poblado se dan cuenta de que son sus aliados, suegros y cuñados, los que están debajo del follaje. Rompiendo el grupo de los hombres-plantas, se ponen a gritar con ellos y los llevan hasta el centro del poblado. Allí un tronco de palmera *tau*, cavada en el centro, se tumba; es el *kacha*. Entonces los aliados-cubiertos-de-plantas se deshacen de parte de sus hojas para bailar y cantar alrededor del *kacha*. A continuación se sientan delante de sus mujeres y los del poblado les colman de presentes de carne[195].

---

[195] Deshayes y Keifenheim, *op. cit.*, p. 219-220.

Los autores distinguen tres fases:

1) La intrusión de los seres extranjeros, el combate y el encuentro de los aliados.

2) La danza y los cantos alrededor del *kacha*

3) El intercambio de alimentos, que interpretan como el pasaje de los intrusos supuestos «Otros de fuera» a «Otros de dentro» para inclinar la guerra a la alianza.

Y para concluir:

> La guerra simulada de la *Kachanahua* no tiene otro sentido que el de defender el Sí y, por ello, salvaguardar la indivisión; ese ritual da cuenta, en su puesta en escena, de cuanto la alianza interna y la guerra externa se conjugan en la concepción *Huni Kuin*. Su finalidad es la misma: la cohesión del grupo como una *sola totalidad*[196].

Explicitan esta tesis:

> Ya hemos dicho, en el plano real del funcionamiento, que la alianza entre las dos mitades totémicas se da como continua. Es también la creadora de la sociedad que garantiza la permanencia como *totalidad una*. La alianza es indisociable del cuerpo social de los *Huni Kuin*, incluso el elemento de su continuidad. (...) Gracias a la discontinuidad simulada, la alianza revela su función. Lejos de inscribirse en un equilibrio de inercia, hace brillar su carácter dinámico oponiéndose como alternativa a la guerra. (...) No un fin sino un medio, encuentra su razón de ser en la voluntad política de mantener las fuerzas múltiples de la sociedad en un equilibrio. Este equilibrio hace que la sociedad persevere en la indivisión[197].

---

[196] *Ibíd.*, p. 222 (subrayado por los autores).
[197] *Ibíd.*, p. 221-222.

Esta indivisión será el principio de la sociedad. Los autores interpretan la sucesión guerra/alianza como significando el advenimiento de la unidad de una totalidad. Lo que implica que la alianza es superior a la guerra en el orden del Sí. Los extranjeros –dicen– serían entonces Huni Kuin que habrían abandonado la colectividad y que volverían a casa como hijos pródigos. Serían reconocidos muy rápido e inmediatamente liberados de sus rostros de extranjeros. Los autores añaden sin embargo:

> El Otro de dentro, genera la alianza; el Otro de fuera, genera la guerra[198].

¿Cómo el Otro radicalmente Otro puede, pues, ser la guerra? ¿No hay ahí una contradicción?

Deshayes y Keifenheim piensan que el mito recuerda la emergencia del caos. En el exterior, la guerra, en el interior, la paz. Los que se extravían fuera del orden *kuin* caen en el caos. Yerran en la noche vegetal y cuando redescubren la comunidad *kuin*, vuelven a ver la luz, deponen las armas.

Pero los hombres-hojas no vuelven con las manos vacías: aportan cantos que habrían aprendido de los Espíritus vegetales. ¿Qué quiere decir que sean portadores de cantos?

Los autores notaron felizmente que el ritual se disocia en dos manifestaciones: una tiene lugar en la mañana, la otra al atardecer. Y bien, son idénticas excepto que los roles se invierten: los que atacaron al alba hacen en el crepúsculo el papel de los atacados, e inversamente.

Nuestra interpretación se apoyará en esta última observación que sitúa el marco de todo el ritual. Ese marco es el de la reciprocidad primordial entera, ordenada según el nacimiento de lo contradictorio a partir de la confrontación y la relativización de los contrarios. Ya que los unos y los otros

---

[198] *Ibíd.*, p. 221.

cambian de papel, no hay simetría entre dos mitades enemigas y luego entre dos mitades amigas, sino oposición entre una mitad que encarna la hostilidad cuando la otra encarna la amistad, y recíprocamente, es decir entre dos mitades a la vez enemigas y amigas, de manera que una es amiga cuando la otra es enemiga. No hay cuadripartición, que sería el simulacro de reciprocidad positiva $(+/+$ y $-/-)$, sino al contrario relación cruzada (mañana $-/+$ y noche $+/-$: los enemigos que se declaran tales, son reconocidos por los otros como amigos bajo la máscara de las hojas). Ese principio, que nosotros hemos llamado principio de cruce, no sólo permite hacer equivaler reciprocidad positiva y reciprocidad negativa, sino asociarlas contradictoriamente, a manera de hacer nacer entre ellas un estado de equilibrio: y este estado de equilibrio, que es el lazo entre ellas, está representado por un «tronco de palmera ahuecado», lugar de los cantos y las danzas.

En el interior de cada ritual, mañana o tarde, distinguiremos tres fases, aunque en un sentido ligeramente diferente del que retienen Deshayes y Keifenheim.

La primera fase sería el encuentro hostil de los hombres-hojas: extranjeros, arcos, fusiles, lucha cuerpo a cuerpo.

La tercera fase, al contrario, es el encuentro amigable e incluso de alianza, de distribución de alimentos, los hombres se ponen ante las hermanas de sus huéspedes, que se convierten en sus mujeres.

En la segunda fase, alrededor del tronco ahuecado, ninguno de los temas de la hostilidad y la amistad aparecen. ¿Se neutralizan? ¿Qué puede ocupar, entonces, ese tiempo ni dedicado a la guerra ni a la alianza matrimonial o a la fiesta de alimentos?

Allá está echado un tronco de palmera *tau*, ahuecado al medio, es el *kacha*. Es alrededor de ese vacío ahuecado en el tronco de una palmera que los hombres danzan y cantan.

202

¿Qué quiere decir el tronco de palmera ahuecado? ¿El árbol es la imagen del lazo social, y ese ahuecamiento en el árbol, es la imagen de un vacío en la naturaleza que pudiera ser la cuna de un poder sobrenatural, la sede de una libertad espiritual cuyo aliento inspira al hombre el primer fragmento de poesía, la primera melodía, el primer paso de danza, el primer dibujo abstracto?[199].

Al escribir estas líneas, en las que había añadido «el primer dibujo abstracto» a la poesía, la música y la danza, cuando sólo estas últimas están debidamente indicadas por el mito, fui presa de una vacilación, ya que si la figura literaria no penaliza la pintura, en relación a las otras artes primordiales, ella forzaba manifiestamente el texto de Deshayes y Keifenheim que no habla de pinturas o dibujos en la celebración del ritual de la *kachanahua*; y yo cerraba el libro con esta impresión. Pero, ¡sorpresa! La ilustración de la portada del libro es una fotografía de los hombres-hojas, de dos hombres-hojas más exactamente, cuyos rostros están maravillosamente dibujados y pintados de motivos geométricos. ¡Los dibujos abstractos estaban ahí! Y, lo que es más, ¡como rostro de la humanidad de los Huni Kuin! Noto, también, que son muy similares a los motivos de otra comunidad Pano, los Shipibo. Y bien, Angelika Gebhart-Sayer ha mostrado que los diseños en cuestión son la traducción de cantos y que son obtenidos por las visiones de los chamanes de sus espíritus protectores[200].

Observando a los Guaraní, hacer incisiones en sus cuerpos con tales diseños en cada mortificación ritual, que sucedía a un asesinato de guerra y, por otra parte, que para ser

---

[199] Es en un tronco de palmera que se sienta el *Tercero* de la reciprocidad entre los Shuar, como lo describe Harner (1972) en el mito de *Nunkui*, cuando la reciprocidad negativa y la reciprocidad positiva se equilibran. (Ver supra).

[200] Véase Angelika Gebhart-Sayer, *The Cosmos Encoïled: Indian Art of the Peruvian Amazon*, catálogo de la exposición organizada en 1984 por el Center for Inter-American Relations, New York.

chamán a menudo hay que ser guerrero antes, he sugerido que esos diseños y esos cantos tendrían por origen la reciprocidad negativa. El hecho de que los hombres-hojas sean guerreros y que sean los hombres-hojas los que aportan los cantos-diseños, es un nuevo argumento para esta hipótesis.

¿Habría, entre *kayabi* y *bemakia*, un lugar en el que la Palabra se adelanta más allá de lo imaginario?

¿No sería la sucesión temporal guerra/paz pura formalidad, y la flecha de la estructura no sería, ella, el momento intermediario, contradictorio en el estado puro, que escapa al tiempo, al futuro como al pasado, para engendrar la presencia de lo que, fuera del tiempo, es la eternidad?

El principio de liminalidad se ha desdoblado, pues, entre dos fronteras, la una positiva, la otra negativa. Esas dos fronteras son distintas como lo eran las relaciones de las mitades en la cuadripartición. Pero el rito las asocia para decir hasta qué punto ellas mismas no tienen sentido sino unidas contradictoriamente, como el rito recordaba igualmente que las mitades amigas y enemigas no tenían sentido si no se remitían a un equilibrio fundador.

Así, el principio de liminalidad corresponde al principio de cruce. No sólo redobla el movimiento de redistribución centrífugo por un movimiento de redistribución de ofrenda centrípeta. Opone al movimiento positivo un movimiento negativo y al movimiento negativo un movimiento positivo.

8. La coexistencia de las dos Palabras entre los Aymaras

La coexistencia de las dos Palabras ya se anuncia con la presencia de una estructura dualista discreta en las comunidades ruandesas y se afirmó claramente en las comunidades de los Huni Kuin. La tesis que nos proponemos defender es que la presencia simultánea de dos Palabras es una constante. Las comunidades humanas dan precedencia a la una o la otra o bien utilizan ambas simultáneamente. ¿Permitiría una, el desarrollo de un ser social diferente al de la otra? En esta eventualidad ¿cuál renunciaría a su uso simultáneo? Pero, entonces, ¿cuál sería la relación de las dos Palabras entre sí?

Ilustraremos la coexistencia de la Palabra de oposición y la Palabra de unión tomando prestadas estas coloridas observaciones de Verónica Cereceda[201].

1) El *Allqamari*

Cereceda nos cuenta que en los autobuses que recorren los Andes de Bolivia, el chofer exclama: «¡qué suerte!» cuando, ante él, vuela un halcón *allqamari*, cuyo movimiento de alas hace alternar colores blanco y negro. Y, mientras que los rostros se iluminan con una sonrisa, los Aymaras en el autobús se sacan el sombrero como signo de alegría.

---

[201] Verónica Cereceda, «A partir de los colores de un pájaro...», *Boletín del Museo Chileno de Arte Precolombino*, n° 4, Santiago de Chile, 1990, p. 57-104.

El pájaro adulto es blanco y negro, pero cuando es joven es uniformemente gris. Cuando envejece, vuelve a hacerse gris, «café» dicen los Aymaras.

Cuando se cruza con un pájaro adulto blanco y negro, se alzan el sombrero, pero si encuentran pájaros grises, jóvenes o viejos, no se alzan el sombrero y el conductor del autobús no exclama «¡qué suerte!»

Verónica Cereceda se interroga sobre esta dicotomía:

café	blanco – negro
polluelo	adulto
no suerte	suerte

Cereceda subraya que el contraste "blanco y negro" ya forma una dicotomía, y más precisamente una oposición correlativa: la de la "luz y sombra", término que quiere decir, en la nomenclatura de Bröndal a la cual se refiere: «complejo», y que se opone a café, un término que quiere decir «neutro».

El café, como neutro, puede concebirse así como la negación lógica de un término complejo.

Cereceda propone, entonces, la siguiente simetría:

```
                              neutro
                             ╱      ╲
                          ↙            ↘
                 no sombra              no luz

sombra  ·········································································  luz

                 sombra                luz
                        ↖            ↗
                          ╲        ╱
                           ╲      ╱
                          complejo
```

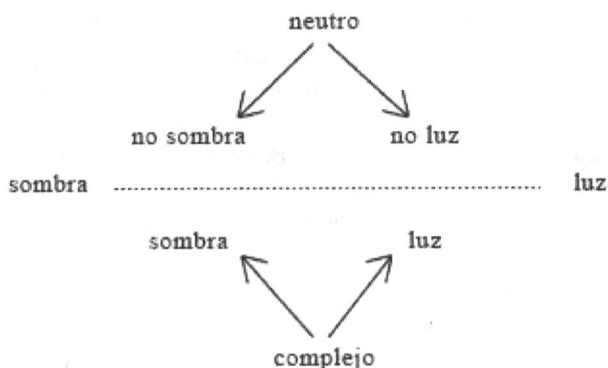

Pero se puede oponer también la lógica de una operación a la de otra: el café se convierte en la conjunción de lo que el contraste, entre el blanco y el negro es la disyunción. El café puede ser la expresión por la unidad de lo que el contraste blanco y negro traduce por la oposición correlativa. El soporte de esas dos operaciones contrarias debería entonces ser contradictoria en sí misma.

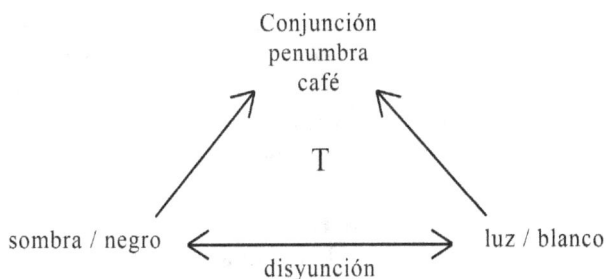

```
                         Conjunción
                          penumbra
                            café
                         ↗        ↖
                       ╱     T      ╲
                     ╱                ╲
                   ╱                    ╲
       sombra / negro  ←──────────────→  luz / blanco
                          disyunción
```

(T: contradictorio)

207

¿Es la oposición entre 'blanco-negro', por un lado, y 'café', por el otro, de la misma naturaleza que la oposición entre blanco y negro? ¿Interpretan los Andinos la oposición del café al contraste blanco y negro según el mismo principio que la oposición luz-sombra, es decir, como una oposición de términos correlativos entre ellos? Si es así, el café es doble: "ni" luz "ni" sombra, ya que el blanco y el negro son luz "y" sombra.

¿O bien la oposición entre 'café' y 'blanco y negro' no es correlativa y se trata de puros contrarios? En ese caso, lo neutro no es una dualidad (*ni-ni* opuesto a otra dualidad *y*) pero puede ser la «unidad de la conjunción», mientras que el contraste luz-sombra es la «oposición de la disyunción»[202]. No habrían entonces sino dos términos contrarios: la conjunción que se representa por el Uno (la penumbra) y la disyunción que forzosamente se representa por el Dos (luz y sombra), es decir lo homogéneo y lo heterogéneo. No estaríamos en un sistema cuadripartito, sino en la yuxtaposición de una dualidad y de una unidad, cuyo soporte común sería una percepción contradictoria, la aprehensión primitiva desde que nace de la estructura fundadora: la reciprocidad primordial del cara a cara.

En su calidad de pájaro anunciador de novedades, portador de presagios, el *allqamari* está predestinado a significar algo y, aquí, el gris está ligado a la inmadurez o a la vejez, el contraste a la madurez del adulto. La conjunción (lo neutro) será entonces significativa de la debilidad, y la disyunción (lo complejo) de la fuerza.

El sentido de lo homogéneo y de lo heterogéneo (de lo neutro y de lo complejo, de la conjunción y la disyunción) se orienta así por el hecho de que el pájaro sea inmaduro o viejo

---

[202] «(...) el /café/, desde su posición de neutro, se escinde en dos dejando escapar la sombra y la luz que yacían contenidas en él». *Ibíd.*, p 66.

cuando el color es homogéneo, y adulto cuando el color es heterogéneo.

Cuando es joven, el pájaro se llama *sua mari*. Adulto, se llama *allqa mari*. *Allqa* se emplea cada vez que se quiere significar una oposición complementaria entre colores o un contraste entre negro y blanco. Cereceda concluye su análisis diciendo que *allqa* quiere significar la oposición, pero, observa, no es no importa cuál, ya que *allqa* no significa la oposición sino cuando es una disyunción entre partes iguales, una disyunción equilibrada, es decir, una oposición correlativa.

Dominar las oposiciones correlativas es convertirse «como un Allqamari», adulto, cultivado, sabio. En esta representación «semi-simbólica»[203], la sabiduría del hombre adulto es asignada al dominio de las oposiciones.

Los campesinos de Isluga dicen que admirar los textiles en *allqa* es: «volverse inteligentes»:

> También la pequeña *allqa* que llevan los hombres –dos bordas de colores vivos, generalmente verde y rosa, colgando de la soga que les sirve de cinturón– es para "recordarse de las cosas", "muy buena para la memoria" o, incluso, "para entender y comprender"[204].

La paridad de sombra y luz, define una forma de cultura que se manifiesta por una racionalidad binaria, por el «por una parte/por otra parte», al que son afectos los oradores aymaras?

Si se correlaciona ahora el neutro y lo complejo por el principio de oposición, el café debería significar lo opuesto de la cultura, la naturaleza. En la otra hipótesis (sin correlación) el

---

[203] Cereceda recuerda que: «Una relación que homologa una categoría completa en el plano de la expresión a una categoría completa en el plano del contenido es designada por la semiótica como sistema semi-simbólico». *Ibíd.*, p. 65.

[204] *Ibíd.*, p. 85.

café significaría, como el negro y el blanco, el pasaje de la naturaleza a la cultura, y la conjunción tendría una función de significación análoga a la de la disyunción. Lo neutro recibiría valores propios. Y, ya que estamos en un sistema semi-simbólico, el pájaro le impondrá sus connotaciones: esos valores serán entonces los del pájaro gris, es decir de la inmadurez.

> ¿Qué valores han sido articulados al color del polluelo? Nada nos autoriza por el momento, a pensar en él como simplemente siendo "naturaleza" –precisa Cereceda[205].

Ellos son poco numerosos:

> Los temas que vemos aparecer en relación a la raíz *suwa* remiten a una idea general de decaimiento y falta de fuerzas, en la sequedad de los sembrados, en el enfermo que no mejora, en la chicha que no alcanza su punto, en aquel que necesita estar demasiado al sol. Los sinónimos citados agregan, incluso, una idea de escasez.

He aquí que se reenvía todo, ya sea a la vejez o ya sea a la inmadurez. No se trata entonces de la naturaleza que se opondría a la cultura, del caos que se opondría a lo organizado, del sinsentido que se opondría al sentido, sino de un nuevo sentido. Hay un sentido para el pájaro adulto, un sentido para el pájaro joven o viejo: dos formas culturales, una la salud, la otra la impotencia por insuficiencia o senescencia.

Para repasar este punto, el pasaje del inconsciente al consciente puede efectuarse, sea por la oposición correlativa (Palabra de oposición), sea por la unión de la contradicción (Palabra de unión). Los valores de la conjunción significarán, tanto como las de disyunción, el pasaje de lo inconsciente a lo consciente. Si el adulto hubiera sido gris, y el joven negro y

---

[205] *Ibíd.*, p. 70.

blanco, la disyunción habría significado la debilidad, y la conjunción la fuerza. En la medida en que los hombres se habrían reconocido en el halcón adulto, habrían valorizado la cultura por la intuición, mientras que las personas mayores o las mujeres que habrían dominado más bien la Palabra de oposición habrían tenido a su cargo las operaciones clasificatorias o sino los unos y los otros hubieran escogido otros significantes. Los dos primeros significantes, la disyunción y la conjunción, son de igual calidad, y su sobredeterminación por la naturaleza parece arbitraria.

Un gran mito de los orígenes, que nos recuerda Cereceda, parece confirmar bien esta tesis. Para los Aymaras, el mundo no nació «de golpe» a partir de la nada. Ninguna sucesión entre una noche sin límites y un día sorprendente. Existe, por cierto, un mundo anterior al que inunda la luz, pero que no es la noche oscura o el caos. Es un fenómeno sin contrastes, sin noche y sin luz. Y, en ese mundo, ya hay seres, los *ch'ullpa*, pero incultos. Según Cereceda, con el sol emerge entonces un mundo completamente contrastado por el día y la noche, distinciones, clasificaciones, animales y plantas domesticados.

Sin embargo, el viejo mundo no desaparece, se perpetuaría con ciertas plantas y animales. Las plantas y animales salvajes, que se parecen a las plantas y animales domésticos, son los testigos de ese «otro tiempo» pero siempre actual. Se los llama *k'ita*.

Así, el viejo tiempo no está perimido, sino que, al contrario, coexiste hoy con el nuevo. Pero, como esos mundos son contrarios, no correlativos, no pueden sino excluirse, de manera que son considerados, sea como sucesivos y sin relación el uno con el otro, sea como simultáneos y, en ese caso, se declara, al uno: visible, y al otro: invisible, escondido o «subterráneo», por ejemplo. Pero, en realidad, ambos mundos son contemporáneos, actuales y reales.

¿Tal vez no todo está dicho todavía? ¿Es idéntico el mundo subterráneo actual al que precedió a la emergencia del sol? ¿Puede asimilarse, lo que los Aymaras llaman *k'ita* a lo que llaman *ch'ullpa*? ¿No habría emergido, el universo *k'ita* como el de la noche y del día, de un tercer sistema en el que la noche, el día y la penumbra habrían estado unidos por lo contradictorio?

Cereceda pregunta:

> ¿Qué valores son atribuidos a la época de la penumbra y a todo lo que se relaciona social y humanamente con ella?[206]

Su análisis se basa en el término *k'ita*: cuando se trata de personas, *k'ita* significa marginal (como puede serlo un esclavo que se escapa a la naturaleza y reencuentra una libertad salvaje), es decir, es una situación des-diferenciada, aunque de todas maneras independiente. Cuando se trata de grupos humanos, esos valores no son sólo negativos.

> A los ojos de los Aymaras de hoy, los Uru y los Chipaya –considerados como saldos de la humanidad anterior, poseen un dominio superior sobre el mundo de lo sagrado. Para los Aymaras de Isluga, los Chipayas –que son vecinos justo al otro lado del salar de Coipasa– poseen un alto prestigio como sacerdotes y médicos, y cuando los problemas no pueden resolverse a nivel de las prácticas locales, se recurre a los especialistas chipayas. (...) Si las poblaciones de habla aymara parecen haberse arrogado –míticamente– el dominio político y técnico, parecen haber concedido, sin embargo, a las poblaciones *k'ita*, un mayor manejo de lo sobrenatural[207].

La oposición, la disyunción, que son lo propio de los Aymara, están aquí asociadas a la competencia política,

---

[206] *Ibíd.*, p. 78.
[207] *Ibíd.*, p. 80.

técnica; la unión, la conjunción, a la competencia religiosa de los Chipaya o de los Uru.

La analogía entre el mito y el pájaro se encuentra confirmada por esta bonita transición:

> Pero el propio *suwamari*, por su color indefinido, está representando simbólicamente a un *k'ita* y como tal, tiene también sus poderes de mediación: sus plumas son utilizadas por los Chuani para ceremonias llamadas mesa *qollu*, que se realizan para las fuerzas subterráneas, y a la inversa de las ceremonias normales: es decir, con la lana negra y no blanca, con oveja y no con llama.

2) Los fonemas de la *talega*

La autora se interesa ahora en los diseños de las *talegas*[208].

Las *talega*s son sacos destinados al trasporte de semillas y de ofrendas rituales, a la conservación de alimentos, al transporte de víveres en los viajes de los vivos o de los muertos. Estos sacos son tejidos por las mujeres con lana de llama y, desde hace más de un milenio, se los colorea de la misma forma, con bandas verticales blancas y negras o por lo menos con fuertes contrastes.

El saco es un cuadrado obtenido por un rectángulo plegado y cosido. Las costuras son exteriores, de manera que el cuadrado en el interior del saco sea un cuadrado perfecto. Y bien, un cuadrado perfecto se inscribe en un círculo. Cereceda nota que este interior es muy importante.

---

[208] Verónica Cereceda, « Sémiologie des tissus andins: les *talegas* d'Isluga », *Annales*, 33ᵉ année, vol. 34, n° 5-6, Paris, Armand Colin, 1978, p. 1017-1035; Publicación en castellano: «Semiología de los textiles andinos: las talegas de Isluga», *Revista de antropología chilena*, vol. 42, n° 1, 2010, p. 181-198.

«¡Qué linda talega!», exclamó una vez un amigo admirando una *talega*, y explicó: «que sus esquinas son iguales. Que todas están juntas y que ninguna se dispara sola».

El cuadrado era entonces también un círculo:

«(...) como si existiese un punto concéntrico que las mantiene reunidas»[209].

Y del saco se dice, también, que es un «animal». El círculo es la proyección de una esfera, y la esfera es el interior, el vientre del animal grávido que engendra la vida.

Veamos ahora el diseño del saco. Las bandas de un lado son impares, de manera que una de ellas es central. Las otras bandas se encontrarán frente a frente de un lado y otro de la banda central. La banda impar recibe una atención especial: es realzada en color o incluso por una ornamentación mediana, o bien es coloreada por una lana que no se encuentra en ninguna otra banda o, incluso, cuando las bandas son teñidas, es diferenciada de las otras por estrías en *degradé* en los bordes. Ese *degradé* se llama *k'isa* («dulce»). Esta banda, en fin, se llama *chhima* que se traduce por «corazón»... A veces, esta banda central adquiere mucha importancia y desborda hasta los lados del saco.

Señalemos, inmediatamente, algunas de sus connotaciones: el centro, la banda impar, está aparte de las otras bandas ya que tiene un tratamiento separado. Es similar a un principio de organización: es el corazón del animal, que recibe la sangre de todos los órganos y los irriga, el corazón en el que, para los andinos, se traba la vida del ser. Es el corazón que se ofrece en los sacrificios.

---

[209] Cereceda, 1978, p. 1019.

laqa   *allqa*   *chhima*   *allqa*   *laqa*

Disposición de bandas y rayas (p. 1029)

A las bandas de los lados del saco se les dice *laqa*: «boca». Son de color rojo o marrón, pero nunca blanca o negra, es decir igualmente neutras, medianas, mezcladas.

Las otras bandas del saco están ahora frente a frente como dos mitades de un sistema dualista. Las mujeres dicen que ellas son el «cuerpo» de la *talega*, como las dos mitades del cuerpo humano o de un animal si se las replegara según su eje longitudinal.

> Si doblamos la bolsa siguiendo ese eje, los dos lados se enfrentan como si uno mirase al otro a través de un espejo, precisa Cereceda[210].

Entre la banda que hace de boca y la que forma el corazón, hay tres, cuatro o cinco bandas claras y oscuras que se alternan. Entre estas bandas de diversos colores que forman el «cuerpo» del saco, hay una que destaca sobre las demás: una banda negra.

---

[210] *Ibíd.*, p. 1021.

Este lugar negro del saco también tiene un nombre: *allka* (o *allqa*[211]), que en su primera definición designa el lugar de encuentro entre la luz más intensa y la oscuridad más grande (recordemos que se trata de colores naturales). El negro es, pues, la sombra del *allka*, mientras que el blanco (o el color más claro del que dispone la tejedora), representa su luz[212].

Según lo que sabemos del *allka*, esta banda no se basta a sí misma, es *allka* porque es contrastada, porque está correlacionada a su contrario, a la luz de las bandas claras que la rodean.

Y si recorremos con la mirada los ejemplos que hemos citado, percibimos que el diseño fundamental que traen todos estos sacos, esta alternancia de las bandas entre lo claro y lo oscuro, no es otra cosa que el despliegue sucesivo de diversas fases del *allka*; dicho de otra forma, las bandas alternadas son como *allka* menores que se mueven entre los polos de la luz extrema y de la extrema oscuridad. En breve, el *allka* es como el principio generador del diseño de las talegas[213].

He ahí, pues, un segundo principio generador, ya que el *corazón* es también uno de ellos.

Al ver las bandas ligadas entre sí por su oposición sombra/luz, es difícil no pensar en la oposición correlativa, en el principio de oposición de Lévi-Strauss, o aún en el *principium divisionis* de Jakobson. ¿Y cómo no ver en el corazón, la *chhima* –que Cereceda llama muy naturalmente el centro–, en la esfera o en el círculo en el que se inscribe el cuadrado, el principio de unión?

---

[211] La autora escribe en un artículo *allka* y en el otro *allqa* (transcripción que conservará en su versión castellana 2010.

[212] *Ibíd.*, p. 1024.

[213] *Ibíd.*, p. 1025.

Jakobson hace observar que en una oposición correlativa entre fonemas, el factor de correlación puede estar él mismo aislado y que puede jugar un papel propio, llamado «neutro». Jakobson creó para él el nombre de archifonema. El saco parece así análogo a una estructura lingüística elemental: la banda mediana, el corazón, puede ser comparado al archifonema, y las bandas contrastadas a los fonemas correlacionados. ¿No estamos confrontado a las dos Palabras? Una de oposición, contrastes correlacionados; la otra de unión: esfera, círculo, centro, medio, vientre, corazón…

El pensamiento sale del corazón, de las entrañas y se diseña en la boca. Eso hace pensar en esta descripción de Leenhardt en su obra *Do kamo*:

> Este [el pensamiento] procede de las vísceras, conjunto vibrátil cuyo órgano principal es el corazón, *we nena* (…). Hay, sin embargo, una expresión hoy más empleada que *nena* para designar el acto de pensar y es *nexai* o *nege*. '*Ne*' es un prefijo colectivo, '*xai*' es una forma gutural de '*kai*', el cesto de junco, '*ge*' significa el contenido de un cesto de riquezas. En las islas Royalty, los términos *tenge, cenga*, indican todos los contenidos fibrosos: vísceras en saco, estómago, vesícula, matriz, corazón, y también las fibras tejidas en un cesto[214].

La *talega* es como el cesto de los Kanak. Como él, es una panza, vientre, vísceras sensibles, corazón. El saco es animal ya que la palabra sale de los órganos vibrátiles, de las sensaciones del cuerpo, emerge de la afectividad.

«Nos quedaría preguntarnos ¿por qué la boca? –dice Cereceda– ¿por qué no la cabeza, ojos?»:

> Más que la mirada profunda que le conferirían los ojos, más que la inteligencia que le daría la cabeza, parece que

---

214 Leenhardt, *Do Kamo, op. cit.*, p. 48-51.

el animal posee una capacidad de "apetencia" o de "diálogo". Es decir, capacidad de recibir con la comida o de dar con la palabra. Son estas cualidades que volveremos a encontrar cuando analicemos el uso y las funciones de las *talegas* en la vida diaria, particularmente su relación con los alimentos y las semillas[215].

Como el cesto tejido de fibras contiene riquezas, la *talega* contiene dones de todo tipo. Recibe los alimentos, decía Cereceda, pero también los da, ya que si los guarda en el depósito, los lleva a los campos bajo la forma de semillas y ofrendas a la tierra... Las primeras palabras nacidas del corazón, de la afectividad, por el don de las semillas o de los alimentos. El don de víveres es él mismo una palabra, una palabra silenciosa, la primera palabra de los hombres. El don es el primer mediador de la vida espiritual.

3) ¿Qué quieres decirnos, oh saco?

En los dos costados del saco se encuentra entonces una banda particular, la boca.

> (...) con excepción del centro [Cereceda llama el "corazón", *centro*], es la única banda que puede sufrir una transformación interior. Ella permanece siempre café, pero en ciertos casos su extremo exterior se descompone en vetas de un castaño cada vez más claro, que llegan a veces hasta el ocre claro o blanco, alcanzando así la extrema luz (...). Es en estos bordes donde la bolsa se articula con el exterior "no tejido" y define su relación con el mundo[216].

---

[215] Cereceda, 1978, p. 1027.
[216] *Ibíd.*, p. 1022-1023.

El corazón está en el centro del tejido, la boca en sus extremidades. Ese degradé hacia el exterior del mundo no definido es apertura, o llamado como la frontera *kayabi* de los Kashinawa. Si el corazón está en el centro del saco, la boca está en la periferia, abierta a lo Desconocido. El principio de unión prohíbe el contraste; el pasaje hacia el mundo desconocido es progresivo, es un «degradé». El corazón mismo no se opone al cuerpo, no conoce la oposición en el interior de la totalidad de la que es el centro, y comunica su dinámica de forma igualmente paulatina[217].

La autora añade:

> Mostré una vez de estas talegas a una tejedora de la localidad de Enquelga y le pregunté por el significado de esta degradación que aparecía en el borde de la boca. Ella cogió la bolsa en sus manos, pensó un momento y luego le dijo a la talega, con picardía: ¡*Kamsaqtata, wayaqa*! y tradujo al castellano, riéndose: "¡Qué andarás diciendo por ahí, talega!". Así quedaba definida esa talega. Al verbo *kamsaña* ("decir qué" en aymara), la tejedora agregó el sufijo *-tata*, que indica movimiento de expansión, movimiento hacia afuera. La talega pues, "abre su boca y habla" o "extiende su territorio" cuando el tono café de su boca se aclara hacia la luz.

Magnífica observación. ¡El saco «habla», y no se puede discutir ahora, que no sea un «saco de palabras»! La *talega* es coloreada por fonemas visuales. Es matriz del pensamiento, de los dones y finalmente de la palabra.

Las *talega*s son cestos de palabras, pero no solamente cestos llenados con palabras. Los cestos son vientres grávidos,

---

[217] La interpretación continúa aquí la reflexión de las mujeres, pero hay dos bandas para la boca y su nombre *llaka* tal que está relacionado con el de las bandas contrastadas *allka*. ¿No podría tratar, la interpretación de los hombres de este parentesco? ¿Y decir, por ejemplo, que la palabra *allka* también está abierta al mundo?

las fibras trenzadas de corazones y de bocas. La *talega* habla y significa, más aún: «extiende su territorio».

¡Qué andarás diciendo por ahí, talega!

Y efectivamente el espacio de las talegas es a veces "leído" también como un territorio. Mientras las mujeres hablan de cuerpo y corazón, los hombres, sin negar este carácter corporal, agregan, a veces, su propia traducción: "Este es *arajj saya*" (la comuna de arriba), "este es *manqha saya*" (la comuna de abajo), dicen por cada lado de la talega, "y aquí nos juntamos todos, este es Pueblo Isluga", agregan mostrando el centro (*chhima*)[218].

Los dos lados del saco están explícitamente relacionados con las dos mitades y los cuatro *ayllu*. He ahí la organización dualista claramente evocada: Palabra de oposición.

Algunos hombres llegan incluso a decir que las bandas de cada lado corresponden a los caseríos (estancias) y que se necesitarían, por lo menos, cuatro de cada lado[219].

Cuatro de cada lado, es decir, ocho según la fórmula perfecta de la Palabra de oposición para designar a una comunidad de reciprocidad de parentesco…

Pero el centro de *Isluga* no pertenece a una de esas mitades, es el centro común a los *ayllu:* Palabra de unión. Así, al principio de su artículo, Cereceda precisaba:

La comunidad conserva una estructura tradicional en mitades o "comunas" como las llaman los islugueños, de

---

218 *Ibíd.*, p. 1028.
219 *Ibíd.*

arriba (*araq saya*) y de abajo (*manqha saya*), cada una de las cuales es representada por un *mallku* o cacique, elegido anualmente. Las dos mitades se articulan en una aldea central, *marka* o Pueblo Isluga, y hasta hace pocos años cuatro altares se disponían en torno a la iglesia, dando testimonio de una antigua subdivisión en cuatro *ayllus*[220].

La iglesia fue situada en el centro, ya que ahí se encuentra el sitio predestinado a la palabra religiosa. Hay un lazo entre la Palabra de unión, convertida en principio de organización social (Isluga), pueblo central (*donde nos reunimos todos*) y la función religiosa. Isluga es el lugar del ritual comunitario que reúne a los cuatro *ayllu*, donde convergen y comunican todas las fuerzas de los hombres; es también el centro de la fiesta, es decir un centro de redistribución colectiva y de reparto. Isluga es el nombre de la organización monista.

> Las mujeres escuchan en silencio las explicaciones de sus maridos y continúan hablando sencillamente de "cuerpo" y de "corazón"[221].

Y Cereceda recuerda a Valcárcel describiendo la ciudad de Cuzco: «Dícese que la ciudad afectaba la forma de un puma, cuya cabeza sería el Sacsahuaman...».

> ¿Quién tiene razón? El tejido constituye el lenguaje específico de las mujeres, de modo que las talegas son −en tanto metáfora oral− esencialmente un cuerpo con un corazón. Pero se trata, naturalmente, de una concepción única que ordena el espacio cultural, la organización social,

---

[220] *Ibíd.*, p. 1017.
[221] *Ibíd.*, p. 1028-1029.

la superficie tejida, etc., en estructuras homologas, donde la traducción de unas por otras parece siempre legítima[222].

Las mujeres prefieren insistir en la fecundidad, la generación, el génesis antes que en la organización política. Las *talegas* sirven para el transporte de semillas de papa y de quinua, ofrendas para rituales que preceden a las siembras, y en los usos cotidianos para el almacenamiento de víveres.

Esta función parece estar en relación directa con el diseño, si bien los *chhurus* remitían a los surcos, el símbolo *tayka-qallu* apunta, tal vez, a "descendencia" para la semilla, "multiplicación" para el alimento[223].

¿Quién tiene razón? Pero si los Aymaras reconocieron las dos Palabras, ¿pueden no decirlas ambas? ¿No ven los hombres en el saco el símbolo de la organización del pueblo, y las mujeres el génesis de la comunidad?

¿Qué es lo que, en el saco, puede dar vida a la vez al corazón, Palabra de unión, y a las mitades del cuerpo, Palabra de oposición? ¿Qué hay en la *talega* que pueda manifestarse con tanta fuerza, tanto por la unión como por la oposición? Qué hay en el saco que pueda contener al uno y al otro de esos contrarios? ¿Cuál es la fuente invisible de esas dos Palabras en el principio de la *talega*? ¿Cuál es, pues, su secreto, su misterio?

¡Qué nos dices todavía, oh saco! Dejemos hablar a Cereceda:

La *chhima* (corazón) es, a la vez, un lugar de encuentro y de división entre los dos lados. Juega el rol doble, ambivalente: de separar, de crear dos partes y, al mismo

---

222 *Ibíd.*, p. 1029.
223 *Ibíd.*, p. 1033.

tiempo, de ser el nexo, el "territorio" común que ellas poseen[224].

Une: aparea, pero *separa*: redobla el movimiento en sentido inverso, distribuyendo la unión de manera progresiva. Es muy ambivalente, ya que, por una parte, reúne los contrarios, pero, por la otra, promueve esta unión diferenciándola en toda dirección. Esta banda central puede extenderse, en efecto, hasta la mitad del saco. En sus límites, no hay contraste sino, al contrario, degradé, una progresión continua hacia lo indefinido.

Curiosamente, el centro no es solamente un movimiento de unión, es también un movimiento de apertura. Y ello es cierto, tanto para el corazón como para la boca, las dos expresiones de esta Palabra de unión que puede trazarse geométricamente mediante un centro y un círculo periférico.

La Palabra de unión es ella misma contradictoria o, más bien, ella recrea inmediatamente lo contradictorio.

4) ¿Pero sucede también lo mismo con la Palabra de oposición?

Cada banda —Cereceda nos dice— llamada *chhuru*, cuyo significado según un viejo intérprete es «madre», está interrumpida en cada uno de sus lados por una raya del color de la banda adyacente, que se llama *qallu*, y que quiere decir: «pequeño animal». ¡Los *qallus* son, pues, como los hijos o hijas de los *chhurus*!

---

[224] *Ibíd.*, p. 1020.

Gracias a los *qallus* –prosigue Cereceda– los *chhurus* resultan así enlazados a través de sus crías como los cónyuges en un matrimonio. Cada *qallu* queda dentro del opuesto, la cría *café*, al lado del blanco y la cría o *qallu* blanca, contigua al *café* (…). Los *qallus* constituyen una amarra que impide que las bandas se separen[225].

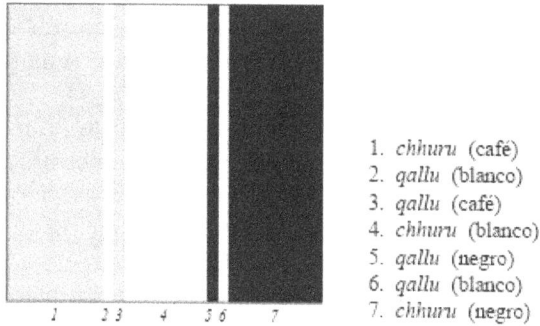

1. *chhuru* (café)
2. *qallu* (blanco)
3. *qallu* (café)
4. *chhuru* (blanco)
5. *qallu* (negro)
6. *qallu* (blanco)
7. *chhuru* (negro)

Alternancia de los *chhurus* y *qallus*

Los *qallus* no son sólo como *wawas* de los animales, sino quizá como «hijos» en un sistema de parentesco. Las rayas dan lugar entonces a una reciprocidad que se parece mucho a esta reciprocidad de parentesco. Así las bandas parecen entrelazadas por la intermediación de las wawas (hijos), como los esposos de un matrimonio.

Si hay del Otro en Sí y de Sí en el Otro (de negro en lo blanco, de blanco en lo negro), entonces se reconstituye mentalmente… lo contradictorio. Cereceda lo sugiere al llamar «amarra» a esta replicación del Otro en Sí. El principio

---

[225] *Ibíd.*, p. 1031-1032.

de oposición es redoblado por esta réplica y este redoblamiento mismo es una forma de unión que restablecerá lo contradictorio. Los «fenómenos visuales» no sirven solamente para separar y diseñar de forma clasificatoria, se constituyen como el Yo que contiene el Tú y el Tú al Yo (El negro al blanco, el blanco al negro). Son palabras que no responden solamente al principio de oposición, sino a la función de lo contradictorio. No designan solamente mediante la función simbólica, engendran sentido por esta función de lo contradictorio que no es otra que la reactualización del principio de reciprocidad en el interior del lenguaje. Esos términos coloridos no designan solamente, sino que hablan, significan.

Ya que el principio de oposición divide, la función contradictorial restablece la unidad, y el sistema que estaba abierto se cierra. Ya que el principio de unión reúne, la función contradictorial restablece la división, y el sistema que se cerraba, se abre. El lenguaje comienza por extrañas paradojas.

¿¡Qué estás diciendo, oh saco!?

La *talega* es génesis: el hombre nace de la naturaleza, construye la comunidad por reciprocidad de parentesco, luego por los dones. El hombre habla con las dos Palabras, la Palabra de oposición, *allqa*, y la Palabra de unión, *k'ita*. La *talega* cuenta cómo la mujer está en el origen de la vida, del don de víveres, de la reciprocidad, de la alianza y de los dones; cómo los hombres construyeron el pueblo y gobernaron la naturaleza clasificando las cosas y las personas. La Palabra engendra «niños» (*wawas*) en relación a sí misma y se abre sobre el mundo más allá de sí. La *talega*... la *talega* habla y extiende su territorio, ¡la *talega* es Verbo!

9. LA COEXISTENCIA DE LAS DOS PALABRAS ENTRE LOS YAMPARA

No podemos abandonar a Verónica Cereceda sin aludir a sus más recientes descubrimientos. En un reciente documento publicado por ASUR: *Una diferencia, un sentido: los diseños de los textiles tarabuco y jalq'a*[226], Cereceda hace aparecer una oposición entre dos grupos de comunidades cercanas a la ciudad de Sucre en Bolivia.

Este sistema de oposiciones –dice la autora– permite algunas conclusiones:

 • Ambos estilos han seleccionado, para definirse, un conjunto de categorías comunes (entre mil otras posibles). Pero al interior de esas categorías, han tomado posiciones contrarias o contradictorias.

 • La diferencia que se establece entre ambos estilos es, entonces, de naturaleza estructural (las oposiciones conforman una estructura al interior de las categorías).

 • La diferencia es consciente. Ha sido buscada. Si uno es ordenado, el otro es caótico, etc.

---

[226] Cereceda, Verónica, Dávalos, Johnny y Jaime Mejía, *Una diferencia, un sentido: los diseños de los textiles Tarabuco y Jalq'a*, Sucre, ASUR Antropólogos del Surandino, Bolivia, 1993, p. 1-43.

Tarabuco

Jalq'a

227

El estilo *tarabuco* es segmentado, discontinuo, con contornos netos, marcado por el orden y la simetría, es luminoso, claro, y la percepción neta y contrastada.

El estilo *jalq'a* es fluido, continuo, de contornos quebrados, desordenado, es un caos, sin luz ni contraste, es oscuro, y de percepción confusa.

En cuanto al contenido, las dos comunidades tienen ciertamente el mismo. Su objetivo es el de dar cuenta de los valores más fundamentales por los cuales ellas se afirman, la una y la otra, como totalmente humanas, pero la forma, por medio de la cual testimonian de sus valores, les confiere a éstos un destino propio. El ser que se despliega en la unión es quizás diferente del que se expande por la oposición, mientras que es, en el origen, el mismo.

El que sea el mismo, originariamente, es algo que Cereceda sugiere, ya que las dos comunidades nacieron de la misma comunidad yampara.

> Los Yampara hicieron obsequio de parte de sus tierras a la corona española para que –a mediados del siglo XVI– se fundase allá una ciudad: (...) Sucre. (...) Hacia el este y sur-este, las tierras yamparas de la mitad de abajo, con su cabecera en el pueblo de Yotala; las tierras de la mitad de arriba, situadas al oeste y noroeste, con su cabecera en el pueblo de Quila Quila[227].

Y bien, en el curso de la historia colonial, las dos mitades se separan y, a través de procesos aún desconocidos, se hicieron independientes. Cada mitad se convirtió en el sustrato de una nueva identidad.

¿Puede asumir, esta identidad, lo que es compartido por el frente a frente de las dos mitades? ¡De hecho! Pero con la

---

[227] *Ibíd.*, p. 7.

condición de que cada una de ellas encuentre un equilibrio tan fundamental como el del cara a cara inicial.

Y bien, el mundo tarabuco –dice la autora– se convierte en el de la luz, del sol, de la naturaleza organizada, de los animales nombrados y catalogados, clasificados, de los seres humanos activos y cuya acción es definida, de los objetos culturales catalogados; mientras que el mundo jalq'a es un mundo sin luz, ni sol, el mundo de la penumbra en el que los vegetales y animales son indistintos, los seres humanos estáticos, sin definiciones precisas, en el que no hay objetos y nada que sea específico como precisamente humano. Cereceda opone los dos mundos: «El mundo social y ambiental del hombre vs. el mundo asocial y ambiental de Dios»[228]. La forma de una palabra clasificatoria nacida del principio de oposición versus la forma de una palabra religiosa.

Parte de la *talega*, saco de dos Palabras, el arte textil boliviano nos libra dos génesis, la una por la Palabra de oposición, la otra por la Palabra de unión.

> Sea cual sea su destino, los textiles están allí: bellas creaciones del espíritu, verdaderos libros de un pensamiento indígena vivo[229].

Y bien, si las dos comunidades ya no tienen relaciones mutuas, ellas no se ignoran. Son dos totalidades humanas que se distinguen la una de la otra y ponderan, cada una, su propia búsqueda de lo humano en una dirección contraria a la de la otra. Son dos humanidades. Esas observaciones indican –ya que sus florecimientos del ser humano son sincrónicas al desarrollo de la sociedad occidentalizada en Bolivia– que la evolución humana no es lineal, que no existen estadios evolutivos anteriores y más primitivos que otros. Indican que

---

[228] *Ibíd.*, p. 41.
[229] *Ibíd.*, p. 43.

la búsqueda de lo humano se despliega de muchas maneras, que todas pueden pretender a la verdad sin poder reducirse las una a las otras, en tanto que contrarias. ¡Lo universal es plural!

¿Pero con qué condición? ¿Traban esos dos mundos, contrarios e iguales, nuevas relaciones que no podrían reproducir las de los Yampara, ya que cada uno es en sí mismo un nuevo mundo?

> Perdida la memoria del pasado yampara ¿qué relaciones establecen *jalq'as* y *tarabucos* hoy? No nos preguntamos aquí por relaciones de intercambio económico, de matrimonio u otras, prácticamente inexistentes entre ambos grupos. Nos preguntamos por relaciones (de tipo intelectual y espiritual) que pudieran estar presentes en los rasgos que definen a cada grupo (todo aquello que los campesinos llaman *culturanchej*, "nuestra cultura", y que se refiere especialmente al traje, pero también a otras manifestaciones culturales como la música, los rituales, etc.) ¿Estos lenguajes diferenciales son independientes o se miran y se escuchan los unos a los otros? ¿Establecen un diálogo entre ellos?[230]

¿Cómo esos contrarios, que no están correlacionados pero que cada uno en su seno alimenta un equilibrio contradictorio, pueden confrontarse? Estamos en las fronteras de la investigación...

---

[230] *Ibíd.*, p. 10.

10. LA COEXISTENCIA DE DOS PRINCIPIOS: MONISTA Y DUALISTA ENTRE LOS AYMARAS DE CARANGAS

Es posible decir que la Palabra de unión y el principio monista están asociados muy frecuentemente (si no siempre) a la Palabra de oposición y al principio dualista.

Las organizaciones que se creían las expresiones más típicas del dualismo, como las organizaciones amerindias, se revelan de hecho habituadas a una como a otra Palabra, a uno y otro principio.

En su estudio entre los Aymaras de Carangas, en el altiplano boliviano, Gilles Rivière[231], por ejemplo, da cuenta de observaciones que muestran que la Palabra de unión y el principio monista tienen una importancia igual a la Palabra de oposición y al principio dualista:

> Todas las comunidades carangas –dice Rivière– (...) están formadas por dos mitades o *saya* (*parcialidades* en español) generalmente denominadas *Aransaya* o "mitad de arriba" y *Urinsaya* o "mitad de abajo". Cada mitad está dividida en *ayllu*, unidades sociales y geográfica (...)[232].

El que se trate de una organización sistemáticamente dualista, resalta espectacularmente por el hecho del encabalgamiento de diferentes niveles comunitarios.

---

[231] Gilles Rivière, «Quadripartition et idéologie dans les communautés aymaras de Carangas (Bolivie)», *Boletín del Instituto Francés de Estudios Andinos*, t. 12, n° 3-4, Lima, 1983, p. 41-62.

[232] *Ibíd.*, p. 44.

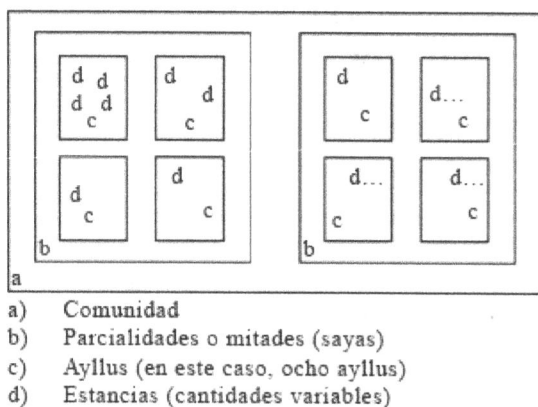

a) Comunidad
b) Parcialidades o mitades (sayas)
c) Ayllus (en este caso, ocho ayllus)
d) Estancias (cantidades variables)

Encabalgamiento de los diferentes niveles comunitarios.
(Esquema de G. Rivière, p. 45).

Y, sin embargo, esta bella organización sistemática no es homogénea.

El pueblo o *marka* es el centro administrativo de toda comunidad y el lugar de residencia secundaria de las familias originarias de las diferentes *estancias*, quienes disponen allí generalmente de una casa. Estas familias residen allí cuando son necesarias dar pasos administrativos, cuando hay ferias, asambleas comunitarias (*parlamentos*), etc. Sin embargo, la *marka* es igualmente el centro ceremonial. Aquí se desarrollan las fiestas comunes a los cuatro *ayllu*. La *marka* alberga los lugares sagrados donde cada año los *ayllu* se reúnen para asegurar colectivamente y sucesivamente (*por turno*) los rituales en beneficio de la comunidad. La *marka* puede ser definido como un *espacio común fundamental*[233].

---

[233] *Ibíd.*, p. 46-47 (subrayado por Rivière).

Centro de *toda* la comunidad... *ferias, asambleas comunitarias, centro ceremonial, fiestas comunes* a los cuatro *ayllus*... existe, pues, un principio organizador que significa la unión y no la oposición, la conjunción y no la disyunción. *Ceremonial, sagrado*... manifiestamente, ese principio de conjunción también es religioso. La organización dualista está pues doblada por una organización monista que merecería el esquema siguiente:

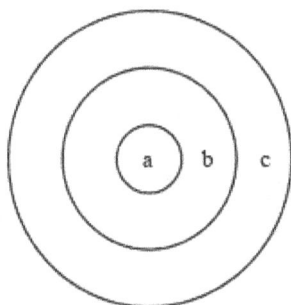

a: iglesia, b: plaza central, c: *marka*

(Esquema D. Temple).

Hay una sobreimposición de una estructura llamada cuadripartita por Rivière, y de una estructura concéntrica.

Pero veamos esta doble organización en la vida comunitaria:

Ciertos grandes rituales comunitarios son organizados o presididos por las ocho autoridades tradicionales, cuatro *alcaldes* y cuatro *jilakatas*. Cada *ayllu* está dirigido por un *alcalde*, que ejerce su función de enero a junio y un *jilakata* de junio a diciembre. Si bien las dos "autoridades" tienen la misma función, se considera al primero superior al segundo, en el orden de precedencia. Esta jerarquía implícita aparece en la forma en que se sitúan sobre un banco ligeramente curvo, cuya punta, que es también el centro o *taypi*, está ocupado por el *cacique*, jefe de las ocho autoridades, igualmente designado por un año. Dos *alcaldes* se sientan inmediatamente a la derecha del *cacique* y los otros dos a la izquierda. Dos *jilakatas* están sentados a la derecha de los *alcaldes* de derecha y los otros dos a la izquierda de los *alcaldes* de izquierda (...)[234].

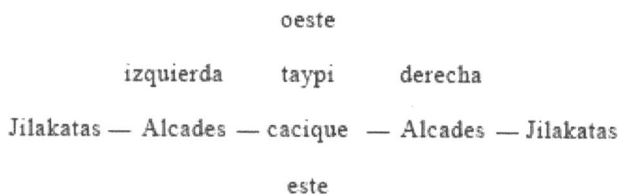

oeste

izquierda   taypi   derecha

Jilakatas — Alcades — cacique — Alcades — Jilakatas

este

Hay, pues, nueve autoridades numéricas. Si se quiere salvar la estructura dualista, hay que admitir que ese número se descompone en ocho y uno. El «uno» debe representar entonces otro principio. Efectivamente, este «uno» no es análogo a los otros. Es el centro, es el cacique, es el jefe de la totalidad, que ejerce una autoridad diferente de la de los alcaldes y jilakatas.

Así pues, existen dos sistemas sobrepuestos: un sistema dualista, que ya oponía en el nivel inferior el alcalde al jilakata, y que opone cuatro *ayllu* de dos en dos. Entre ellos no sólo hay un eje virtual, sino un nuevo principio organizador, un centro de simetría que une las diferencias y las oposiciones, o los reúne en la comunión. Este segundo sistema obedece al principio monista. Está representado por el cacique. En el caso

---

[234] *Ibíd.*, p. 49.

del *ayllu*, ese principio aparece en el hecho de que cada uno de los alcaldes y jilakatas ejerza las prerrogativas comunitarias unitarias por turno, cada uno a su vez.

Pero veamos ahora un ritual que hace intervenir expresamente las dos Palabras, descrito todavía por Rivière:

> A principios de este mes [enero], las autoridades entrantes deben recorrer su *ayllu* respectivo, reconocer los límites (*mojones*) que lo delimitan y visitar las *estancias* que lo componen. Esta *vuelta* les permite afirmar su poder y su control –ahora más simbólicos que reales– sobre la población de la que serán, durante un año y por turnos, los jefes, o más exactamente los "pastores" (*awatiri*). A su regreso, acompañados por su esposa y del *cacique*, las ocho "autoridades" suben a la cumbre del Cerro Pumiri y se reúnen en torno a una *mesa* llamada *Pusi Suyu*, microcosmos y lugar de origen que significa los "cuatro barrios" o *ayllu*, pero también, en aymara antiguo, "universo" (…).
>
> En el curso de la fiesta, de fuerte carga emotiva, que dura todo el día, los participantes proclaman varias veces *"Viva Aransaya, viva Urinsaya, viva los cuatro ayllu de Sabaya"* y, más significativamente: *"taqe ayllu munasiñani"*, *"puspach ayllu munasiñani"*, lo que puede traducirse por: "los cuatro *ayllu*, amemos, respetemos, hagamos la paz". (…)
>
> *Puspach* puede descomponerse en *pusi*, "cuatro", y *pacha*, sufijo que en aymara indica la totalidad (y que, asociado a otro términos, expresa y confunde el espacio y el tiempo)[235].

No puede decirse mejor que los Aymaras de Sabaya que existen dos Palabras para expresar la humanidad de una comunidad. He aquí, en efecto, un término que sobrepone dos elementos contrarios: el primer elemento, *pusi*, significa la oposición, y el segundo, *pacha*, la unión. El primero evoca el

---

[235] *Ibíd.*, p. 55-57 (subrayado por Rivière).

origen del principio dualista, el segundo el del principio monista. Incluso en las sociedades que ilustran, de forma exacerbada, el principio dualista, se encuentra la Palabra de contradicción (que llamamos también Palabra de unión).

Cuando Tristan Platt estudia la cuadripartición entre los Macha de Bolivia, parte —ya lo vimos— de una sobredeterminación ecológica de las mitades puna y valle, que distribuye la organización dualista hasta recortar la montaña en dos mitades verticales y dos mitades horizontales. Sin embargo, también existe —dice Platt— una *zona intermedia*, la *chawpirana*, «región media»:

> Sin embargo, hablando conceptualmente, una serie de creencias intenta perfeccionar la discontinuidad, que es imperfecta en la naturaleza, y de esta manera la torna en un principio viable para la organización social [236].

Platt observa que hay que partir de ese principio regulador antes que de una determinación ecológica:

> Se han desarrollado reglas culturales para *perfeccionar* la discontinuidad que en la naturaleza solamente llega a *sugerirse* como un principio de organización social[237].

---

[236] Tristan Platt, *op. cit.*, p. 145.
[237] *Ibíd.*, p. 146 (subrayado por Platt).

ADDENDUM

Verónica Cereceda observó que las relaciones familiares y económicas entre Jalq'a y Tarabuco habían desaparecido, y concluyó con esta pregunta: ¿Puesto que cada sociedad sigue su camino en una dirección opuesta, cómo pueden encontrarse? Los trabajos de Rosalía Martínez han mostrado desde entonces que la música de los Jalq'a y la música de los Tarabuco obedecen a la misma lógica que sus tejidos:

> El paralelismo que existe entre música y tejido aparece claramente en algunos rituales que consisten en ir a buscar inspiración en lugares como el Ariwaqa (...), donde se manifiesta el *saxra*, la divinidad vinculada a la creación. El Ariwaqa es un macizo rocoso, y las mujeres vienen a dormir por la noche en una de sus laderas para aprender a tejer, mientras que los hombres sueñan las melodías dadas por el *saxra*[238].

Las sensaciones visuales, táctiles y auditivas movilizadas por el arte de estas comunidades serían pues tantos fonemas afectivos, que las dos Palabras movilizan para irrigar de sentido el trabajo de los campos, la conducción del ganado, las cosechas, los nacimientos, los matrimonios, las cargas comunitarias, las competiciones deportivas, la iniciación, la escolaridad, la celebración de los difuntos, la hospitalidad, todo lo que puede ser instruido por la fiesta o el ritual.

Las observaciones de Rosalía Martínez permiten entonces sugerir que cada una de estas comunidades recrea el antagonismo en el corazón del diseño, la música, la danza, el teatro y la lengua, redoblando la Palabra de oposición

---

[238] Rosalía Martínez, *Musique du désordre, musique de l'ordre, le calendrier musical chez les Jalq'a* (Bolivie), Tesis de Doctorado en Etnología, 1994, Paris X, Nanterre, p. 19.

mediante la Palabra de unión, y la Palabra de unión por la Palabra de oposición; es decir, por la conjunción contradictoria (*conjonction contradictorielle*) de la Palabra de unión y de la Palabra de oposición... un campo de contradicción aún inexplorado.

11. ¿SERÍA EL DUALISMO CONCÉNTRICO UNA FORMA DE PASAJE ENTRE EL INTERCAMBIO GENERALIZADO Y EL INTERCAMBIO RESTRINGIDO, O LA SUPERPOSICIÓN DE LOS DOS PRINCIPIOS MONISTA Y DUALISTA?

Para Lévi-Strauss, la reciprocidad no tiene origen social, es un dato psicológico. Si la noción de reciprocidad es innata ¿por qué se imaginaría que las estructuras *ternarias* son derivadas de estructuras *binarias*? ¿No debe la reciprocidad ser inmediatamente generalizada?

El principio fundamental de mi libro *Las Estructuras elementales del parentesco*, consistía en la distinción entre dos tipos de reciprocidad, a los cuales había dado el nombre de intercambio restringido y de intercambio generalizado, el primero posible solamente entre grupos de razón 2, el segundo compatible entre no importa qué número de grupos. Esta distinción me parece hoy ingenua, ya que es demasiado próxima a las representaciones indígenas. Desde un punto de vista lógico, es más razonable, y más económico a la vez, tratar el intercambio restringido como un caso particular del intercambio generalizado[239].

Y propone esta hipótesis:

---

[239] Lévi-Strauss, *Anthropologie structurale, op. cit.*, vol. 1, p. 167.

El dualismo concéntrico es, él mismo, un mediador entre el dualismo diametral y el triadismo, y es por su intermedio que se hace el pasaje de una forma a otra. (...) Para hablar más exactamente, todo esfuerzo por pasar de la tríada asimétrica a la díada simétrica supone el dualismo concéntrico que es diádico como el uno, pero asimétrico como el otro[240].

Inmediatamente adoptamos la idea de que las organizaciones sociales nunca sean organizaciones dualistas puras y duras. ¿Por qué una sociedad sería tributaria de un solo principio de organización dualista, si Palabra de unión y Palabra de oposición son lógicamente dadas simultáneamente?

No obstante, si la estructura llamada concéntrica – expresión del principio monista– y a menudo, si no siempre, asociada a estructuras diametrales, la estructura llamada del «dualismo concéntrico» que resulta de ello no nos parece significar, sin embargo, un término de pasaje entre la estructura triádica propiamente dicha y el dualismo. Lévi-Strauss mismo puso en evidencia la coexistencia de la estructura diametral y concéntrica en su capítulo 8 «¿Existen las estructuras dualistas?». Describe así el pueblo Bororo de Brasil:

En el centro, la casa de los hombres, residencia de solteros, lugar de reunión de los hombres casados y estrictamente prohibido a las mujeres. Alrededor, un vasto terreno circular despejado; al medio, el lugar de danza adyacente a la casa de los hombres. Es un área de terreno aplanado, libre de vegetación, circunscrita por estacas. A través de la maleza que cubre el resto, pequeños senderos conducen a las chozas familiares del contorno, distribuidas en círculo en el límite con la selva. Esas chozas son habitadas por parejas casadas y sus niños. La filiación es

---

[240] *Ibíd.*, p. 167-168.

matrilineal, la residencia matrilocal. La oposición entre centro y periferia es pues la de los hombres (propietarios de la casa colectiva) y de las mujeres, propietarias de las chozas familiares del contorno. Estamos en presencia de una estructura concéntrica plenamente consciente para el pensamiento indígena, donde la relación entre el centro y la periferia expresa dos oposiciones, aquella entre masculino y femenino, como se lo acaba de ver, y otra entre sagrado y profano: el conjunto central, formado por la casa de los hombres y el lugar de danza, sirve de teatro a la vida ceremonial, mientras que la periferia está reservada a las actividades domésticas de las mujeres, excluidas por naturaleza de los misterios de la religión[241].

Lévi-Strauss subraya –como expresión de la oposición centro/periferia– una primera oposición entre sagrado y profano, y una segunda entre masculino y femenino. Lo sagrado es, manifiestamente, todo lo que es humano, lo profano se reduce a lo natural: progresivamente, por los pequeños senderos que van del centro hacia la periferia, se va hacia el bosque, hacia la naturaleza. Esta figura concéntrica no es reductible a una oposición correlativa. El Sobrenatural y la Naturaleza es un falso dualismo. Notemos aún que el nombre de hombre –*Bororo*– designa también el centro, la plaza de danza, «en la que la unidad de la comunidad se reconstituye», dice Lévi-Strauss. Prosigue:

> Entre los Bororo, el centro sagrado del pueblo comporta tres partes: la casa de los hombres, de la que una mitad es de los Cera y la otra de los Tugaré, ya que está cortada por el eje este oeste (de lo que dan cuenta los nombres respectivos de las dos puertas opuestas); y el *Boróro* o plaza de danza, en el flanco este de la casa de los hombres, en el que la unidad del pueblo se reconstituye. Y bien, esa es, casi palabra por palabra, la descripción del

---

[241] *Ibíd.*, p. 156-157.

templo balinés, con sus dos patios interiores y su patio exterior que simbolizan: las dos primeras, una dicotomía general del universo, y la tercera, la mediación entre esos términos antagonistas[242].

La «casa de los hombres», como su nombre indica, antes de que Lévi-Strauss haya reconocido el principio de casa, es un lugar de reunión de los hombres solteros, que no participan de una relación matrimonial o que se desprenden de ella momentáneamente. La plaza central está aún más marcada por la unidad de la conjunción que la casa misma, ya que los dos elementos reunidos en la casa de los hombres están aquí confundidos. Ese lugar no es solamente homogéneo, un lugar solamente común, también es el de la contradicción, el lugar de «mediación entre términos antagonistas», e incluso el de la religión. El centro, la plaza de danza, concentra toda la realidad de la que la dualidad, expresión de diferenciación, también puede dar cuenta.

Se puede, sin embargo, argumentar que lo profano no es «nada» frente a lo «religioso» que sería «todo», ya que en lo profano hay que poner, de todos modos, las chozas en las que viven las mujeres con sus hijos... Pero esta dificultad se disipa en el análisis del segundo dualismo considerado por Lévi-Strauss, el dualismo de los sexos, masculino al centro, femenino en el exterior.

Hemos visto que la Palabra de unión (que enfoca la contradicción en la unidad) era frecuentemente confiada a una persona o grupo excepcional o marginal (tuvimos un ejemplo de esta marginalización a nivel sociológico con la relegación de la Palabra religiosa o mágica a los Chipaya[243]). Hay otra solución, la repartición de las dos Palabras ente hombres y

---

242 *Ibíd.*, p. 163.
243 Ver el capítulo VII «La coexistencia de las dos palabras entre los Aymaras».

mujeres. Pero no se puede hablar de dualismo. El dualismo supone una correlación. Entre la Palabra de unión y la Palabra de oposición no hay ninguna correlación. Es el artífice del observador (aquí Lévi-Strauss) que sólo puede establecer esta «complementariedad» –lo que hacía Bohr cuando consideraba los puntos de vista de la homogeneización, luego de la heterogeneización, de las experiencias contradictorias destinadas a tomar la medición de acontecimientos cuánticos como «complementarios».

También hemos encontrado esa repartición de las dos Palabras con las culturas bolivianas tarabuco y jalq'a o, aún, con los hombres de Isluga, que tienen una predilección por la Palabra de oposición mientras que las mujeres eligen preferir la Palabra de unión. En el caso de los Bororo de Brasil, parece que los hombres tienen la responsabilidad de la Palabra de unión, y hasta una responsabilidad exclusiva ya que son «propietarios de la casa colectiva» y que las mujeres están «excluidas de los misterios de la religión». Las mujeres tienen, a partir de entonces, la responsabilidad de la Palabra de oposición (los Bororo son matrilineales y matrilocales, y las mujeres son «propietarias de las chozas familiares del contorno»).

Si hay una vida profana que no es, pues, «nada» en relación a lo sagrado, es porque está organizada por la Palabra de oposición, mientras que lo sagrado, lo religioso, está organizado por la Palabra de unión. Es verdad que no hemos hecho sino constatar esta asociación de lo religioso y de la Palabra de unión, pero ella se encuentra tan a menudo que la tenemos por regular.

La organización del espacio debe ahora satisfacer a las exigencias de las dos Palabras. Ese lugar es un círculo intermedio entre el centro y la periferia, a media distancia entre la casa de los hombres y de la selva, que ocupa el medio entre el polo del movimiento centrífugo y el polo del movimiento centrípeto, ya que lo sagrado difunde desde el centro hacia la periferia tanto como converge desde la periferia hacia el centro. Las casas, a medio camino entre la naturaleza y lo sagrado, son también el lugar de relaciones matrimoniales de tipo dualista, es decir, de la Palabra de oposición. Es posible, en efecto, disponer las casas sobre el círculo según una simetría dualista simple o compleja, en octógono por ejemplo.

Lévi-Strauss estima que las diversas anomalías que se observan en la organización del pueblo bororo, en relación a una estructura ideal, se comprenden si se admite que los Bororo piensan simultáneamente su estructura social en perspectiva diametral y en perspectiva concéntrica... es decir, según nuestra interpretación, simultáneamente con la Palabra de oposición y la Palabra de unión. Pero ya no nos parece necesario hacer provenir el dualismo de una relación ternaria por la intermediación de un dualismo concéntrico.

«Desde el punto de vista de la lógica, es más razonable y más económico, a la vez, tratar el intercambio restringido como un caso particular del intercambio generalizado» –decía entonces Lévi-Strauss para justificar su segunda tesis, defendida en *Antropología estructural*. Ese es un argumento sin réplica, pero puramente lógico. Es verdad que la tesis de *Las Estructuras elementales del parentesco* no permitía explicar la presencia de centros o círculos, etc., en el seno de las organizaciones dualistas. Lévi-Strauss no había descubierto aún ni el principio de casa ni el valor de la conjunción, que hoy permiten resolver esos problemas. La transformación imaginada por Lévi-Strauss entre el intercambio generalizado y el intercambio restringido por la intermediación del dualismo concéntrico sólo es útil si se quiere, por prurito de economía, retraer a un solo principio lógico todas las cosas observadas. Ese principio es, para Lévi-Strauss, el principio de oposición.

La eficacia simbólica consistiría precisamente en esta "propiedad inductora" que poseerían, las unas en relación a las otras, estructuras formalmente homólogas, que se pueden edificar con materiales diferentes, en diferentes estadios de lo viviente: procesos orgánicos, psiquismo inconsciente, pensamiento reflexivo[244].

Sin duda, el principio de oposición de Lévi-Strauss corresponde a una gran ley de la naturaleza, el principio de diferenciación, principio de la vida. Se lo encuentra, efectivamente, en acción en la construcción del genoma de los seres vivientes, en el origen del par de electrones positivo y negativo, y, de manera más general, en toda materia y su antimateria. Se puede remarcar la similitud del principio de Lévi-Strauss con el Principio de exclusión de Pauli, que es una forma de generalización. !Y uno puede remontarse, así, hasta los quarks!

Pero, como las organizaciones dualistas manifiestan numerosas anomalías en relación a lo que debería ser una organización enteramente regida por el principio de oposición, Lévi-Strauss quiso dar cuenta de ello proponiendo una estructura generalizada[245]. Interpretó lo que se desprendía del principio de unión como una fase intermedia entre una reducción a dos términos de una organización con un número indeterminado de términos (circular), pero esta ingeniosa imaginación le impidió pensar la eficacia simultánea de los dos principios. El cuidado por llevar toda la realidad a un solo principio también apasionaba a Einstein. Y Lévi-Strauss no llamó «intercambio generalizado» e «intercambio restringido»,

---

[244] Lévi-Strauss, *Anthropologie structurale, op. cit.*, p. 223.

[245] «Marcel Mauss, luego Radcliffe-Brown y Malinowski revolucionaron el pensamiento etnológico sustituyendo esta interpretación histórica [la teoría de Rivers, que consideraba las organizaciones dualistas como tantos productos históricos de la unión entre dos poblaciones diferentes] por otra, de naturaleza psicosociológica, fundada en la noción de reciprocidad. Pero en la medida en la que esos maestros hicieron escuela, los fenómenos de asimetría fueron rechazados al segundo plan, ya que no se integraban bien en la nueva perspectiva». (*Ibíd.*, p. 179).

las dos principales formas de la reciprocidad sin una cierta fascinación comparable a la del gran físico por la relatividad. ¿No dice en otra parte?:

> La teoría de la reciprocidad no está en cuestión. Ella está hoy, para el pensamiento etnológico, establecida sobre una base tan firme como la teoría de la gravedad lo está para la astronomía. Pero la comparación comporta una lección: con Rivers, la etnología encontró a su Galileo, y Mauss fue su Newton. Deseemos solamente que, en un mundo más insensible que esos espacios infinitos cuyo silencio aterrorizaba a Pascal, las raras organizaciones llamadas dualistas, aún en actividad, puedan alcanzar a su Einstein antes de que para ellas –menos abrigadas que los planetas– suene la hora próxima de la desintegración[246].

Einstein resistió toda su vida a la idea de Bohr, por mucho que haya sido él el primer audaz en considerar el *quantum* de Planck como una entidad operatoria. No podía creer que Dios no estuviera dotado de una lógica de la no-contradicción. Como Einstein deseaba la primacía de la relatividad, Lévi-Strauss desea la generalización del principio de oposición, por mucho que haya sido el primero en trastornar su teoría con el principio de casa. Como Einstein, Lévi-Strauss se mantuvo por mucho tiempo fiel a una sola concepción de la realidad. Pero es, tal vez, a Bohr a quien esperan las organizaciones dualistas y, ciertamente, a... Lupasco[247].

El principio de oposición es cierto como lo es la teoría de la relatividad, pero debe ceder la plaza al principio de unión (la noción de «casa»). La Palabra de oposición encuentra sus límites donde comienza la Palabra de unión. Y a partir de ahí,

---

[246] *Ibíd.*, p. 179-180.

[247] Véase Stéphane Lupasco, *Le principe d'antagonisme et la logique de l'énergie* (1951); y *Les trois matières* (1960).

la vida social parece fundada sobre el principio de lo contradictorio, ya que esas dos Palabras son dos expresiones de la misma energía –y solamente lo contradictorio puede estar en el origen de esas dos actualizaciones antagonistas.

La diferencia entre la realidad de la que se ocupan las ciencias físicas y aquella de la que se ocupan las ciencias humanas, tiene que ver con la importancia de lo contradictorio en relación a sus dos polaridades no-contradictorias. La naturaleza física o biológica –nos lo revela la física moderna– no es ni exclusivamente homogénea ni exclusivamente heterogénea, ya que es, en sus límites, siempre un tanto contradictoria. La energía psíquica, en cuanto a ella, no es ni homogénea ni heterogénea, sino esencialmente contradictoria. Esta energía escapa así a toda medida, es decir, que está fuera del tiempo[248].

El desarrollo de las instituciones de las organizaciones sociales corresponde a la actualización sinérgica de dos principios, religioso y político (monista y dualista). Los imperios del Nuevo Mundo, como los del Viejo, estaban ordenados por oposiciones clasificatorias y también por un simbolismo religioso. Ni la interpretación dualista por sí sola ni la interpretación monista por sí sola pueden dar cuenta de las primeras comunidades humanas, ya que es *lo contradictorio* lo que se revela como principio dominante. Su ser no puede ser conocido si no es considerando sucesivamente su actualización en la Palabra de unión y su actualización en la Palabra de oposición, luego asociando el resultado de esas dos Palabras.

Eso no quiere decir que cada una de esas dos Palabras posea la mitad de la verdad. Cada una significa la totalidad de sentido pero en su propia realidad. Hay dos verdades. De cada

---

[248] Ver D. Temple, «Le principe du contradictoire et l'affectivité» (2011), publicado en *«Un nouveau postulat pour la philosophie»*, coll. «Réciprocité», n° 10, France, Lulu Press, Inc., 2018.

una y de su diálogo nacerá aún más sentido. Esas dos verdades engendran una tercera verdad:

Puspach ayllu musiñani:
«Los cuatro ayllu, amémonos, respetémonos,

hagamos las paces...»

Lo que es verdad de las dos Palabras de una comunidad, lo es también de la relación de esta comunidad con las otras, incluso con una sociedad que pretendería, como la nuestra, no tener otra preocupación por el otro que la de hacer de él su objeto de estudio.

Conclusión

La reciprocidad primordial, el cara a cara de fuerzas contradictorias, da a luz al ser social. Pero las cosas pueden invertirse, ahora es el ser el que tiene la iniciativa, es él quien habla, y la palabra toma como primeros significantes los dinamismos mismos de la naturaleza: Unión y Oposición.

La Palabra tiene dos llaves: una tiene dos lados, la de oposición; la otra tiene un lado, la de unión. 2 + 1 son figuras emblemáticas de la función simbólica en los orígenes.

La función contradictorial, que puede ser llamada la eficiencia del ser, restablece lo contradictorio, siempre por la reciprocidad, en la palabra misma. La función contradictorial (principio de cruce, principio de liminalidad) se manifiesta concretamente por las organizaciones dualistas y las organizaciones que hemos llamado monistas.

Hay que señalar que, en esas dos Palabras primordiales, el *ser* no es individual. Solo el hablante es individual. El *ser*, en cuanto tal, requiere la contribución del otro: el cara a cara. En una Palabra como en la otra, el que habla le debe al otro para poder decir un valor que no le pertenece, que primero pertenece a la reciprocidad, es decir, un valor del que siente que no es ni él ni el otro sino el de un plus de ser, el Otro. Entonces ve este Otro en la expresión del rostro del otro.

Más aún, cuando el Otro habla por él, es al otro a quien se dirige, a quien debe atravesar mediante su palabra, antes de que ésta pueda tener un sentido para sí mismo. Es cabe el otro que uno recibe su propia palabra. El otro es el revelador del Otro.

La presencia del Otro es todavía más evidente cuando la Palabra de unión lleva el juego. Es por un «Él» que el Otro habla. Muchas comunidades confían ese «Él» a un tercero: el extraño, lo anormal, un ser aparte. A menudo, el chamán encargado de la Palabra de unión es elegido entre los seres excepcionales, ambiguos o frágiles, que no se dejan «calificar» de manera inmediata en términos de oposición: personas asexuadas, bisexuadas o estériles. El Tercero habla entonces por «Él», que es un tercero en relación a «Yo y Tú». Un desconocido habla por el Tercero.

La estructura ternaria asegura la individuación del ser, y el hombre se convierte en el principio singular de lo universal.

Hemos querido despejar los principios que, en las sociedades primitivas, revelan lo primordial, dicen las condiciones de advenimiento de la humanidad, y, para comprender cómo las organizaciones sociales, económicas, políticas religiosas engendran el sentido de la libertad, hemos propuesto una reevaluación de muchas categorías: el principio de reciprocidad, el principio de lo contradictorio, el principio de oposición y el principio de unión; y hemos propuesto nuevas categorías: el principio de cruce, el principio de liminalidad, ambas expresiones de la función contradictorial; también hemos reevaluado el principio dualista y el principio monista, en el origen de la dialéctica del don y de la dialéctica de la venganza.

Pero, hoy, la reciprocidad dejó de ser la matriz de los valores humanos, es en todas partes reemplazada por el intercambio, al servicio del poder.

Tal vez, el hombre no fue sino un primer ensayo del lenguaje, ya que, hoy, parece empeñado en negar las matrices del ser y precipitarse hacia la muerte. ¿Soñaba la naturaleza demasiado rápido, demasiado fuerte en devenir humana?

Pero, otro día, a partir de otras formas de lo viviente, tal de los insectos, o de los peces luminosos, colibríes, focas, árboles, pólenes, virus de infatigable innovación, o de todos los vivientes a la vez, la palabra renacerá. Se elevará una voz, de golpe, proclamando la resurrección del ser en la tierra.

Los Guaraní del Paraguay dicen que el colibrí alimentaba la palabra de *Ñande Ru* del néctar de flores. A cada uno de los últimos hombres le toca encontrar, antes de morir, el asombro del primer día y la belleza que antaño florecía en la palabra del primer nacido.

Algunos estudios etnológicos revelan como grabados el perfil de las dos Palabras, pero no hay comunidad, sociedad, civilización que no despliegue sus interferencias en frescos inmensos, complejos, diversos y coloridos.

Mientras la conciencia nace afectivamente de la relativización de los contrarios en el crisol de la reciprocidad, cada una de las dos Palabras hace aparecer en sus límites una representación objetiva de las cosas. Inmediatamente, las pasiones religiosas y políticas se apoderan del sentido en función de estas representaciones y transforman la libertad creativa en poder. Ya sea por la conciliación bajo una autoridad bicéfala o por la subordinación de una a otra, ya sea por su conflicto o su emparejamiento, las dos Palabras no dejan de escribir la historia de la conciencia que renace siempre de la misma matriz, se reproduce sistemáticamente por el lenguaje y se renueva cada generación. Esta génesis atormentada que anima su antagonismo, ¿no es en definitiva la vida del alma y del espíritu?

*

TEXTOS ANEXOS
A LA TESIS DE LAS DOS PALABRAS

ANEXO 1

DE LA FÍSICA A LA ANTROPOLOGÍA

Niels Bohr había remarcado que la interacción de las sociedades entre sí era de la misma naturaleza que la interacción de la medición sobre el acontecimiento observado en física cuántica, y lo había señalado claramente a los antropólogos en ocasión del Congreso internacional de antropología y de etnología de Copenhague (1938).

Cuando estudiamos culturas diferentes a la nuestra, nos encontramos ante un problema particular de observación que, visto de cerca, presenta rasgos comunes con los problemas atómicos o psicobiológicos, en los cuales la interacción entre objetos e instrumentos de medida, o la inseparabilidad entre el contenido objetivo y el sujeto observante impiden toda aplicación inmediata de las convenciones de lenguaje adaptadas a nuestra experiencia cotidiana. Así como uno se sirve, en Física atómica, de la palabra complementariedad para expresar la relación que existe entre hechos de experiencia obtenidos por montajes diferentes y no pueden ser descritos intuitivamente sino por imágenes mutuamente excluyentes las unas de las otras, así tenemos, de verdad, el derecho de decir que las culturas diferentes son complementarias entre sí[249].

---

[249] Niels Bohr, « Le problème de la connaissance en physique et les cultures humaines », discurso pronunciado en el congreso internacional de

La complementariedad de Bohr se justifica para dar cuenta de un acontecimiento irreductible a una sola medida, ya que es en realidad contradictoria. Bohr, sin embargo, se ocupaba de la materia. Que el fenómeno atómico dependa de su reacción con el instrumento de medida no suprime el hecho de que sea más bien homogéneo o más bien heterogéneo. Hay, por cierto, una onda asociada al electrón, pero éste es «mayoritariamente», si se puede decirse, corpuscular, así como

---

antropología y etnografía de Copenhague, agosto de 1938, publicado en *Physique atomique et connaissance humaine*, Gauthier-Villars, Paris, 1972, p. 33-46.

He aquí cómo Bohr presentaba el problema epistemológico planteado por la Física cuántica a los antropólogos de esta época, y cómo definía la *realidad* del fenómeno, por una parte, y la *complementariedad*, por la otra: «En la teoría de la relatividad, el punto decisivo había sido el de reconocer que observadores en movimiento los unos en relación con los otros, debían describir el comportamiento de objetos dados de manera esencialmente diferente. La elucidación de las paradojas de la física atómica ha revelado el hecho de que la interacción, inevitable entre objetos y aparatos de medición, fija un límite absoluto a nuestra posibilidad de hablar de un comportamiento de los objetos atómicos que sea independiente de los medios de observación. Nos encontramos, aquí, ante un problema epistemológico totalmente nuevo para las ciencias de la naturaleza. Hasta entonces, todas las descripciones de los hechos de experiencia, reposaba en la hipótesis, inherente a las convenciones ordinarias de lenguaje, de que es posible hacer una distinción neta entre el comportamiento propio de los objetos y los instrumentos de observación. Esta hipótesis está plenamente justificada por nuestra experiencia cotidiana, además, ella constituye la base de la física clásica, y ésta ha alcanzado una perfección maravillosa gracias, justamente, a la teoría de la relatividad. Pero, desde que nos ocupamos de fenómenos tales como los procesos atómicos individuales que, por su propia naturaleza, están esencialmente determinados por la interacción entre los objetos estudiados y los aparatos de medición necesarios para definir las condiciones de la experiencia, (…) ninguna información sobre un fenómeno, que en principio se encuentre fuera del campo de la física clásica, puede ser interpretado como una información sobre las propiedades independientes del objeto: esa información está intrínsecamente ligada a una situación definida, cuya descripción implica esencialmente los aparatos de medición en interacción con los objetos».

el campo electromagnético tiene una expresión ondulatoria más importante que su expresión corpuscular. Siempre hay un valor superior al otro.

¿Qué ocurre si ninguna de esas dimensiones puede imponerse a la otra, y si un acontecimiento dado es confrontado no a aparatos de medición ellos mismos polarizados unidimensionalmente, sino a otros acontecimientos cada uno de cuyos polos antagonistas no se impone tampoco sobre el otro —como en el frente a frente de los hombres?

No hay medida posible, sino una intersubjetividad, sede de una indeterminación llena de potencialidades. El fenómeno de humanidad que nace de esta interacción, fuera de toda medida, incluso de todo conocimiento, y que escapa a la complementariedad de Bohr porque es esencialmente contradictorio ¿no es el advenimiento de esta parte del ser que llamamos el Inconsciente?

Así como el lenguaje está estructurado por las dos modalidades de la función simbólica, los principios de unión y de oposición, de la misma manera el inconsciente está estructurado por el principio de lo contradictorio. El Inconsciente primordial es afectividad pura, en el corazón de las conciencias de conciencias.

Cada una de las dos Palabras es también creadora, por la función contradictorial, de más ser, en tanto que librada de todos sus condicionamientos de origen, librada de sus matrices biológicas —más ser que se presenta así como pura gracia.

ANEXO 2

RECIPROCIDAD POSITIVA Y RECIPROCIDAD NEGATIVA

Hemos supuesto que la reciprocidad de origen estaba organizada según el principio de lo contradictorio, pero una vez reconocido que esta forma de reciprocidad es la matriz del ser, podemos acordarle al ser mismo la eficiencia que organiza el equilibrio de las fuerzas antagonistas. El principio de lo contradictorio se convierte en una función del ser: hemos llamado a ésta función la función contradictorial.

Los dos principios de cruce y de liminalidad completan los principios de oposición y unión para hacer de la palabra no solamente la expresión de lo que es, sino una fuente de lo que ha de ser. La palabra, así realizada por la función contradictorial, no es solamente designación y significación, sino creación. Es verbo. Gracias a las dos Palabras se instauran las organizaciones monista y dualista.

Pero hay, inmediatamente, una diferenciación de dos grandes orientaciones contrarias. Ya que el equilibrio entre la amistad y la enemistad puede ser relativo y, a partir de ello, si prevalece la amistad, se crea un sistema de reciprocidad positiva; o bien domina la enemistad y es la reciprocidad negativa la que se convierte en característica de la comunidad. Pero, ¿qué hay del principio de lo contradictorio?

En la reciprocidad positiva, la hostilidad se transforma en competencia entre los unos y los otros. La hostilidad se convierte en el motor de la concurrencia por ser el «más grande» en términos de prestigio. El equilibrio de la organización dualista es transformado en dialéctica del don.

La unidimensionalidad de la polaridad dialéctica es la fuente de una objetividad que se afirma como poder. El poder del uno provoca una reivindicación del otro, reivindicación ora de la restauración de lo recíproco, ora de una misma pretensión al poder, pretensión que desnaturaliza la reciprocidad y la transforma en su contrario: una relación de intereses concurrentes.

La diferenciación entre reciprocidad negativa y reciprocidad positiva corresponde a la sobredeterminación del sentimiento del ser por la representación de sus actualizaciones. Cuando las actualizaciones son dones, entonces la imagen de esos dones, el prestigio, viene a medir la fuerza del ser. *Más da uno, más uno es, pero más da uno, más se es grande.* El don sobrepone a la reciprocidad su fuerza cuantitativa, y la conciencia de ser se convierte en la fuerza del donador. La autoridad del ser hablante, la responsabilidad del origen, se convierte en el renombre, es decir, el poder del don.

Es lo mismo para la reciprocidad negativa. Según domine la amistad o lo haga la enemistad, la reciprocidad primitiva da entonces nacimiento a la dialéctica del don o a la dialéctica de la venganza[250].

---

[250] En su análisis del principio de reciprocidad, Lévi-Strauss describió ese fenómeno a partir de un hecho universal que observó en pequeños restaurantes populares del Languedoc (Francia). He aquí que se encuentran extranjeros en la misma mesa común. Ante cada convite se encuentra una jarra idéntica de vino. Lévi-Strauss observa que el acercamiento a la misma mesa de personas extranjeras crea una situación contradictoria. Entonces, uno de los occitanos vierte de su jarra de vino en el vaso del otro. Algunos instantes más tarde, este último hace lo propio «Y éste realizará inmediatamente un gesto correspondiente de reciprocidad». Según nuestro planteamiento, la reciprocidad de esta palabra silenciosa restablece así lo contradictorio, ya que si, en un primer tiempo, al dar vino el uno se convierte en donador y el otro en donatario, con la reciprocidad, el donatario se convierte en donador y el donador igualmente en donatario. Desde que se restablece esta situación contradictoria, la conciencia que resulta de ella se manifiesta y se entabla la conversación. Al vino le suceden las palabras. Esta conversación establecerá una serie de puntos comunes distanciados de toda una importante serie de reticencias o demarcaciones. Todo el arte de la conversación será el guardar la *buena distancia* entre la familiaridad y la reserva. Los Occitanos, al ofrecer vino, no hacen sino

255

Pero las dos dialécticas se equilibran, ya sea en la comunidad misma, en la que el jefe político hace juego igualmente con un hechicero maestro en suertes maléficas, o por el reparto del campo social en dos dominios, el uno de reciprocidad positiva, interno, y el otro de reciprocidad negativa, externo; o a la inversa, el uno interno de reciprocidad negativa y el otro externo de reciprocidad positiva (como, por ejemplo entre los Shuar).

Tendríamos que estudiar, ahora, el despliegue de la organización monista, por una parte, la dualista, por la otra, bajo esos dos puntos de vista: la reciprocidad positiva y la negativa.

---

encontrar o perpetuar un gesto fundador de la comunidad humana. Pero Lévi-Strauss remarca que si el extranjero rechaza el vino, o la conversación, nada vuelve a ser como antes. El hombre ya no será el extranjero indiferente, será el adversario, reconocido en todas partes en el mundo, donde vaya, como el enemigo personal de aquel al que le ha rechazado el vino. Uno no puede ser sino el amigo o el enemigo del otro. La eficiencia del ser es una fuerza de lo real.

ANEXO 3

LA ESTRUCTURA TERNARIA

Si la asociación de figuras concéntrica y diametral no significa el pasaje de la reciprocidad generalizada a una reciprocidad restringida ¿se debe mantener la prioridad de la reciprocidad generalizada, o, si no es así, de dónde viene la reciprocidad generalizada, y qué significa?

La estructura ternaria (la figura más simple de la reciprocidad generalizada) es el emblema de una relación circular que puede contar un número indefinido de participantes. Puedo, por ejemplo, recibir de uno mientras doy a otro, y así sucesivamente hasta que el último done al primero. En una estructura ternaria, el donador ya no tiene necesidad de que su donatario le done recíprocamente, ya que él recibe de otro. Recibe de este otro y adquiere una conciencia de donatario que se encuentra con su conciencia de donador. Siempre es la sede de una doble conciencia. Desde el punto de vista de la función contradictorial, lo esencial es que cada uno queda siempre donando por un lado y recibiendo por el otro.

En la reciprocidad binaria o bilateral, es necesario que el donatario también sea donador. Cada uno es, así, dependiente de la iniciativa del otro. En un sistema de reciprocidad generalizada, un donador debe ser también el donatario de otro, pero este otro no está determinado. El donador tiene la iniciativa de elegirlo. No depende sino de él mismo el que haya una conciencia de conciencia, dando a quien sea y aceptando el don de un donador cualquiera. La reciprocidad generalizada tiene la ventaja de permitirle a cada uno estar en la iniciativa de su conciencia de conciencia de donatario y donador. La estructura ternaria permite, entonces, integrar la función contradictorial a la iniciativa del donador. La estructura ternaria corresponde a la individuación del ser.

Esta estructura ternaria instaura la individuación del ser, pero también su universalización, ya que ella abre la relación de reciprocidad sobre el infinito. Las cadenas de donadores pueden, en efecto, no tener límites; mientras que la estructura de la reciprocidad, a simetría binaria o bilateral, encierra a los donadores en un sistema inmediatamente saturado.

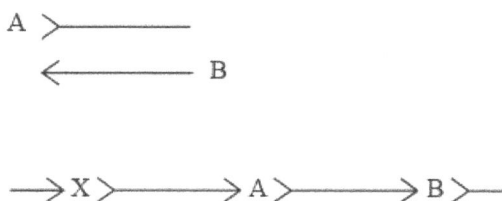

A >————

  ←———— B

  → X >————→ A >————→ B >—

Reciprocidad binaria y ternaria

Aquí, en la reciprocidad ternaria unilateral, el don circula necesariamente en un solo sentido. El ser se convierte en sinónimo de responsabilidad.

Pero el don puede reflexionar en algún lugar y, por tanto, circular en ambas direcciones. Si el don circula en los dos sentidos, el tercero intermediario adquiere un doble rol respecto a sí mismo:

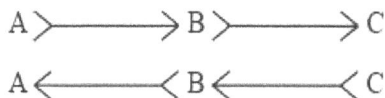

A >————→ B >————→ C

A ←————< B ←————< C

Reciprocidad ternaria bilateral

Pero, respecto a sus participantes, se encuentra ocupando el sitio que es el centro de una simetría bilateral de reciprocidad: ocupa entonces el sitio ideal de la Palabra de unión. Es el Él que dice Yo. Su juicio obliga a los otros a respetar su conciencia común. Entonces, el ser es sinónimo de la justicia. La justicia está directamente fundada como igualdad-para-el-otro.

La estructura ternaria hace aparecer las nociones de responsabilidad y justicia. Cuando él es el sujeto de la palabra, porque la sede de dos conciencias antagonistas, el individuo es «responsable», ya que es el ser-que-no-puede-derogar-la-verdad. El sujeto es responsabilidad. Pero cuando es el centro entre dos frente a frente, y encarna su Palabra de unión, es su verdad común y única. Él es la justicia.

Hay que observar, aún, que la Palabra de unión de esos dos participantes se hace equivalente a su propia Palabra de oposición. La estructura ternaria permite entonces a la Palabra de unión ser el homólogo de la Palabra de oposición. Ella identifica la palabra universal y la palabra singular.

La complementariedad de las dos Palabras, en el sentido de Bohr, toma su fuente en una conjunción contradictoria que da sentido a sus dos expresiones: el sentido de la justicia es el de la responsabilidad.

En la organización monista, el centro se transforma en tercero intermediario entre aquellos que donan de forma centrípeta y aquellos que reciben de forma centrífuga.

La reciprocidad, en fin, puede ser relacionada con los árboles, los ríos, las montañas, los astros, los animales, interpretados como donadores. Y el ser parece emerger de un más allá. Las comunidades polinesias, que extendieron la reciprocidad al más allá del universo, llaman a ésta eficiencia el *mana*.

Tal estructura ternaria presupone la existencia de varios donadores posibles, es decir, que supone la condición de un sistema en el que los miembros de la comunidad ya tienen la comprensión de los términos de donar y recibir. Ella parece, pues, poder nacer de la complejización de la estructura binaria. Pero basta imaginar una estructura dualista compleja para que los unos y los otros se conviertan en los centros de una relación ternaria. Por ejemplo, los polos de una estructura de parentesco de ocho clases son, cada uno, el centro de una relación ternaria. *B* recibe de *A*, pero dona a *C*, hijo de *A*, etc. Y bien, cada hombre tiene una hermana y tendrá un hijo y una hija, es decir, que existen ocho polos desde la primera estructura de parentesco. Es, sin duda, por la estructura más compleja de las estructuras elementales del parentesco que todo comenzó.

Las dos tesis de *Las Estructuras elementales del parentesco* (primacía de la reciprocidad binaria) y de *Antropología estructural* (primacía de la reciprocidad ternaria) son ambas verdaderas con la condición de considerarlas juntas y de no imaginar que una prevalece sobre la otra[251].

---

[251] Se puede ilustrar esta relación entre forma binaria y ternaria con el comentario de Sahlins del sistema matrimonial de los Moalan, en el que el autor emplea una terminología muy cercana a la nuestra: «Los Moalan prescriben el matrimonio entre primos cruzados. Pero existe una estipulación matrimonial suplementaria (…): los primeros primos cruzados no tienen el derecho de casarse entre sí, el cónyuge potencial más cercano es un segundo primo cruzado (por ejemplo, la hija de la hija del hermano de la madre de la madre). Estos están clasificados, con los primeros primos cruzados, en terminología de parentesco. Técnicamente, el sistema que resulta de ello es *Aranda* teniendo en cuenta sus cuatro segmentos que se inter-esposan, aunque le falta la elaboración terminológica de un sistema de ocho secciones (…). El modelo lógico del matrimonio con el segundo primo cruzado es el de cuatro linajes (…). Considerado en su conjunto, el dominio del parentesco está compuesto de dos clases de personas, los parientes consanguíneos y los parientes por alianza. Por la regla de matrimonio, este universo dualista de parientes de parientes está inferiormente diferenciado en cuatro linajes. Sin embargo, las reglas de matrimonio impiden la repetición de alianzas entre dos linajes paternales con generaciones consecutivas, si bien en un lapso de tiempo relativamente breve, cada familia está ligada a dos grupos opuestos de parientes por alianza, en una relación de donadores de mujeres a algunos, de tomadores de mujeres en otros. Ese es el elemento

La reciprocidad restringida y la reciprocidad generalizada se dan juntas desde los orígenes.

El nacimiento de la estructura ternaria se acompaña, en fin, de una jerarquía debida a la circularidad de los dones en el sentido de la vida y de la generación. Cuando las dos Palabras de unión y de oposición son asociadas, su relevo le da al movimiento del ser una doble resolución: ya sea que la unión recoge el ser social en una totalidad y le confiere su universalidad, o ya sea que la oposición divida esta universalidad en singularidades, que aparecen como la negación de la unidad, si no su alienación en lo particular. Pero, entre la una y la otra, está el corazón mismo del sistema: lo contradictorio.

---

triádico. Pero la estructura de cuatro partes es una condición necesaria de la estructura triádica». Sahlins, *Au cœur des sociétés*, Paris, Gallimard, 1980, p. 45-46. Abramos un paréntesis: La estructura triádica está compuesta de «parientes paternales inmediatos de ego, del grupo de hermanos de la madre en relación con los cuales ego es *vasu* o «sangre sagrada» *(dera tabu)*, y del grupo de los hijos de la hermana, objeto de respeto correspondiente». Estos, como recibidores de mujeres, ocupan un sitio preeminente. Se ve aparecer aquí un principio de jerarquía como un atributo de la relación ternaria, aunque se esté en la extensión de una relación bilateral en principio igualitaria: es otra característica de la reciprocidad generalizada. La jerarquía es otro término para decir la unión.

ANEXO 4

EL SER CONTRADICTORIAL

Recurriremos a Stéphane Lupasco para introducir el principio de complementariedad de Bohr[252]. En el siglo XIX, la ciencia imaginaba que la lógica de la naturaleza era la lógica de la no-contradicción. Esta lógica reposa sobre el postulado de que una idea no puede ser comunicada, recibida y comprendida si ella no es no-contradictoria. Es el principio llamado de contradicción. Los lógicos llaman «principio de contradicción» el postulado que una proposición considerada como verdadera no puede ser contradictoria. Hablar de principio de contradicción como fundamento de una lógica de no-contradicción, he aquí algo que no facilita la vulgarización de los conceptos.

Ese postulado encontraba, sin embargo, una dificultad: ¿era la sustancia última del universo homogénea, continua, como una pelota de caucho, que luego sufriría deformaciones, o bien era discontinua, formada por innumerables partículas heterogéneas, que se combinarían entre sí de manera más o menos feliz, como en un juego de construcción? ¿éter o átomos? Las dos tesis eran lógicamente posibles, ya que cada una reposaba en el principio de contradicción: la materia era llamada homogénea (continua) o heterogénea (discontinua), pero no ambas cosas a la vez. Las dos tesis disponían, cada una, de argumentos, pero no podían ser simultáneamente verdaderas.

En el siglo XIX parecía que el debate, que se remontaba a la más remota antigüedad, entre «continuistas» y

---

[252] Cf. Lupasco, *L'expérience microphysique et la pensée humaine*, (1941).

«discontinuistas», debía zanjarse pronto gracias a los progresos de las técnicas. Pero nadie se imaginaba que el principio de contradicción mismo sería rechazado un día y que todos estarían errados. Puede abordarse esta revolución con la cuestión de la naturaleza de la luz. Irrefutables experiencias demuestran que es de naturaleza ondulatoria (las interferencias de Young): toda radiación es como un esfera que se dilata muy rápidamente. Y bien, apenas la teoría ondulatoria triunfó y he aquí que la radiación de ciertos objetos, los cuerpos negros, parece no ser homogénea. Sus mediciones experimentales son diferentes de las previstas por la teoría. Para resolver esta dificultad, Max Planck recurrió a lo que él mismo sólo cree ser un artificio matemático: asoció al valor de una onda (v) un valor discontinuo (h), la famosa «constante de Planck». Ese recurso matemático da cuenta de las discontinuidades observadas. Planck piensa que ese recorte de la onda en pedazos, por el cuerpo negro, se debe al intercambio entre la radiación y la materia del cuerpo negro. La onda pasaría por especies de resonadores materiales que serían la causa de esta segmentación. Einstein decide, al contrario, considerar ese aspecto corpuscular como una realidad de la radiación electromagnética, y propone una nueva teoría, la teoría de los *quanta*. Experiencias igualmente irrefutables sostienen su tesis (el efecto fotoeléctrico, el efecto Compton). La luz se revela entonces homogénea (onda) con las experiencias de interferencia, heterogénea (*quanta*) según otras experiencias. La cosa es tan paradójica que Einstein imagina que el efecto ondulatorio es solamente macroscópico, mientras Bohr lo inverso: es el aspecto corpuscular el que sería estadístico…

Algunos años más tarde, L. de Broglie propone la idea de que todo, en el universo, está trenzado de acontecimientos elementales construidos sobre el mismo principio que asocia, contradictoriamente, lo homogéneo y lo heterogéneo (onda y corpúsculo). Su hipótesis es inmediatamente coronada por el éxito. Allá domina lo homogéneo, y aquí lo heterogéneo, pero cualquiera que sea la fórmula, la no-contradicción nunca es absoluta, y todo acontecimiento puede ser descrito, entonces, ya sea como un fenómeno ondulatorio, o ya sea como un fenómeno corpuscular, en función de la experiencia que permite tomar conocimiento de ello.

Como mínimo, la lógica de no-contradicción, con la que los científicos y los filósofos dan cuenta de los fenómenos que observan, es diferente de la de los acontecimientos de los cuales provienen estos fenómenos. Estos, cualquiera que sea la actualización dominante que los caracteriza, homogeneización mayor o mayor heterogeneización, estos se mantienen contradictorios. Una parte de antagonismo queda siempre en acto e irreductible. Ningún acontecimiento puede nunca ser reducido a una objetividad pura.

El golpe de gracia, a las doctrinas clásicas, lo da Heisenberg. Las relaciones de Heisenberg precisan la irreductibilidad de lo contradictorio en todo acontecimiento natural, por la medición de incertidumbres relativas a la interacción del acontecimiento y de su medición. No es, pues, posible disociar la realidad de un fenómeno de la experiencia que lo revela. Dicho de otra forma, no existe elemento de la realidad en sí que no sea contradictorio. Toda realidad es una interacción del instrumento de medida y del acontecimiento medido. Esta interacción no puede desembocar en una objetividad absoluta del acontecimiento observado. Según el aparato con el cual se mide un acontecimiento microfísico, se lo manifiesta como una heterogeneización o como una homogeneización (onda o corpúsculo), pero es imposible reducirlo completamente a una u otra de sus actualizaciones.

Ya que toda medición está limitada por una contradicción irreducible, subsiste siempre una indeterminación en el mismo fenómeno actualizado. Esta irreductibilidad no es una falta de precisión en la medición, se debe a que el acontecimiento se realiza en una forma dada por su interacción con lo que lo revela, es decir, esta indeterminación es constitutiva del acontecimiento mismo. No tener en cuenta esta indeterminación por una aproximación que la haría aparecer como solamente homogénea o heterogénea, esto es lo que se puede calificar como falta de precisión. La precisión absoluta es la de definir la indeterminación recíproca de las dos experiencias contradictorias entre sí. Esta precisión se la pudo expresar matemáticamente.

La realidad «objetiva», tal como se la imaginaba en el siglo XIX, es pues incognoscible; es parte de lo contradictorio. Einstein resistirá toda su vida a la idea de que la realidad última no sea totalmente no-contradictoria. L. de Broglie tampoco aceptará la realidad de lo contradictorio, que él cree ser una manera de considerar las cosas, a la espera de descubrir la univocidad última de la materia. En nuestros días, aún físicos eminentes o matemáticos como René Thom no acaban de admitir esta nueva realidad. Imaginaron que la incertidumbre no era operacional sino en y solamente en el conocimiento. Pero las experiencias de pensamiento, que elaboraron para sostener esta tesis, se pusieron contra ellos.

Bohr, Pauli, Heisenberg y, hoy, la mayoría de los teóricos de la Física ven las cosas de otra forma: Bohr propuso medir una de las dos actualizaciones relativas del acontecimiento cuántico, luego la otra, y considerar esas mediciones como complementarias. Un instrumento interpreta así un acontecimiento cuántico en partículas, luego otro instrumento lo aprehende en el campo electromagnético. Esas dos mediciones serán añadidas, la una a la otra, para «hacer el todo» del acontecimiento. De ahí el principio llamado de complementariedad. El principio de complementariedad enlaza dos mediciones, la una que actualiza el acontecimiento en una homogeneidad casi perfecta —esta homogeneidad corresponde a la Palabra de unión–, y la otra, al contrario, lo actualiza bajo la forma de una oposición correlativa de singularidades –y corresponde a la Palabra de oposición. Bohr llama entonces complementarias a las dos actualizaciones, excluyentes la una de la otra, para poder proyectarlas en el plan de la lógica clásica.

Pero, además, una de esas actualizaciones puede siempre transformarse en su contrario, como si poseyere una memoria de la actualización antagonista de la suya. Einstein ya mostró esta equivalencia con el principio de la equivalencia de la masa (propiedad esencial de lo heterogéneo) y de la energía. Lupasco postulará que todo acontecimiento es una actualización redoblada por la potencialización, o virtualización, de la dinámica antagonista, que considera como la memoria de su contrario y que llama una conciencia elemental[253].

Lupasco va más lejos que Bohr. Enlaza lo real a la conciencia bajo la forma de una relación de contradicción irreducible: el principio de antagonismo. Según ese principio, toda actualización (real) está unida a la potencialización de su contrario (conciencia elemental). El mundo es, a la vez, energía y conciencia. Una remarcable ilustración de este principio es el desarrollo de lo que Weizsäcker llama estados coexistentes. Entre los estados coexistentes hay uno en el que ninguna actualización prevalece sobre una actualización contraria, es decir: donde cada actualización es simultáneamente neutralizada por una actualización contraria. En términos de potencialización o de conciencia, esta neutralización conduce a un estado intermediario entre dos conciencias elementales antagonistas, donde Lupasco reconoció el despliegue de la energía psíquica.

El sentimiento de ser se manifiesta por la palabra. Esta aparece como una manifestación no-contradictoria de lo contradictorio. Se inscribe en dos dinámicas contrarias que permiten a lo contradictorio dos actualizaciones, que se llamarán unión y oposición. Llamaremos las dos Palabras a esas dos modalidades de la función simbólica.

---

[253] Lupasco, *L'Expérience microphysique et la pensée humaine*, (1940) y *Le principe d'antagonisme et la logique de l'énergie* (1951).

La Palabra de oposición fija el sentido entre dos imágenes opuestas que tiene, sin embargo, cada una su propia realidad, Sombra-Luz, Alto-Bajo, Este-Oeste, Hacia arriba-Hacia abajo, etc. No se puede, sin embargo, reducir el sentido a una adecuación del ser a esos opuestos, como si el ser estuviera repartido en dos partes y como si cada una encontrara su complementaria en la otra, a la manera como una espiga encuentra su muesca. La palabra no queda anclada en los valores propios del significante. La palabra es la expresión del ser contradictorial por lo no-contradictorio, y reproduce inmediatamente estructuras contradictorias, por ejemplo a partir de la oposición de esos valores complementarios invirtiéndolos, como si lo Alto pudiera tener los atributos de lo Bajo y lo Bajo los atributos de lo Alto, o como si la mitad de lo Alto alternara sus prerrogativas con la mitad de lo Bajo. Ella asocia la sombra a la luz, que opone a la sombra a la cual asocia la luz. Si la palabra de oposición opone el Negro al Blanco y el Blanco al Negro, el Negro ya contiene lo Blanco y lo Blanco lo Negro, como si lo Negro fuera rayado de Blanco y lo Blanco rayado de Negro. Lo Negro domina cuando el ser que habla elige expresarse por el Negro, pero el dominio del Negro indica entonces, simplemente, la presencia del Yo, es decir, la manifestación como sujeto del Tercero incluido.

El principio dualista obedece al principio de lo contradictorio, que llamamos, desde ahora, la función contradictorial. La función contradictorial tiene aquí como resultado que el enemigo es designado para ser también el amigo, y el amigo el enemigo (Sin ella, el principio de oposición diría: somos amigos y los otros son nuestros enemigos). Ella explica que las organizaciones dualistas se expresan por la reciprocidad positiva al mismo tiempo que por la reciprocidad negativa. El equilibrio entre la rivalidad y la solidaridad restablece las condiciones de lo contradictorio. La palabra funda entonces al otro como otro sí mismo.

El otro ya no es solamente el diferente; es el del frente o aún el igual. Pero no el idéntico, no es el mismo; está llamado por la reciprocidad a lo contradictorio. Toda palabra es un llamado de palabra, una necesidad de la palabra del otro. Ella traduce no solamente el principio de oposición, sino además la reciprocidad, a partir de la cual se reconstruye lo que llamaremos, desde ahora, el ser contradictorial.

Las condiciones en la cuales puede nacer lo contradictorio: dar, tomar, amar, esposar, proteger, defender, matar, etc., se expresan así en términos complementarios. La Palabra de oposición interesa, tanto al ser contradictorial como a los dinamismos movilizados por la reciprocidad para darlo a luz. Desde el momento en el que alimentar y ser alimentado, por ejemplo, son recíprocos, las dos nociones no serán solamente opuestas, sino se harán equivalentes. Ellas originan una conciencia de conciencia de la que reciben su sentido.

La reciprocidad que permite esta equivalencia, a su vez, es programada en el enunciado de la palabra: «Os damos cuando recibís». Esta relación complementaria implica la relación complementaria inversa: «dais cuando recibimos». El principio de lo contradictorio implica que, si donar quiere decir donar, es reversible en recibir. Donar contiene, pues, recibir, contiene su contradictorio, y recibir contiene donar. De la misma forma, la oposición «hermana-esposa» significará que mi hermana es la esposa del otro, al mismo tiempo que la hermana del otro es mi esposa. Asimismo, el amigo o el hermano es el enemigo o el esposo del otro, etc. La palabra abre así un espacio de confianza, un tiempo a lo que no pasa, algo del todo distinto a la inmediata compensación del intercambio. Es el sentido que se despliega en la reciprocidad y que tiene lugar de equivalente en el intercambio. Es el sentido mismo el que es la alegría de la conciencia más que el consumo de los significantes. La reciprocidad no es reductible a un intercambio que reemplaza un objeto por otro y cierra toda relación intersubjetiva sobre el interés privado; es, más bien, la confrontación permanente de acciones antagonistas que son como los muros de una morada para lo imaginario.

Cuando el principio de lo contradictorio escapa a las condiciones que le dieron a luz en la naturaleza, manifiesta entonces su eficiencia propia, y las palabras, ahora, se llaman entre ellas. Desde ese momento, el hombre se libera de toda naturaleza. Mientras que el ser contradictorial resulta estar en el origen de la reciprocidad, entre fuerzas físicas y biológicas, él se hace inherente al lenguaje.

Se deben estas consideraciones a Benveniste:

La conciencia de sí sólo es posible si se experimenta por contraste. Yo no empleo *"yo"* sino dirigiéndome a alguien, que en mi alocución será un *"tú"*. Es esta condición de diálogo la que es constitutiva de la persona, ya que ella implica, por reciprocidad, que yo me convierta en tú en la alocución de quien, a su vez, se designa por "yo". Es ahí que vemos un principio cuyas consecuencias han de desarrollarse en todas las direcciones. El lenguaje no es posible sino porque cada locutor se plantea como sujeto, reenviando a sí mismo como yo en su discurso. Por ello, yo plantea a otra persona, la que, siéndome exterior del todo, se convierte en el eco al cual digo tú y que me dice tú. La polaridad de las personas, tal es en el lenguaje la condición fundamental de la que el proceso de comunicación, del que formamos parte, sólo es una consecuencia pragmática. Polaridad, por lo demás, muy singular en sí y que representa un tipo de oposición de la que no se encuentra el equivalente en otra parte fuera del lenguaje. Esta polaridad no significa igualdad ni simetría: "ego" tiene siempre una posición de trascendencia en relación a "tú"; no obstante, ninguno de esos dos términos se concibe sin el otro: son complementarios, pero según una oposición "interior/exterior" y, al mismo tiempo, son reversibles. Que se busque un paralelo de ello, no se lo encontrará. Única es la condición del hombre en el lenguaje. Así caen las viejas antinomias del "yo" y del "otro", del individuo y la sociedad, dualidad que es ilegítima y errónea al reducir a un solo término original y que ese término sea el "yo", que debería estar instalado en su propia conciencia para abrirse entonces al "prójimo", o que sea contrario a la sociedad, que preexistiría, como totalidad, al individuo y de donde éste no se habría desprendido sino a medida que adquiriese la conciencia de sí. Es en una realidad dialéctica, que engloba los dos términos al definirlos por relación mutua, que se descubre el fundamento lingüístico de la subjetividad[254].

Dos tesis, la de la confusión primitiva de las representaciones colectivas de la horda, de la que emergerían los individuos haciendo valer progresivamente sus intereses; y la de un innatismo biológico que haría de todos los hombres unos iguales, listos para el intercambio, son denunciadas aquí, en provecho de la estructura de reciprocidad de origen en la que la conciencia humana, es decir, el ser como Tercero de la relación de reciprocidad, se expresa como sujeto gracias a una oposición complementaria y reversible. Al interior de esta palabra dual, recíproca, está el ser mismo, el tercero de lo contradictorio, que da preeminencia al que pronuncia la palabra. *Yo* es estrictamente reversible en *tú* y, pese a ello, dice algo de más, una suerte de superioridad que se manifiesta por la iniciativa de aquel que habla, que reenvía al hecho de que es el ser el que habla, por ello una preeminencia nueva, singular, trascendente, ya que ella no es reductible al *yo*-mismo del uno

---

[254] Émile Benveniste, *Problèmes de linguistique générale*, Paris, Éd. de Minuit, 1966, p. 260. Benveniste añade: «Es un hecho notable −¿pero quien piensa en remarcarlo de tan familiar que es?− el que entre los signos de un lenguaje nunca falten los "pronombres personales" (…). Y bien, esos pronombres se distinguen de todas las designaciones que la lengua articula en esto: ¿no reenvían ni a un concepto ni a un individuo? ¿A qué pues se refiere entonces yo? A algo muy singular, que es exclusivamente lingüístico: yo se refiere al acto del discurso individual en el que es pronunciado y designa su locutor (…) Es, pues, cierto que, a la letra, que el fundamento de la subjetividad está en el ejercicio de la lengua (…) El lenguaje está así organizado de manera que permite a cada locutor apropiarse de la lengua entera designándose como yo». *Ibíd.*, p. 261-262.

ni al *yo*-mismo del otro. Esta superioridad debida al nacimiento de un sujeto en el ser es capaz de reconstruir la reciprocidad para aquel que habla. Así, los dos términos están en una oposición de cierta forma desigual, ya que el que tiene la iniciativa, el que habla y que llama al otro a la reciprocidad para crear, siempre, más ser, define una polaridad y una finalidad, un sentido para el acto de ser él mismo. *Yo-tú* es una «oposición» que implica la reversibilidad, ya que ella emana de lo contradictorio, contiene lo contradictorio al ser lo contradictorio su fuente, su vitalidad, aunque ella está polarizada, y esta polarización diseña una finalidad dialéctica y una demanda de ser relevada, de suerte que se cree y se recree lo contradictorio según esta dirección, es decir, por oposición.

El que habla no solamente exige la escucha del otro: exige, más que la comprensión de éste, la reciprocidad. Es la palabra misma la que vehicula, desde ahora, esta exigencia; es la palabra la que ya contiene la palabra del otro, contiene la reciprocidad del otro como principio de porvenir. El *yo*, que implica el *tú*, es la iniciativa de una nueva reciprocidad. Se podría decir que la función contradictorial anima también la Palabra de unión; en este caso, es *Él* quien reemplaza al *yo*. *Él* se vuelve sujeto en nombre de todos e implicará cierta reversibilidad que se expresará mediante el Nosotros.

*

3

LOS ORÍGENES ANTROPOLÓGICOS DE LA
RECIPROCIDAD

Visión general de la teoría de la reciprocidad a partir del
registro de una conferencia organizada por el Movimiento de
las Redes de Intercambio Recíproco de Saberes, en 1989,
publicada en *Éducation Permanente*, n° 144, Arcueil, Sept. 2000.

*

Las estructuras fundamentales de la reciprocidad: el cara
a cara, el compartir, la reciprocidad generalizada, la
reciprocidad centralizada (o redistribución) y distintas
estructuras intermedias, compatibles o incompatibles entre sí,
son cada una la matriz de un valor específico: el cara a cara,
matriz de la amistad, la reciprocidad ternaria, de la
responsabilidad, etc. De su organización en distintos sistemas
nacen humanidades diferentes.

El sentimiento de humanidad que resulta de las diversas
estructuras de reciprocidad se expresa según dos principios:
principio de oposición y principio de unión, que someten los
valores humanos al imaginario del prestigio, del honor y de lo
sagrado.

Reproducida al nivel de la Palabra, la reciprocidad
permite liberar la conciencia de su imaginario para llegar a lo
simbólico puro.

Es en la confrontación de la reciprocidad y de la no-
reciprocidad, desde tiempos primordiales hasta hoy, que se
juega la suerte de la humanidad.

La reciprocidad en su origen

Todas las tradiciones fundan la sociedad en la prohibición del incesto, la interdicción de lo «mismo». Pero cuando lo «diferente» se presenta bajo una forma radical, entonces ello es lo prohibido. Así, lo que se declina bajo el modo de la «diferencia absoluta», está tocado por la misma interdicción que la «identidad absoluta»: tabú de las relaciones de los hombres con los extranjeros que serían tan diferentes que, por ello, serían indiferentes y podrían ser considerados como animales.

Prohibir lo «mismo» o prohibir la «diferencia absoluta», puede comprenderse como dos aplicaciones de una ley más general: la prohibición de lo que se afirma como lógicamente no-contradictorio. Y esta prohibición conduce a la relativización de lo diferente por lo mismo y de lo mismo por lo diferente, para engendrar una resultante contradictoria en sí misma que interesa inmediatamente al pensamiento: la energía psíquica… Los términos de no-contradictorio y contradictorio indican aquí solamente la estructura lógica de aquello de lo que se trata, sin presumir de su contenido.

Es entonces cuando interviene la reciprocidad: cada asociado de una relación recíproca, actuando y padeciendo a la vez, accede a una situación en la que cada una de las dinámicas antagonistas (actuar y padecer), en sí misma no-contradictoria, es relativizada por la otra, de tal manera que se metamorfosean la una y la otra, por lo menos en parte, en una energía reflejada en ella misma: una energía psíquica. Eso quiere decir que los reflejos, instintos, actividades de sentido… desde ahora ya no están orientados por una actividad biológica ciega, sin reflejados sobre sí mismos, sino en una conciencia de lo que son y su finalidad. Esta metamorfosis es, pues, el advenimiento de la conciencia de conciencia que las Tradiciones llaman Revelación. Pero, sobre todo, la reciprocidad permite que la conciencia, que resulta de esta metamorfosis, pertenezca, simultáneamente, tanto a los unos como a los otros. El sentido es inmediatamente universal.

En las grandes narraciones de la historia de los seres humanos, las fuerzas físicas y biológicas de la naturaleza son llamadas ciegas, «caos de los orígenes», «tinieblas». De ese caos, surge la «luz». Y esta luz (espiritual) tiene una eficiencia específica (incluso si esta eficiencia no es, sin duda, más que el equivalente de la eficiencia de las energías antagonistas puestas en juego para darle nacimiento). Esta eficiencia, es la «Palabra» de la que, a veces, se dice que es de origen sobrenatural, ya que está librada de determinaciones de la naturaleza física y biológica. Por ella, la conciencia se nombra y nombra a la naturaleza. Inmediatamente, afronta las determinaciones de las fuerzas de la naturaleza, instintos o reflejos, que no participan de la reciprocidad. Y es por ello que la reciprocidad constituye un umbral entre la naturaleza y la cultura.

Las estructuras elementales de la reciprocidad

Casi todas las actividades de los hombres están, pues, sometidas al principio de reciprocidad para tener sentido. Están confundidas en la misma matriz y se llaman prestaciones totales[255]. Pero cuando la reciprocidad se especializa, cada una adquiere su propio sentido.

Según Lévi-Strauss, es en términos de reciprocidad de alianza matrimonial y filiación que los hombres organizan sus primeras comunidades: las estructuras elementales del parentesco. Está prohibido casarse con consanguíneos

---

[255] Cf. Mauss, « Ensayo sobre el don », *op. cit.*

(hermanos y hermanas); también les está prohibido a dos generaciones diferentes esposar al mismo cónyuge (los hijos a sus padres).

La alianza matrimonial, en las sociedades primitivas, es en general una relación de reciprocidad binaria: se la llama reciprocidad restringida. Puede, es cierto, transformarse en reciprocidad generalizada (llamada también ternaria, ya que tres prestaciones bastan para simbolizar este ciclo). La filiación es exclusivamente ternaria: los padres engendran hijos que engendrarán a su vez… Para quienes se interesan por esas cuestiones, les reenvío a «El principio de lo contradictorio y las estructuras elementales de la reciprocidad»[256]. Recordaré, simplemente, que se pueden clasificar las estructuras elementales del parentesco en dos grupos: reciprocidad binaria y reciprocidad ternaria. El grupo de la reciprocidad binaria tiene, a su vez, dos dimensiones: el frente a frente y el compartir. Por ternario, se entiende una relación en la que uno actúa sobre un asociado y se padece de otro asociado. La cadena es, pues, ininterrumpida y se cierra ya sea en una red o ya sea en círculo. Puede ser lineal, o bien, cuando un solo asociado sirve de intermediario a todos los otros, en forma de estrella: se la llama centralizada. Existen, en fin, estructuras intermediarias entre las estructuras elementales. Algunas de ellas son dadas conjuntamente desde el origen, como la filiación y la alianza, mientras que otras se excluyen, como la reciprocidad lineal llamada horizontal, y la reciprocidad centralizada llamada incluso reciprocidad vertical o de redistribución.

Cada una de esas estructuras elementales es la matriz de un sentimiento específico (por ejemplo, el frente a frente de la amistad, o la reciprocidad ternaria de la responsabilidad). Por tanto, es necesario recordar las estructuras elementales, hacer hincapié en el valor que cada una produce, y comprender

---

[256] Véase II, cap. 4, p. 299 en este mismo tomo.

cómo las diferentes estructuras se articulan entre ellas para formar sistemas, a veces exclusivos los unos de los otros. El sentimiento de humanidad, engendrado a nivel de un sistema de reciprocidad, sería diferente de aquel creado por otro sistema. Aunque todos los valores son universales, la humanidad es plural.

Las dos Palabras

Cuando la reciprocidad permite una relativización de sí y de otro, que tiende hacia un estado intermedio equilibrado, el resultado es un sentimiento de pertenencia a una humanidad común. Cuando esta relativización es desequilibrada por uno de los polos que domina al otro, ese sentimiento refleja las características del... polo opuesto[257]. Por ejemplo, el donador (que pierde lo que dona) tendrá el sentimiento de adquirir el valor de humano (el prestigio), mientras que el donatario (que recibe) tendrá el sentimiento de perder la cara. De ahí viene, para él, el deseo de reconquistar el prestigio, que se traduce por la «obligación» de reciprocidad, la obligación de volver a dar.

Y bien, la Palabra se expresa tomando de la naturaleza sus propios significantes. El cuerpo es el primer significante, que es inmediatamente grabado con cicatrices, tatuajes, adornos, los cuales, separados del cuerpo, se convertirán en máscaras. A lo que hemos llamado revelación sucede entonces la significación, que se puede llamar, con las tradiciones

---

[257] Algo difícil de comprender inicialmente y que se comprende en cambio con la Lógica dinámica de lo contradictorio, de Stéphane Lupasco, *Le principe d'antagonisme et la logique de l'énergie* (1951).

religiosas, encarnación, una operación en sentido inverso de lo que se ha producido para engendrar la conciencia.

Existen entonces, lógicamente, dos palabras posibles para la conciencia: una que utiliza por significante lógico la «diferencia», y la otra, la «identidad». A la expresión por la «diferencia», la antropología se refiere bajo el nombre de principio de oposición o también de disyunción; y la expresión por la «identidad», bajo el nombre de principio de unión o también de conjunción. Se trata, en efecto, de los fundamentos de dos Palabras, Palabra de oposición y Palabra de unión, que llamaré aquí también Palabra política y Palabra religiosa.

La Palabra de oposición, el honor y el prestigio

La primera oposición útil para expresar el sentimiento de humanidad es «amigo-enemigo». La reciprocidad puede entonces ser reproducida conscientemente y de muchas maneras, según ella sea más o menos equilibrada o que dominen la amistad o la enemistad. Numerosas son las sociedades construidas a partir de las tres formas de reciprocidad, llamadas, una positiva: la reciprocidad de dones; la otra, negativa: la reciprocidad de venganza; la tercera, simétrica.

La Palabra de oposición distingue la concordia y la discordia. Todo don o venganza debe ser recíproco, so pena de ser inhumano. Sólo la reciprocidad, en efecto, permite metamorfosear el hecho de dar y el de recibir en un valor nuevo, del que da testimonio el prestigio. Es lo mismo con la violencia, el asesinato o el robo. Si no se inscriben en la reciprocidad, no tienen ningún sentido: sólo la reciprocidad les da sentido, al crear el honor.

Esos dos formas de reciprocidad, llamadas positivo y negativo, pueden alternarse directamente (un asesinato por un matrimonio, un don por un golpe) ya que son equivalentes desde el punto de vista de la estructura. Pero un término real de la relación puede ser reemplazado por un símbolo, la «compensación» (se habla también de una «prenda» para la reciprocidad negativa), y cuando los símbolos son idénticos, las dos formas pueden sustituirse la una a la otra. A partir de entonces, las sociedades dan, mayormente, preferencia a la reciprocidad positiva y envían la reciprocidad negativa a su periferia.

El prestigio y el honor ilustran el sentimiento de humanidad, creado por la reciprocidad de los dones o de venganza, pero polarizan, en su no-contradicción respectiva, la reproducción del ciclo. De ahí la dialéctica del don y la dialéctica de la venganza. Esas dos dialécticas pueden relativizarse, y esta relativización conduce a una tercera forma de reciprocidad, la reciprocidad simétrica en el origen de los valores éticos. La reciprocidad simétrica tiene de remarcable el que no conduce a ninguna forma de dominación y no aparece, entonces, en ninguna relación de poder. No por ello es menos el fundamento de la sociedad humana.

La Palabra de unión y lo sagrado

Si la Palabra de oposición conduce a diferentes formas de organización, la Palabra de unión, al contrario, conduce a una sola forma de organización. Ella está en el origen de la religión y opone, al honor y al prestigio, otra representación: lo sagrado.

Se pueden distinguir dos estructuras elementales de reciprocidad que dan nacimiento a la Palabra de unión. El compartir, que produce la confianza, y la reciprocidad ternaria centralizada, en la cual los miembros de la comunidad están todos conectados entre sí por un solo intermediario, que se

279

convierte en centro de la redistribución y autoridad suprema (por ejemplo, el rey Sihanouk en Camboya). El sentimiento de confianza mutua ya no tiene un frente a frente. Se convierte en fe… Cuando el centro se consagra a la redistribución de valores espirituales, la fe de los fieles se transforma en servidumbre personal (obediencia y sumisión)[258].

Todas las sociedades tratan de conciliar la Palabra de oposición con la Palabra de unión, y se ve aparecer una tríada, la tríada del poder: el guerrero y el regente, de un lado, y el religioso, del otro; Aquiles, Agamenón y Calchas, que celebra Homero en la *Ilíada*; una tríada que asegura el esqueleto de la civilización occidental hasta el siglo XVII o que los historiadores describen bajo diversos tríadas, por ejemplo, el caballero, el trabajador, el sacerdote[259].

Un hombre que no participa de ningún sistema de reciprocidad o que no puede participar en él, ya no es considerado como humano. Los tres referentes —el honor, el prestigio y lo sagrado— implican pues, negativamente, un cuarto referente: lo inhumano, que funda, en todos los antiguos regímenes, la esclavitud.

Si ninguna sociedad humana ignora las dos Palabras, cada una confiere la precedencia tanto a la una como a la otra. En las sociedades amerindias de los Andes, el linaje masculino

---

[258] El jefe de una monarquía religiosa occidental, el soberano Pontífice de la Iglesia Católica Apostólica y Romana, recientemente añadió al símbolo de Nicea (el Credo de los cristianos) un artículo que testimonia de esta focalización extrema: «Además, me adhiero a una obediencia escrupulosa a las doctrinas que enuncian el Pontífice romano o el Colegio episcopal cuando ejercen su Magisterio auténtico incluso cuando no tienen la intención de proclamarlos en un acto definitivo». (*"Insuper religioso voluntatis et intellectus doctrinis adhaereo quas sive Romanus Pontifex sive Collegium episcoparum anuntiam cum Magisterium authenticum exercent etsi non definitivo actu easdem proclamare intendant"*). Actas de la Santa Sede, l'Osservatore Romano, 25 de febrero 1989, *La documentation Catholique*, n° 1982, 16 avril 1989.

[259] Cf. Georges Duby, *Le chevalier, la femme et le prêtre* (1981), Paris, Hachette, 2009.

es responsable de la Palabra de oposición, el linaje femenino de la Palabra de unión. En la civilización europea, hasta el siglo X, la Palabra política domina, y la palabra política salida de la reciprocidad negativa domina la palabra política salida de la reciprocidad positiva (los caballeros se convierten en señores y los trabajadores en siervos). En el siglo XI, la Palabra religiosa toma la delantera: los religiosos sacralizan a los reyes y enfeudan sus prerrogativas hasta validar sus alianzas matrimoniales.

Evidentemente, en cada orden: político o religioso, un debate interno opone la tentación de lo no-contradictorio a su relativización en contradictorio: poder y libertad, imaginario y simbólico, ley y génesis. La antinomia entre lo no-contradictorio, que pretende al poder, y la relativización de éste, para engendrar lo contradictorio, la libertad, es inextinguible. Ella no sólo es una cuestión que atañe a los orígenes, es también una constante que tiene que ver con el génesis; aquí se encuentra, al nivel de la palabra, un segundo nivel de relaciones humanas, en relación a aquel de las actividades de la vida, el nivel de lo real. La propiedad lucha con la reciprocidad, la selección con la elección, el poder con la libertad. Y cuando lo no-contradictorio domina, suena la hora de las ideologías asesinas que entregan a los Judíos al infierno, los Negros a la esclavitud, los Indios al «servicio doméstico», a todos los «heréticos» a la tortura y la muerte.

Para las dos Palabras, la prueba es, en efecto, difícil, ya que deben dar cuenta, la una y la otra, del sentimiento de humanidad creado por la reciprocidad en el nivel de lo real (el primer nivel) y son, desde entonces, amenazadas con ser tomadas por la lógica no-contradictoria de su significante (la unión o la oposición).

¿Pero por qué lo imaginario aprisiona lo simbólico? ¿Por qué el poder se apodera de lo espiritual? ¿Por qué la reciprocidad simétrica no se impone, no se reproduce inmediatamente en el lenguaje, no conduce al mejor de los mundos?

El fetichismo del prestigio

Lewis Hyde, en su interpretación del texto más célebre de la literatura antropológica (la enseñanza del sabio maorí Tamati Ranaipiri a un antropólogo inglés de nombre Best), da una idea de eso[260]. Según lo relata Mauss, en su Ensayo sobre el don, Ranaipiri quería describir a Best, la relación del hombre maorí con la naturaleza.

Ranaipiri se refiere a una relación entre los hombres, una situación de reciprocidad generalizada (la más común de todas las relaciones de reciprocidad):

> Supongamos –dice Ranaipiri– que tú me das un regalo y que yo lo transmito a un tercero, cuando a éste se le ocurra de dar por reciprocidad otro regalo, yo no podré guardarlo para mí, ya que podría morir por ello[261].

Y bien, he aquí que Ranaipiri imagina una relación de reciprocidad ternaria entre los cazadores, él mismo y la floresta[262]. La floresta da pájaros al cazador, el cazador a Ranaipiri, que vuelve a dar un pájaro a la floresta con, además, lo que llama el *mauri*, una representación del prestigio (*hau*) que genera el don. Es su posición intermediaria, entre la floresta y los cazadores, la que le asegura, a la vez, el ser donador y donatario (una situación por ello contradictoria en sí) que produce en el sabio maorí un sentimiento de

---

[260] Cf. Lewis Hyde, *The Gift* (1983).

[261] Mauss, «Essai sur le don», *op. cit.*, p. 158-159.

[262] Con una diferencia: la relación entre los hombres es bilateral, se engendra la justicia además de la responsabilidad, mientras que la relación con la naturaleza es unilateral, engendrando sólo la responsabilidad. Pero esta diferencia no tiene incidencia sobre la demostración que apunta a distinguir la reciprocidad del intercambio.

responsabilidad. Expresa un tal sentimiento de responsabilidad, confeccionando el *mauri*, símbolo del espíritu del don. Ranaipiri devuelve el *mauri* a la floresta para que el ciclo de la caza se reproduzca a iniciativa suya. Crea entonces una quimera de reciprocidad de la que puede extraer un espíritu con el que encanta al mundo.

Lewis Hyde observa que los Maorí invitan a la floresta a esta matriz, pero también a los ríos, la tierra, el cielo, el universo, luego el más allá que él llama Misterio y, en fin, a los Espíritus. El objetivo de esta fuga en el misterio es, sin duda, el de evitar que la reciprocidad no pueda ser recuperada en beneficio de un primer donante, ya que inmediatamente se reduciría a lo que podría interpretarse como un don calculado por su interés, en suma: como «intercambio».

Ahora bien, cuando se confunde el espíritu del don con el don mismo, que se haga del espíritu del don un primer donador, como si el *mauri* fuera el símbolo de un donador, esta reducción establece el valor de responsabilidad como una propiedad de ese cuarto participante del ciclo y, forzosamente, el contra-don significa otra propiedad. Conocemos esa relación entre propiedades: el intercambio.

Es por haber interpretado el espíritu del don, producido por la reciprocidad, como el *Yo* del donador (como su propiedad) que Marcel Mauss, el principal teórico francés que se inquietó por la reciprocidad de los dones, creyó que donando uno se daba sí mismo. Sostiene enseguida que el don de sí no puede ser definitivo, que es en realidad inalienable, o que el retorno del símbolo a su hogar de origen se hace ineluctable, mientras esta ineluctabilidad sería el resorte del intercambio… Interpreta así el don como un simple préstamo, y ve en la venganza la prueba de su interpretación: la venganza vendría a restaurar la integridad del donador cuando el préstamo no fuera restituido. Habla de «intercambio arcaico» y como todo le parece estar mezclado, alma y cosas, se puede sacar la idea del intercambio simbólico. Bastaría separar las cosas de su valor simbólico para que puedan intercambiarse según criterios objetivos. Extraviada en este impasse, la teoría de la reciprocidad ha quedado por largo tiempo inexplorada, en beneficio del intercambio.

El fetichismo del honor

De la reciprocidad de venganza nace el sentimiento del honor, pero puede tener lugar la misma reversión fetichista, como para el prestigio en la reciprocidad de los dones: el honor se hace entonces un principio motor, el dios de la venganza. Es lo que propone el Antiguo Testamento:

> Como el Faraón se obstinaba en no dejarnos ir, Yahvé hizo morir a todos los recién nacidos en el país de Egipto, desde los primogénitos de los hombres hasta los primogénitos de los animales[263].

El espíritu de venganza se transforma en principio de la venganza. El «sacrificio» es desde entonces instaurado como ritual para alimentar al dios de la venganza:

> He ahí porqué ofrezco en sacrificio a Yahvé a todo macho primogénito de los animales y que rescato a todo primogénito de mis hijos.

---

[263] Cf. La Biblia, Éxodo, «La salida de Egipto».

El fetichismo de lo sagrado

Se puede considerar así el fetichismo en la Palabra de unión; entonces la ofrenda se confunde con el asesinato. Faraón, por ejemplo, puede significar la Palabra de unión convertida en totalitaria, y la fuga de Egipto la relativización de la Palabra de unión.

Originalmente, el sacrificio recuerda la necesaria relativización de la naturaleza biológica y física para engendrar lo sagrado. Aquí significa la relativización de la Palabra de unión, bajo pena de que se vuelva totalitaria, para engendrar su más allá (la Tierra Prometida). Sin embargo, si se «hipostasia» lo sagrado en principio (la ídolo monoteísta), entonces el sacrificio puede reemplazar la reciprocidad; dicho de otra forma, la matriz puede ser olvidada y el ritual tomado por la matriz: origen de las religiones.

Siempre encontramos ese dilema entre lo que, muchas veces, hemos indicado bajo los términos de lo contradictorio y lo no-contradictorio, aquí más precisamente, entre lo imaginario necesario para dar cuenta y proclamar lo bien fundado de los valores adquiridos, y lo simbólico que procede a la relativización de lo imaginario en el crisol de una nueva reciprocidad para engendrar un valor superior.

El problema del Mal y el fetichismo

La hipóstasis, por la no-reciprocidad del valor producido por la reciprocidad, señala entonces la reversión fetichista: ya no es la reciprocidad de asesinato la que engendra el honor, es la divinidad de venganza la que dicta el asesinato. No es la reciprocidad de los dones la que produce prestigio, sino el prestigio el que ordena el don. El ciclo de la reciprocidad es invertido en una relación inversa de la reciprocidad, una relación doblemente unilateral, un intercambio. No se produce ningún valor espiritual, aunque el valor espiritual es postulado. Inmediatamente, la libertad engendrada por la reciprocidad se convierte en servidumbre, por tanto en obediencia al gobierno que detenta la Palabra.

En la Tradición judía, el fetichismo es llamado Tentación. La tentación es una representación no-contradictoria de lo sagrado. Y bien, esta concepción no-contradictoria implica que toda relativización sea denunciada como el Mal.

La reciprocidad no conoce el Mal, ya que es la no-reciprocidad la que inventa el Mal: la no-reciprocidad llama el Mal a todo lo que podría corromper su representación de lo sagrado como no-contradictorio. ¡Paradoja! Lo que nos parecía ser el advenimiento de la conciencia es, desde entonces, llamado el Mal. En realidad el que inventa el Mal debe ser dicho el Maligno. Siempre el mismo dilema: lo no-contradictorio afronta lo contradictorio.

El intercambio entre los occidentales

Hemos dicho que hacer del espíritu del don un primer donador es típico del fetichismo. En un sistema religioso, ese primer donador se convierte en Dios, y es a Dios que le es debida toda gloria… Esta alienación alcanza su paroxismo en la Europa del norte a partir de siglo XVII. Dios acumula tal poder que el hombre se reduce al estado de naturaleza: se dice de él, incluso, «predestinado»… Todo lo que da cuenta de lo espiritual es efectivamente reservado a Dios.

Desde entonces, una economía reducida a las leyes naturales parece legítima para construir la ciudad terrestre. Es pues la hora del «intercambio», elegido desde ahora como referente. Realiza la igualdad de las cosas entre sí, una igualdad que se comprende como su complementariedad en vista de una eficacia superior. En suma, mide su utilidad. He ahí una nueva potencia que reemplaza el honor, el prestigio, lo sagrado: la «utilidad». Los capitalistas sostienen que su principio es universal, ya que objetivo, de cierta forma racional, si se reduce la razón al cálculo. Una noción de la razón y de lo universal específico de esta sociedad. Pero ya no hay matriz, ya no hay génesis. El espíritu ya no es alimentado y languidece.

Quien dice «utilidad» se aproxima, en efecto, al dilema entre lo contradictorio y lo no-contradictorio. ¿Se concibe la utilidad en beneficio de lo privado o de la sociedad entera? El intercambio es ciertamente neutro, pero define lo útil en términos de fuerzas y, por tanto, en los del mayor beneficio para el poder. Hace el juego de lo unidimensional contra lo relativo. No es el demonio, pero es su compañero. Si el intercambio, en efecto, puede ser llamado ciego, el interés al que se subordina, a su vez, no lo es, sea privado o colectivo. La sociedad está entonces obligada a inventar el «contrato social», para dominar el retorno a la violencia primitiva, contrato que implica la reciprocidad entre los hombres y que apunta al intercambio, de ahí su ambigüedad. La democracia política en la sociedad occidental es un correctivo necesario para el «libre cambio», pero supone individuos dotados de un ideal del bien predestinado.

Por un lado, el intercambio libera de la sujeción al honor, al prestigio y a lo sagrado. Por el otro, lo mejor que pueda hacer el creyente para honrar lo divino es hacer funcionar la economía utilitarista lo mejor que se pueda. Puede decirse de Dios que es un espíritu puro. Esta paradoja ha sido bien vista por Max Weber[264]: por un lado, una sujeción retrotraída a Dios que suprime todas las intermediaciones: príncipes y obispos, sujeción absoluta; por otra parte, la salida de la sujeción por el materialismo económico. La conjunción de la moral cristiana y del interés privado explica el triunfo del capitalismo en occidente que no puede, de todas formas, impedir las herejías mortales: racismo, fascismo, nacional-socialismo. El peligro de la reducción del trabajo humano al trabajo de la máquina está allí: la fuerza bruta, el poder biológico, la discriminación social o racial, deportaciones y genocidios, en fin, la Solución final para la conciencia revelada.

Conciencia objetiva y conciencia afectiva

Pero si el puritano no lo hubiera acaparado en el Norte, el jesuita en el Sur[265], el proceso de la acumulación material a partir del intercambio, ¿no se hubiera producido de todas maneras? ¿Y no se amplifica, hoy, a despecho de la declinación de la religión?

La Palabra parece haber expresado, primero, el sentimiento de pertenencia a una humanidad común. *Henos aquí a los verdaderos hombres* es el nombre que se dan innumerables comunidades humanas. La humanidad parece haberse apasionado, primero, por la conciencia más bien afectiva. Su primera ambición fue en todas partes la de

---

[264] Max Weber, *L'éthique protestante et l'esprit du capitalisme*, Paris, Plon, (1905), 1964.

[265] Bartolomé Clavero, *Antidora. Antropología católica de la economía moderna* (1991), *La Grâce du don. Anthropologie catholique de l'économie moderne*, Paris, Albin Michel, 1996.

liberarse de la naturaleza y afirmarse por sus cantos, sus danzas y sus adornos. La preocupación por el conocimiento del mundo por sí mismo viene, parece, mucho más tarde y con la ciencia. Y bien, la experiencia afectiva, la conciencia, se vuelca hacia lo no-contradictorio. Como un navío en el mar que primero se dirige a alta mar y luego se gira hacia la costa.

Inmediatamente, es tentador tomar la dirección elegida por la conciencia, como la realidad de la cosa observada, y creer que toda cosa nombrada es no-contradictoria, creer que la nominación de las cosas no hace sino reconocer la no-contradicción de ellas. Lo que es un modo de conocimiento (la lógica de la no-contradicción) y de comunicación entre los hombres, un *organon*, es transferido al mundo: la luz, por ejemplo, es finalmente interpretada en el siglo XIX como un sistema de ondas (es decir, como la propagación de un campo exclusivamente continuo) y la materia, como un sistema de átomos (ladrillos elementales, exclusivamente discontinuos).

El golpe de *h*

La ciencia clásica trató pues de imaginar el mundo a partir de la idea de no-contradicción, y quiso excluir lo contradictorio de su campo. La lógica occidental está fundada, en efecto, en el principio de identidad, el principio de no-contradicción y el principio del tercero excluido[266], ese tercero

---

[266] El principio de identidad (A es A) implica la exclusión de lo contradictorio, pero es el segundo principio, llamado principio de contradicción, el que lo explicita: dos proposiciones contradictorias entre sí no pueden ser verdaderas juntas. Finalmente, el principio del tercero excluido precisa que lo que es excluido es lo que es en sí contradictorio: de dos proposiciones contrarias si una es verdadera y la otra falsa no existe una tercera proposición entre esos contradictorios, por el hecho que tendría en

que era, precedentemente, excluido por la lógica pero el objeto de todos los deseos místicos, helo aquí desprestigiado en los siglos XVIII y XIX.

La ciencia positivista, por tanto, fue un auxiliar precioso de la teoría utilitarista hasta una fecha precisa: 1900. ¡Un seísmo! Un físico, Max Planck, que no se animará a creer en su propio descubrimiento, muestra que la radiación (la luz) es continua o discontinua según el procedimiento experimental con la cual se la aprehenda y que es, por tanto, contradictoria en sí misma (hv) (h es un valor discontinuo, v el valor continuo, contradictoriamente asociado). La interacción, con el aparato de medición, actualiza una no-contradicción dada o la otra, pero a partir de una entidad indescifrable en términos de no-contradicción. Veinte años más tarde, toda energía, toda materia del universo será reconocida bajo la misma nueva perspectiva (por tanto cuántica, es decir, contradictoria). La física cuántica no pone fin a la aprehensión del mundo en términos de no-contradicción (ya que la interacción que engendra esos fenómenos es muy real) ni a la idea de que la fuerza sería una ley de la naturaleza física y biológica, tal vez ni siquiera a aquella de que pueda ser útil organizar cierta parte de la vida material según relaciones de fuerza. Pero la experiencia desmiente los postulados de la ciencia positivista del siglo XIX.

Incluso si las nuevas ideas deben enfrentar una fuerte inercia de las ideas recibidas, lo contradictorio es desde ahora reconocido por todas partes en el corazón de lo que es no-contradictorio, y lo no-contradictorio resulta ser uno u otro de los dos polos de lo contradictorio.

---

ella una contradicción. Las lógicas modernas implican innumerables valores pero todas suscriben igualmente la exclusión de lo que es en sí contradictorio para cada uno de esos valores. Lo que es contradictorio en sí es el $n+1$ valor excluido de las lógicas a n valores. Era necesario, consecuentemente, concebir una lógica de lo contradictorio mismo, que es lo que propuso Stéphane Lupasco (1951).

De golpe, la ciencia cambia de actitud. Ya no está sometida a la no-contradicción lógica de los principios que organizaron la sociedad. Ya no piensa el mundo en términos solamente materiales; se inquieta por las dimensiones propias al hombre, pues ellas ya están inscritas en el corazón de la naturaleza. Queda francamente hostil a todo fetichismo, a todo imaginario, pero acepta que su alcance sobre el mundo se redoble con un alcance sobre el hombre y comprende la antinomia de ello. Respeta los valores éticos que hacen parte integrante de sus fundamentos al lado del conocimiento.

La reciprocidad simétrica en los tiempos modernos

Pero las cosas van más lejos. La metamorfosis del caos de los orígenes en energía espiritual (de las tinieblas en luz) es, dijimos, el advenimiento de la conciencia. Hemos interpretado el sacrificio original como la representación de esta consumación de las fuerzas físicas y biológicas de la naturaleza en el crisol de la reciprocidad para engendrar lo espiritual. Luego, la eficiencia de esta conciencia (el Verbo) nombra las cosas, imponiéndoles una definición y un orden según una lógica de lo no-contradictorio, con el principio de oposición o el principio de unión.

Y bien, a partir de Planck, esta intuición encontró la experiencia: los dinamismos con polaridad no-contradictoria, y ese mismo contradictorio que puede engendrar lo no-contradictorio (el vacío cuántico puede engendrar la materia y la energía). ¿Para hacer qué? ¿Crear información útil al despliegue de su propia dinámica, como dicen los neurobiólogos? Es posible, por lo menos, dominar tres sistemas de información: la información física, la información biológica (el código genético por ejemplo) y, pronto, si no la información cuántica, por lo menos su matriz, que pondrá al servicio de lo humano su propia materia psíquica.

Es tal vez aquí que se presenta un nuevo umbral: lo psíquico, o lo cuántico que está en la fuente, no es reductible a lo que haya de «objetivo». Es «subjetivo» y la génesis de esta subjetividad es la apuesta de la humanidad. Liberada de toda traba física o biológica, esta energía psíquica es la conciencia del hombre. Y bien, participamos todos en la creación de la red mundial de esta información inmaterial, palabra dirigida a todos y disponible para todos de forma permanente y gratuita. Esta gratuidad de la palabra de cada uno a todos y de todos para cada uno, es la forma moderna de la reciprocidad simétrica, una reciprocidad liberada de los imaginarios que la aprisionaban en la propiedad y la sometían al poder.

La reciprocidad se escapa del segundo círculo, el de lo imaginario, y se construye en un tercer círculo. Se convierte en la «noosfera» que había imaginado Teilhard de Chardin, halo único por el momento, entre todos los halos de los planetas, un halo de luz espiritual, anclado en los valores de la ética.

La actualidad de la reciprocidad

Todos los días, recibimos al otro, lo invitamos a compartir víveres, le ofrecemos hospitalidad y nuestra protección, de forma privada o colectiva (cobertura médica universal, retiro, asignaciones familiares, seguros sociales). Practicamos la reciprocidad en lo real ya que somos de lo real, y más de la mitad de nuestra actividad productora está destinada a esta reciprocidad; pero sin saberlo, lo interpretamos todo según el paradigma dominante del intercambio.

Tratamos de vivir socialmente y nos inquietamos por la destrucción del lazo social, sin saber lo que es el lazo social, una palabra vaga que recubre, de hecho, los valores producidos por la reciprocidad simétrica, el sentimiento de responsabilidad, el de libertad, el de justicia, el sentimiento de confianza (según las estructuras de reciprocidad en juego pero que ignoramos). Allá donde esas estructuras se rompen, somos conscientes de que el lazo social se deshace; entonces unos se repliegan a la naturaleza, otros se meten en la mafia, otros en el éxtasi, otros en la religiosidad y otros en lo que llaman economías alternativas, paralelas, subterráneas, marginales, etc., todas precapitalistas. Pero esa retirada nos permite encontrar al otro en la proximidad, la solidaridad, la ciudadanía, sin saber ya cuál es el secreto de esas nociones y prácticas elementales. Excluidos del primer círculo, nos encontramos sin embargo en el segundo círculo, el de la palabra y de la comunicación.

Pero, a falta de competencias sobre el sujeto, aquí también el paradigma del intercambio impone su ley. Se habla aún de intercambios, ¡e incluso de intercambio de competencias! Y la competencia misma se convierte en objeto de interés y a veces de intereses... ¡recíprocos! La reciprocidad de intereses, es el intercambio, es decir, lo contrario de la reciprocidad; más precisamente, una reciprocidad vuelta contra sí misma. La confusión conduce siempre al mismo impasse y la desilusión se acrecienta.

También hay que reflexionar y preguntarse lo que se quiere producir: ¿qué valores? ¿Valor de intercambio o valores éticos: justicia, responsabilidad, confianza, fe? Los hombres responden las más de las veces: «¡Primero la libertad!» Es el primer valor que propone la Revolución. Y enseguida «la igualdad».

Todas las estructuras de reciprocidad son generadoras de libertad, ya que todas ponen fin al determinismo de la naturaleza, pero sólo una forma particular de reciprocidad engendra la justicia: la reciprocidad generalizada. Desde hace tiempo, los liberales se preguntan ¿cómo conciliar la libertad y la justicia? La libertad individual es su mayor preocupación.

Hay que entender aquí la libertad por el repudio de toda sujeción, la sujeción al honor, al prestigio y lo sagrado. Nadie sensato, hoy en día, quisiera volver al tiempo de Carlos Quinto.

¿Pero cómo conciliar esta libertad con la justicia? John Rawls, campeón del liberalismo contemporáneo, al término de una reflexión de varias decenas de años, concede que el individuo racional no puede ser llamado un individuo completo, y que ni siquiera puede alcanzar a los principios de justicia por sí solo[267]. Aún le falta ser «razonable», dice Rawls, es decir, vivir en reciprocidad con el otro, para adquirir lo que Charles Taylor describe como las capacidades que no pueden surgir sino de la participación de cada uno en una comunidad[268]. Y bien, la comunidad universal, que se libera pues de todos los límites prácticos o imaginarios, se construye por una reciprocidad generalizada.

Otro debate igualmente importante, aunque actualmente esté en suspenso, es el de saber conciliar «igualdad» y «responsabilidad». Existen, en efecto, dos formas de reciprocidad generalizada, una que promueve la responsabilidad, la otra que promueve la confianza (y en su alienación, se ha visto, la sumisión). La dificultad nace de que son exclusivas la una de la otra. El desconocimiento de las matrices de esos dos valores fundamentales y de su exclusión mutua es el escollo en el que se estrelló la economía comunista.

¿Cómo resolver esos enigmas, sino dominando las estructuras de producción de los valores humanos más importantes? El reconocimiento de las estructuras de reciprocidad permite asociar la libertad, por una parte, la justicia por la otra. Es por ella, cuyo fruto es la «fraternidad», tercer valor de la divisa revolucionaria, que debiéramos haber

---

[267] John Rawls, *A Theory of Justice* (1971).

[268] Charles Taylor (1989), *Les sources du moi: La formation de l'identité moderne*, Paris, Éd. du Seuil, 1998.

comenzado, para evitar el enfrentamiento de la libertad y la igualdad y hacer la economía de la revolución de Octubre. Y ello no basta, ya que lo imaginario se apodera, en efecto, de esos valores para sojuzgarlos. Hay que añadir entonces, al reconocimiento de las estructuras de reciprocidad, el tomar en cuenta los diferentes círculos o niveles (lo real, lo imaginario...) en los que ella se manifiesta.

*

4

EL PRINCIPIO DE LO CONTRADICTORIO Y LAS ESTRUCTURAS ELEMENTALES DE LA RECIPROCIDAD

1ª publicación en *La revue du M.A.U.S.S.*, 2e sem., n° 12, Paris, La Découverte, 1998.

*

El sentimiento de libertad de la conciencia de conciencia pura se convierte en amistad en el frente a frente, la confianza en el compartir, la responsabilidad, la justicia, en las estructuras ternarias... Cada estructura elemental de la reciprocidad produce, pues, un valor particular.

La amistad no se reduce a la justicia, y la justicia puede ignorar la cara del otro; la individuación del ser conduce a la responsabilidad en una relación de reciprocidad ternaria simple, y a la obediencia en una relación ternaria centralizada.

Para vivir estos valores diferentes, es necesario participar en sus matrices respectivas. La finalidad de las instituciones políticas consiste en conciliar estas matrices en el mejor sistema posible.

1. EL PRINCIPIO DE ANTAGONISMO DE STÉPHANE LUPASCO Y LA IDEA DE CONCIENCIA ELEMENTAL

«La materia contiene en potencia los contrarios»

–dice Aristóteles en su *Metafísica*:

> Así, tres son las causas, tres son los principios: dos constituyen una pareja de contrarios, de los cuales uno es definición y forma, y el otro privación; el tercer principio es la materia[269].

Esta materia primordial, indeterminada, fue devuelta al sitio de honor por la física cuántica. Los descubrimientos de Planck, Einstein, L. de Broglie, etc., revelan que la estructura fina del universo ni es continua ni discontinua, sino capaz de manifestarse como, ora continua ora discontinua, según la experimentación que la mide. Además, ningún fenómeno puede alcanzar una no-contradicción absoluta. Está siempre ligado por un quantum de antagonismo a su contrario. Las relaciones de Heisenberg ilustran este límite. Bohr propuso que las medidas, por las cuales se puede dar cuenta de la naturaleza de las cosas, sean llamadas complementarias (principio de complementariedad de Bohr). Lupasco propuso otro principio, el principio de antagonismo: todo fenómeno que se actualiza va aparejado a un anti-fenómeno que se potencializa. Entre las actualizaciones-potencializaciones antagonistas aparece una tercera polaridad, la de lo contradictorio.

En los acontecimientos contradictorios en sí mismos, toda actualización es como aniquilada. Toda materia o energía parece borrarse. En su lugar nace lo que los físicos llaman la

---

[269] Aristóteles, *Metafísica*, 1069b 5-30, p. 35-38.

energía del vacío, el vacío cuántico. Igualmente, toda potencialización es aniquilada por su contrario. Lupasco interpreta, desde entonces, la potencialización como una *conciencia elemental*[270]. En lo contradictorio, las conciencias elementales se relativizan y se anulan la una a la otra para ceder el sitio a una *conciencia de conciencia.* La energía del vacío puede ser ella misma tratada como una conciencia de conciencia primitiva.

2. EL PRINCIPIO DE LO CONTRADICTORIO Y LA AFECTIVIDAD

1 - De las conciencias elementales a la conciencia afectiva

Si las conciencias elementales se relativizan totalmente, lo que es en sí contradictorio no tiene horizonte, ni límites. ¿Qué estatuto acordar a ese momento contradictorio, sino aquel de la Libertad, una libertad pura, ya que ha sido desposeída de toda finalidad fuera de sí misma? Esta libertad no es la libertad de hacer o no algo, sino una liberación de la conciencia de conciencia frente a las fuerzas de la naturaleza puestas en juego para hacerla nacer.

Esta libertad sería sin duda una experiencia de la nada si no se experimentara a sí misma como la afectividad. Y bien, una libertad tal, sin relación con nada que no sea ella misma, tiene necesariamente el carácter de lo absoluto.

---

[270] Las conciencias elementales son las potencializaciones conjuntas, por el principio de antagonismo, a las actualizaciones de materia y energía.

Que lo contradictorio sea la matriz del absoluto, he ahí algo que es generalmente ignorado ya que la manifestación de un sentimiento puro de libertad se aparece a sí mismo como su propio origen. Llamaremos conciencia afectiva a la revelación de la conciencia a sí misma[271].

La teoría de Lupasco permite pues unir toda materia biológica y toda energía física cada una con una conciencia elemental, al mismo tiempo que permite también, relacionar la conciencia de conciencia al universo, y en fin, situar la afectividad en el corazón de toda conciencia de conciencia.

Si el antagonismo se acrecienta a despecho de sus polaridades no-contradictorias, esta conciencia de conciencia se despliega. Si una de las polaridades no-contradictorias no se borra completamente, aparece como el horizonte de esta conciencia de conciencia que ella define unilateralmente. Llamaremos a una tal conciencia de conciencia una conciencia objetiva[272].

Partiendo de esas premisas, buscamos conocer las matrices de reciprocidad de la conciencia y comprender cómo esta conciencia puede liberarse de las fuerzas que le dan nacimiento.

---

[271] La conciencia afectiva resulta de una orientación de las fuerzas puestas pendientes para producirla, al revés de la que conduce a la conciencia objetiva, la primera hacia lo contradictorio, la segunda hacia lo no-contradictorio. De esta diferencia de orientación procede la antinomia entre conocimiento y afectividad. Las sensaciones, las percepciones, las imágenes, etc. del sentido común se presentan bien como intermediarios entre estas dos polaridades opuestas, pero es difícil de sistematizar su lógica. Para eso, los científicos, que buscan el conocimiento puro, y las místicas que buscan la afectividad pura, tienen hábito de desafiar los unos las referencias de los otros. La poesía, sin embargo, pone de manifiesto que la verdad les pertenece, mitad a los unos mitad a los otros.

[272] Para la teoría de la conciencia a partir de la Lógica de lo contradictorio, ver Stéphane Lupasco, *Du devenir logique et de l'affectivité* (Tesis de doctorado), vol. 1 *Le dualisme antagoniste et les exigences historiques de l'esprit*, vol. 2 *Essai d'une nouvelle théorie de la connaissance*, Paris, Vrin (1935), 1973.

2 - El principio de reciprocidad y el principio de lo contradictorio

Si la experiencia de lo «contradictorio» queda, como la de una confrontación de lo viviente con la muerte, en la cual la vida domina a la muerte, la conciencia de conciencia que resulta es inmediatamente enfeudada al devenir de lo viviente en el cual nació. La conciencia afectiva se reduce a un sentimiento de la existencia, efímero y frágil. El animal que aprecia su perímetro de seguridad, inmóvil entre la perspectiva de la fuga y el reposo, el animal al acecho, tiene el sentimiento de una existencia libre de toda determinación, pero un sentimiento casi siempre inmediatamente sobrepasado por la actualización de la vida. Esta afectividad queda raramente en sí misma y, cuando ello se produce, se condensa sin poder desplegarse y se fija en la angustia. Para escapar a la obligación biológica sería necesario que lo contradictorio pueda desplegarse fuera de las estructuras biológicas. Es la ocasión que le ofrece la reciprocidad.

Desde que lo contradictorio nace de la reciprocidad, la afectividad es compartida. Es experimentada como un sentimiento de lo absoluto, pero superior al sentimiento de la existencia propia a cada uno. Ella se llamará humanidad. Al contrario del sentimiento de sí en el animal, el sentimiento de humanidad no es reductible a cada uno de nosotros, ya que está determinado por la existencia del otro.

En la naturaleza, el hecho de actuar y el de padecer están separados, el predador, por ejemplo, no es al mismo tiempo predador y presa. Pero la reciprocidad permite que cada uno de los partícipes que ella une, sea a la vez agente y paciente, es decir, la sede de dos conciencias biológicas antagonistas, la del predador y la presa, la de alimentar y ser alimentado... Y desde que ellas están unidas por la reciprocidad, las conciencias objetivas —aparejadas a los dinamismos de actuar y de padecer– están a su vez ligadas la una a la otra por el mismo antagonismo sin que éste sea enfeudado a la vida. Los mitos cuentan a menudo que los animales y las plantas fueron seres humanos que no supieron mantenerse en la matriz de la reciprocidad y que degeneraron bajo la empresa de lo no-contradictorio, es decir, cada vez que las conciencias elementales se hicieron dominantes en relación a su antagonismo.

3 - El principio de reciprocidad y el sentido

Los estados intermedios entre las conciencias elementales y la revelación de la conciencia a sí misma, son conciencias de conciencias tales que una de las dos conciencias elementales en juego domina a la otra. De dos conciencias elementales antagonistas, la que domina aparece alrededor del sentimiento que nace de su antagonismo con la otra. La hemos llamado conciencia objetiva. Y bien, las conciencias de los partícipes de una relación de reciprocidad están unidas por la misma estructura contradictoria. Lo contradictorio se nos aparece, en el corazón de la conciencia de conciencia, como el hogar del sentido, mientras que la polaridad no-contradictoria en la potencialización le da la objetividad. Pero éstas obedecen entonces a reglas estrictas. Por ejemplo, en numerosas lenguas, lo activo y lo pasivo (matar y ser matado, dar y recibir, alimentar y ser alimentado) se expresan por el mismo término llamado ambivalente. Ninguna confusión tiene lugar, mientras los interlocutores participan de una estructura de reciprocidad, cada uno en una situación inversa a la del otro. Fuera de tal contexto, un afijo es necesario para precisar la acción de cada uno. Pero en la reciprocidad misma, la Palabra no tiene necesidad de él en tanto que recibe su sentido a partir de la relativización de las dos conciencias elementales del actuar y del padecer.

Otro ejemplo: ya que en la reciprocidad la objetividad, que nace en el horizonte del sentimiento de uno de los dos participantes, es la inversa de aquella que nace en el horizonte del sentimiento del otro, cada conciencia objetiva es lógicamente definida por lo que caracteriza la realidad del otro. Así, el sentimiento de sí es percibido por el donador como adquisición, el prestigio, mientras que aquel que adquiere el don lo percibe como pérdida: «pierde la cara»[273].

Para cada uno de los participantes de la reciprocidad, la conciencia dominada se convierte a su vez en dominante cuando su posición se invierte, por ejemplo, cuando el donador se convierte en donatario. Las dos conciencias objetivas antagonistas se metamorfosean entonces la una en la otra cuando los participantes invierten su papel. No se puede tener la conciencia de adquirir prestigio cuando se da, sin tener, a su vez, la de perder la cara cuando se recibe, ya que la reciprocidad significa la alternancia o la simetría de la posición de cada uno. Así se aclara la obligación que Mauss había remarcado para cada una de las prestaciones en relación con su opuesto: para el donador, la necesidad de recibir y, para el donatario, la obligación de donar. Esta obligación no es otra que la eficiencia del sentido que se impone a los dos participantes de la reciprocidad. Donar se concibe al mismo tiempo que recibir, y recíprocamente. La obligación mayor de

---

[273] El sentimiento de humanidad nacido de la reciprocidad tiene por horizonte objetivo la conciencia elemental conjunta a la actualización dominante. Es ella que se convierte en el horizonte de la conciencia de conciencia, que hace de esta conciencia de conciencia una conciencia objetiva. Por ejemplo, dar es conjunto a la conciencia elemental recibir. El ser social, contenido en la relación de reciprocidad de los dones, se representa como una conciencia de recibir para el que da, lo que se traduce como adquisición de prestigio. Dando se adquiere del prestigio.

la reciprocidad, la obligación de devolver, es la obligación del sentido para las dos prestaciones de donar y recibir.

4 - La «metamorfosis» y el sacrificio

El sentimiento puro de toda conciencia de conciencia requiere la metamorfosis completa de las conciencias elementales movilizadas por la reciprocidad, una metamorfosis que no es, sin embargo, destrucción: las conciencias elementales son llamadas a neutralizarse para dar vida al ser. Todo lo que entra en el ciclo de la reciprocidad se convierte en material de la conciencia humana, material de la «revelación», y sirve a producir el sentido[274], mientras que lo que le queda exterior permanece como «caos de los orígenes».

Esta transformación es descrita, en ciertas tradiciones, como la metamorfosis de las fuerzas ciegas de la noche primitiva en la luz del día, y como la transformación de una conciencia confusa en sabiduría.

La naturaleza que está comprometida en la relación de reciprocidad es llamada entonces «humana», por ejemplo, la tierra nutricia como madre. A veces, los animales mismos son postulados como humanos, ya que entran en el ciclo de la reciprocidad. Para los amerindios del norte, los hombres-

---

[274] Lucien Lévy-Bruhl percibió que en las sociedades donde están en vigor las prestaciones de reciprocidad total, los hombres comprenden el mundo por este que nombra la «categoría afectiva del sobrenatural», que asimila a un sentimiento místico. Pero no concibe esta relación espiritual como producido por una estructura de reciprocidad comuna a prestaciones diferentes. Se obliga pues a hacer intervenir un vínculo (de participación) entre el espíritu y las cosas, de lo que hace una característica del «alma primitivo». Lucien Lévy-Bruhl, *La mentalité primitive* (1922), 2ª ed. Paris, La Bibliothèque du CEPL, 1976.

salmón, que viven en el océano, ofrecen cada año peces-salmones a los hombres de la tierra.

Que la metamorfosis sea la consumación de las fuerzas ciegas de la naturaleza en la aparición de la conciencia humana, es eso lo que pone en escena lo imaginario de los hombres con el sacrificio.

Los frutos, los animales, el niño mismo (que no habla), el prisionero o el esclavo, significan la naturaleza que debe ser sacrificada para que nazca el espíritu (que habla). La eficiencia de este espíritu, la gracia, sustancia afectiva, neutra, presencia irreductiblemente otra, no puede venir de ninguna otra parte que del más allá de la naturaleza, por tanto: del misterio.

En muchos rituales, la llama y el humo representan la inmaterialidad del espíritu. La llama simboliza la afectividad, ya que produce una sensación de calor, aunque también simboliza la iluminación de conciencia de conciencia, ya que aclara. Las cenizas y el humo recuerdan las huellas de la naturaleza puesta en juego. Pero el humo es, también, un vapor que se convierte en el agua del cielo, asociada a la idea de una gracia que cae de lo alto, refrescante y fecunda. Captado en el aliento del hombre, puede ser comunicado a otro como significando la vida espiritual. En diversas sociedades de tradición oral, por ejemplo las sociedades de la Amazonia, el ritual impone al hombre-sacerdote que éste llene sus pulmones de humo y que lo transmita a los miembros de la comunidad (a veces a sonajeros-calabazas que sirven de tabernáculos). El sacerdote capta el espíritu en nombre de toda la comunidad reunida para el sacrificio, luego lo redistribuye en forma de palabras sagradas. La reciprocidad pone en juego las actividades de la vida. El cuerpo es sufrimiento del sacrificio. Y en él se produce la metamorfosis, la alegría de la Revelación. No es mortificado sólo para que se engendre el Espíritu, es iluminado por él y se convierte en un significante, el significante primero del ser hablante.

El cuerpo es transfigurado por la revelación. La desnudez de los primeros hombres testimonia de ello; ella no es pobreza, sino transparencia ante la evidencia de lo sobrenatural. Y, muy pronto, los hombres subrayan sobre sus cuerpos los trazos de la vida espiritual: el «adorno». El adorno es el rostro de gloria de la humanidad naciente y es ya una primera palabra.

Pero la reciprocidad no sólo es la matriz de la conciencia afectiva, es también la matriz de las conciencias objetivas, y la Palabra, a su vez, nombrará a cada una de las conciencias.

5 - La reciprocidad binaria

La conciencia humana es conciencia de ella misma, y por ello es, para cada uno, conciencia de sí, aunque es simultáneamente para sí, la del otro, ya que nace de la confrontación de las conciencias elementales del uno y del otro. Tal advenimiento nadie lo experimenta antes del encuentro con el otro. Ya que nace entre el uno y el otro, no pertenece a nadie y es recibido como una pura gracia.

Esta revelación anima al hombre como el rayo de sol lo calienta o la lluvia fecunda la tierra. No obstante, ella encuentra inmediatamente un rostro en los rasgos del frente a frente. Cada uno es, para el otro, el espejo de su advenimiento. En la mirada del otro se ve, efectivamente, un sentimiento que uno mismo experimenta, pero que para ser común a sí y al otro, se nombrará de la misma forma para el uno y el otro. Así, para la Conciencia, el otro no es solamente el mediador del sentimiento de humanidad, es también el espejo de la revelación. Desde que encuentra un rostro para acogerla y transmitirla, la afectividad de la revelación se transforma en amistad.

6 - El compartir

Pero el encuentro con el otro, en el cara a cara singular, no es la única relación interactiva que pueda ser la sede de la Conciencia. Cada uno puede confrontar su individualidad a la identidad colectiva, o confrontar la identidad colectiva que comparte con sus prójimos a la individualidad de los otros. *Todos para uno, uno para todos*, este frente a frente es el compartir; por ejemplo, el pacto de sangre de los guerreros que van a la guerra.

Ningún centro particular define la unidad de la comunidad, suscitada espontáneamente por la necesidad, por ejemplo, la de construir la casa de los jóvenes esposos u organizar una gran caza o una incursión guerrera. La persona más competente del momento se convierte en la referencia de todos. El centro es nómada y efímero. La comunidad no es una totalidad homogénea sino contradictoria, ya que cada uno ha de oponer su diferencia a la identidad colectiva. Por el compartir se engendra la confianza.

7 - La reciprocidad ternaria

Desde los orígenes, se ve aparecer otra relación que es también una matriz de conciencia de conciencia: una estructura en la que cada uno está en una situación intermedia entre otros dos, por ejemplo, al recibir de un donador y donando a otro. Hacen falta por lo menos tres participantes para construir esta estructura.

Para cada participante, la situación parece idéntica a la de la reciprocidad del cara a cara. Las dos percepciones antagonistas del dar y recibir, para guardar el ejemplo de la reciprocidad de los dones, siempre dan nacimiento a un resultado contradictorio, hogar de la prueba afectiva del sentido de dar y recibir.

Precedentemente, el sentimiento venía al hombre, como desde un afuera, era revelado: el hombre era la sede de él, luego: portavoz.

En la reciprocidad ternaria, cada participante se encuentra siendo la sede de lo contradictorio sin un cara a cara con el otro, estando éste otro separado en dos participantes distintos y opuestos: un donador y un donatario, por ejemplo. Su donador le parece no-contradictorio (exclusivamente donador), igualmente su donatario (ya que exclusivamente donatario). Ninguno de los dos puede hacer el papel de espejo para el sentimiento nacido de lo contradictorio. Esta vez, la estructura de reciprocidad obliga a la revelación a afirmarse sin la inmediata confirmación de la manifestación del otro.

La conciencia de sí no es pues la misma según la matriz que le da vida. En la reciprocidad binaria, nace de la interacción entre el uno y el otro; en la reciprocidad ternaria, la conciencia humana aparece como un fenómeno de individuación del ser. El individuo está sumergido, ciertamente, en una relación de reciprocidad generalizada, pero lo que es contradictorio en sí se urde en él, y no simultáneamente en él y el otro. El ser que resulta de ello no puede experimentarse sino a partir de su propia manifestación, es decir, creándose como interioridad del individuo. No tiene, para reconocerse, sino el eco de su propia palabra. La palabra le parece entonces su propia fuente.

Sin embargo, la revelación sólo se interioriza con la condición de que cada uno sea incluido en una relación con el otro que implica a todos los otros. El individuo no puede contravenir las obligaciones de dar y recibir so pena de que los otros no puedan ni dar ni recibir, y que todos dejen de ser la sede de su conciencia de conciencia. La estructura que permite la individuación desaparecería inmediatamente. La autoproducción de sí esconde un secreto en el corazón de su interioridad: el secreto de la estructura de la reciprocidad generalizada, que se manifiesta como el respeto a todo otro. Un sentimiento tal es el de la responsabilidad. Cada uno se ha convertido, gracias a la relación ternaria, en responsable por todos.

8 - La reciprocidad ternaria y la muerte

La Tradición a menudo pone en primer plano una relación ternaria diacrónica entre los vivientes, el más anciano del linaje y los difuntos. En África, un deceso es la ocasión para celebrar las bodas de la vida y la muerte. La exposición de un difunto, los ritos funerarios, orquestan ese movimiento privilegiado para tratar de prolongarlo. En Guinea Bissau, por ejemplo, el más anciano por edad está invitado a convertirse en la sede de la confrontación de la vida y la muerte y, por ello, de la conciencia de conciencia, que se traduce por el sentimiento de la existencia humana. Es llamado la cabeza, la sede de la conciencia y el guardián de la ética. Es muy respetado y dispone de la mayor autoridad. Pero, como es la muerte la que, al relativizar la vida, lo hace acceder a esta conciencia suprema, y como la muerte está representada por los difuntos, se dice que recibe la vida espiritual de los ancestros[275].

La Tradición subraya también el papel de la reciprocidad ternaria en la filiación. Toda mujer, por ejemplo, para ser aún hija de su madre mientras que ya es madre de su hija, es la sede de conciencias biológicas antagonistas y, consecuentemente, matriz de lo contradictorio. Pero los mitos otorgan al

---

[275] Ver Diana Lima Handem, *Nature et fonctionnement du pouvoir chez les Balanta Brassa*, Instituto Nacional de estudos e pesquisa, Guinea Bissau, 1986.

significante materno un papel mayor en la génesis, sin duda porque lo contradictorio está ligado al «nacimiento». Cuando la mujer da a luz, en efecto, a menudo atraviesa la muerte para dar la vida. La madre es el significante que la naturaleza privilegia, no para decir el origen de la conciencia, papel que parece más bien devuelto a los ancestros, sino para decir el *nacimiento* siempre recomenzado en la espontaneidad de la creación.

9 - La reciprocidad ternaria bilateral donde aparece la justicia

La estructura ternaria puede ser unilateral o bilateral. Cuando es bilateral, somete el sentimiento de responsabilidad a una nueva obligación. Por ejemplo, la de equilibrar los dones que vienen por un lado con los dones que van en sentido inverso.

El objetivo del donador, en la estructura de reciprocidad ternaria unilateral, es el de dar lo más posible, ya que cuanto más da tanto más engendra el lazo social. En la reciprocidad ternaria bilateral, el que se encuentra entre dos donadores debe reproducir el don del uno y el del otro de forma apropiada. Una preocupación tal es la de la justicia.

10 - La reciprocidad centralizada o redistribución

Pero también es posible que intervenga un intermediario no sólo entre dos socios, sino entre todos los miembros de una comunidad. En las sociedades de reciprocidad, en las que domina esta reciprocidad ternaria centralizada, el intermediario se convierte, a la vez, en sacerdote, en tanto que mediador de la afectividad común, en rey, en tanto que responsable de la redistribución, y en juez supremo, ya que solo él puede tomar las decisiones que se imponen a todos.

Las competencias de los unos y los otros sufren, entonces, importantes transformaciones. Los donadores ya no tienen lazos directos entre sí, sino sólo lazos mediatizados por el centro de redistribución de la comunidad. El sentimiento, engendrado por una relación tal, es la gracia religiosa, para cada uno un lazo cuyo imaginario no le pertenece, al no ser nadie fuente de la palabra, aparte del que hace el papel de intermediario. Uno solo habla y dice la verdad por todos.

Aparecen nuevos valores. La confianza ya no es nómada ni espontánea, como en las sociedades en las que domina el compartir, aquí se convierte en obediencia.

Pero ninguna sociedad da la exclusividad a una sola estructura de reciprocidad. La centralización de la redistribución, que podría conducir al despotismo, es temperada, generalmente, por un reparto de responsabilidades.

Conclusión

El sentimiento de libertad de la conciencia de conciencia pura se convierte en la amistad en el frente a frente, la confianza en el compartir, la responsabilidad, la justicia en las estructuras ternarias…

Cada estructura elemental de reciprocidad produce entonces un valor particular. El ser es irreducible a una sola esencia, ya que está ligado a sus condiciones de existencia: la amistad no se reduce a la justicia y la justicia puede ignorar el rostro del otro; la individuación del ser conduce a la responsabilidad en una relación de reciprocidad segmentada y a la obediencia en una relación centralizada.

Para vivir esos valores diferentes, hay que participar de sus matrices respectivas. Y lo que está en juego, en las instituciones políticas, es conciliar esas matrices en el mejor sistema posible.

*

5

EL NACIMIENTO DE LA RESPONSABILIDAD

(1996)

La responsabilidad volvió a ser un valor cardinal desde que se vio, con toda evidencia, que su relegación a un rol secundario había tenido consecuencias políticas nefastas. Mijaíl Gorbachov resumía esta tragedia cuando comprobaba que los valores humanos habían huido del socialismo soviético. Es, sin embargo, en nombre de la igualdad −el segundo valor celebrado por la divisa de los revolucionarios de 1789− que el bolchevismo condujo la Revolución de octubre. Sin embargo, la Igualdad se planteó como igualdad por identidad y no como reciprocidad.

Quedaba comprender la fraternidad como la reciprocidad que hace justicia tanto a la diferencia como a la identidad.

Pero la concepción de una igualdad colectiva hizo desaparecer una estructura de reciprocidad fundamental: la estructura llamada ternaria generalizada, que se encuentra en el origen del mercado (¡de reciprocidad!).

La teoría de la reciprocidad interpreta la estructura ternaria de la reciprocidad como la matriz de la individuación del ser −individuación que se traduce por el sentimiento de la responsabilidad para con el otro.

1 - La razón de la reciprocidad

Desde Marcel Mauss, la antropología no dejó de confirmar que las comunidades humanas son (o fueron) fundadas por estructuras de reciprocidad. Mauss constata que las primeras relaciones sociales son «prestaciones totales»: cortesías, banquetes, ritos, servicios militares, mujeres, niños, danzas, fiestas, ferias son inmediatamente insertado en la reciprocidad. El sentimiento de humanidad, lugar de esas prestaciones, es un sentimiento que parece sin embargo venir de fuera. Ya que nacido entre los unos y los otros, no pertenece, de hecho, a nadie.

La reciprocidad redobla la acción en el otro –la cual es pasión para el otro– de la pasión que provoca la acción del otro. Ella es, pues, el medio gracias al cual una percepción unilateral se redobla con su percepción antagonista. De la relativización de esas dos percepciones nace una conciencia de conciencia que, en el equilibrio perfecto, se convierte en una conciencia de sí misma. Esta conciencia es contradictoria en sí, lo que le ha valido el nombre de Tercero incluido, que le dio Lupasco[276].

En el equilibrio perfecto de lo contradictorio, se convierte en un sentimiento puro, pero cuando lo contradictorio se desequilibra a favor de uno de los polos no-contradictorios, se perfila en el límite una conciencia objetiva. Lo contradictorio deviene afectividad, en el corazón de la conciencia humana, mientras que lo no-contradictorio se traduce por la objetividad del conocimiento que aparece en su horizonte.

El Tercero incluido nace entre los dos participantes que se hacen frente y se expresa por la palabra de cada uno de ellos. Cada uno es, pues, portavoz del Tercero. Sin embargo,

---

[276] Lupasco, *L'Énergie et la matière psychique* (1974).

cada cosa, implicada en una relación de reciprocidad, es tributaria de una realidad biológica diferente de la que está llamada a significar en tanto símbolo[277]. Es necesario, por tanto, que el ser-que-nace-de-la-reciprocidad se desprenda de sus condiciones de origen, que las palabras lleven sus sentidos fuera de las situaciones en las que lo han recibido y que aprendan a significar entre ellas sin estar forzadas a traducirse en imágenes cuando no en actividades biológicas.

Como quiera que fuese, el sentido encuentra inmediatamente otro constreñimiento: para poder ser comprometido en la comunicación, por significantes no-contradictorios, lo contradictorio debe pasar necesariamente por el yugo de una de las dos polaridades no-contradictorias.

Aparecen entonces dos modalidades de la función simbólica, en el origen de dos principios de organización social: el principio de unión, para las sociedades llamadas «a casa», y el principio de oposición, para las organizaciones dualistas; empleamos aquí la terminología de Lévi-Strauss.

Polanyi describió esas dos formas de integración social, la primera, bajo el nombre de redistribución, y la segunda, bajo el de reciprocidad. Pero redujo la redistribución a una forma centralizada de la reciprocidad[278].

---

[277] Cuando, por ejemplo, Jean-Marie Tjibaou, Presidente del FLNKS (Frente de Liberación Nacional Kanak y Socialista), dice: «Entre nosotros, cuanto más se dona, más "grande" se es», pueden entenderse dos cosas: "cuanto más dona uno, en la reciprocidad, tanto más grande es el ser", o incluso: "cuanto más dona uno al otro tanto más prestigio tiene". En ese último sentido, lo imaginario se impone a lo simbólico.

[278] Karl Polanyi entiende por economía la producción y el consumo de bienes materiales, pero de esta economía se dice que está «encastrada» (*embedded*), ya que está sometida al constreñimiento de los valores simbólicos. La producción de bienes «reificados» y «que se pueden medir» debe tener en cuenta motivaciones subjetivas, étnicas, religiosas o ideológicas. Estos valores son movilizados, o bien por la iniciativa de cada uno o bien son invocados por un centro de referencia para todos –y en esto consiste la redistribución. Polanyi no llega hasta reconocer en la reciprocidad y la redistribución las

En realidad, hay que retraer la reciprocidad y la redistribución a las modalidades fundamentales de la función simbólica para que su distinción, como dos principios distintos de integración económica y social, se haga pertinente. La redistribución corresponde, desde entonces, al sistema de «casa», así llamado por Lévi-Strauss, que contiene lo que consideramos como una de las modalidades de la función simbólica: el principio de unión, mientras que la reciprocidad, en el sentido de Polanyi, responde a otra modalidad de la función simbólica, llamada por Lévi-Strauss principio de oposición.

Pero ¿existen otras estructuras, diferentes al cara a cara de la reciprocidad primordial, en las que el sentido pueda nacer y encarnarse en la palabra?

Sabemos que el frente a frente engendra lo contradictorio. Si hemos descubierto esta posibilidad en una nueva estructura, ésta podrá, quizás, decirnos cómo la sociedad puede pasar de un sistema en el que los valores se revelan imponiéndose a los individuos, a un sistema en el que los individuos son responsables de la génesis de esos valores.

Y bien, una nueva estructura pretende engendrar lo contradictorio espontáneamente en todas las sociedades de origen.

---

estructuras originales, las matrices de esos valores simbólicos. No se preocupa de la génesis de esos valores que son movilizados en la reciprocidad de los ciclos de la redistribución y la reciprocidad. Ver Karl Polanyi (1957), *Les systèmes économiques dans l'histoire et dans la théorie*, Paris, Larousse, 1975.

2 - La individuación del Ser: El sentimiento de responsabilidad y el sentimiento de justicia

En el cara a cara, el sentimiento de humanidad revela su presencia en el rostro del otro. Es en la mirada del otro que se ve aparecer el signo de la comprensión, el signo de una comunidad de sentido.

En una estructura de reciprocidad ternaria, cada socio no da más en un frente del que recibe, pero da a uno y recibe de otro. Como decíamos, dos percepciones antagonistas elementales son acopladas la una a la otra y la estructura ternaria permite, pues, como el cara a cara, el nacimiento del Tercero incluido.

Sin embargo, algo ha cambiado. El rostro, en el que se reflejaba el Tercero incluido, ha desaparecido. El sentido que nace para cada uno no tiene espejo. Cada uno es la fuente del sentimiento que da sentido a la una y la otra de sus percepciones antagonistas. Cada uno se convierte en el origen del ser social. La estructura ternaria es el soporte de la individuación del ser.

Lo contradictorio, que se traduce por un sentimiento en el corazón de toda conciencia de conciencia, no se impone ya desde el exterior, como cuando nace entre dos personajes iguales. Se construye de una afectividad pura, sin imagen ni espejo. Entonces, se comprende el secreto de una subjetividad absoluta del yo. El ser es subjetividad pura que ya no parece compartida. Es manifestación de sí para sí. Es revelación interior para cada personaje, libertad original y, por ello mismo, ignorancia de lo que procede a partir del otro.

Sin embargo, la individuación del ser supone la realización de una relación ternaria de reciprocidad. La individuación del sujeto no proviene de una multiplicación de alguna esencia afectiva, ella significa un yo personal frente al otro.

La libertad del *yo* no es independiente del *sí* frente a otras personas; ella es un hacerse cargo del otro por cada quien. El Otro es en *yo*: eso quiere decir que el sujeto es responsabilidad. La individuación del ser funda la libertad del *yo* como responsabilidad de todos los otros. La borradura de la estructura no es su desaparición. La estructura sólo ha devenido invisible. La exterioridad del otro ha sido reemplazada por la interioridad del sí mismo, pero esta interioridad comporta la estructura de donde nace el Otro y se debe encontrarla entonces en lo que se puede llamar la interioridad recíproca.

Pero nada obliga al don a circular siempre en un sentido antes que en otro. Su generalización, por sí misma, implica a menudo una ida y vuelta. Entonces cada uno de los participantes se convierte en la sede de dos movimientos inversos, y los dones de uno de esos participantes se confrontan con los dones del otro participante. Entre estos últimos, reaparece una estructura de cara a cara, pero equilibrada y mediatizada por un tercero intermediario. Ese tercero intermediario ocupa el sitio central del Tercero, nacido de su cara a cara.

Ese tercero intermediario no es un soporte fáctico del Tercero incluido, es también realmente el Tercero, ya que consume y reproduce el don de cada uno, lo cataliza a través de su propia persona. Es el Tercero incluido de la reciprocidad ternaria que viene a ser la encarnación del Tercero incluido de la relación binaria. A este título, es la encarnación del sentimiento de humanidad, del ser social de la relación bilateral de esos dos participantes, al mismo tiempo que el *yo* de la individuación.

Inmediatamente, aparece una forma de libertad que es otra cosa que el acceso al sentido o la responsabilidad de éste: la elección de sopesar el pro y el contra de toda decisión frente a otro. La orientación única de los dones conducía a cada uno a dar lo más posible para acrecentar su nombre en la jerarquía del ser social, ya que el ser social tenía entonces por rostro aquel del donador. No es lo mismo si los dones provienen de fuentes diferentes y deben confrontarse los unos a los otros por el tercero intermediario. No es lo mismo tener que dar a otro ya que uno ha recibido de él y equilibrar, como el fiel de la balanza, los dones de los unos y los otros. El sentimiento de responsabilidad se metamorfosea. La responsabilidad ya no es reconocimiento de humanidad o cuidado de las condiciones de existencia del otro, sino cuidado por la justa medida debida a cada uno. ¿Cómo hacer de forma que el don del uno sea devuelto al otro? El sentimiento de responsabilidad se convierte en el de la justicia.

Cada cual es sujeto de muchas maneras: *en* el ser, porque el sentido se anuda a la palabra: por tanto, como oráculo; pero también *del* ser ya que cada uno es la fuente del sentido mismo: por tanto, como responsable y, finalmente, como juez, en tanto centro intermediario de una relación de reciprocidad bilateral entre dos otros.

Se comprende la posición de aquellos que, con Paul Ricœur [279], ven en la relación de la conciencia reflexiva del sí (la ipseidad) una iniciación a la experiencia del otro y de aquellos que piensan que la alteridad no puede realizarse en sí, si no se tiene, primero, acceso al otro. La presencia del Otro en el *yo* (la ipseidad) no puede producirse sino en las estructuras de la reciprocidad generalizada, mientras que en las estructuras de reciprocidad bilateral, el Otro siempre es un Afuera cuya revelación es netamente percibida como debida al otro. Es por ello que, en la primera de esas tesis, el ser del sujeto se instaura como la responsabilidad para el otro, o, aún, como la justicia. Mientras que, en la segunda, la amistad, que es la manifestación del otro, ordena todos los valores según su preeminencia. En los dos casos, la experiencia del sujeto es primero la de una falta (que se traduce como un deseo) ya que lo contradictorio no es nada comparable a lo que se presenta

---

[279] Paul Ricœur, *Soi-même comme un autre*, Paris, Seuil, 1990.

como realidad objetiva, sino un vacío. Y si nada de lo que habla preexiste en ninguna parte, su aparición es la soberana libertad del sujeto, es decir, que ordena esta cadena de significantes, cada uno de los cuales llama al otro para sobrepasar su incompletud.

Lo real, es cierto, puede entenderse en otro sentido. Cuando la función simbólica está impedida, cuando la palabra no puede decirse, los gestos primitivos vuelven brutalmente al primer plano de la escena.

3 - El rol del intercambio

¿Sería el intercambio el medio por el cual los hombres se liberan de la inmovilidad de la tradición para asumir individualmente su soberanía como seres conscientes? ¿Permitiría el intercambio un acceso privado al sentido?

¿Cómo el interés privado puede conciliarse con la responsabilidad de cada uno para con todos? Se escucha decir con frecuencia que el interés debe disociarse en dos: un interés inferior, que reenvía al deseo, incluso al cuidado de lo mismo: al egoísmo, y un interés superior, el del hombre virtuoso, que se despliega mediante el sacrificio del interés inferior en beneficio del otro. Pero es difícil sostener la idea de que el ser humano sea virtuoso por naturaleza. Si, por el contrario, existe una estructura (o muchas) que engendra la responsabilidad, se comprende que el ser humano pueda hacerse responsable o no, según que participe o no lo haga.

Será necesario, sin duda, reconocerle al intercambio el mérito de reemplazar la reciprocidad cada vez que ella es prisionera de imaginarios arcaicos, y de permitir a cada uno retomar la iniciativa de nuevas relaciones de reciprocidad. Es, tal vez, debido a que la conjunción de la reciprocidad y de la libertad parece emerger en la historia con el librecambio. Pero, en realidad, la emergencia de la responsabilidad es concomitante a la individuación del sujeto que requiere una estructura de reciprocidad generalizada, implicando al mismo tiempo el olvido de esta matriz.

*

6

LA RECIPROCIDAD NEGATIVA

Y

LA DIALÉCTICA DE LA VENGANZA

1. EL ROL DE LA RECIPROCIDAD EN LA FUNCIÓN SIMBÓLICA

Los clásicos, por ejemplo Hobbes[280], creen que el hombre, originalmente, recurre a la razón para dominar la naturaleza y defenderse de su rival. Luego, bajo el consejo de esta misma razón, obtendría lo que desee. En el siglo XX, los antropólogos fundaron su disciplina a partir de ese punto de vista. Mauss, por ejemplo, postula que el intercambio sucedió a la guerra:

> Dos grupos de hombres que se encuentran no pueden: sino separarse —y si desconfían o se lanzan un desafío, batirse— o bien tratar[281].

Lévi-Strauss dice lo mismo:

> Como Tylor lo había comprendido hace un siglo, el hombre supo muy pronto que debía elegir entre *either marrying-out or being killed-out*: el mejor, si no el único medio

---

[280] Thomas Hobbes, *Léviathan*, Paris, Sirey, 1971, p. 121-133.
[281] Mauss, « Essai sur le don », *op. cit.,* p. 277.

para que las familias biológicas no se vean llevadas a exterminarse recíprocamente es el de unirse entre sí mediante lazos de sangre[282].

Las bandas de Nambikwara —cuenta Lévi-Strauss— se aproximaban bajo el llamado de la codicia de sus recíprocos bienes y con la esperanza de realizar intercambios fructuosos. Sin embargo, cuando se encuentran, los Nambikwara manifiestan una extrema generosidad y «dan sin contar»... Y en un primer momento —es el de la reciprocidad— todos los bienes circulan libremente. Es sólo en un segundo momento, una vez que uno ha vuelto a casa, que intervendría el cálculo por la comparación de los bienes cedidos y recibidos. Entonces, se plantearían así la pregunta aquellos que se creerían perdedores: ¿cómo reconquistar la ventaja? ¿Por la fuerza o el intercambio? Los dones recíprocos tendrían, pues, por objetivo, el de establecer la confianza y la paz, y así podrían instituirse los intercambios. La reciprocidad de los dones vendría solamente a crear un clima propicio a intercambios duraderos. Desarmaría al adversario, apartaría la amenaza del rapto y de la violencia, haría posible la confianza para el intercambio. Sería instrumental.

Pero, ¿es la segunda parte del proceso la que motiva el encuentro de Nambikwara, o más bien la primera, la de la reciprocidad, la que crea confianza y amistad? Ya que los pretendidos «intercambios» entre los Nambikwara quedan eternamente como dones recíprocos:

> Si se los considera como intercambios, éstos se efectúan sin ningún regateo, tentativa de hacer valer un artículo, depreciación o desacuerdo entre las partes (...). Los Nambikwara se abandonan enteramente, para la equidad de esas transacciones, a la generosidad del asociado. La

---

[282] Lévi-Strauss, *Le regard éloigné*, Paris, Plon, 1983, p. 83-84.

idea de que se pueda estimar, discutir o regatear, exigir o recobrar, les es totalmente extraña[283].

Está claro: esas transacciones son dones. ¿Cómo, entonces, argumentar que «el conflicto, siempre posible, da lugar a un mercado»?

Lévi-Strauss sostiene que hay mercado de intercambio, pero que los bienes intercambiados hacen intervenir compensaciones no materiales:

> En los grupos en los que el comercio existe bajo una forma aún primitiva, los intercambios de bienes tienen como función consciente el aportar compensaciones psicológicas inconmensurables entre ellas, antes que establecer equivalencias de valor[284].

La reciprocidad de dones, que produce la confianza y la paz sería –dice Lévi Strauss– enfeudada al éxito de los intercambios, pero, en sus formas más primitivas, esos intercambios estarían sumergidos en el carácter afectivo de las compensaciones psicológicas. Esa felicidad y esta paz, esta amistad y esta confianza, ¿por qué son producidas si no es por la misma estructura de reciprocidad? ¿Cuál es el objeto de la reciprocidad? ¿Procurarse bienes que se desean, o constituir la matriz de lo que el autor llama «compensaciones psicológicas inconmensurables entre sí»? ¿No hay que encarar dos matrices: la una, para tratar del haber, del objeto, y la otra, del ser, del sujeto?

Entre las equivalencias de los valores y la inconmensurabilidad de los datos psicológicos, Lévi-Strauss mismo introduce una contradicción. Los datos psicológicos constituyen el sujeto y no tienen precio. Pueden engendrarse

---

283 Lévi-Strauss, Lévi-Strauss, « La vie familiale et sociale des Indiens Nambikwara », Paris, Société des américanistes (1948), 1984, p. 93.
284 *Ibíd.*, p. 112.

pero no alienarse. El ser no puede reducirse al tener. Las compensaciones psicológicas son inconmensurables, no se distribuyen como los bienes materiales, no se intercambian, pero merecen la benevolencia, la hospitalidad, el don, el cuidado por el otro, todas ellas prestaciones que son el reverso del interés por los bienes materiales.

Lévi-Strauss observa que cuando los Nambikwara se encontraban muchas veces con éxito, deciden llamarse mutuamente «cuñados», es decir, instituir una estructura de reciprocidad de parentesco ficticio, como si cada uno hubiera esposado a la hermana del otro. Esta fórmula de reciprocidad tiene la ventaja de ser perenne y de estabilizar las compensaciones psicológicas. Pero, para Lévi-Strauss, así como los dones están ordenados según los intercambios, la estructura de parentesco, que los Nambikwara establecerían entre sus dos comunidades nuevamente en contacto, tendría la ventaja, sobre todo, de permitir el intercambio de novias entre los jóvenes de las dos bandas. Tal estructura estaría entonces directamente ordenada por un intercambio. Si yo dono una muchacha, recibiré otra... ¿No sería que, entre los Nambikwara, Lévi-Strauss habría imaginado enfeudar la reciprocidad al intercambio; enfeudación consecuentemente generalizada a las estructuras elementales del parentesco?

Reconozcamos, primero, que la reciprocidad de los dones asegura el bien material de cada uno al mismo título que un intercambio. ¡Pero los dones no producen satisfacción sólo para el que los recibe! Si satisfacen materialmente al donatario, ¡llenan de dicha espiritual al donador! Admitamos, pues, que ahora los dones recíprocos no se anulan los unos a los otros, que quedan como dones sin contraparte aunque se hacen frente. Construyen una estructura de reciprocidad. El objeto dado recibe dos atribuciones: satisface la necesidad del otro por su naturaleza (la mandioca es donada para ser comida, es consumida por el otro), satisface, por otra parte, al donador con un valor más alto, la «compensación psicológica» de Lévi-Strauss, que nosotros llamaremos un «valor de ser» y que el donatario reconoce al aceptar el don (la mandioca no puede ser rechazada, ni siquiera compensada, debe ser aceptada como un presente); y este valor psicológico es positivo para el donador aunque es negativo para el donatario. Para beneficiarse de este valor de ser, éste, a su vez, debe donar. A partir de esta necesidad, nace una dialéctica, la dialéctica del don, inversa a la del intercambio y el interés.

A la tesis de que las prestaciones de reciprocidad conducirían a intercambios, se opone el hecho de que, cuando un hombre recibe bienes de prestigio, incluso si está seducido por los objetos preciosos que le da el otro, su posesión no es el único motor de la transacción, sino, antes, el prestigio que obtendrá al volver a dar. Cuando un occidental introdujo un hacha de hierro en una sociedad amazónica, esta herramienta excitó, ciertamente, la codicia de los amazónicos, pero, para ellos, esta codicia no es nada al lado de la alegría que obtendrán al volver a donar esta hacha, es decir, la alegría de ser reconocidos, por otro, como donadores. Hay que distinguir la alegría de recibir un objeto, de la alegría de ser reconocido como donador. La dicha de asegurarse la amistad del otro es superior al placer de capitalizar un objeto de valor: es por ello que, en las comunidades de reciprocidad, el objeto precioso recibido es siempre vuelto a donar.

Nadie, en las así llamadas comunidades «primitivas», más exactamente primordiales, deja, en efecto, de volver a dar los objetos de valor u otras riquezas más grandes, para lograr el reconocimiento y la amistad del otro. La relación entre personas domina sobre la relación con las cosas, y no a la inversa. El objetivo inmediato de los primeros hombres ha debido ser, tal vez, el de crear no intercambios, sino estructuras de reciprocidad, para que todo sea ocasión de reconocimiento.

Las cosas ¿son donadas o intercambiadas? El hecho que la alternativa exista desde el origen, es algo que Lévi-Strauss indicó al hacer la distinción entre un primer momento, el del encuentro, en el curso del cual todo es donado sin regateo, y un segundo momento, el de la reflexión sobre las cosas recibidas y que puede conducir al intercambio. Siempre es posible, en efecto, servirse de la paz, instaurada por la reciprocidad, para intercambiar en el propio interés y dar vuelta la reciprocidad, de manera que ésta sirva a su contrario: al interés privado, al cuidado egoísta por sí mismo. Pero, también, siempre es posible sobrepasar este interés, para crear más amistad. La reducción de la reciprocidad de dones al intercambio, operada a gran escala y de manera sistemática por la civilización occidental, está a disposición de todas las comunidades del mundo e incluso de todos los individuos. Pero esta reducción no es una finalidad. Es una elección. O bien los hombres deciden capitalizar los beneficios de la reciprocidad de dones en su provecho, y se intercambia con el otro, o bien deciden reproducir la reciprocidad de dones para crear más valor humano. Esta alternativa existe en todas partes desde el origen: intercambio o reciprocidad.

Siempre es posible salir del campo del intercambio para entrar en el de la reciprocidad, o a la inversa.

Para los teóricos que postulan el primado del intercambio ¿Qué es entonces la reciprocidad? Según Lévi-Strauss, la reciprocidad es un dato psicológico que se aplica a diversas prestaciones sin conferirles una nueva calidad. Ella no crea nada por sí misma. Es un instrumento, una «regla». Y todo el valor de la prestación reside en aquello a lo que se aplica. Es entonces al don, en tanto que tal, que Lévi-Strauss concede la plusvalía producida por la reciprocidad de dones:

> (...) el carácter sintético del Don, es decir, el hecho de que la transferencia consentida de un valor, de un individuo a otro, los cambie a éstos en asociados y aumente de nuevo valor, al valor transferido[285].

---

[285] Lévi-Strauss, *Les Structures élémentaires de la parenté*, p. 98.

El don aportaría, por su carácter unificador, sincrético, un valor nuevo, cuyo rechazo conduciría a una guerra desastrosa, un aniquilamiento del más débil por el más fuerte, en definitiva al caos. La reciprocidad es presentada: «como la forma más inmediata bajo la cual se pueda integrar la oposición del yo y el otro»; una forma de integración del otro, pues, que no anula su diferencia.

O bien, como sostiene Lévi-Strauss, la reciprocidad es una regla al servicio de intercambios inaugurados por un gesto de benevolencia, un don, que designa al otro como asociado y, si el don inicial o los intercambios fracasan, se vuelve al pillaje, al asesinato, al caos; o bien, como proponemos, la reciprocidad es una estructura social al servicio del sentido, de la comprensión mutua y, a partir de ahí, en caso de fracaso del don, la reciprocidad organiza el rapto y la violencia en beneficio del reconocimiento mutuo al mismo título que el don y el contra-don. El retorno al caos es imposible desde ahora, ya que el hombre está fascinado por su propio nacimiento como ser consciente de sus actos, y la reciprocidad es la cuna de este nacimiento.

Es por ello que es posible hablar de la reciprocidad de asesinatos de la misma forma que de la reciprocidad de dones. Por ejemplo, en la obra colectiva que reúne a numerosos autores que han estudiado la venganza, Guy Nicolas describe la reciprocidad negativa de los Hausa del Sudán, a partir de la ceremonia de la reciprocidad de dones:

> El esquema oblativo de base asocia un donador y un donatario, los cuales invierten alternativamente sus posiciones y se ofrecen presentes mutuamente. (...)

> Existen muchos protocolos de intercambio, uno de los cuales se funda en el principio del don recíproco (A dona diez pesos a B, B donará diez pesos a A, y así sucesivamente. O bien A dona diez pesos, B duplica la puesta y "devuelve" veinte pesos, lo que obliga a A a volver a donar cuarenta pesos, etc.). Otro da cuenta del principio

del *potlatch*: los protagonistas se libran una justa oblativa. Aquí la generosidad es afectada. Se trata, en realidad, de sobrepasar al otro y de hacer de tal suerte que éste no pueda devolver el don recibido. El vencedor es glorificado, el vencido humillado. Este último se esfuerza entonces por señalar el desafío para revertir la situación en provecho suyo y así sucesivamente. Una tercera fórmula pone a los sujetos en posición asimétrica: existe un donatario privilegiado hacia el cual suben o del que descienden los obsequios del donador. El beneficiario responde mediante presentes o servicios precisos. Según el principio del intercambio-don, el presente recibido obliga al beneficiario a ofrecer un don a cambio. Se trata, pues, de una verdadera obligación a la cual nadie puede sustraerse bajo pena de diferentes sanciones. Pero todo pago de la "deuda" oblativa acarrea un relanzamiento del proceso en sentido inverso. Esta práctica es uno de los motores de la economía local al ser descontados los bienes intercambiados de la producción, el consumo o las riquezas en circulación. Los dones se efectúan lo más a menudo bajo forma de bienes de importación o de moneda moderna, lo que supone un recurso general al mercado. Los promotores gubernamentales de planes de "desarrollo" denuncian esas prácticas, que consideran como una forma de "derroche" de las fuentes locales, tanto más "absurdas" cuanto cuestionan el futuro de una población enfrentada al grave problema de la desertificación y la sequía y que "prefiere" intercambio de riquezas antes que invertirlas en la protección del suelo y la mejora de una producción frecuentemente deficitaria[286].

Aunque utilizando dos veces el mismo término intercambio, para el don y el intercambio, Nicolas subraya el antagonismo de las dos dialécticas del don y del intercambio:

---

[286] Guy Nicolas, « La question de la vengeance au sein d'une société soudanaise », en Raymond Verdier, *La vengeance*, vol. 2, Paris, Cujas, 1980, p. 15-40 (p. 24).

en el sistema del don, el prestigio es la razón de la sobreproducción, y en el sistema del intercambio es el de la ganancia. El sistema dominante, occidental, juzga entonces como irracional al sistema africano... que, por su parte, no vacila a enfeudar el valor de cambio del mercado a su propia lógica del don y del prestigio. He ahí lo que testimonia, ora de una incompetencia recíproca sobre la lógica económica del otro, ora del recíproco desprecio por el valor del otro. No es, pues, inútil precisar el sentido del intercambio y de la reciprocidad. Está claro que, al nivel de las decisiones prácticas, por lo menos para esos responsables del desarrollo, el don es lo contrario del intercambio, incluso si reina la mayor confusión en su terminología.

Volvamos a las tres modalidades de la reciprocidad: la tercera, desigual según los criterios occidentales, testimonia de que el don, para ser eficaz, debe conformarse a la necesidad del otro, de donde viene la diferenciación de los estatutos y su jerarquía.

En la segunda, lo imaginario aprisiona en las mallas de su red a los valores simbólicos para crear una jerarquía o un orden. Pero la competencia por el prestigio no es, quizá, tanto competencia por el poder como puede parecerlo. Sobre este punto, las observaciones de Lewis Hyde, muestran que en el interior del *potlatch*, el prestigio podría quedar muy bien ordenado según la génesis de un ser superior, y el poder mismo quedaría tributario de la autoridad moral. La interpretación del *potlatch* como sistema de competencia por el poder parece resultar, según Hyde, de una transferencia occidental sobre las categorías indígenas.

La primera modalidad, en fin, reenvía ya sea a dos dones simultáneos o al hecho de que cada uno transmita el don recibido antes de que lo conserve, además de aumentar su propio don, creando así una abundancia generalizada. Nicolas sólo se interesa en el aspecto material de la abundancia producida por la economía del don. Y bien, este aspecto material es el fruto secundario del don en reciprocidad. Su objetivo principal es el de producir más amistad y espiritualidad, mientras la producción material sólo es un medio para realizar este fin...

El don crea la amistad, pero la amistad nacida de la reciprocidad es un potente motor de la inversión productiva. Se comprende que la energía empleada por el gobierno para limitar esta producción espiritual, pero con importantes consecuencias materiales, sea considerada por los sudaneses, a su vez, como particularmente pobre de espíritu... Para los Hausa, la reciprocidad no prefigura los intercambios, sino que, al contrario, se opone a la especulación y a los intercambios puramente materiales.

Nicolas añade:

> Si hemos insistido en este ceremonial, es porque reposa sobre las mismas bases que el proceso vindicativo en tanto que proceso de reversión. La ley del contra-don es la misma que la del talión. Se trata, en los dos casos, de restablecer un equilibrio puesto en duda debido a un exceso. Este último abre un vacío que el "receptor" debe llenar absolutamente, bajo pena de la peor humillación: se devuelve el mal por el mal, así como un presente por un presente, una mujer por otra[287].

La humillación reenvía al hecho de que, cualquiera se hace culpable de destruir el cara a cara de la reciprocidad, destruye el ser de humanidad cuya reciprocidad es la sede. Naturalmente pierde la cara.

El objetivo del don y de la venganza es, primero, el de construir, o reconstruir, nuevas estructuras de reciprocidad, cada vez más amplias, ricas, complejas.

> En el plano de la lengua, el concepto de venganza no puede ser expresado sino por medio de términos

---

[287] Nicolas, *op. cit.*, p. 24-25.

ambivalentes que tienen el sentido general de restitución recíproca. Es el texto el que indica si el acto cometido es bueno o malo. Lo que cuenta, parece ser, es borrar una deuda instaurada de entrada por un acto inicial, el restaurar un estado anterior plano e "insignificante", sin pliegue ni diferencia, como si un estado tal fuera el único concebible y si, en relación a él –al equilibrio– el bien y el mal fuesen equivalentes[288].

La ambivalencia del vocabulario parece muy general[289]; ella expresa muy bien que la estructura de reciprocidad es la matriz de sentido. Esta ambivalencia fue notada por numerosos observadores. Lévi-Strauss mismo:

El *hau* es un producto de reflexión indígena; pero la realidad es más aparente en ciertos rasgos lingüísticos que Mauss no dejó de revelar, sin darles la importancia que convenía: "El papú y el melanesio tienen una sola palabra para designar la compra y venta, el préstamo y el tomar

---

[288] *Ibíd.*, p. 18.

[289] Raymond Verdier, en su estudio «Poder, justicia y venganza en los Kabiyè» (Togo), lleva –como Lévi-Strauss– la reciprocidad a un intercambio (un valor toma el lugar del otro), incluso cuando se trata de palabras y no solo de bienes: «Esta correlación de derechos y deberes reposa en el principio del intercambio *kilesim*, que rige el conjunto de las relaciones de los miembros de la comunidad. Ya se trate de intercambiar palabras, bienes o mujeres, los asociados están ligados por una relación de obligación recíproca en la que cada uno, de su propia voluntad, debe devolver la contraparte de lo que recibe. El hecho de que un valor pase del uno al otro y tome el lugar de otro engendra un lazo de deuda *kimiyè*. La palabra designa, a la vez, el hecho de prestar y de prestarse. Esta relación de prestar y prestarse, ligados por la cosa debida está en el origen de las relaciones de amistad y de alianza como a las de enemistad y hostilidad». Raymond Verdier, «Pouvoir, justice et vengeance chez les Kabiyè», en *La vengeance*, vol. 1, Paris, Cujas, 1980, p. 201-211 (p. 207). Pero nada impide traducir *kimiyè* por reciprocidad. Se comprende inmediatamente que esta relación esté en el origen de las relaciones de amistad o de enemistad, lo que es imposible a partir de la noción de intercambio.

prestado. Las operaciones antitéticas se expresan con la misma palabra". Ahí está toda la prueba de que las operaciones en cuestión, lejos de ser *antitéticas* no son sino dos modos de una misma realidad. No se tiene necesidad de *hau* para hacer la síntesis, ya que la síntesis no existe[290].

La realidad que privilegia Lévi-Strauss es la de la relación. ¿Pero cuál relación?

El intercambio –dice– no es un edificio complejo, construido a partir de obligaciones de donar, recibir y devolver con la ayuda de un cimiento afectivo y místico. Es una síntesis inmediatamente dada a, y por, el pensamiento simbólico que, en el intercambio como en toda otra forma de comunicación, supera la contradicción que le es inherente de percibir las cosas como elementos del diálogo, simultáneamente bajo la relación de sí mismo con el otro, y destinadas, por naturaleza, a pasar del uno al otro[291].

El pensamiento simbólico está, pues, dado como anterior a todas las formas de comunicación humana, intercambio incluido. Su función es la de superar la contradicción que le es inherente: percibir las cosas bajo la perspectiva del otro y de sí mismo. ¿Pero cómo se podrían percibir las cosas bajo la perspectiva del otro, si uno es solo un agente o paciente? Es la reciprocidad la que permite el redoblamiento de su punto de vista por el del otro, ya que transforma al agente en paciente cuando el paciente se convierte en agente.

La reciprocidad se convierte en la estructura mediadora de la función simbólica, ya que crea la contradicción sobre la que debe triunfar para establecer la comunicación. Ciertamente, el intercambio es entonces inmediatamente

---

[290] Lévi-Strauss, Introducción a la obra de Marcel Mauss, *op. cit.*, p. XXXIX-XL.

[291] *Ibíd.*, p. XLVI.

dado, por poco que cada uno quiera apropiarse del valor del otro, pero el don es inmediatamente dado también, por poco que cada uno quiera reconstruir una estructura de reciprocidad que reanude con la contradicción...

Lévi-Strauss pone en duda al *mana* como cimiento afectivo que anega todas las actividades humanas. Pero, en páginas que habría que citar enteras, vuelve a otorgarle toda su competencia.

> En otros términos e inspirándonos en el precepto de Mauss de que todos los fenómenos sociales pueden ser asimilados al lenguaje, vemos en el *mana*, en el *wakan*, el *orenda*, y otras nociones del mismo tipo, la expresión consciente de una función semántica cuyo rol es el de permitirle al pensamiento simbólico ejercerse a pesar de la contradicción que le es propia[292].

¿No es el *mana* una «simple forma o, más exactamente, símbolo al estado puro, por ello susceptible de cargarse de no importa qué contenido simbólico»?

Queda por precisar, sin embargo, la relación de la afectividad con el *mana*. ¿No sería el *mana* un sentimiento, pero que, al estar situado en el corazón de toda relación de reciprocidad estaría en el origen del sentido, donde se aclara el conocimiento, comenzando por el reconocimiento del otro como participando de la misma humanidad? ¿Puede conciliarse el punto de vista de Mauss sobre el *mana*, lazo de almas de naturaleza afectiva, y el de Lévi-Strauss, símbolo puro, significante «flotante»? ¿No sería el significante puro la afectividad misma, la alegría transparente de la revelación, y el vocablo *mana*, la palabra que expresa su símbolo?

El término «reconocimiento del otro» puede entonces precisarse a partir de la noción de integración de la oposición

---

[292] *Ibíd.*, p. XLIX.

de yo y del otro. El equilibrio, entre identidad y diferencia, es la condición para que las percepciones de la identidad y la diferencia puedan encontrarse y reflejarse la una en la otra. Las percepciones antagonistas del enemigo y el amigo, del extranjero y el pariente, del sí mismo y del otro, se hacen así coexistentes. Dan a luz a una conciencia de conciencia compartida por cada uno de los protagonistas de la reciprocidad.

En efecto, como lo mostró Lupasco[293], consideradas aisladamente, cada una de las percepciones puede ser llevada a una conciencia elemental, y no a una conciencia de ella misma. Una conciencia tal (conciencia de conciencia) se desarrolla entre percepciones antagonistas como la revelación de un sentimiento nuevo: el de la humanidad como conciencia de conciencia pura.

La reciprocidad es entonces la sede de lo que llamaremos la «revelación». Los Guaraní del Paraguay tienen por todo mobiliario un pequeño asiento (*apyka*) que ofrecen al visitante. Pero precisan que *Ñande Ru*, «Nuestro Padre» ha «tomado asiento» al comienzo de los tiempos, incluso antes de nombrar las cosas. La reciprocidad es la sede de ese sentimiento del ser que nace, sentimiento de libertad humana «en el que uno se reconoce en la mirada del otro» –dice Verdier[294]– aludiendo, probablemente, al enfoque sartreano de la reciprocidad mediante el análisis de la mirada. El otro, en efecto, es el espejo en el que se refleja la primera expresión, la primera manifestación de esta libertad de la conciencia. El sentido de la vida se ve en la mirada del otro. Y el otro es el rostro de la Humanidad.

La presencia del otro, el otro en reciprocidad, produce el sentimiento de una naturaleza específica del hombre, de una

---

[293] Lupasco, *Du devenir logique et de l'affectivité*, (1935).

[294] Raymond Verdier, « Une justice sans passion, une justice sans bourreau », en *La vengeance*, vol. 3, Paris, Cujas, 1984, p. 149-153 (p. 151).

naturaleza, ella, que desde ahora se la llamará «naturaleza humana». La inquietud, la duda, la angustia, que acompaña la apuesta por el otro, se encuentra inmediatamente trasladada a la periferia de ese sentimiento aparecido nuevamente, sentimiento que es una certeza: «Nosotros, los Hombres». Todos los etnógrafos notaron que esta certidumbre está acompañada por una alegría intensa, tal vez alegría por el descubrimiento, pero, más esencialmente, el júbilo del ser él mismo. Esta alegría está en el corazón de la relación de reciprocidad, no pertenece manifiestamente a nadie de hecho, pero resplandece en todos.

El sentimiento que acompaña la certeza de ser humano no es el goce de una propiedad o de un tener. Marcel Mauss vio en él el lazo espiritual que hace de las prestaciones de reciprocidad en las comunidades de origen prestaciones totales. Nos parece que es necesario teorizar ese sentimiento primordial como Tercero, Tercero primero indiviso entre asociados de la relación de reciprocidad.

Y es alrededor de este Tercero que se organizan las primeras comunidades humanas. El sentimiento de humanidad nace de la relación de reciprocidad. La reciprocidad no es nada menos que la estructura generadora del ser de la humanidad.

Ese sentimiento espiritual, que emerge de la reflexión de cada percepción sobre su percepción antagonista, se expresa por la Palabra, o por actos que son palabras silenciosas, como el don. La Palabra aparece pues en cada uno venido de afuera, pero no de cualquier otra parte: solo de ese crisol muy preciso que es la relación con el otro en términos de reciprocidad.

¿Qué quieren decir aquellos que se definen así «los Hombres»? Ese término no tiene ninguna significación natural y algunos pueblos tienden a precisarlo: Nosotros los Auténticos Hombres. Otros hacen proceder esos dos términos de un tercero: Henos aquí, como para indicar bien que se trata de un acontecimiento o de una revelación de algo sin precedente. *Enawenê-Nawê* –dice el último pueblo descubierto en América en los límites entre Brasil y Paraguay: Hombre He Aquí Auténtico –traduce Bartomeu Melià.

Ya que es la condición de la comprensión mutua, la reciprocidad interesa inmediatamente a todas las actividades humanas, incluso la violencia, incluso la guerra.

Está abierto el camino para entender la reciprocidad como creadora de sentido. Y, desde entonces, si las guerras mismas quedan sujetas a la reciprocidad, concurren a crear el reconocimiento mutuo. Si el don es rechazado o es imposible, la violencia, siempre que esté adherida a la reciprocidad, se hace creadora del valor de ser.

2. LA RECIPROCIDAD DE VENGANZA MEDIADORA DE LA FUNCIÓN SIMBÓLICA

El sentimiento de pertenencia a la humanidad no es engendrado solamente por la reciprocidad de alianza, la reciprocidad de parentesco, la reciprocidad de dones, sino también por la reciprocidad de venganza, en la que el rapto responde al rapto, la injuria a la injuria, el asesinato al asesinato. Lo que importa, en esta reciprocidad negativa, no es tanto vengarse como construir con el enemigo una relación generadora de una conciencia común.

Sin embargo, según las tesis defendidas por autores modernos como Raymond Verdier[295], la reciprocidad de venganza sería un intercambio de asesinatos o de injurias, gracias al cual cada comunidad restablecería un equilibrio de fuerzas con otra, lo suficientemente estable como para poder

---

[295] Raymond Verdier (dir.), *La vengeance: Études d'ethnologie, d'histoire et de philosophie*, 4 vol., Paris, Cujas, 1980-1984.

vivir en paz. Jesper Svenbro[296] intenta, incluso, interpretar la venganza no como un intercambio negativo (pérdida mutua de riquezas y poderes), sino como un intercambio positivo: la venganza permitiría reforzar la solidaridad interna del grupo y, luego, esta solidaridad sería eficiente en la producción de riquezas. Por lo tanto, podría haber un «don de asesinato», que se traduciría como una ventaja para aquel que lo recibiere. Pero, tal don, para Svenbro, enmascararía un intercambio, porque sería concedido con la sola condición de que el otro se vengue. Todas estas tesis sostienen que las relaciones de venganza entre comunidades son formas de intercambio (negativa o positiva) respecto a su patrimonio o a su identidad.

Según Florestan Fernandes[297], que estudia la reciprocidad de asesinato entre los Tupinambá del Brasil, la unidad del grupo estaría cimentada por una función religiosa, y la relación con las almas de los muertos haría intervenir una función mágica. Los difuntos serían miembros del grupo, extraídos de la comunidad por los enemigos, de tal manera que el grupo sería debilitado en la competencia para apropiarse el territorio. La venganza consistiría en la liberación de las almas prisioneras. Esta teoría permite relacionar entre sí prácticas difíciles de interpretar separadamente como ritos chamánicos de captura de almas, antropofagia, venganza, matrimonio del asesino con la viuda o la hija de la víctima, sacrificio de prisioneros y de sus hijos, fiestas suntuosas organizadas para la ocasión. Pero el funcionalismo de Florestan Fernandes limita la reciprocidad de asesinatos al mantenimiento de la identidad mística presunta de cada grupo.

---

[296] Jesper Svenbro, « Vengeance et société en Grèce archaïque. À propos de la fin de l'*Odysée* », en *La vengeance*, op. cit., vol. 3, p. 47-63.

[297] Florestan Fernandes, *A função social da guerra na sociedade Tupinambá*, Livraria Pioneira, Universidade de São Paulo (1952), 1970.

André Itéanu[298] indica que, entre los Osete del Cáucaso, la reciprocidad de venganza está asociada a la reciprocidad de filiación («¿A quién mataste para pedir la mano de mi hija?»). El hijo debe vengar al padre. Se engendra así una continuidad mística entre los difuntos, los padres y los hijos. Itéanu observa que la percepción de esta continuidad está confrontada a aquella de la discontinuidad de los grupos de venganza. La violencia participa así de dos concepciones del tiempo y del espacio:

> Es sólo al precio de una apertura de cuenta con el exterior y aceptando las modalidades de este compromiso que [el asesino] accede al tiempo y espacio social[299].

Itéanu, sin embargo, deduce sólo una «apertura de cuenta» enfeudada a las reglas del intercambio entre grupos:

> El asesinato renueva, cada vez, por la falta que implica, el estado de relaciones entre los grupos, reactivando las deudas de sangre.

Todas estas tesis interpretan la reciprocidad de venganza como un intercambio. La Teoría de la reciprocidad sostiene, por el contrario, que esta matriz crea, entre las comunidades, una nueva entidad de referencia, un parentesco espiritual. Este valor: el honor, producido por la reciprocidad negativa, común a los grupos que pone en relación, es un lazo social al mismo título que la amistad, producida por la reciprocidad positiva. En seguida, cada grupo enemigo reivindica lo máximo de este valor. Entre los Shuar, la venganza es exigida al enemigo como un verdadero derecho: el derecho a la existencia como ser shuar.

---

[298] André Itéanu, « ¿Qui as-tu tué pour demander la main de ma fille? Violence et mariage chez les Ossetes », *La vengeance, op. cit.*, vol. 2, p. 61-81.
[299] *Ibíd.*, p. 73.

La relación entre las dos formas de reciprocidad está, desde entonces, determinada por la preocupación de explotarlas a ambas y de hacerlas cohabitar en territorios separados, puesto que se excluyen la una de la otra. A menudo el *mana* inter-comunitario, creado por la reciprocidad de venganza, toma el relevo del *mana* engendrado por la reciprocidad positiva, donde se detienen las posibilidades de la alianza y del don.

Sin embargo, existe una importante diferencia entre ambas reciprocidades: en la reciprocidad positiva, la representación: el prestigio, del sentimiento de humanidad va en beneficio del que toma la iniciativa del ciclo: el donador. En la reciprocidad negativa, la víctima recibe la representación del sentimiento de humanidad producido por la reciprocidad, el alma de venganza, mientras el asesino, que tuvo la iniciativa del ciclo, pierde esta alma de venganza por la actualización de la venganza, del mismo modo como el donatario, que recibe el don, «pierde la cara» frente al donador. Sólo la reproducción del ciclo le permite acrecentar su sentimiento de humanidad (el *kakarma* para los Shuar). La reciprocidad negativa permite, así, separar el valor producido por la reciprocidad, del imaginario en el que se representa y que es característico de la manera en la que la reciprocidad se actualiza. El valor de la reciprocidad aparece, de este modo, como «sobrenatural», lo que explica la estima de las sociedades de reciprocidad por la venganza y la guerra.

De la misma manera que la reproducción del ciclo del don implica el aumento del prestigio, la reproducción del ciclo de la venganza implica la del honor guerrero. Pero, como la representación de la venganza pertenece a aquel que sufre el asesinato, el asesino está obligado a apropiarse de esta representación: el alma de su víctima; de ahí, los ritos complejos de captura de almas, de los cuales se ocupó Florestan Fernandes.

Sin embargo, las dos reciprocidades son frecuentemente consideradas, por las comunidades indígenas, como equivalentes, en tanto que matrices de valores humanos, lo que nos recuerda Nicolas a propósito de los Hausa del Sudan:

> La ley del contra-don es la misma que la ley del talión. Se trata, en ambos casos, de restablecer un equilibrio cuestionado por un exceso. Este último abre un vacío que el "receptor" tiene absolutamente que llenar, so pena de la más grande humillación: se devuelve el mal por el mal, tal como un regalo por un regalo o una mujer por otra. De ahí proviene el aspecto ambivalente del vocabulario que concierne a uno y otro proceso, que atañe solamente a la calidad del objeto de la "deuda", pero no al principio en sí, idéntico en ambos casos[300].

La equivalencia de ambas reciprocidades, como matriz de un sentimiento primordial de humanidad, ya había sido reconocida por Aristóteles:

> O es en el mal, que se busca actuar en retorno, sino parece esclavitud, o es en el bien, sino ya no hay compartir *(metadosis)*, pues es por el compartir que permanecemos juntos[301].

3. LA RECIPROCIDAD NEGATIVA INTERPRETADA COMO INTERCAMBIO

Los trabajos reunidos por Raymond Verdier en *La venganza*, ponen en evidencia que casi todas, si no todas las sociedades humanas, trataron de aprehender la venganza, trataron de controlarla, dominarla, de sojuzgarla en fin, por el

---

[300] Nicolas, *op. cit.*, p. 24-25.
[301] Aristóteles, *Ética a Nicómaco*, V, 8, 1132b, 33-V, 6-7.

principio de reciprocidad; pero sus autores imaginan también y, a menudo explícitamente, que la razón de toda forma de reciprocidad sería la de satisfacer el intercambio, ello en conformidad con la tesis de Lévi-Strauss.

La mayor parte de los autores estiman que cada grupo humano posee una identidad imaginaria que se cuenta como «capital-vida», y la vida como un «capital espiritual y social que los miembros del grupo tienen el cargo de defender y hacer fructificar»[302]. La venganza protegería ese capital. Para Verdier, la reciprocidad de venganza estaría ordenada según el equilibrio necesario a los intereses de los unos y los otros.

Interpretada como intercambio, la venganza plantea un problema difícil. ¿Qué se intercambia a golpes destructivos y asesinatos? El intercambio aparece por lo menos negativo, ya que se salda por una sustracción simétrica de bienes o vidas humanas. ¿Cuál puede ser el interés de un intercambio negativo?

Según Verdier, las comunidades se equilibran entre sí, y este equilibrio es una condición de prosperidad para todas. Si el equilibrio es roto, las comunidades tratan de restablecerlo. A toda agresión, que destruye una parte de la comunidad, responde una venganza que impide que el agresor pueda valerse de una situación favorable, y perjudicial para los otros. Se trataría de restablecer un equilibrio positivo. Las observaciones de Igor de Garine, entre los Massa y los Moussey del Chad y del Camerún, sostienen esta opinión[303]. Para Claude Breteau y Nello Zagnolli, que estudian la violencia en Calabria y en el noreste Constantinense:

---

[302] Raymond Verdier, « Le système vindicatoire », en *La vengeance, op. cit.*, vol. 1, p. 13-42, (p. 19).

[303] Igor de Garine, « Les étrangers, la vengeance et les parents chez les Massa et les Moussey (Tchad et Cameroun) », en *La vengeance, op. cit.*, vol. 1, p. 91-124.

El honor puede analizarse como un capital simbólico en la medida en que todo hombre posee por definición el honor y al mismo tiempo que el honor es susceptible de variar, se puede hablar de un capital fijo y de un capital variable, para continuar con la metáfora económica.

La venganza capitaliza el honor, ya que sin afrenta a reparar, no se puede administrar la prueba de su verdadero valor, autentificar el honor del que todo hombre dispone "por naturaleza" (capital fijo)[304].

Joseph Chelhod, en «Equilibrio y paridad en la venganza de sangre en los Beduinos de Jordania», observa:

En la sociedad beduina, el volumen del grupo está entre los elementos de los que insuflan orgullo. Habiendo perdido a uno de los suyos, el clan se siente disminuido y consecuentemente deshonrado. Para restablecer el orden perturbado por el crimen, le toca a uno de los suyos, en su caso, vengarlo, infligir una pérdida igual al grupo antagonista. En fin, la noción de equilibrio se dobla con otra: la de paridad; entre la persona que se venga y aquella en quien uno se venga, es necesario que haya equivalencia social y biológica[305].

Según Itéanu, los Osete del Cáucaso preservan un capital de honor que se cuenta en vidas de hombres matados por el enemigo y vengados. En tanto que las víctimas no están vengadas, no son contadas en el capital-vida de la comunidad. El honor no puede ser restaurado sino por la venganza. Tomar una vida enemiga es, pues, restaurar una vida imaginaria en su

---

[304] Claude H. Breteau y Nello Zagnoli, « Le système de gestion de la violence dans deux communautés rurales méditerranéennes: la Calabre méridionale et le N.-E. Constantinois », en *La vengeance, op. cit.*, vol. 1, p. 43-73, (p. 47 y p. 49).

[305] Joseph Chelhod, « Équilibre et parité dans la vengeance du sang chez les Bédouins de Jordanie », en *La vengeance, op. cit.*, vol. 1, p. 125-144 (p. 126).

propio universo mítico. La identidad colectiva ideal estaría dada por un equilibrio entre los muertos de los que se tiene memoria ya que están vengados y los nacimientos cuyo advenimiento puede preverse.

> ¿A quién has matado para pedir la mano de mi hija? El asesinato es la primera etapa, obligatoria, del destino del hombre (...). Está seguido por el matrimonio, que da el derecho a construir su propia habitación en el seno del fuego, de percibir una parte de los ingresos comunes, de participar en las decisiones colectivas y abre la vía a otra etapa que es el nacimiento de los hijos[306].

Al comentar el trabajo de Itéanu, Verdier escribe:

> Entre los Osete, la cuestión ritual planteada por el suegro a su futuro yerno "¿A quién has matado para pedir la mano de mi hija?" pone en evidencia, a la vez, la obligación del asesinato y su función integradora en la sociedad (particularmente en tanto que es la condición del matrimonio). Se entiende toda la significación y el rol de la venganza: se trata, sobre todo, de proteger el capital-vida del grupo[307].

¡A menos que se trate de engendrar guerreros y de que el matrimonio no esté enfeudado a la venganza! El argumento de Verdier es reversible: cualquiera que no se defina en función de la reciprocidad de venganza será excluido del grupo social. La cohesión, la alianza, el parentesco y sobre todo el matrimonio y la procreación se encontrarían entonces enfeudados a la reciprocidad negativa o servirían, aún, para el equilibrio en vista de una relativización de los imaginarios de

---

[306] André Itéanu, *op. cit.*, vol. 2, p. 72.
[307] Verdier, « Le système vindicatoire », *op. cit.*, p. 19-20.

la violencia y de la alianza (Ver más lejos: «La liberación del Tercero»).

Para Svenbro, el «equilibrio por sustracción» escondería una ventaja para aquel que sufre el asesinato. El llamado a la venganza le permitiría, en efecto, consolidar sus lazos de alianza y solidaridad así como re-dinamizar su fuerza vital. El asesinato practicado por una comunidad sobre otra sería un verdadero don, ya que le permitiría a ésta reforzar su poder. Pero un tal «don de asesinato»[308] sería, efectivamente, «interesado»: estaría calculado por el agresor, de manera que la comunidad víctima, al vengarse, le permitiría llamar, a su vez, a la venganza y re-dinamizar, por ello, su grupo... El *don de asesinato* encontraría la justificación que le prestan al don las teorías del intercambio: sería la máscara del interés. Como esas comunidades no tienen ninguna idea de un cálculo tan astuto, ¡hay que admitir que un demonio, idéntico a la «mano invisible» de Adam Smith, lleve las riendas de la venganza!

Las tesis de Verdier y Svenbro sostienen que la venganza es un instrumento subordinado a la solidaridad interna del grupo. Y, ya que el grupo recurre a la venganza, ya sea para incitar (Svenbro), ya sea para disuadir (Verdier) al otro de agredir el capital-vida del grupo, es lógico que prohíba que la venganza pueda dividirlo a él mismo.

Verdier constata que en numerosas sociedades, la venganza es, en efecto, prohibida entre los miembros de una misma parentela. La venganza en el exterior tiene entonces, como otra cara, la solidaridad en el interior del grupo. Verdier insiste en esa bi-cara: solidaridad interna-venganza externa[309].

---

[308] Cf. Jesper Svenbro, en *La vengeance, op. cit.*, p. 55.

[309] Observemos, primero, que el deber de venganza afuera es la contrapartida de la interdicción de venganza adentro: «deber e interdicto expresan *las dos caras, externa e interna de la solidaridad*». Uno puede vengarse en aquellos a quienes, justamente, se tiene el deber de vengar. La venganza no debe romper la unidad del grupo que está llamada a promover y preservar en relación con el exterior. Bajo pena de estallido, el grupo no puede sino

De la misma forma, Lévi-Strauss acoplaba la prohibición del incesto y la exogamia, y consideraba la primera como la cara interna de la segunda. Se puede llamar complementarias a esas dos percepciones invertidas de la misma realidad: lo que está prohibido está prohibido porque está «opuesto» a lo que está ordenado, y recíprocamente.

La idea de que la venganza tenga como papel principal el de proteger la identidad del grupo y que ella esté subordinada a la cohesión de la parentela tropieza, sin embargo, con otras observaciones. Entre los Shuar, por ejemplo y según Harner, un alma de guerrero es un alma de asesinato que exige inmediatamente el pasar al acto. Los Shuar parten entonces en expedición matadora. Y si no encuentran al enemigo designado, o este, en guardia, desbarata su ataque, los guerreros deben matar tan imperiosamente (bajo pena de morir, ellos precisan, puesto que su alma comenzó a dejarlos desde que tomaron la decisión del asesinato) que ejecutan a quien sea que encuentren en su camino de retorno, aunque sea uno de sus aliados o un extranjero de paso[310].

Lévi-Strauss observaba que los Dobu de Nueva Guinea se unen para enfrentar al clan opuesto en la ocasión de un matrimonio entre clanes, pero que se dividen para enfrentarse cuando el matrimonio ha tenido lugar en el mismo clan[311]. De

---

prohibir la venganza en su seno: «Esta solidaridad característica de los grupos vindicatorios – dice Verdier– responde a una doble exigencia: la *obligación* de venganza en el plan exterior, el *interdicto* de la venganza en el plan interior, obligación e interdicto son *las dos caras, interna y externa, de la solidaridad*; son el derecho y el reverso de un mismo principio que define a la vez el espacio más acá del cual no se puede vengar(se) y aquel más allá del cual se tiene el deber de vengar(se). La regla es doble, positiva afuera, negativa adentro, obligación e interdicto hacen pareja. Estas dos caras de la solidaridad vindicatoria corresponden a la doble protección, exterior e interior del *capital-vida* del grupo». Subrayado por Verdier, *op. cit.,* p. 35.

[310] Cf. Michael J. Harner (1972), *Les Jívaros,* Paris, Payot, 1977.

[311] Lévi-Strauss, *Les Structures élémentaires de la parenté, op. cit.,* p. 97: «Cada vez que se trataba de concluir un matrimonio afuera, las dos mitades

la misma manera, los Shuar se vengan en el enemigo si él existe y si no, se dividen para que exista. Donde no hay reciprocidad, entonces hay que fundarla.

Se encuentra aquí el mismo principio que Lévi-Strauss estableció para las *estructuras elementales del parentesco*. Las mismas mujeres –mostraba a propósito de la costumbre del *kopara* entre los indígenas del Sur de Australia–, hermanas o hijas que fueron tomadas o adquiridas por el extranjero, pueden ser recibidas y esposadas por aquellos que primero las perdieron o donaron, desde el momento en que ellas adquirieron un estatuto de alteridad. Es debido a que la mujer es *otra*, que puede convertirse en esposa. Sin esta condición, no puede entrar en una relación matrimonial o una alianza que sea generadora de un nombre de humanidad. No es un carácter innato de la hermana o de la hija del otro lo que le confiere una preeminencia, sino el que ella sea el signo de alteridad en una estructura de reciprocidad[312].

---

olvidaban su división y colaboraban, con cada una de ellas trabajando en el éxito de las empresas de la otra y poniendo todos sus bienes en común; en cambio, ellas no dejaban de compartir, para intercambiar enseguida y entre sí sus papeles respectivos, cuando el matrimonio había tenido lugar en el interior del pueblo. Se ve desprenderse así, en un plano puramente empírico, las nociones de oposición y de correlación cuya pareja fundamental define el principio dualista, que no es, él mismo, sino una modalidad del principio de reciprocidad».

[312] «Así como tampoco la mitad, la mujer, que tiene de ella su estado civil, no tiene carácter específico o individual –ancestro totémico, u origen de la sangre que circula en sus venas– que la haga objetivamente impropia al comercio con los hombres que llevan el mismo nombre. La única razón es que ella es (una) *misma*, mientras que debe convertirse en *otra*. Y apenas convertida en *otra* (por su atribución a los hombres de la mitad opuesta), se encuentra apta para actuar, frente a frente con los hombres de su mitad, el mismo papel que antes fuera el suyo ante sus asociados. En las fiestas de alimentos, los presentes que se intercambian pueden ser los mismos; en la costumbre del *kopara*, las mujeres entregadas en intercambio pueden ser las mismas que las que se ofertaron primitivamente. Los unos y los otros sólo

De la misma forma, parece, nada puede prevalecer, entre los Shuar, sobre la necesidad intrínseca de la reciprocidad de venganza. No es la calidad del agresor o cualquier otra calidad intrínseca la que designa a alguien para la venganza, sino la necesidad de reciprocidad. El ciclo de la venganza tiene una fuerza propia que les da a los grupos o familias que enlaza una identidad superior a aquella de su nacimiento, y que impone su ley hasta en el interior del parentesco, que da incluso su «potencia de ser» (*kakarma*) a cada guerrero tomado individualmente. Este reconquista un alma cuando sufre un asesinato enemigo en su familia, y pierde su alma cuando mata a un enemigo, es decir, lo contrario de lo que se esperaría a partir de las tesis del intercambio (recuperar un alma por el asesinato). La obligación de venganza, la necesidad de asesinato, reenvía entonces a una ley superior a la de la solidaridad de alianza o de parentesco.

André Itéanu, entre los Osete del Cáucaso, subraya:

> El asesinato es la primera forma de acceso a la relación entre su grupo y los otros. El asesino experimenta la posibilidad de comprometer a su grupo en relación con el exterior. Para él, el mundo cerrado del grupo se transforma en un espacio de varios grupos dotados de reglas a las cuales ha probado su adhesión por su acción misma. (...) No es sino al precio de apertura de cuenta con el exterior y aceptando las modalidades de este compromiso, que accede al tiempo y el espacio social[313].

La venganza puede servir, sin duda, para proteger o reforzar la alianza, pero, en ese caso, ella no tiene ninguna necesidad de someterse a la reciprocidad. Para nosotros, la venganza circunscribe otro espacio-tiempo que el de la alianza

---

necesitan el *signo de alteridad* que es la consecuencia de una cierta posición en una estructura, y no un carácter innato». (*Ibíd.*, p. 133).

[313] Itéanu, *op. cit.*, vol. 2, p. 73.

desde que obedece a la reciprocidad. Las relaciones de alianza engendran una identidad llamada de grupo, y las relaciones de venganza engendran una identidad que se podría llamar intergrupal. Debemos considerar el sistema vindicatorio como un sistema de reciprocidad en sí mismo, como si constituyese en sí una matriz evolutiva, independientemente de cualquier función que la encadenaría *a priori* a otro sistema, y debemos considerar la relación entre el sistema vindicatorio y el sistema de alianza como una alternativa.

La relación contradictoria, la relación de alteridad y la relación de adversidad

Raymond Verdier propone, sin embargo, preciosas distinciones que pueden ser interpretadas a favor de nuestra hipótesis: él define, en efecto, la relación de adversidad y la relación de hostilidad en términos nuevos.

> Primero hay una *distancia social* propia a los participantes de la venganza, que permutan sus roles activo y pasivo; la hemos llamado *relación de adversidad* y distinguido, por una parte, de la relación de identidad, por otra, de la de hostilidad. A esas tres relaciones corresponden tres modos de violencia que, desde lo próximo a lo lejano, se ordenan así:

Tipos de relaciones	Modos de violencia
a) identidad	a) penalidad
b) adversidad	b) venganza
c) hostilidad	c) guerra

Verdier, «El sistema vindicatorio» (p. 34)

Una relación de proximidad (a) en la que la venganza está prohibida; una relación de alejamiento (c) en la que la venganza es ineficaz pero en la que la guerra toma el relevo; y una distancia intermedia (b) en la que la venganza es preeminente.

Esta tesis se apoya, sobre todo, en las observaciones de Igor de Garine (Tchad y Camerún):

El ejercicio de la venganza define un dominio intermedio, entre la homología debida al parentesco o la comensalidad próxima, las cuales excluyen, teóricamente, la venganza sangrienta, y aquella en que los enemigos son tan heterogéneos que se sitúan más allá de un círculo en el que se busca la responsabilidad. No se ejercitará venganza frente a una bandera baguirmiana o de un establecimiento foulbé, en el que es tan normal que manifiesten su brutalidad frente a los no islamizados, como es natural para un gato matar ratones o para una hiena alimentarse de perros. Inversamente, es inverosímil ejercer una venganza sangrienta con individuos con los cuales uno se encuentra emparentado, tanto en línea paterna –los *jaftusiona*– como en línea materna –los *dosianu*. Esas dos categorías constituyen la *golla* (los parientes) de un individuo y no se puede hacer derramar su sangre. Les están ligados por la exogamia, la comunidad de

351

prestaciones matrimoniales, las ceremonias funerarias y, justamente, la alianza total en casos de conflicto grave. (...).

La distinción es más clara entre los Massa que entre los Moussey, ya que disponen de dos técnicas para reglar sus conflictos: el combate con palos (*zugulla*), que está autorizado entre miembros de un mismo clan y no entraña sanciones graves ni represalias si va seguido de lesiones o accidentes sino que da lugar a una simple reparación; el combate con la saga (*kawina*), con la muerte por el hierro (*mat kawayna*), que derrama la sangre y engendra la venganza y el ejercicio del talión sobre la parentela entera del asesino. Más exactamente, el uso del hierro contra un pariente parece un crimen inexpiable[314].

Pero antes de que el matrimonio haya transformado al otro en pariente, éste es el enemigo potencial antes que el pariente potencial; la adversidad es lo mismo que la alteridad, ella no está dada como la suerte de quien no es el elegido de la alianza, ella es un requisito previo, como lo es el equilibrio entre exogamia y endogamia verdadera para definir la posibilidad de alianza.

La ambigüedad de las relaciones con los aliados es constante. Los suegros, no-parientes por definición, ya que se puede esposar a una de sus hijas son, de alguna forma, en la generación de Ego, "enemigos domesticados". En la siguiente generación, se han convertido en tiernos parientes maternales con los cuales las rivalidades y los conflictos de autoridad no podrían producirse, mientras que constituyen la trama de relaciones entre parientes paternales. Como lo explicitan los jefes de tierras, en ocasión de sus invocaciones públicas, bolla: "Somos hijos de tal ancestro. A los habitantes de tales ciudades y barrios, no los

---

[314] Igor de Garine, « Les étrangers, la vengeance et les parents chez les Massa et les Moussey (Tchad et Cameroun) », *op. cit.*, p. 100-101.

esposamos, tienen el mismo ancestro. Pero a los otros clanes vecinos ¡les hacemos la guerra y los esposamos"![315].

La relación de adversidad, prohibida con los próximos pero igualmente prohibida con los desconocidos, está reservada a quienes son a la vez idénticos y diferentes:

> Situándose a medio camino entre la relación de identidad y de diferencia absoluta, la relación vindicatoria es esencialmente una *relación de adversidad* que enlaza asociados que se reconocen a la vez como idénticos y diferentes[316].

Y este espacio relacional –dice Verdier– es el del «reconocimiento del otro»[317].

Este espacio de reconocimiento del otro es entonces aquel en el que las fuerzas contradictorias (identidad y diferencia) están en equilibrio. Verdier conceptualiza ese campo «contradictorio» como espacio «intermediario», y define este espacio intermediario, que también llama «distancia social», con precisión:

---

[315] *Ibíd.*, p. 100-101.

[316] Verdier, « Le système vindicatoire », *op. cit.*, p. 25 (subrayado por Verdier).

[317] «El sistema vindicatorio circunscribe un cierto espacio social al interior del cual se ejerce la venganza y más allá del cual ella cede el sitio a la hostilidad y la guerra: como hay un lugar en el que la venganza está prohibida, a causa de la distancia demasiado cercana de los asociados, hay otro lugar en el que ella deja de actuar a consecuencia de la demasiada distancia social entre ellos. Mientras que, en el primer caso, la identidad de los asociados se opone a la venganza, en el segundo su diferencia conduce de la venganza a la guerra. Dicho de otra forma, la venganza se inscribe en un *espacio social intermedio* entre aquel en el que la proximidad de los asociados lo prohíbe y aquel en el que su alejamiento sustituye la guerra a la venganza». (*Ibíd.*, p. 24).

[esta distancia social] sitúa a los asociados, no en un espacio demasiado *próximo* (el de los parientes), tampoco en un espacio demasiado *lejano* (el de los enemigos), pero sí en un espacio mediano, el del frente a frente, en el que uno se reconoce en la mirada del otro[318].

Pero, en el sistema de alianza o, más generalmente, también en el de reciprocidad positiva, y como lo señalaron varios autores, el reconocimiento del otro supone una relación de equilibrio de fuerzas contradictorias: la identidad y la diferencia, la homogeneidad y la heterogeneidad, la oposición y la unión. Se recordará aquí la definición de las organizaciones dualistas por Lévi-Strauss[319]. Propondremos luego una nueva interpretación de este equilibrio entre fuerzas antagonistas, que llamamos el principio de lo contradictorio, refiriéndonos a las tesis de Stéphane Lupasco[320].

La reciprocidad, por lo menos en sus orígenes, implica al otro en un equilibrio contradictorio. Por cierto, Lévi-Strauss insiste más en la alteridad que en el equilibrio contradictorio. Para oponerse a la ideología dominante en la época en que escribía *Las estructuras elementales del parentesco*, ideología según la cual la identidad de parentesco habría sido un capital que se tendría que haber transmitido por la filiación (el matrimonio convertido en el medio de esta transmisión entre emparentados), Lévi-Strauss se dedicó a mostrar que es la alteridad la que está en el principio de la unión matrimonial.

La tesis de Lévi-Strauss es la del primado del otro sobre el mismo. Como quiera, ese primado de la diferencia sobre la identidad no ignora límites: el otro no es un extranjero absoluto, un desconocido. La alteridad no es una diferencia

---

[318] Verdier, « Une justice sans passion, une justice sans bourreau », en *La vengeance, op. cit.*, vol. 3, p. 151.

[319] Lévi-Strauss, *Les Structures élémentaires de la parenté, op. cit,* p. 80.

[320] Lupasco, *Le principe d'antagonisme et la logique de l'énergie* (1951).

radical, una extrañeza infinita. Lévi-Strauss llama «endogamia verdadera» al rechazo a reconocer el matrimonio fuera de los límites de la comunidad humana. Pero todas las sociedades primitivas se proclaman: Nosotros, los Verdaderos Hombres. La prohibición del incesto, la prohibición de lo mismo, es ciertamente la otra cara de la necesidad de alteridad, pero de una alteridad circunscrita por una identidad de grupo (endogamia verdadera). La alteridad lévi-straussiana es relativa, está equilibrada por la endogamia verdadera.

Basta situar el equilibrio entre la fuerza centrífuga de la exogamia y la fuerza centrípeta de la endogamia verdadera, para encontrar la distancia privilegiada del reconocimiento del otro que responde al principio de lo contradictorio de la reciprocidad.

El tríptico constituido por:

1. lo desconocido (extranjero a la esfera definida por la endogamia verdadera)

2. lo mismo (la identidad tocada por la prohibición)

3. lo intermediario (donde se practica la reciprocidad de alianza)

es análogo al tríptico de Verdier.

La relación de alteridad lévi-straussiana es la misma que la relación de Verdier llamada «adversidad».

Los sistemas de reciprocidad de la venganza y de la alianza nos parecen equivalentes, así, para hacer aparecer un mismo principio fundamental: el «principio de lo contradictorio» como la razón de la reciprocidad.

Polarizada por la benevolencia, la reciprocidad de origen se convierte en la dialéctica del don, y el equilibrio de lo contradictorio se encuentra restablecido por la violencia bajo la forma de competencia entre los dones. Es por ello que Mauss hablaba de don «agonístico». Esta violencia, el *agôn*, puede ser considerada como la negación motriz de la dialéctica, como lo propone Jean-Luc Boilleau[321].

Polarizada, al contrario, por la violencia, la reciprocidad se convierte en la dialéctica de la venganza, y el equilibrio de lo contradictorio se restablece por el hecho de que la venganza no es ejercida sino en relación a aquellos que son reconocidos como de una humanidad superior o incluso de su rango.

El equilibrio de lo contradictorio así no deja de ser reproducido en cada nuevo ciclo de la reciprocidad, de manera más amplia o intensa. La polaridad dialéctica se interpreta entonces como el motor de este crecimiento. Para el estudio de esas dialécticas de la venganza y del don, reenvío al tomo I de la *Teoría de la Reciprocidad*: *La reciprocidad y el nacimiento de los valores humanos*[322].

La razón de la reciprocidad de venganza como la de la reciprocidad de alianza o de don es mucho más que un lazo social, más que la conciencia de pertenecer a una misma comunidad: es el sentimiento mismo de ser humano. La reciprocidad de venganza es, como la reciprocidad del don, una estructura fuente del ser hablante.

La reciprocidad puede construirse por la vida, la alianza o el don, pero también puede construirse por el hecho de sufrir la muerte o el asesinato. No es, pues, el don el que es el fundamento de la sociedad, sino que es la reciprocidad.

Cuando la reciprocidad no pueda realizarse por la alianza o el don, lo hará de otra forma y a cualquier precio. El hombre elige morir por el que llama su enemigo antes que volverse hacia la nada. Antes ser por la muerte que vivir sin ser, antes la muerte por la mano del otro que vivir sin recibir de él la revelación de ser humano.

---

[321] Jean-Luc, Boilleau, *Conflit et lien social. La rivalité contre la domination*, Paris, La Découverte/Mauss, 1995.

[322] Publicado con Mireille Chabal en francés: *La réciprocité et la naissance des valeurs humaines*, Paris, L'Harmattan, 1995.

La tesis de Raymond Verdier: la reciprocidad negativa como intercambio con los dioses

Marcel Mauss concluía, a propósito del *potlatch*, que los donadores se enfrentaban cada uno queriendo sobrepasar al otro en la pretensión de serle superior pero obligándose, para ello, a recibir el contra-don.

De la misma forma, Raymond Verdier estima que la violencia está organizada para definir una jerarquía:

> Como el principio de solidaridad, la regla de reciprocidad es un dato fundamental del sistema vindicatorio en tanto que permite a los grupos definirse en términos de complementariedad antagonista y de equilibrio dinámico: en el juego reglado del sistema vindicatorio, los grupos se enfrentan tratando de sobrepasar al otro aunque no de destruirlo; cada uno trata de mostrar su superioridad pero no de reducir a nada a su adversario[323].

Esta concepción es, entonces, paralela a la de Mauss para los dones, pero es diferente de la que Mauss proponía de la venganza misma. Para Mauss, en efecto, el don se metamorfosearía en obligación de venganza en el caso en el que el donatario no restituyese al donador la contra-parte que testimonia de su respeto por el prestigio de éste. Mauss no concebía, pues, la reciprocidad negativa.

Mauss considera que el don es portador del *mana* del donador. Raymond Verdier parte, es verdad, de la misma idea y considera el *mana* como un capital:

> (...) como bien de todos los miembros, pasados, presentes y por venir, ese capital debe ser preservado

---

[323] Verdier, «Le système vindicatoire», *op. cit.*, vol. 1, p. 30.

contra toda ofensa, externa o interna, física o moral, ya se trate del honor defraudado o de la sangre vertida. Toda injuria a ese capital-vida, cuando proviene de una agresión exterior, es un *daño* sufrido por todo el grupo y que desata su reacción vindicatoria; cuando emana de uno de sus miembros, es *transgresión* de la ley y acarrea su sanción, penal o sacrificial: pena y sacrificio son las únicas respuestas lícitas a la ofensa al interior del grupo, donde el asesinato está prohibido y donde uno no debe vengarse en aquellos a quien se tiene el deber de vengar[324].

Pero Verdier define entonces una «distancia social» propia de la venganza. De todas formas, esta distancia no es concebida sino como el envés del reconocimiento social producido por la reciprocidad positiva:

> Pero es en cambio posible, por lo menos de una forma general, señalar globalmente los actos que claman venganza, en tanto que tienden, precisamente, a desconocer esta distancia social que les permite a los grupos afirmar su identidad y por ello los obliga a reaccionar para hacerla respetar[325].

La distancia social de Raymond Verdier se parece a la del ruiseñor macho en relación a otro macho, distancia que se mide según los decibeles que cada uno percibe del otro, distancia afirmativa y sin embargo amenazadora. Verdier afirma claramente que la reciprocidad no es más que una resultante de esta manifestación de la identidad del grupo:

> Para que el sistema pueda funcionar "normalmente", el poder político debe ser estructurado de tal manera que los grupos vindicatorios puedan constituir a la vez identidades propias que tengan cierta permanencia y estabilidad y

---

[324] *Ibíd.*, p. 35.
[325] *Ibíd.*, p. 19.

unidades sociales de fuerza relativamente iguales. Es solamente cuando esas condiciones se cumplen que la regla de reciprocidad puede aplicarse efectivamente y que el sistema vindicatorio puede reequilibrar las fuerzas presentes[326].

¿Pero cómo las sociedades humanas esparcidas en la tierra se constituirían en grupos de fuerza igual con una identidad propia permanente? ¿Qué argumentación podría avanzarse para justificar una hipótesis tal? Ninguno de los autores de *La venganza* aporta aquí con la menor contribución. El postulado de una sociedad primitiva constituida por grupos de fuerzas iguales, dotadas de una identidad propia y perenne, es una hipótesis *ad hoc*.

La tesis del intercambio no fuerza solamente a imaginar condiciones idóneas para justificar la venganza, sino también para explicar dos otros tipos de violencia concurrentes de la venganza: la sanción y el sacrificio. Si el agresor de una comunidad es miembro de la comunidad, la venganza es efectivamente reemplazada por una de las dos soluciones, penal la primera, sacrificial la segunda.

Para Raymond Verdier, las tres respuestas posibles a la agresión, venganza propiamente dicha, castigo y sacrificio, deben interpretarse como intercambios. La penalidad sería

---

[326] *Ibíd.*, p. 30. El autor no da indicaciones sobre las condiciones que él subsume bajo «poder político». Varias tesis podrían invocarse. La de Sahlins, por ejemplo, que propone la idea de un modo de producción doméstico en el cual el interés colectivo de una familia extendida justificaría el don generalizado entre sus miembros, el mismo don que se opondría a que los intereses individuales no se conviertan en el motor de una producción competitiva. Las familias se aletargarían en el ocio y no se despertarían sino al ser amenazadas por otras familias del mismo tipo, que querrían apropiarse de su territorio. Otra tesis quisiera que el equilibrio de una comunidad y de sus medios, en un contexto dado, alcance un umbral de rentabilidad óptimo a partir del cual sería más económico para la comunidad dividirse antes que agrandarse.

entonces un intercambio entre el individuo y el grupo. La dificultad es más grande para el sacrificio. Reducirlo a un intercambio obliga entonces a concebir un participante virtual: los dioses.

Esta solución es la misma que la que imaginaba Mauss para el *potlatch*: cuando el donador vencedor de la justa de los dones ya no conoce rival y ya no puede desarrollar su potencia, a falta de un donatario capaz de relanzar el ciclo del don, parece que él no donará más que para ser socialmente, y que no distribuye su fortuna sino por el prestigio, de forma ostentosa. Para mostrar su potencia, dice Mauss. Pero he aquí, que en el *potlatch*, el donador vencedor de las justas no da una parte de sus bienes para mostrar su potencia sino ¡todos sus bienes! Mauss sugiere, entonces, que el donador apuesta, en realidad, al reconocimiento de los espíritus o de los dioses.

Mauss evoca los espíritus de los ancestros para explicar que el sacrificio final no es gratuito, que es la prolongación del *potlatch* pero con los dioses. El don aparentemente gratuito sería de hecho calculado, una vez más, ya que estaría dirigido a los dioses con la esperanza de una contraparte superior. El prestigio no sería sino una moneda que esperaría ser realizada por los dioses. Mauss sostiene que los donadores esperan recibir entonces más de lo que donan.

Esta concepción intercambista del sacrificio fue recientemente retomada por Sahlins, que ve en el sacrificio de los Maorí, un intercambio con los dioses –intercambio del que hace el paradigma de los intercambios entre los hombres.

Pero si los dioses donan por la gloria y sin espíritu de lucro, ¿por qué los hombres no harían otro tanto, con la esperanza de ser como los dioses? ¿No sería por la dicha de ser reconocidos por los dioses como hombres «grandes y poderosos» o para ser elevados al rango de los dioses, que los hombres se vuelven hacia ellos y les ofrecen sacrificios?[327]. Y si

---

[327] Ver *Teoría de la Reciprocidad*, Tomo I.

los hombres abusaran de los dioses, tratando de sustraerles grandes bienes con presentes de calidad inferior, ¿no serían los dioses suficientemente avezados como para descubrir la superchería?

Verdier, sin embargo, retoma el razonamiento de Mauss y lo aplica a la venganza. Refuta primero la idea de un intercambio directamente utilitario:

> Analizar el proceso de venganza en términos de operación contable podría dar lugar a pensar que se está frente a una transacción comercial, de un intercambio mercantil. Es cierto que el regateo, al que puede dar lugar el acuerdo, allá donde exista, podría sugerir esta interpretación y que la venganza pueda convertirse en un medio de adquirir riqueza y poder, pero conviene ver entonces una desviación del sistema vindicatorio. Si se trata de una deuda por pagar, no se trata entonces de un pago ni de una deuda en el sentido comercial[328].

El intercambio sería entonces el del capital-vida del grupo, pero en la representación que se tiene de él, y más alimentada por su imaginario que por los constreñimientos o necesidades de orden material.

Como Mauss y Lévi-Strauss, a propósito de los dones recíprocos, Verdier recusa el intercambio económico en provecho del intercambio simbólico:

> Ya se trata de venganza, de pena o de sacrificio expiatorio; en los tres casos se reclama una *víctima*, ya sea por el vengador, en nombre de la solidaridad de un grupo frente a otro, sea por el acusador en nombre de la sociedad, sea, en fin, por Dios en nombre de una ley "sagrada"[329].

---

[328] Verdier, «Le système vindicatoire», *op. cit.*, p. 18.
[329] *Ibíd.*, p. 35.

Sin embargo, define la venganza como un intercambio:

En el plano de la comunicación social, la venganza es una relación de intercambio bilateral que resulta de la reversión de la ofensa y la permutación de los papeles del ofensor y del ofendido. (…)

Estamos llevados, así, a estudiar la venganza como un sistema o sub-sistema a la vez de intercambio y de control social de la violencia[330].

Para Verdier:

El vocabulario de la venganza va en el sentido de esta interpretación. Pone en evidencia el hecho de que se trata de una deuda a pagar o, más exactamente, que se trata de algo debido por lo que uno de los asociados debe responder, y el otro exigir[331].

Mauss llevaba el capital-vida al prestigio, al renombre, al *mana* del grupo, Verdier lo lleva al honor, otra expresión del mismo *mana*:

Ese capital-vida, conjunto de personas y bienes, de fuerzas y valores, de creencias y de ritos, que fundan la unidad y la cohesión del grupo, está figurado por dos símbolos, la sangre, símbolo de unión y de continuidad del linaje y las generaciones, el honor, símbolo de la identidad y de la diferencia que permite a la vez el reconocer al otro y exigir que respete a uno[332].

---

[330] *Ibíd.*, p. 14 y p. 16.

[331] *Ibíd.*, p. 17. La deuda no puede ser siempre esta obligación, ella puede significar, al contrario, la obligación hecha al ser del donador para que el lazo social no pueda ser roto. En ese caso, la deuda no está hecha para ser pagada sino, más bien, para no serlo.

[332] Verdier, «Le système vindicatoire», *op. cit.,* p. 19.

Esta distinción entre sangre y honor podría introducir la tesis de Florestan Fernandes[333], según la cual es necesario imaginar dos entidades sobrenaturales, la unidad mística del grupo, y el empíreo de las víctimas que esperan que los vivos se venguen. Dos entidades que ordenan dos tipos de comunicación, la una comunión religiosa entre los vivos y los muertos, la otra diálogo mágico entre los difuntos y sus vengadores, con los primeros que comunican su poder a los segundos para que destruyan el obstáculo que les impedía volver al seno de su comunidad.

Para Verdier, la venganza está agregada, tanto como el don, a la identidad del grupo. Así como el don es don de una parte del *mana* de la comunidad, la venganza es recuperación de una parte del *mana* para la comunidad. Así, cuando se perpetra un crimen frente a la comunidad por uno de sus miembros, no parece necesario suprimir la vida del agresor. La venganza encuentra, en efecto, un límite: ninguno de los miembros de la comunidad puede ser suprimido sin un grave daño para el capital-vida del grupo.

Se escogería, en ese caso, inmolar a un animal en vez del culpable, a fin de poder reintegrar a éste en la comunidad. Pero si un sacrificio semejante es un intercambio de víctimas ¿a quién sacrificar el animal? ¡A los dioses! responde Verdier. Los dioses fueron ofendidos por los vivos, y como son los celosos protectores de la integridad del grupo, los vivos deben resarcirlos.

La dificultad de esta tesis es que se define a los dioses como para responder a la cuestión que viene de plantearse[334].

---

[333] Fernandes, *A função social da guerra na sociedade Tupinambá, op. cit.*

[334] Raymond Verdier interpreta el sacrificio como un intercambio con los Dioses, y a partir de ahí, el intercambio, desaparecido de entre los hombres, es reencontrado. Los Dioses aparecen para donar un punto de apoyo a la noción de intercambio.

Como precedentemente con la identidad y la igualdad de los grupos, aquí se propone una hipótesis *ad hoc*.

Queda por precisar, también, cómo se constituye la identidad espiritual del grupo. El honor del que los dioses son tan celosos es un capital simbólico del que siempre se ignora el origen. ¿de dónde viene esta identidad mística, de dónde salen los dioses? ¡Dos enigmas!

4. EL PRINCIPIO DE UNIÓN Y EL PRINCIPIO DE OPOSICIÓN EN LA RECIPROCIDAD DE VENGANZA

Necesitamos, pues, retomar este análisis de manera más precisa, observando más de cerca los hechos que sirvieron para elaborar esta tesis. Veamos primero cómo se constituye el capital-vida. Para Verdier:

> El capital-vida del grupo debe ser primero protegido contra toda agresión exterior: a esta protección *externa* responde el principio de la *solidaridad vindicatoria*. (…) y bien, ésta [solidaridad] no es una reacción automática que sería debida a alguna integración mecánica de los individuos al grupo, como si, privados de responsabilidad y de personalidad, fueran los simples engranajes de una máquina; el individuo y el grupo son complementarios, en cuanto el individuo encuentra en el grupo su reconocimiento y su estatus (cf. Adler) y que el grupo es afectado en tanto que tal por la conducta de cada uno de sus miembros[335].

---

[335] Verdier, «Le système vindicatoire», *op. cit.*, p. 20-21.

¿Puede precisarse esta tesis de una complementariedad entre el individuo y la colectividad, entre lo singular y la totalidad? ¿Qué dice entonces Adler, citado como referencia, a propósito de las relaciones de los individuos, familias o clanes que se reconocen mutuamente y de sus relaciones con la totalidad del grupo, que puede ser afectado en tanto que tal, es decir en su unidad, por la conducta de cada uno?

Alfred Adler estudia el rol de la venganza entre los Moundang del Tchad.

> El asesino de un hombre es vengado por sus hermanos de clan, que tratan de matar al culpable o a uno de sus hermanos. Ese derecho de venganza que es un hecho de soberanía clánica, está plenamente en vigor y funciona en principio, como si ningún poder de otra naturaleza existiera concurrentemente[336].

Pero, por otra parte:

> El poder real (…) no ejercía ninguna función judiciaria propiamente dicha. Ni corte ni ningún representante cualquiera que diga la ley del príncipe, sino una fuerza y un espacio —en el sentido más concreto del término— exteriores al sistema de la venganza entre los clanes. La casa real, sus alrededores, el pueblo de Léré para quienes viven en otra parte, las residencias de los jefes del pueblo, son tantos otros santuarios que le permiten al asesino escapar de la venganza de sus perseguidores. El criminal no está lavado de su crimen, no está forzado a expiar su falta de otra forma; ya que pasa simplemente por el medio de contacto con la sacralidad del poder real, de un sistema de fuerzas a otro.

---

[336] Alfred Adler, « La vengeance du sang chez les Moundang du Tchad », en *La vengeance, op. cit.*, vol. 1, p. 75-90, (p. 76).

Adler nos presenta entonces dos legitimidades diferentes: la autoridad de cada clan en relación a los otros, y la autoridad del conjunto de clanes reunidos en consejo y que se expresan con una sola voz a través del rey. Entre los dos, un umbral. Los personajes que lo atraviesan cambian de naturaleza y, consecuentemente, se sustraen a las reglas del derecho en vigor, en el sistema que abandonan, para someterse ahora a aquellas del que adoptan.

El primer sistema es el de los clanes. Está regido según las reglas de la reciprocidad horizontal. Una reciprocidad semejante depende del principio de oposición de Lévi-Strauss: toda comprensión se expresa por dos opuestos, cada uno de los cuales tiene un mismo valor de significación. Si de uno se dice blanco, el otro es negro, etc. La oposición está al servicio de una diferenciación clasificatoria. Llamemos a este procedimiento de *oposición* antes que de *diferenciación*, ya que discontinuo, mientras que una diferenciación puede ser progresiva y continua.

¿Cómo crece la sociedad? En el seno de un clan, suben en potencia muchos hijos. A la menor disputa, el clan se resquiebra. Uno de los hijos va a fundar otro clan:

> Los Dahe (el clan de la Piragua) son Ban-Suo (el clan de la Serpiente), pero la lanza de la venganza los ha separado. (…). Los que ha separado la lanza ya no son hermanos; llevan nombres de clan o sub-clan diferentes y ya no pueden heredar los unos de los otros: se ahorran muchos conflictos y, además, es posible el inter-matrimonio, lo que se considera como una ventaja en una sociedad en la que la unión preferida es aquella con los más prójimos de los no parientes[337].

La oposición es decisiva ya que es suficiente como para autorizar la relación de matrimonio, la exogamia. El clan es

---

[337] *Ibíd.*, p. 80.

exógamo. La separación por la lanza es creadora de la relación de reciprocidad de parentesco. Aquí nada deroga al principio de reciprocidad, tal como lo describe Lévi-Strauss en las *Estructuras elementales del parentesco*. Pero esta diferenciación por *oposición* es redoblada con otro proceso de unión que, sin embargo, no la contradice.

El principio de unión está encarnado por la realeza de Léré[338]. La realeza no es una totalidad homogénea, una indivisión, una indiferenciación primitiva. Adler insiste, por el contrario, en el hecho de que el rey del Léré encarna en su persona la tensión ‑dice‑ de fuerzas opuestas. Une cosas contradictorias entre sí.

La realeza reúne el poder de venganza y el de perdón; tiene en su mano los valores de la reciprocidad positiva, ya que es el redistribuidor de todos los bienes materiales y espirituales, pero también de los valores de la reciprocidad negativa, la decisión de venganza o de la guerra. La realeza es la unidad entre una autoridad política, heredada por linaje, y de una autoridad religiosa, que recibe en su entronización. Ella es

---

[338] «Los Moundang del Chad constituyen una sociedad organizada en clanes y regida por un sistema político que se puede definir como una realeza sagrada. El rey de Léré es a la vez un jefe político cuya autoridad legítima está fundada en el nacimiento (es el descendiente en línea directa del fundador legendario de la dinastía) y un detentor de funciones rituales y de poderes mágicos que son consecutivos a su entronización y a su sacralización. Esos dos atributos no se suman para hacer surgir una especie de soberanía total y absoluta pero son como dos polos opuestos entre los cuales existe una tensión que no termina sino con su muerte y, antaño, el regicidio ritual. La soberanía del rey de Léré es, en verdad, doblemente dividida: dividida en el interior de su persona, como se acaba de decir, y, por otra parte, entre él y los clanes. Estos participan en el gobierno del reino por medio de un consejo de Ancianos que los Moundang llaman *zah-lu-seri* (Los Grandes de la Tierra de Léré). El consejo, cuyos miembros llevan el título de *zah-sae* (Excelente), representa a la vez una instancia religiosa que tiene a su cargo los rituales más importantes del calendario agrario, las ceremonias de entronización y los funerales reales y una especie de jurisdicción oculta que dispone de poder para hacer y deshacer a los reyes». (*Ibíd.*, p. 76).

incluso la unidad de una contradicción: entre las fuerzas centrípetas del consejo de Ancianos y las fuerzas centrífugas que se expresarán por la no-reciprocidad de las alianzas del linaje real. El rey delega su autoridad, en efecto, a sus parientes en las ciudades:

> El pueblo es una unidad política que reúne un cierto número de secciones de clanes situados bajo la autoridad de un jefe "de campo" (*gõ-za-lale*), es decir, de un hijo del soberano de Léré enviado con la unción real (*gbwe*) que sacraliza la función. El poder local procede entonces de la forma más directa del poder central y se presenta como su reproducción en más pequeño[339].

El rey no sólo es el fruto de la reunión de los clanes, el hijo engendrado por el consejo de Ancianos, el portavoz de la unidad consensual del grupo. Ciertamente, el mito dice que fue nombrado por la reunión de cuatro clanes fundadores, pero también es el signo del poder que se extiende sobre la totalidad de los clanes de Léré. Es la fuente de legitimidad tanto como los clanes, o más exactamente, la unidad de la comunidad está en la fuente de un poder al mismo título que la oposición entre clanes. El proceso de unión es tan generador, como el proceso de diferenciación, la conjunción como la disyunción.

> La realeza –escribe Adler– no representa una instancia de rango superior, no aporta principios más elevados que el clan, no tiene, por otra parte, ninguna pretensión de ese tipo. Es una fuerza, dispone de una potencia que es extranjera al universo clánico aunque todo lo que la compone viene de él, con la excepción del principio de la realeza. Esta potencia está hecha de hombres debidos a su persona, esposas, en gran número, y «fetiches» (lo que los

---

[339] *Ibíd.*, p. 78.

clanes tiene en la mano) que constituyen sus regalia. Cada uno de esos tres elementos, que pueden designarse como los componentes fundamentales de la institución real moundang, sufrieron una transformación al entrar en este "arreglo": los hombres perdieron su personalidad clánica, tal como ella se define en el sistema de venganza, matan, pueden ser matados, pero toda noción de compensación ha desaparecido. Las mujeres, esposas sin «dote», ya no son lazos vivientes entre los clanes, están fuera de intercambio y destinadas a funciones de producción para crear las riquezas indispensables a la vida ceremonial del palacio. Los fetiches, en fin, reunidos bajo la mano de uno solo bajo la forma de *regalia*, han perdido su valor diferencial relativo para encarnar la diferencia absoluta entre la persona del soberano y el hombre del clan[340].

La realeza recibe, en la descripción de Adler, los caracteres de una autoridad religiosa. Cuando la realeza se convierte en un ejecutivo, esta palabra religiosa se traduce territorialmente por un poder que Adler llama «político», ya que pretende decidir entre lo que se conforma a los preceptos religiosos y lo que se separa de ellos.

La misma observación de Serge Tcherkézoff[341] entre los Nyamwezi-Sukuma del noroeste de Tanzania: el poder del rey es un poder «mágico-religioso», en relación con las fuerzas sobrenaturales que deciden las lluvias, las cosechas, etc. La misma constatación que en Adler: el rey está en el origen de todo y, por el sacrificio, directamente implicado en la experiencia religiosa.

Adler insiste, sobre todo, en el hecho de que existen dos expresiones de la sociedad moundang que no se confunden ni

---

[340] *Ibíd.*, p. 86.

[341] Serge Tcherkézoff, « Vengeance et hiérarchie ou comment un roi doit être nourri », en *La vengeance, op. cit.*, vol. 2, p. 41-59.

se contradicen, que no se anulan, aunque sean contrarias la una de la otra.

No existe política de la realeza que apunte a ejercer influencia, que pese de alguna forma sobre ese sistema, ya que es el hecho mismo de la coexistencia de las instituciones de sentido contrario (pero de ninguna manera contradictorio) el que determina la acción de una sobre la otra[342].

Entre los Moundang –dice todavía– las distinciones estructurales de las partes no están afloradas, pero el principio de la unidad y la cohesión del conjunto está en el exterior[343].

La respuesta de Adler nos facilita las cosas. En vez de tener una simple relación entre el individuo y lo colectivo –que según Verdier es una relación de complementariedad, ya que el individuo encontraría su estatuto en la colectividad–, he aquí que nos encontramos, más bien, con dos legitimidades, y el concepto de identidad al que se refiere Verdier se desdobla. Cada clan afirma su identidad en relación a otro. La identidad, entonces, es lo que es común a un clan, es decir, a un conjunto de elementos que se opone a otro conjunto.

Pero hay otra identidad que procede, al contrario, de la unión de los clanes en torno a la realeza. Se debe, a partir de entonces, llamar unión a la convergencia de términos diferentes, sino opuestos. El centro se convierte en la unidad de la contradicción.

El centro es un punto de equilibrio e incluso de reunión de fuerzas antagonistas. La unión supone que la diferencia, en vez de exteriorizarse en una oposición desplegada, se interioriza en una totalidad cerrada y el que sea progresiva,

---

[342] Adler, *op. cit.*, p. 86.
[343] *Ibíd.*, p. 89.

continua, sin ruptura. La identidad de la jefatura que la encarna no es lo mismo que la identidad de las familias que comparten la misma suerte. La realeza es la expresión de la unidad de una totalidad de fuerzas que, en otras partes, se encuentran separadas. Ella reúne, por ejemplo en una sola mano, el poder de la venganza y el de la alianza. Gracias a ella, el símbolo de la humanidad podrá interpretarse, simultáneamente, en el imaginario de la venganza y en el imaginario de la alianza.

Serge Tcherkézoff lo confirma:

> La consecuencia de un asesinato estará determinada así por el valor "regio", valor superior, valor englobante y que afirma constantemente que la totalidad no es una adición, una yuxtaposición de elementos unitarios semejantes o simétricos, sino la reunión simbólica de los opuestos asimétricos y que, por otra parte, ese nivel de reunión es siempre superior a los estados en los que esos opuestos se perciben separadamente[344].

Aquí, el principio de unión se impone al principio de oposición.

La noción de identidad, por tanto, debe desdoblarse. Puede ser homogénea al clan o la familia y, en ese caso, se retrotrae a la identidad de quien debe afrontar la diferencia de lo otro por la oposición; y ella puede ser la identidad de una totalidad que es una fuerza de unión que reúne a todas las oposiciones.

> El rey representa este lazo cuando se ha convertido, después de su entronización, a la vez, en descendiente de esos grandes ancestros y en el "padre" de todos los habitantes. El sacrificio de los bueyes reales, organizado por la corte, llega regularmente a afirmar ese principio.

---

[344] *Ibíd.*, p. 41-42.

Allá donde ese lazo se detiene, está lo exterior, lo innominado, lo prohibido (*mwiko*) (...)[345].

Esta fuerza de unión excluye la posibilidad de eliminar a un miembro de la comunidad. No hay posibilidad de intercambio real o simbólico entre el grupo y el individuo. A partir de ahí, uno puede preguntarse si la comunidad agredida por uno de los suyos no estará lesionada, no por la violencia que le ha sido infligida sino por la amenaza de una oposición a la cual la expone, por su delito, uno de sus miembros.

> En la medida en que la transgresión de un interdicto fundamental, como el incesto o el homicidio de un pariente, hace correr riesgo a todo el grupo –dice el mismo Verdier– se deberá proceder a un ritual colectivo de purificación y reparación[346].

La unidad de la totalidad no puede ser puesta en peligro por el hecho de que uno de los suyos pretenda ya no pertenecer al grupo y romper la eficacia del principio de unión. Es la totalidad de la comunidad, como unidad, que va entonces a pagar, rescatar al excluido, víctima de su violencia y restablecerlo en sus prerrogativas gracias a un «sacrificio». Los dioses son los garantes, o la imagen de la unión. Por encima de los individuos, existe entonces una entidad que es una totalidad cuya unidad no es desmenuzable.

Entre los Gamo de Etiopía, describe Verdier:

> (...) a partir de su acto, el asesino se convierte en un fuera de la ley y debe desaparecer, pero se hace todo para que retorne. A su vuelta, el primer sacrificador del "país" cumple un sacrificio en el curso del cual el asesino y el pariente más cercano de la víctima pasan al interior de una

---

[345] *Ibíd.*, p. 44.

[346] Verdier, «Le système vindicatoire», *op. cit.*, vol. 1, p. 22.

apertura practicada en la piel de un animal sacrificado; ese rito marca el renacimiento de un nuevo orden[347].

La totalidad de la comunidad, para ser restaurada, implica la reunión de la víctima y de su agresor, así como su retorno a la comunidad tiene lugar a través de todo el sacrificio[348]. (Lévi-Strauss hubiera deseado conocer esas observaciones cuando forjaba su concepto de «casa». Descubría entonces un nuevo principio organizador de la vida en sociedad, un principio de unión de fuerzas antagonistas, decía, la unidad de la contradicción como centro focalizador de la comunidad).

El grupo no está, pues, sólo constituido por individuos que demandan que sus estatutos sean reconocidos por todos. Sus relaciones no son un lazo de lo particular a lo general. Hay, por una parte, familias que se piden mutuamente reconocimiento en un orden clasificatorio dado de la reciprocidad de alianza y de venganza: es el sistema de clanes. Hay, por otra parte, una totalidad en la que los individuos están todos implicados. En ese segundo sistema, ya no importa definir sus oposiciones y diferencias, sino las convergencias o comuniones y divergencias progresivas. Se comprende, entonces, que los dos sistemas nunca estén en vigor simultáneamente en el mismo espacio. Cada uno tiene una territorialidad separada.

Y bien. Los dos sistemas están opuestos el uno al otro..., lo que hace hablar a Adler de la «coexistencia de instituciones contrarias»; observación de un alcance considerable, ya que si

---

[347] *Ibíd.*

[348] Cuando Mauss constataba que en el *potlatch* el ultimo donador dona en vano, ya que nadie sabría responderle, imaginaba para satisfacer la idea de que el don es un intercambio, que el donador adquiere un prestigio insuperable sólo para ser designado como interlocutor privilegiado de los Dioses. El sacrificio –dice Mauss– es un don a los espíritus de los ancestros y a los Dioses de los que se espera un retorno de las mayores de las larguezas.

tales instituciones son tratadas como contrarias y si lo contradictorio, como lo hemos propuesto, está en el origen del sentido, entonces deberá ser reproducido en el interior de cada uno de los dos sistemas institucionales, regidos uno por el principio de oposición y otro por el principio de unión...

No se puede hacerlo mejor que Adler y la sociedad moundang, para definir cada uno de los dos principios de unión y oposición, y reconocer en ellos dos principios de organización social creadores de nuevas estructuras. La diferenciación por oposición, en efecto, no se prosigue hasta el infinito: se repliega sobre sí misma para formar nuevos equilibrios –la lanza separa, pero luego las partes separadas son exógamas y pueden unirse mediante el matrimonio. Como se acaba de ver, la unión tampoco es sólo convergencia, pues es también un movimiento centrífugo, de suerte que entre esas dos fuerzas de convergencia y de divergencia también se recrean nuevos equilibrios.

Parece que en los ejemplos de los Moundang del Tchad, como en el de los Nyamwezi-Sukuma de Tanzania, el sistema de oposición está dominado cada vez más por el sistema de unión. El rey extiende su imperio por encima del de los clanes. Pero, en otras sociedades, la situación es la inversa y, entonces, el principio de unión se refugia en el interior de los clanes. Se convierte en principio de organización interna de cada clan. Se observará la sumisión de las generaciones al ancestro del clan[349].

---

[349] Cuando la autoridad del rey se jerarquiza, ella se delega, en efecto, de forma continua del centro de la comunidad hacia la periferia, debilitándose progresivamente para desaparecer en los límites de la comunidad. Ella se expresa ora por el parentesco, ora por la riqueza simbólica. En ese caso, se constata que el mismo símbolo, a menudo ganado, vale, a la vez, por las relaciones de reciprocidad positiva o las relaciones de reciprocidad negativa. Esta equivalencia no se debe a una ley cualquiera de intercambio, sino al principio de unión que impone una referencia única para operaciones antitéticas. De ahí, probablemente, la equivalencia entre lo que se llama el

Entre los Osete del Cáucaso, donde la reciprocidad horizontal estructura el conjunto de la sociedad, nos dice Itéanu:

> La figura del padre representa el grupo. Él es el hombre, el guerrero en los mitos y narraciones. A él le están destinadas las mujeres raptadas al enemigo. Es él quien decide el matrimonio de los hombres de su grupo. Es, sin discusión, el señor de las mujeres. Se dice que él "posee" la tierra y es a él que le toca repartirla. Preside todos los rituales sin los cuales ninguna familia sería posible. Su autoridad es omnipresente. Y si el padre no estuviera, se acabara el fuego. Así Batra, héroe narte, cuando se entera del asesinato de su padre, se lamenta: "¡Mi hogar está destruido, mi fuego se ha apagado!"[350].

No es solamente la figura del fuego que se ha apagado, sino la de la familia de Batra, cuyo padre es el único garante, la esencia.

> El jefe del grupo –prosigue Itéanu– es el mayor, el anciano, el "padre". Tiene derecho a la vida y muerte de los jóvenes y en particular sobre sus propios hijos. Inversamente, el asesinato del padre por el hijo acarrea, entre los Osete, una consecuencia única para un acto violento: la eliminación por el grupo extendido de todos los miembros de la casa culpable y la destrucción por el fuego de todos sus bienes. Es una aniquilación total por la colectividad con el deseo de convertir el parricidio, acto impensable, en nulo y nunca ocurrido[351].

---

precio de la sangre y el precio de la novia. El honor representado por el ganado es el fruto de las relaciones sociales.

[350] Itéanu, *op. cit.*, vol. 2, p. 63.

[351] *Ibíd.*, p. 64.

Los términos de Itéanu son felices: ya que habíamos alejado la idea de que en una totalidad pueda haber separación por oposición. El aniquilamiento del parricida o del regicida y toda su casa, es una exclusión fuera del ser del que el principio de unión es la manifestación, la exclusión por la nada, ya que el parricida deroga al mismo principio de unión. Se trata de una aniquilación −nos dice Itéanu− y no de muerte, ya que el acto es impensable.

El autor muestra, por lo menos, que la unión es la unión de todo, que es también la fuente de todo, el origen. Fuera de la totalidad del ser, la nada. Este límite entre todo y nada no es una oposición como la de los clanes entre sí. El otro, aquí, no deja de pertenecer a la totalidad o bien no existe. El sí mismo y el otro deberán definirse por relaciones que excluyen el principio de oposición. Y debemos precisar bajo qué forma puede entonces manifestarse la diferencia al interior de la totalidad, ya que ella ya no puede reclamarse de una expresión como la de la oposición.

¿No se manifestará por una diferencia progresiva, sin hiato, en forma de degradé, hundida bajo el yugo de la continuidad?[352]

Esos dos principios, de oposición y de unión, expresan el mismo ser social bajo dos formas contrarias, pero originan también dos sistemas institucionales contrarios, cada uno de los cuales crea sentido en su seno. El pasaje, de uno de los sistemas al otro, hace del primero inmediatamente no

---

[352] Ver Roberte Hamayon, « Mérite de l'offensé vengeur, plaisir du rival vainqueur. Le mouvement ascendant des échanges hostiles dans deux sociétés mongoles », en Verdier R., *La vengeance*, vol. 2, Paris, Cujas, 1980, p. 107-140. Entre los Mongoles: «Son los dos mismos principios los que operan, aquí y allá, para estructurar la sociedad: la de la paridad estatutaria de los grupos, que establece entre ellos relaciones recíprocas; el de la jerarquía que ordena, tanto a los individuos en el seno de los linajes en función de la edad y del sexo, como a los linajes entre sí en el seno de los clanes, en virtud de la mayoría del fundador del linaje». (*Ibíd.*, p. 133).

pertinente. Así, en la sociedad moundang, el asesino que se refugia en el pueblo de Léré (sede de la realeza), escapa a toda venganza, ya que se convierte en sujeto de otra concepción de la realidad. Ocurre lo mismo con los Osete. Basta irse donde otro, aunque sea un clan enemigo, y de cambiar de sistema de referencia, para estar al abrigo de las consecuencias que eran de temer.

> Si el osete, en el momento en que es perseguido, franquea el umbral de la casa de un hombre poderoso y pasa alrededor de su cuello la cadena que pende alrededor del hogar, y si se pone el gorro del dueño y se recubre con el paño de su traje, encontrará apoyo y protección (Kovalevsky, p. 267). Si le ocurriera algo, la familia de la que es el huésped emprendería la venganza como si se tratara de uno de los suyos[353].

El refugiado recurre entonces a un procedimiento de afiliación. Pone alrededor de su cuello, como un yugo, la cadena del hogar suspendida sobre el foco, que representa la genealogía de la familia que ha adoptado. Expresa juramento al padre. Se somete al principio de unión. ¡Una fórmula que puede llevar a que un clan enemigo acepte adoptar a un asesino!

Entre los Beti del Camerún, otra sociedad clánica, regida exteriormente por la reciprocidad horizontal, se nota la misma ubicación del principio de unión en el interior del clan. Los Beti son una sociedad, descrita por Philippe Laburthe-Tolra[354], formada por grandes linajes patrilineales, en los cuales se encabalgan varios *mvog*. El *mvog* es un caserío de varias familias. El *mvog* responsable de todo, es el que reagrupa el del abuelo de la generación de mayor edad entre los vivos.

---

[353] Itéanu, *op. cit.*, p. 67.

[354] Philippe Laburthe-Tolra, « Note sur la vengeance chez les Beti », en *La vengeance, op. cit.*, vol. 1, p. 157-166.

Hay entonces una dispersión de *mvog*, pero también unión alrededor de un principio genealógico que anuncia la monarquía. Laburthe-Tolra subraya, a su manera, el carácter de totalidad de todas las prestaciones de un *mvog*:

> No había ni moneda, ni mercado, y la institución de intercambios puramente comerciales era desconocida, ya que el verdadero capital, la unidad de referencia de los intercambios y en la evaluación de las "riquezas" no era otro que el hombre (...) Resulta de ello una total identificación de la riqueza y del poder político: el "rico" (*nkukuma* en la lengua beti) es aquel que dispone de mayor número posible de gente a su servicio y a sus órdenes. Lo económico y lo político se interpenetran[355].

Así, todo es compartido, distribuido sin discontinuidad. Es imposible dividir la riqueza así como a los hombres pertenecientes al *mvog*. Ella les es común aunque no todos participen del poder sino en función de su proximidad con el centro que figura la unidad, una proximidad que establece, sobre todo, el grado de parentesco y una ideología que se desvela finalmente –dice el autor– como una «fe religiosa»[356].

Esta religiosidad está tanto más marcada cuanto el principio de unión domina. En la India brahmánica, Charles Malamoud observa:

> El rey, por otra parte, no está seguro de estar en acuerdo con el *dharma* si no dispone de los consejos y advertencias de los consejeros brahmanes. A decir verdad, cuando actúa bajo la inspiración de los brahmanes, el rey es como la encarnación del *dharma*[357].

---

[355] *Ibíd.*, p. 158.
[356] *Ibíd.*, p. 165.
[357] Charles Malamoud, « Vengeance et sacrifice dans l'Inde brâhmanique », en *La vengeance, op. cit.*, vol. 3, p. 35-46 (p. 38).

En fin:

> Analogía frecuente, casi mecánica en la India del antiguo brahmanismo: toda actividad un tanto compleja, humana o divina, con la condición de ser orientada hacia un objetivo compatible con el *dharma* o con una forma de *dharma*, es analizada de hecho como un sacrificio (...)[358].

Esas breves citas establecen que el rey es el ejecutivo del principio de unión y del poder religioso de los sacerdotes, de un poder salido del sacrificio. Su propia vida está asimilada a un largo sacrificio, pero es también el juez en relación con cualquiera que no regula su vida según la observancia de las prácticas generadoras del *dharma*. El *dharma* es el valor de ser, la fuerza ética común a todos los miembros de la comunidad. El rey es el hombre que aplica o hace aplicar la palabra religiosa —el *Veda*— código jurídico, puesta en forma práctica de la ética, bajo los consejos o el dictado del consejo de los brahmanes. Es consustancialmente *dharma* cuando obedece a los brahmanes. La dominación del principio de unión es aquí aplastante, pero, desde que el rey ya no respeta sus obligaciones, se da entonces el retorno a las regla clánicas de la reciprocidad según el principio de oposición, como lo indica la larga historia mítica que reporta Malamoud, una interminable gesta de ofensas y de venganzas entre dos clanes.

André Lemaire[359] nota que, en el antiguo Israel, la relación de venganza y sacrificio era muy estrecha. Los Hebreos, primero organizados en confederación de tribus cuya unidad de base era el clan, reservaban la venganza a los extranjeros. Los clanes estaban unidos, en efecto, por un consejo de Ancianos que hacían función de jueces. Uno de los

---

[358] *Ibíd.*, p. 38-39.

[359] André Lemaire, « Vengeance et justice dans l'ancien Israël », en *La vengeance, op. cit.*, vol. 3, p. 13-33.

jueces sacrificaba. Era el sacerdote y el sacrificio procuraba una representación unitaria del lazo social. La sociedad estaba enmarca hacia la realeza.

Venganza *ad extra*, venganza *ad intra*

Recordemos que para Verdier, la venganza en el exterior «tiene por corolario el interdicto de venganza negativa en el seno del grupo»[360]. Trayendo la venganza a la protección de la identidad, concluye:

> Esta solidaridad característica de los grupos vindicatorios responde a una doble exigencia: la *obligación* de venganza en el plano exterior, el *interdicto* de venganza en el plano interno; obligación e interdicto son las *dos caras externa e interna de la solidaridad*[361].

La sanción nace lógicamente de este interdicto[362]. Además, como la identidad del grupo ha sido mancillada, son necesarios los ritos de purificación. ¿Pero qué significa el sacrificio? ¿Es un intercambio con los dioses, una víctima a cambio del asesino, recuperado así en beneficio de la unidad del capital-vida?

Muchos autores sostienen que el sacrificio está ordenado según una purificación, y que la sanción, por su parte,

---

[360] Verdier, «Le système vindicatoire», *op. cit.*, vol. 1, p. 22.

[361] *Ibíd.*, p. 35 (subrayado por Verdier).

[362] «Esta respuesta sacrificial al crimen al interior de la comunidad contrapesa la reacción vindicatoria afuera; la una y la otra apuntan a restaurar la unidad e integridad del grupo: aquí se devolvía la ofensa contra el ofensor, allá se reparan los efectos destructores del crimen cometido por uno de los suyos». *Ibíd.*, p. 23.

indicaría la emergencia de una autoridad exterior a los unos y los otros, ya que es capaz de prohibir la venganza. La venganza no sería más que una forma primitiva de justicia, característica de los sistemas todavía no unificados políticamente. De ahí la siguiente secuencia: los grupos se definen por su identidad primitiva, se enfrentan, si tienen fuerzas parejas se estabilizan. La búsqueda de la estabilidad remarca el sistema de reciprocidad. Se instaura la paz y con ella la política. En ese marco, se hace posible sustituir la violencia por dones y mujeres. La jefatura se constituye al plantear como interdicta la venganza al interior y la reemplaza por la sanción penal; luego procede a la purificación de la mancha a la que la transgresión de los interdictos condena a la comunidad entera, por el sacrificio a los dioses.

Esta secuencia puede explicarse, en parte, si uno se interesa en situaciones en las que:

– el principio de unión se impone al principio de oposición

– la reciprocidad positiva se impone a la reciprocidad negativa

– y lo imaginario a lo simbólico.

A partir de ahí, la palabra del rey o del jefe del clan domina la de los protagonistas de la venganza, mientras que la expresión del valor de la reciprocidad positiva se convierte en el bien y el de la reciprocidad negativa en el mal.

La cuestión del sacrificio queda sin embargo ambigua. ¿Por qué la purificación exigiría inmolar a los dioses?

Pero otras comunidades guardan la alternativa entre dos opciones, que se han señalado por los términos de unión y de oposición. La venganza tendrá entonces un rostro distinto según la opción encarada. Se reconocen esos dos rostros en el estudio de Laburthe-Tolra, que precisa los caracteres de la venganza al exterior y al interior del *mvog*.

Ya que cada linaje trata en principio con todos los otros en pie de igualdad y con toda soberanía, "el interior" de la sociedad no puede ser definido aquí sino como el interior del linaje (*mvog*). Sin embargo, bajo el aspecto de la sanción, el modelo penal no se distingue de un modelo vindicativo *ad extra*. En todos los casos, el (presunto) autor de una muerte debe pagarla en principio con su propia vida. Holocausto al cual él o sus parientes pueden sustituir el don de otra vida (mujer, esclavo), u otras compensaciones (animales)[363].

Se reconoce, primero, el principio de oposición que, según el autor, estaría en vigor en el interior como en el exterior; lo que justifica la equivalencia de lo penal y de la venganza, pero también –dice Laburthe-Tolra– el que la pena pueda ser reemplazada por el sacrificio, lo que prueba que entonces interviene la preocupación de la totalidad de la comunidad y ya no el interés de sus diferentes partes: pero inmediatamente, Laburthe-Tolra precisa, que la pena puede ser sustituida por el sacrificio.

La diferencia nace de que el crimen en el interior del linaje (homicidio o aún un incesto) corresponde a la violación de un interdicto y que su reparación se acompaña por rituales expiatorios (*So, Tso*): el linaje se absuelve con sacrificios (sustitutos de sacrificios humanos) en relación con los Invisibles, ya que no puede darse a sí mismo más compensaciones efectivas. A falta de suministrar esas reparaciones, los vivientes del linaje conocerán solidariamente una serie de desgracias (enfermedades, esterilidades, decesos sucesivos y cercanos...) concebidas como un justo castigo de parte de los Invisibles, hasta que el *mvog* afectado reconozca su deuda y se ponga a absolverse de ella. El sacrificio aparece, entonces, como una forma *ad intra* de la venganza, la

---

[363] Laburthe-Tolra, *op. cit.*, vol. 1, p. 159.

expresión de la conducta vindicatoria que satisfacerá el sentido de la justicia atribuido a los muertos (figura sacralizada de los vivos)[364].

Laburthe-Tolra propone ver una homología, entre la venganza, por una parte, y la pena y el sacrificio, por la otra. Todos son «holocaustos», dice.

La tesis de Laburthe-Tolra restablece un paralelismo original, justificado por la equidistancia de dos principios de unión y de oposición. Entre los Beti, en el interior de la comunidad, la familia sacrifica al ofensor, que se ha conducido como enemigo, a los Invisibles, es decir, a los ancestros. Pero, así como en la venganza *ad extra* es posible sustituir una relación de reciprocidad de alianza por una relación de reciprocidad de homicidio y, por ello, un matrimonio por un asesinato, en la venganza *ad intra* es posible reemplazar el asesinato del asesino por una alianza (don de una mujer o de un esclavo que será matado para reunirse con los difuntos) o, aún, si la venganza es expresada en los términos simbólicos que le son propios, se sustituirá al asesino por animales[365].

---

[364] *Ibíd.*, p. 159-160.

[365] Veremos, igualmente, que el pasaje entre la reciprocidad positiva y negativa puede efectuarse en los dos sentidos, como lo indica la enfeudación de la relación matrimonial a la generación de un hombre en edad de portar las armas, y la supremacía en muchas relaciones inter-grupales de la reciprocidad negativa para agrandar el ser social, sobre la reciprocidad positiva. La forma de pasaje de la reciprocidad positiva a la reciprocidad negativa implica la *traición*, que no estudiaremos aquí pero que encuentra en la literatura etnológica una miríada de ejemplos. Y se podría interpretar el *¿A quién has matado para pretender a mi hija?*, que los jefes de las familias osete dirigen a los pretendientes, como una identificación del yerno al suegro, es decir a un asesino. En ese caso, no es según el capital-vida que está ordenado el asesinato, ya que la fecundidad de la muchacha está enfeudada a la procreación del futuro homicida del que tiene necesidad la reciprocidad negativa para engendrar el honor del guerrero.

El sacrificio

Si ahora se quiere mantener un paralelo entre venganza y sacrificio en términos de intercambio, hay que imaginar una relación bilateral entre los dioses y los hombres. Entre los Beti —nos dice el autor—, el sacrificio es una venganza concedida a los Invisibles, que vengarían ellos mismos si los vivos no tomaran la delantera[366]. Pero ¿no sería el lazo social hipostasiado en los Invisibles, la finalidad del sacrificio? ¿No procedería el espíritu divino del sacrificio más de lo que lo precedería? ¿Y no sería el sacrificio el medio de focalizar, por la unificación de las relaciones de reciprocidad, todos los lazos de almas en un lugar único?

Laburthe-Tolra es impreciso sobre este último punto, pero anota:

> En toda ofensa real o supuesta, como en todo infortunio, B siempre puede remitirse a los seres Invisibles (Dios = *Zamba* o los ancestros) para hacer justicia. Que se trate o no de venganza, en ese caso me parece que es un asunto de definiciones ¿pero los ancestros o *Zamba*, no son "vengadores" aquí, en el sentido en el que lo es Yahvé en el Antiguo Testamento?[367].

Es claramente en la dirección de un Dios único, que se orienta la reflexión. ¿Pero qué significa el sacrificio? ¿Se trata de una víctima en intercambio por un asesino así recuperado en beneficio de la unidad *capital-vida*? ¿Es el sacrificio un intercambio con los dioses?

Opondremos a esta tesis la siguiente observación: Desde el momento en que se identifica con el agresor, la comunidad

---

[366] Laburthe-Tolra, *op. cit.*, vol. 1, p. 159-160.
[367] *Ibíd.*, p. 161.

tiene el sentimiento de perder su alma: el asesino, en efecto, pierde su alma de guerrero (que es una parte del alma del grupo) al consumarla en su asesinato. La comunidad se identifica entonces con este muerto espiritual. Pero ella prosigue el ciclo permitiendo a este muerto espiritual actualizarse, pasar al acto, es decir, convertirse en una mortificación real: por el sacrificio, muere entonces de forma real, ya que es el único medio, para ella, de reconquistar un alma (o una parte del alma colectiva) equivalente al alma perdida.

Volvamos a decir ese punto importante: la comunidad muere espiritualmente al identificarse con el asesino, que está muerto espiritualmente. Está forzada a esta identificación por el principio de unión. Pero reconquista la integridad de su alma al aceptar una muerte real. Acepta entonces una mortificación y se sacrifica realmente en lugar de su agresor. Cuando se dice que si la comunidad no tomaba la delantera mediante un auto-asesinato, incurría en el castigo de los dioses, lo que se dice es que ella ya está en un estado de muerte espiritual. Los dioses vengadores son la representación de esta muerte espiritual, «el espíritu de la muerte» inmediatamente unido con la condición de asesino. No es pues útil inventar una preexistencia de los Invisibles. Los Invisibles vengadores son inherentes a la situación de muerte espiritual del asesino. Son creados por el asesinato.

En relación a la venganza *ad extra*, los momentos del ciclo de reciprocidad son inversos. La comunidad, que se hace solidaria del asesino, no debe vengarse sino aceptar la venganza, ya que ella es asesina por el hecho de su unión con el asesino y debe, por ello, morir de cierta forma o, más bien, hacerse violencia a sí misma, pues todo se juega en el interior de su totalidad, con el objeto de reconquistar una potencia guerrera que será... su Dios protector. Su sacrificio engendra su Dios protector. Dios vengador y Dios protector son dos figuras del mismo ciclo de la venganza *ad intra*. El uno, la conciencia de la comunidad asesina, el otro de la comunidad que se asesina.

Ciertos autores percibieron esta conjunción del asesino y de la comunidad y la paradoja que resulta de ello. Fueron conducidos, entonces, a oponer sacrificio y venganza de forma radical.

> Y cuando se examina la relación entre el verdugo y la víctima, se observa incluso que la venganza es lo contrario del sacrificio, ya que el vengador detesta a la víctima y quiere hacerla sufrir, mientras que lo que el sacrificador experimenta por la suya es el reconocimiento: reconoce en la víctima al *alter ego* que le permitirá preservar su propia persona; quiere ahorrarle todo dolor inútil; le promete el cielo, que es su propio deseo; son tan fuertes la simpatía y la voluntad de identificación que lo llevan hacia su víctima, que busca en su actitud un signo de asentimiento antes de inmolarse[368].

Malamoud, por cierto, muestra que al interior del ciclo de reciprocidad, la venganza es el pasaje al acto de la conciencia de asesinato de la víctima, y que el sacrificio es enseguida la mortificación que ella se inflige a sí misma cuando su conciencia de muerte[369] —inherente a su nueva realidad como asesino— pasa al acto. El vengador asesina a él mismo, pero haciéndolo restaura su identidad imaginaria. Sin embargo, no puede matarse. La identificación de la víctima de sustitución es así necesaria para que el ciclo pueda continuarse, pero la víctima es claramente él, como bien lo dice Malamoud: Reconoce en ella al alter ego que le permitirá preservar su propia persona.

---

[368] Malamoud, « Vengeance et sacrifice dans l'Inde brâhmanique », *op. cit.*, vol. 3, p. 40.

[369] Los Shuar no tienen una palabra para decir el *sentimiento de morir*, por eso lo llamaremos «conciencia de muerte».

Verdier mismo, que estudia la venganza entre los Kabiyè, en la región de Kara al norte de Togo, constata que la actualización del asesinato destina al asesino a una conciencia de muerte, de la que no escapará sino cuando esta conciencia de muerte sea actualizada a su vez de una u otra forma:

> El mal cometido –*esatu*– condena a su autor a la desgracia o la muerte. La maldición no podrá evitarse si el mal no es reparado a tiempo mediante el rescate de su sufrimiento[370].

Como esta dialéctica de la ofensa y del sufrimiento tiene como marco una ciudad organizada por el principio de unión, es el sacerdote el que procede, por un sacrificio, a la mortificación necesaria para que sea reconquistada la unidad espiritual del grupo entero:

> Al romper una ley fundamental, el criminal atenta a la vida de la comunidad; en este sentido, su acto es una mancha (...) que no puede ser lavada sino por los garantes de la ley, los sacerdotes, las únicas personas habilitadas a proceder en los altos lugares de los sacrificios (...). Si el transgresor (...) confiesa su crimen y demanda una reparación por él, los sacerdotes se dirigen a los lugares santos para implorar el perdón de las divinidades ofendidas y ofrecerles en sacrificio el animal que ellas reclaman al criminal para "enfriar su corazón" (...). Si la víctima es aceptada, el mal está purificado, el lazo vital que une a la comunidad con sus ancestros fundadores restaurado y el criminal reintegrado a la sociedad. Si las divinidades no reciben su *don* y lo que se les *debe* (cf. infra) castigarán, además del culpable, a toda la comunidad con toda suerte

---

[370] Verdier, « Pouvoir, justice et vengeance chez les Kabiyè », *op. cit.*, vol. 1, p. 206.

de calamidades naturales (sequías, lluvias de diluvio, saltamontes...)[371].

Principio de unión, sacrificio, religión... Pero los sacrificios no son reconocidos por sus autores como generadores del espíritu divino. Al contrario, el espíritu divino es declarado comanditario del sacrificio. Por otra parte, la reciprocidad positiva se impone a menudo sobre la reciprocidad negativa que, en tanto que negación, se convierte en el mal. El sacrificio, desde entonces, no es tanto la acepción de una muerte por la comunidad asesina como una expiación para purificarse de una mancha. Las calamidades naturales, en fin, no son significativas de la conciencia de muerte en la cual está sumergida la comunidad por el hecho de su identificación con el asesino como de las venganzas de las divinidades. Esas inversiones son características del nacimiento de las ideologías. Karl Marx dio una brillante ilustración de ello cuando denunciaba el fetichismo del valor de cambio...

Sin duda la interpretación de los Kabiyè justifica la de Verdier. Los Kabiyè dan cierta cuenta de los valores de su sociedad por una ideología. Queda por descubrir, pues, cómo se forman las ideologías y por qué la representación se impone a los Kabiyè como principio motor de sus actos.

Sin embargo, hemos percibido que la secuencia lineal entre venganza *ad extra* y *ad intra*, que haría de la venganza un bucle para la identidad del grupo y el correlato de la reciprocidad de los dones y, en fin, la interpretación del sacrificio como un intercambio con los dioses, no es sino una interpretación... que quiere satisfacer una ideología, la ideología del intercambio.

Parece que existen, en realidad, dos secuencias; una, que conduce a la venganza entre los grupos y, otra, que conduce al sacrificio en el grupo y que responden a los dos principios de

---

[371] *Ibíd.*

integración de la sociedad, dando cuenta directamente de dos modalidades de la función simbólica: el principio de oposición y el principio de unión.

Por otra parte, la reciprocidad de venganza que, según Verdier, puede ser la prolongación de la reciprocidad de los dones, con el objeto de perennizar un capital imaginario, también puede dar a luz a una dialéctica de la venganza generadora de valor. La reciprocidad de los dones y la reciprocidad de venganza aparecen, entonces, como dos formas de la reciprocidad que, cada una en un imaginario propio y opuesto, permite crear el ser de referencia de una comunidad. Este, consecuentemente, no precede a la reciprocidad, es su finalidad.

La razón por la cual los autores de *La Venganza* postulan al ser de la comunidad como un capital dado *a priori* viene, sin duda, porque los miembros de la misma comunidad aprehenden las cosas a partir de su sentimiento de pertenencia a la comunidad, y reconocen a sus representaciones cierta autonomía por el hecho de que ignoran las estructuras que las dan a luz. Sólo tienen conciencia de dioses vengadores y dioses protectores que, además, pueden ser confundidos por el principio de unión.

Los dioses protectores o los dioses vengadores son, en realidad, nacidos de la reciprocidad, los dioses vengadores son la conciencia de una comunidad que se asimila a su asesino por el principio de unión, y los dioses protectores la representación que se da la misma comunidad, que restablece su integridad mediante su auto asesinato; pero sus representaciones son tenidas por motrices de los actos que las engendran, a saber, el asesinato, por una parte, y la muerte, por otra. Los hombres no intercambian con los dioses. Los dioses son la conciencia de los hombres, que ignoran las condiciones de su génesis y que ignoran que las relaciones de reciprocidad son las fuerzas matrices de su propia conciencia y de su imaginario.

5. LA GÉNESIS DEL VALOR EN LA RECIPROCIDAD NEGATIVA

La importancia de la muerte en la emergencia de lo simbólico

Aunque a menudo sea por los asesinatos que los guerreros cuentan su poder y su renombre, no adquieren estos sino por las muertes sufridas por su comunidad. A tantos duelos, tanto poder de venganza. Que los espíritus de venganza (o el dios, si está en un sistema de unión) vayan unidos a la experiencia de la muerte es algo que generalmente no está subrayado por los intérpretes, sino que emerge de numerosas observaciones.

Entre los Beti del Camerún, si el autor de una infracción mayor es un hombre rico, para devolver la salud a su linaje, golpeado por la esterilidad, debe organizar un gran rito expiatorio costoso, que consiste al mismo tiempo en la iniciación de los jóvenes: al sufrir una serie de inocentadas, éstos toman el sitio de lo que está en falta y, por sus sufrimientos, apaciguan la cólera de los ancestros, guardianes del orden[372]. Es mediante el sufrimiento que los jóvenes iniciados restauran la vida de su comunidad, después de haberse identificado a un asesino que, a su vez, está en una conciencia de muerte por haber perpetrado un asesinato. Transforman su muerte espiritual en muerte real, y «se asesinan» en su lugar.

Incluso entre los Osete del Cáucaso, donde el imaginario de la violencia es todopoderoso, no se olvida lo anterior a la

---

[372] Ver Laburthe-Tolra, *op. cit.*, vol. 1, p. 164.

muerte sufrida. Apenas el cadáver es traído entre los suyos, que todos los parientes se marcan el rostro con la sangre del muerto: identificación colectiva con la víctima. Y el *alma de venganza*, que nace de esta comunión en la muerte, se expresa inmediatamente en un juramento solemne de venganza, como si la proclamación del nombre de la venganza acarrease irreversiblemente su realización. Se coloca el cadáver de la víctima en el interior de una necrópolis en forma de torre, compuesta de nichos dispuestos en espiral alrededor de un pozo: cuando un nuevo cuerpo es traído, el más antiguo cae en el pozo[373].

En una sociedad en la que la religión musulmana suplantó al viejo chamanismo, como los Abkhaze del Cáucaso descritos por Georges Charachidzé, esta tradición de la muerte previa no es olvidada, como si fuera necesaria para aclarar los otros rituales. El autor anota:

> Desde que un hombre del clan fue matado, se designa un vengador: el hijo, el padre o el hermano del muerto. Si no, un pariente del linaje paternal: tíos, sobrinos, primos, hasta un grado más alejado. De hecho, la elección de vengar no es sino una formalidad: su rol consiste, sobre todo, en asumir todos los interdictos que incumben, teóricamente, al conjunto del clan. Hasta el cumplimiento de la venganza, el vengador como tal es prácticamente excluido de toda actividad social: no se libra a ninguna transacción, no aparece en ninguna manifestación de la vida colectiva, no se ocupa de la explotación del dominio, se abstiene de todo trabajo, le está prohibido casarse e incluso llorar la muerte y llevar su duelo. En otras palabras, es eliminado de la sociedad[374].

---

[373] «(...) cuando llega un nuevo cadáver, el cuerpo más antiguo es precipitado en el pozo central donde pierde su identidad.» Itéanu, *op. cit.*, vol. 2, p. 72.

[374] Georges Charachidzé, «Types de vendetta au Caucase», en *La vengeance, op. cit.*, vol. 2, p. 83-105, (p. 86).

Aquí, el vengador designado debe continuar «muriendo» para que viva la conciencia de venganza, hasta que un miembro del grupo haya logrado traducir esta alma de venganza en hechos.

Se pueden citar todavía las tradiciones de los Beduinos de Jordania:

> Para que él [el vengador] no esté tentado de sustraerse a ese deber sagrado, al árabe pre-islámico juraba solemnemente renunciar a los placeres profanos y los goces de este mundo hasta que no hubiera cumplido con su venganza[375].

El *desafío* pone de manifiesto, a su vez, de que en lo que atañe al principio del honor, se trata de padecer antes que de actuar, aceptar una violencia con el objeto de adquirir un alma de venganza. También que prohibirse aniquilar al adversario, debe posibilitar volver a pedirle la ofensa inicial.

Que la reciprocidad de venganza exige padecer antes de actuar, aceptar un asesinato para poder estar en condiciones de matar e inaugurar un ciclo de venganza, creador de sentido, está explícito en el Código de venganza de los Georgianos montañeses, que Charachidzé considera como los detentores de las fuentes y de las tradiciones del Cáucaso:

> Entre los Georgianos, sólo el contra-asesinato que engancha la vendetta es tenido por lícito; sólo se tiene el derecho a matar si el otro ya ha matado. Pero el primer asesinato siempre es considerado como "accidental", cualesquiera sean las circunstancias[376].

---

[375] Joseph Chelhod, « Équilibre et parité dans la vengeance du sang chez les Bédouins de Jordanie », *op. cit.*, p. 130.

[376] Charachidzé, *op. cit*, p. 94.

Dicho de otra forma, porque no sanciona una muerte previa y no concretiza un alma de venganza debidamente adquirida por esta muerte, el primer asesinato no tiene valor.

No se podría decir mejor que lo imaginario de la venganza es el de la muerte sufrida antes que el de la muerte dada. Pero al vengador que sobrevive, nada le impide contar sus muertes sufridas (por los suyos) como venganzas cumplidas, ya que eso es materializar su conciencia de venganza en un acto que demuestra su realidad, que autoriza la reproducción del ciclo y, consecuentemente, el crecimiento del ser del guerrero.

Como quiera, tenemos, que comprender cómo se engendran las conciencias motrices de los actos humanos y por qué esta génesis pasa desapercibida por sus autores.

La génesis del valor

Desde que sustituye al de reciprocidad, el término de intercambio grava la investigación: las prestaciones totales o las promesas de sufrir-a-su-vez-un-asesinato, las prendas, se convierten en «compensaciones» y «composiciones», a los que se presta fácilmente el sentido de equivalentes de intercambio. El término de «mediación» sugiere, inmediatamente, el cuidado de equilibrar los asesinatos por reparaciones justas, las mujeres por compensaciones. Y para poner de acuerdo a las partes involucradas, se apelará a un «mediador» capaz de ajustar los intereses de los unos a los intereses de los otros[377].

---

[377] Ese juez sería necesario desde que las prestaciones ya no serían simétricas (un matrimonio por un matrimonio) y que se contarían, por ejemplo, en cabezas de ganado o en tesoros. La pérdida de la simetría se explicaría por la aparición de la jerarquía en los grupos. La jerarquía se instala, en efecto, en los dos sistemas de unión y de oposición. En el sistema

Pero ¿no tendría otra significación el mediador?

Breteau y Zagnoli muestran, en Calabria, que cuanto más ritualizado está el sistema, más importante es su papel. Ofreciendo la posibilidad de una compensación, el mediador detiene provisoriamente el encadenamiento de la violencia. O, todavía, restaura el equilibrio entre las venganzas recordando la memoria de un asesinato antiguo. Suspende entonces también el encadenamiento inmediato de la venganza. El mediador ¿no es el garante de la perennidad y de la autonomía de un Tercero entre los asociados, algo a lo que está ordenado el equilibrio de la venganza, el Tercero que es el lazo para el conjunto de la sociedad y que no puede ser privatizado por uno u otro de los protagonistas?

Esta mediación tiene por objeto afirmar la honorabilidad de las partes, así como la del tercero mediador y, en definitiva, del conjunto de los actores de la comunidad[378].

---

de oposición, depende del número de ciclos de reciprocidad. Cada grupo es tanto más renombrado, temido y respetado, cuanto más ha sufrido y vengado asesinatos. La jerarquía se instala igualmente en el sistema de unión, entre el centro y la periferia de la comunidad. Si el centro es también el eje del árbol genealógico, la descendencia directa del origen, delegará su poder por vía de parentesco. Si el ganado es su riqueza simbólica, la parte de cada uno del ganado podrá así medir su rango. Se ve entonces aparecer la contabilidad y la mesura. Se saca de ahí la idea de que hay que ajustar a la calidad de su interlocutor las prestaciones dotales y las promesas de sufrir un asesinato a cambio. La hija de un príncipe no es la equivalente de un esclavo. Sin embargo, el código de una jerarquía semejante debería ser reconocido inmediatamente por todos, y no se ve que el tercero mediador pueda convertirse en una institución. Así como es posible que se instale una contabilidad entre adversarios que pueda hacer desviar la venganza en un sistema comercial, así también es posible reducir lo simbólico al imaginario y entonces el intercambio simbólico podrá servir de recurso para normalizar las relaciones humanas en el interés de los imaginarios constituidos en el seno de cada grupo.

[378] Breteau y Zagnoli, *op. cit.*, vol. 1, p. 51.

Los autores distinguen entonces las relaciones diádicas de las relaciones triádicas. ¿Qué significa esta distinción?

El tercero mediador no es solamente mediador. La palabra del tercero recubre otra cosa que los buenos oficios; testimonia de una nueva estructura y significa un valor propio al mediador; la responsabilidad de un sentimiento de justicia que trasciende a todo imaginario particular. La palabra del tercero no se desarrolla sin perjudicar a la palabra de cada asociado.

La palabra simbólica es el enunciado de una verdad que no hace justicia ni al uno ni al otro sino a una comprensión de uno y otro que, a veces, hace necesario que cada uno reconozca su propio imaginario para relativizarlo. El tercero es la encarnación del Tercero. El Tercero, como fruto de la reciprocidad, está virtualmente entre los grupos pero, por el mediador, es exteriorizado en relación a cada uno. Adquiere una relativa autonomía. Lo simbólico tiende a liberarse de sus representaciones inmediatas. No es el mediador el que está al servicio de quienes lo interpelan, sino que estos últimos están al servicio de su palabra.

Entre los Beti, Laburthe-Tolra precisa:

> Al interior de cada *mvog*, que constituye un segmento de linaje funcional, se acuerda, en los conflictos internos, conferir esta autoridad a uno de los notables del grupo reputado por su sabiduría y que tomará, entonces, el nombre de *ntsig-ntol*, "el mayor (en edad) zanjador (de *palabre*)" y que a menudo es el mismo que el *ndzo* u orador del *mvog*. Entre grupos independientes, se recurrirá a un tercero considerado como imparcial por los adversarios, generalmente el *ntsig-ntol*, el neutro más célebre y más poderoso de la vecindad[379].

---

[379] Laburthe-Tolra, *op. cit.*, vol. 1, p. 162.

Entre los Nyamwezi-Sukuma de Tanzania, Tcherkézoff señala seis tipos de venganza. El tipo 1 (A mata donde B, B mata entonces donde A) responde al principio de oposición; el tipo 6 responde al principio de unión:

> Una amenaza o una simple intimidación, con las armas en la mano, en el recinto de la corte real (...) ocasiona irremediablemente la muerte inmediata del culpable ante el rey y, a menudo, la confiscación de los bienes de la familia del culpable en provecho del rey. En todos esos casos, hay crimen contra la comunidad entera[380].

Pero los otros tipos de venganza dan cuenta de la preeminencia del Tercero. Ciertamente, es el rey el que es interpelado por una u otra de las partes, o las dos, para venir a deliberar como mediador, pero en calidad de Tercero y no en calidad de principio de unión de la comunidad. Existe entonces un tiempo-espacio propio a ese Tercero que nace en detrimento del espacio y del tiempo de las formas primitivas de la reciprocidad y que se encarna en el tercero.

En un sistema centralizado por la palabra de unión, el mediador es necesariamente el rey, único intermediario entre todos. La relativización de lo imaginario por el Tercero que se está construyendo concernirá a la reciprocidad positiva y a la reciprocidad negativa a la vez. Ni asesinato ni matrimonio, sino un juramento de fidelidad... a valores supremos.

> El golpe mortal en respuesta a un primer asesinato es "nuestra manera de llorar", dicen los hombres de la sociedad nyamwezi-sukuma. Y, sin embargo, esta materia honorable de hacer su duelo, esta venganza, es rara, ya que el valor que la subtiende está subordinado a una Ley superior. Esta hace de todo asesinato, incluso vengador,

---

[380] Tcherkézoff, « Vengeance et hiérarchie ou comment un roi doit être nourri », *op. cit.*, vol. 2, p. 47.

una ruptura de interdicción y exige una respuesta cuando un primer asesinato se comete pese a todo; sea el pago de un "precio de la sangre" (*njïgu*), sea una forma que reafirma el respeto a los valores supremos[381].

Todos estos autores reconocen la primacía al valor regio, pero tal vez hay que apelar más allá de la realeza, ya que el rey aquí es más que el principio de unión: es el mediador.

El mediador aparece según varias modalidades. En los sistemas segmentados, cada uno puede convertirse en un intermediario para otros dos, desde el momento en que la estructura de reciprocidad bilateral se hace ternaria, circular o reticulada. En los sistemas centralizados, un solo término, el centro, es el intermediario común entre todos los otros. Desde entonces, el portavoz de la comunidad no es solamente aquel que expresa la voluntad de la totalidad, es también el juez entre los unos y los otros. Adquiere un nuevo estatus. No es solamente el mandatario o el garante, se convierte en el principio de orden al interior de la comunidad misma.

El mediador puede ser alguien aparte, elegido por los dos asociados para encarnar directamente el Tercero, el ser de su relación, sin participar sin embargo en su estructura generadora. Prestará sus servicios desde el exterior. Se podrá hablar de tríada, no siendo el intermediario un elemento de la estructura fundamental. Pero para ejercer ese rol, será necesario que haya recibido la competencia de su posición de tercero en uno u otro sistema de reciprocidad. Los dos principios, de unión y de oposición, en la base de la reciprocidad de los sistemas segmentado y centralizado son frecuentemente asociados, en efecto, y cada uno puede articularse sobre el otro, incluso, en provecho de un equilibrio particularmente eficaz o dinámico: el tercero del uno puede proponerse como tercero del otro.

---

[381] *Ibíd.*, p. 41.

Compensación y composición toman entonces un nuevo sentido. Ellas no representan más el valor de los grupos tal como ellos se las representan, ya no son el reflejo de los intereses que una persona neutra estaría llevada a igualar, sino un valor que se desarrolla por sí mismo entre los grupos y que ya no reenvía a la idea que cada uno se hace de su ser, sino al ser en nacimiento bajo la forma del sentimiento de justicia.

Para Tcherkézoff, los valores superiores según los cuales se ordena la teoría de la venganza, están expresados por el principio de unión. Tcherkézoff habla, en efecto, de un plan «vertical» para el principio de unión y de un plan «horizontal» para el principio de oposición, y constata que, entre los Nyamwezi-Sukuma, el plan vertical domina al plan horizontal. «La consecuencia de un asesinato estará determinada por el valor regio, valor superior englobante» de un intermediario único entre todos los participantes de la reciprocidad.

Verdier cree, por su lado, que el proceso de ritualización de la venganza, en un sistema de reciprocidad horizontal, hace aparecer la regla de la reciprocidad. En los dos casos, el intermediario sería el mediador que podría abrir la vía a la reciprocidad positiva y a la reconciliación. Aseguraría la transición entre dos imaginarios diferentes. ¿Cómo así?

> En tanto que simbólicamente es un don de vida, el "precio de la sangre" tiende a sustituir una relación de adversidad atada en la muerte por una relación de alianza que se abre a la vida; desde entonces, el ritual de reconciliación que apunta a reunir para la vida a aquellos que había opuesto en la muerte, recurre al sacrificio para intercambiar la vida por la muerte[382].

---

[382] Verdier, «Le système vindicatoire», *op. cit.*, vol. 1, p. 29.

Encontramos así la referencia del intercambio para dar cuenta del pasaje de la reciprocidad negativa a la reciprocidad positiva. Los valores podrían intercambiarse.

Sin embargo, Breteau y Zagnoli hacen aparecer el valor independientemente del imaginario en el cual se expresa. El mediador ya no es un intermediario entre dos partes encargado de reconciliar adversarios, sino la encarnación de un ser social superior al cual los asociados pretenden acceder. A este ser social, le damos el nombre de Tercero (con mayúscula) para distinguirlo del intermediario, del mismo mediador, que está llamado a darle la palabra y que llamamos tercero (con minúscula). El Tercero es irreducible a la identidad originaria de los protagonistas de la reciprocidad, se acrecienta, efectivamente, con la relativización, si no la anulación, de su imaginario particular.

Las observaciones de Breteau y Zagnoli permiten aprehender, primero, la reciprocidad de violencia como creadora del valor de ser. Las sociedades mediterráneas, que estudian en Calabria y en Constantina, están formadas por comunidades equilibradas entre sí, ya que aquel que desafía se asegura de que pueda sostener el desafío y que aquel, a quien desafía, pueda aceptar el riesgo de la venganza. La igualdad es la condición de la aceptación del riesgo por parte de ambos participantes. A esta igualdad, los autores la llaman «capital fijo». Llaman «capital variable» a la parte de honor susceptible de aumentar o disminuir por la venganza. Para aumentar el capital, hay que provocar entonces al adversario para que se convierta en un agresor y legitime la venganza. Esta provocación puede ser una primera ofensa o un desafío:

(...) hacer pasar una afrenta al grupo adverso – explican Breteau y Zagnoli– consiste, sobre todo, en exponer su propia vida, como si se pondría al otro ante el desafío de tomarla[383].

De ahí la interesante analogía:

> Se encuentra en ese rasgo una dimensión lúdica que implica que la vida sea vivida como riesgo y "consumación" (…).

Se podría comparar ese desafío al que acompaña al *potlatch*. En el *potlatch,* cada uno está obligado a dar, recibir y devolver, como si el don fuera una apuesta. El juego ¿Serviría de intermediario entre la reciprocidad negativa y la reciprocidad positiva?

Con todo, hay que notar una diferencia: en el ciclo del don, el ser social estará capitalizado en el imaginario del donador en la iniciativa del ciclo. La fórmula «cuanto más dono, más grande soy», implica que «yo soy» está identificado a «grande». El espíritu de venganza pertenece, al contrario, a aquel que padece, de manera que para poseer este espíritu, fuente de honor, es necesario que uno provoque el primer golpe del adversario, es decir, que se lo desafíe. El «poder matar», primera representación del honor, pertenece a la víctima. Aquel que abre el ciclo, que provoca y da el primer golpe entiende, con todo, mantenerse como dueño del ciclo y por eso golpea como último. Y bien, aquel pierde su alma de venganza mientras que quiere guardar en su provecho lo que resulta de la reciprocidad propiamente dicha. La víctima dispone de un imaginario en el que la venganza es reina, pero es el agresor el que pretende capitalizar el ser social nacido de la reciprocidad de venganza. Deberá entonces hacerse con el imaginario de la víctima. Este arte es el de los chamanes y de sus poderes mágicos.

---

[383] Breteau y Zagnoli, *op. cit.,* vol. 1, p. 50.

Aquí se ve aparecer la posibilidad de disociar lo que pertenece a la reciprocidad, de lo que pertenece a su representación. Lo sobrenatural puro es, si no independiente de lo imaginario, por lo menos distinto de él. Está contenido por lo imaginario pero a la manera de la almendra por su cáscara. Sólo la reciprocidad negativa autoriza esta distinción. Sin duda es una buena razón por la cual los ritos de la reciprocidad positiva no dejan de recordar la reciprocidad negativa, como si no tuvieran importancia real si no estuvieran asociados a la memoria de esta.

Entre los Beti del Camerún, la iniciación de los jóvenes comienza por una prueba de muerte asimilada a un sacrificio demandado por alguien que debe pagar un crimen contra los suyos.

> Parece que, aún ahí, el sufrimiento es ofrecido como una compensación a la venganza de los difuntos guardianes del orden –comenta Laburthe-Tolra[384].

Pero una iniciación semejante es obligatoria incluso si no la justifica ninguna ofensa.

> Incluso si la hermana no comete *nsem* [falta mayor] ¿no debe el hermano sufrir el *So* [rito expiatorio]?.

El sufrimiento no es, pues, sólo expiatorio para la cuenta del criminal. Tiene una segunda motivación más profunda. El ritual del *So*: «es un lugar en el que son abolidas todas las querellas y donde los enemigos se encuentran pacíficamente»[385]; es una puerta de entrada de la inteligencia de la reciprocidad y, por ella, a la comunidad. El hecho de que comience por una prueba de muerte, «El dolor que sufren está

---

[384] Laburthe-Tolra, *op. cit.*, vol. 1, p. 165.
[385] *Ibíd.*, p. 164.

concebido como una muerte figurada», sugiere que la iniciación exige una experiencia de la reciprocidad negativa para alcanzar lo sobrenatural puro, «un descenso a los infiernos», a fin de que los iniciados no puedan, luego, confundir los goces sobrenaturales con los goces terrenales cuando se beneficien del lazo social de un sistema dominado por la reciprocidad positiva.

El enfrentamiento de dos imaginarios de la violencia y el don conduce a una nueva perspectiva. El prestigio y el honor pueden relativizarse en provecho del lazo social creado por la misma relación de reciprocidad si ella los confronta.

La emergencia del *Tercero incluido* en la reciprocidad negativa

Según Raymond Verdier, una identidad de grupo se afirma, luego se hace reconocer por la venganza ante la menor agresión exterior. Partiendo de la identidad del grupo, Verdier lleva los diversos fenómenos observados a una serie de deducciones: el reconocimiento del grupo adverso para proteger el aura de su propio grupo comienza desde que este último avanza en su territorio. El intercambio de violencias preludia la definición del otro como otro sí mismo. La reciprocidad de las ofensas estabiliza a las dos fuerzas presentes que, al dejar de ignorarse, aprenden a respetarse. El marco de la reciprocidad, trazado por el intercambio de violencias, puede entonces servir al intercambio de buenos procedimientos. La ritualización de las ofensas sería el término medio que permitiría el pasaje del uno al otro.

Verdier imagina una progresión lineal de la reciprocidad negativa a la reciprocidad positiva como si el imaginario de la segunda se impusiese naturalmente sobre el de la primera. Verdier considera que la solidaridad interna es la fuerza dinámica de la sociedad y que la violencia es el mal. Esta evolución polarizada por lo imaginario de la paz encadena las siguientes categorías: distancia social, reconocimiento vindicatorio, ritualización de la venganza, reciprocidad de alianza[386].

Pero el término medio, la ritualización de las ofensas ¿no significaría más bien la emergencia de una tercera fuerza, de un Tercero de referencia que, al escapar a los imaginarios de la violencia y del don se revelaría como puramente espiritual? Partimos de la siguiente hipótesis: la coexistencia de principios comunes —reciprocidad de alianza y reciprocidad de venganza— sería necesaria para que nazca de su equilibrio un valor de ser superior.

Al comienzo, ni bien ni mal, sino una situación que hemos llamado «contradictoria», obtenida por la reciprocidad de la acción y de la pasión, que hace emerger el sentido de todas las cosas. Esta reciprocidad de origen es creadora de un sentimiento común que hemos llamado la humanidad.

Un sentimiento tal se expresa inmediatamente mediante significantes que son, ellos, de naturaleza no-contradictoria. El sentido debe pasar entonces bajo el yugo de un imaginario dado, violencia u ofrenda.

Hemos subrayado que el equilibrio de lo contradictorio puede acrecentarse desde que está polarizado por la dominación de uno de los polos de lo contradictorio sobre el otro: la vida (el don, la alianza) o la muerte (el rapto, el

---

[386] «Este reconocimiento del grupo adverso en la relación vindicatoria está en la base de la ritualización de la venganza (...) y tiende (...) a ligar a los asociados en un esquema de reciprocidad que abre la vía a la reconciliación y a la paz. Ciertas sociedades han llevado el proceso de ritualización hasta el punto de eliminar del sistema de vendetta toda compensación violenta no reteniendo sino el principio del acuerdo: la ofensa es entonces un delito que acarrea el "precio de la sangre" excluyendo toda violencia (cf. el ejemplo de los Georgianos de las planicies, en la comunicación de Charachidzé)». Verdier, « Le système vindicatoire », *op. cit.*, vol. 1, p. 25.

asesinato). Esta polaridad imprime su dinámica al ciclo, pero también imprime su marca sobre el valor que hemos llamado «valor de ser», de manera que éste se presente bajo la máscara del prestigio y del honor. El equilibrio, sin embargo, es renovado sin cesar. Es por ello que la reproducción del don también toma el aspecto de un combate. Mauss hablaba, a propósito del *potlatch*, de dones agonísticos que podían ir hasta la muerte de los protagonistas.

El *agón* equilibra entonces el don. En sentido inverso, la muerte y el asesinato, en la reciprocidad de venganza, implican la vida, dando al ritual de las venganzas la forma de un juego o de una fiesta, o aún por la adopción de un prisionero como hijo (por ejemplo entre los Aztecas), o incluso dándole una mujer, o hasta honrándolo, como en los Tupinambá.

El asesinato se reserva entonces sólo a aquellos que se reconocen como otros sí mismo, o de su rango. Pero lo que queremos considerar aquí es otra vía: el equilibrio de lo contradictorio, entre vida y muerte, no se deja arrastrar a la dialéctica de la venganza o el don, sino que trata de sustraerse a ella. De una forma u otra, habría reequilibrio entra la reciprocidad negativa y la reciprocidad positiva, y la relativización de sus imaginarios respectivos liberaría un sentimiento más espiritual, que se convertiría en lo «sobrenatural».

Nos falta profundizar en qué consiste la ritualización de la venganza. Verdier distingue cuatro modalidades: La primera modalidad interviene con el catálogo de las ofensas que desatan o no desatan la reacción vindicatoria:

> Así, entre los Maenge (cf. Panoff), los vengadores potenciales del asesinato, supuestamente cometido por los miembros de un grupo no enemigo, comienzan por buscar

si no responde a una violencia anteriormente cometida por la víctima. Si es así, la venganza no tiene lugar[387].

Sin duda porque la violencia ya recibió sentido por su participación en un equilibrio de reciprocidad, la ritualización comienza con la nominación de lo que entra o no en la estructura de reciprocidad. La ritualización es reconocimiento de lo que tiene sentido o de lo que no lo tiene, y al que hay que dárselo, restituyéndolo en el marco de la reciprocidad

Una segunda modalidad sería la circunscripción del tiempo y el espacio de la venganza:

> Entre los Moundang (cf. Adler), cuando se comete un asesinato, el clan de la víctima dispone de dos días para matar al asesino o a uno de sus hermanos; pasado ese lapso, se debe recurrir a la adivinación para designar al hombre del clan del asesino que será la víctima expiatoria; si el contra-asesinato no tiene lugar en los dos días siguientes, el asunto debe ser concluido por un sacrificio ritual y el desembolso de la composición[388].

Desde el segundo día, la venganza está entonces dominada por un tercero que recurre a la adivinación. Respeta el principio vindicatorio pero sólo por días más, y ya se plantea de forma diferente la cuestión del sentido de la venganza: la reciprocidad de venganza es interpretada gracias al sentido que puede darle el adivino. Este procede, casi inmediatamente, a la neutralización de la venganza por el sacrificio y la composición. Instaura una reciprocidad negativa, ciertamente, pero en sentido inverso de la precedente, puesto que la comunidad se identifica al asesino por el sacrificio y no a la víctima, mientras la reciprocidad de venganza está del todo suspendida ya que se redobla inmediatamente por la

---

[387] Verdier, « Le système vindicatoire », *op. cit.*, vol. 1, p. 26.
[388] *Ibíd.*

composición. Manifiestamente, esta solución hace emerger la autoridad de un tercero en lugar y sitio de la de los personajes implicados en la relación vindicatoria. Y bien, ese tercero procede, si no al equilibrio de los imaginarios de la venganza y de la alianza, por lo menos a la relativización del imaginario de la venganza.

Entre los Georgianos montañeses, la búsqueda del asesino es mucho más larga. Puede durar tres años; pero, al cabo, la composición se hace inevitable y los ancianos intervienen para asegurar la conciliación. El tercero no está constituido por una persona que se pueda nombrar intérprete u oráculo, señor de dones sobrenaturales. Es el consejo de Ancianos el que asume el rol de sacerdote, sin aparecer, con todo, como un tercero que dispondría de un saber o de un código de referencia, ya que todo está «por adivinarse». Y bien, durante la duración en que la venganza es operatoria, los Georgianos proceden a ritos sacrificiales y a tentativas de composiciones destinadas a redoblar y, sin duda, a relativizar la venganza[389]. Esta coexistencia de prácticas inversas permite neutralizar progresivamente el imaginario de la venganza, autorizando la presencia inmanente de una referencia nueva aún por inventarse.

Una tercera modalidad sería la de conductas sustitutivas de la violencia y que abren la vía de la conciliación. Esta solución implica, a menudo –como subraya Verdier– el rol de las mujeres. La reciprocidad de venganza siempre está asociada a la reciprocidad positiva pero, a menudo, con una repartición de roles que da a las mujeres la responsabilidad de

---

[389] «Así, entre los Georgianos de la montaña, desde el primer día de la vendetta y paralelamente a la caza del asesino, el clan del asesino debe cumplir ciertas gestiones rituales; está sujeto a ciertos interdictos (…), debe hacer ofrendas a los parientes del muerto y sacrificar animales al santuario local para el beneficio de la colectividad entera. Todos esos ritos son de rigor y preceden, sin hacerla obligatoria, la conciliación que no podrá tener lugar sino al final de un año entero después del asesinato». (Verdier, *ibíd.*, p. 27).

ésta. En muchas de las sociedades amazónicas, por ejemplo, las mujeres se encargan de la agricultura y la cerámica. Se ofrecen víveres y bebidas para construir la reciprocidad. Los hombres tienen un ideal guerrero. La mujer tiene la posibilidad de neutralizar la venganza, pero su papel sólo sería aleatorio si el mismo principio de la reciprocidad no impusiese a la comunidad el equilibrar la reciprocidad positiva por la reciprocidad negativa, y viceversa.

En la tesis de Verdier, este equilibrio no está considerado como un principio. Sin embargo, incluso en los pueblos que parecen comprometidos en una vía de venganza exclusiva, se reconoce la existencia de este equilibrio:

> Así entre los Maenge (cf. Panoff), si tiene lugar un combate en el interior del pueblo, a propósito de un asesinato, entre aquellos que vengan al muerto y los que abrazan la causa del asesino, éste debería cesar, si una mujer respetada se interpone y derrama agua sobre una antorcha inflamada pronunciando palabras sacramentales de reconciliación. (…)

> Entre los Kabiyè, si una querella estallaba en el interior de la Ciudad, los adversarios debían deponer las armas, si una mujer vieja esparcía un reguero de cenizas en el suelo. (…)

> Entre los Constantinenses (cf. Breteau), cualquier mujer tenía la capacidad de proteger al hombre perseguido; éste se refugiaba en su regazo y expresaba, por su postura, la relación madre-hijo. Señalemos aún la importancia de la relación de leche entre los Osete, que implicaba la interdicción de casarse y de matarse; en caso de conflicto entre dos grupos, si ocurría que un hombre se introducía por la noche en un pueblo adverso y chupaba a la fuerza el seno de una mujer, el combate debía cesar inmediatamente (cf. Itéanu)[390].

---

[390] Verdier, *op. cit.*, vol. 1, p. 27.

Entre los Osete, donde la vida no parece depender sino de una finalidad, la venganza, la igualdad de los dos sistemas, de reciprocidad positiva y reciprocidad negativa, es afirmada sin embargo con claridad por los interesados mismos: «La leche va tan lejos como la sangre», o aún: «El hombre es el maestro del sacrificio y de la sangre, y la mujer es la maestra del sacrificio y de la leche». Ninguna vacilación sobre el sentido de la leche y de la sangre:

> Si te falta alimento y bebida, te enviaremos la madre, si es combate lo que te falta, te enviaremos al padre[391].

Esta equivalencia directa nos parece debida a que la reciprocidad positiva y la reciprocidad negativa no derogan el principio de lo contradictorio. Se equilibran entre sí y dan a luz a nuevas situaciones contradictorias. El sentimiento que nace de tal ambivalencia puede ser llamado sobrenatural.

Entre los Osete, al interior del clan, Itéanu califica la relación del padre con el hijo de jerárquica y autoritaria. Remarca que la relación mediatizada por las mujeres es, al contrario, pacífica e igualitaria. «Esos dos tipos de relaciones – dice– estructuran la sociedad oseta y fundan la circulación de los seres y las cosas». Pero añade:

> Otras dos relaciones mediatizan la relación entre esos dos tipos extremos: las cesuras de la violencia, de las que el ejemplo típico es la compensación por asesinato y el "marido del interior" (El *marido del interior* es el resultado de un matrimonio con residencia uxorilocal para la pareja y los niños. Se trata, en efecto, de una captación operada por los donadores de mujeres, que tiene por consecuencia, al cabo de un tiempo, de romper todos los lazos entre el grupo tomador y el grupo donador de mujeres. Esta

---

[391] Itéanu, *op. cit.*, vol. 2, p. 69.

captación es percibida como un acto violento. Esta realización es entonces igualitaria, violenta, efímera)[392].

Y para concluir:

> Entre la relación padre-hijo y aquella mediatizada por la mujer, existen entonces otras dos relaciones. Las cesuras hacen posible la transformación de una relación violenta padre-hijo por una relación pacífica del tipo "mediatizada por las mujeres", pero ellas no pueden llegar a ella sino provisoriamente. El "marido del interior" permite el pasaje de una relación pacífica a una relación violenta, pero con la consecuencia, de hecho, de la ruptura de la relación.

Esta sistematización hace aparecer soluciones intermedias que alían violencia y paz de forma frágil y efímera; dos caracteres que pueden significar la presencia de algo, aparentemente sin consistencia, irreal, aquello, justamente que tiene que ver con el sentimiento de lo sobrenatural. Muestra, también, la reversibilidad de dos vías de acceso a ese momento efímero, ora por la relativización de la reciprocidad de la leche ora por la relativización de la reciprocidad de la sangre. No hay continuidad, aquí, entre el pasaje de la violencia a la paz por etapas sucesivas, sino dos inversiones a partir de situaciones radicalmente opuestas y que tienden, ambas, a un tercer término que no se resuelve en un solo punto del pasaje entre los dos sino en dos situaciones equilibradas aunque diferentes. El autor muestra, sin embargo, que esos equilibrios, a su vez, son jerarquizados.

> Las relaciones padre-hijo y aquellas mediatizadas por las mujeres están en una relación jerárquica, la una en relación a la otra; el padre es la figura englobante; las relaciones mediatizadas por las mujeres siempre se juegan

---

[392] *Ibíd.*, p. 80.

al nivel englobado del hijo; la relación de leche, creada en posición de hijo por succión del seno y el matrimonio, está situada bajo la autoridad del padre. Además, la relación igualitaria del matrimonio se expresa con la ayuda de símbolos de la relación jerárquica y afirma así que la alianza sólo tiene sentido en función de las relaciones de violencia[393].

Esas observaciones indican entonces que una sociedad también puede interpretar la misma alianza en términos de violencia. La lógica sugerida por Verdier, que supondría el pasaje de la violencia a la paz sufre excepciones. Como entre los Shuar, entre los Osete es posible mostrar que el ideal de venganza también permite constituirse a la sociedad. La dialéctica dominante es la de la venganza. Verdier veía en la defensa de la identidad pacífica del grupo la justificación de la violencia. De hecho, lo que se promueve aquí es el imaginario de la violencia.

Itéanu reconoce esta supremacía de la dialéctica de venganza al mismo tiempo que el constreñimiento que le es impuesto por el principio de unión:

> El matrimonio está englobado en la figura totalizante del padre. Pero es únicamente en el curso del matrimonio y

---

[393] *Ibíd.*, p. 81. Por otra parte, allá donde la reciprocidad positiva resulta ser inoperante o ineficaz, la reciprocidad negativa aparecerá siempre como recurso, ya que más vale aceptar el imaginario de la violencia antes que no ser nada. Cuando se rehúsa la reciprocidad positiva a un pueblo, el hecho de que este prefiera, al precio del sufrimiento, refugiarse en la reciprocidad negativa, la guerrilla o el «terrorismo», significa que la reciprocidad negativa ofrece una calidad de ser superior a la que ofrece la paz sin participación en la reciprocidad positiva, la paz de los esclavos. Los hombres no viven para la paz, sino para *ser*, y ello no importa a qué precio. Otros ejemplos confirman que existen dos soluciones al problema planteado por la venganza: o bien la promesa de una futura venganza, un derecho de venganza, o bien la transposición de la reciprocidad negativa en reciprocidad positiva.

de su ritual que la figura del padre[394] es objeto de burla por la inversión de la relación violenta entre padre e hijo. Al englobar el matrimonio, la figura del padre engloba su propia negación. El valor supremo mantiene una relación de oposición complementaria a lo que es su propia inversión. Es de esta relación jerárquica y sin embargo irrisoria de un valor a su negación que se construye, en el tiempo, la sociedad oseta[395].

Finalmente, otro procedimiento de mediación consiste, dice Verdier:

(...) en llamar a un tercero conciliador, hombre reputado por su sabiduría, conocedor en materia de costumbres y notable, poderoso. El grupo ofendido, a veces el grupo ofensor y a veces ambas partes adversas, pueden solicitar su mediación.

Entre los Nuer [África], el jefe con piel de leopardo no ejerce ninguna función política, judiciaria o administrativa, pero en caso de homicidio juega un papel de mediador entre los dos linajes implicados[396].

Si se ve en la venganza una forma de intercambio, la composición sería una suerte de atajo de la evolución de la reciprocidad negativa a la reciprocidad positiva. La secuencia «hostilidad-venganza-reciprocidad-alianza» estaría comprimida en la relación «hostilidad-alianza», y la composición sería opuesto al homicidio.

---

[394] En el curso de la relación de leche igualitaria, el padre es anulado por los rituales en los que se ridiculiza su autoridad

[395] Itéanu, *op. cit.*, vol. 2, p. 81.

[396] Verdier, *op. cit.*, vol. 1, p. 27-28. Sobre los Nuer, ver D. Temple: *Le contradictoire, principe structural des Nuer*, coll. «Réciprocité», n° 9, France, Lulu Press, Inc., 2018.

El hecho de que, por una parte, la composición quede a menudo facultativa y que, en numerosas sociedades, no suprima la posibilidad de recurrir al contra-asesinato, y el hecho, por la otra, de que a menudo sea considerada como una simple cesura en el ejercicio de la venganza, muestran con evidencia que ella tiene su lugar en el seno mismo del sistema vindicatorio –dice Verdier.

Aquí la composición está interpretada como la anticipación de la reciprocidad positiva, pero que estaría programada en la reciprocidad negativa.

¿Es efectivamente posible reemplazar el símbolo de una vida del grupo enemigo por el símbolo de una vida del capital-vida de la que se es propietario? Esta hipótesis es vivamente contestada por Fernandes. El capital-vida de un grupo, sobre todo cuando se representa por la sangre, es tributario de la identidad del grupo y en ningún caso puede ser transferido al grupo enemigo, y recíprocamente, la sangre enemiga o su fuerza no puede ser aceptada como compensación de la suya. Es solo posible para un grupo reconquistar su propia sangre cuando el enemigo la ha eliminado. Pero no es posible contaminar una sangre con la otra.

Verdier constataba, por otra parte, que los muertos no vengados, en muchas sociedades, están condenados al vagabundeo. No son recuperados, pues, por el enemigo. Si el ser nacido de la reciprocidad negativa se representa en la identidad del clan, no es posible intercambiar una vida de su clan por una vida de un clan extranjero. La composición no es entonces el «intercambio» de una vida, de su capital, por una vida del capital de otro, sino probablemente una prenda por la cual el asesino conviene en que el otro tiene derecho a un asesinato. La composición es simbólica, pero en relación con el asesinato o la ofensa, y no lo sustituye por otro símbolo, el de otro capital-vida. No hay intercambio entre una parte de un capital-vida y una parte de otro capital-vida. La composición no es un trueque de valores simbólicos.

Como el símbolo de un asesinato es a menudo el mismo que el de una relación de alianza, por lo menos hay que dar cuenta de esta similitud. ¿Se trataría de una forma de equivalencia de la reciprocidad negativa y de la reciprocidad positiva?

6. IMAGINARIO Y SIMBÓLICO

> La hipótesis, emitida el pasado siglo, de que la composición estaría ligado al desarrollo de la propiedad y de la moneda y constituiría una etapa de la evolución que conduce de la venganza a la pena, no puede ser retenida, ello no debido a que venganza y pena coexistan, como lo hemos visto, sino porque el acuerdo no puede ser asimilado al precio de compra de un crimen y al rescate de vida de un criminal. La composición, en efecto, juega en el plano vindicatorio un papel comparable al de las prestaciones dotales en el intercambio matrimonial; en uno y otro caso, se trata no de comprar una vida sino de donar bienes que simbolizan la vida, en intercambio por otra vida[397].

¡Verdier aboga por un intercambio simbólico!

Abramos un paréntesis sobre esta distinción entre el intercambio económico y el intercambio simbólico. Si Verdier recusa el intercambio económico entre víctima y asesino, tal como Mauss lo recusaba entre donador y donatario ¿no vuelve el intercambio económico, sin embargo, a deslizarse bajo el intercambio simbólico, entre el precio de la sangre y el precio de la novia?

---

[397] Verdier, «Le système vindicatoire», *op. cit.*, p. 28.

En tanto que no se reduce a una compensación material y que es, sobre todo, un don de vida, se comprende que la composición pueda ser honrado con un don de mujer (por ejemplo, los Maenge) o que la mujer pueda hacer parte de los bienes preciosos que son remitidos a la familia de la víctima (por ejemplo, los Beti)[398].

Si se imagina que la mujer es luego reemplazada por los bienes que la representan en la relación matrimonial: la prestación dotal, y que esos bienes se convierten en los símbolos del capital-vida destruido por el asesinato; la venganza y el matrimonio podrían intercambiarse por objetos simbólicos. Pero, a partir de tal reducción −que es la del ser por el tener y de la reciprocidad por el intercambio− ¿no conduce el intercambio entre dos símbolos al intercambio monetario? ¿No es lógico llegar al intercambio económico a partir de la prestación dotal y la composición? Entre representaciones diferentes aunque iguales de la valor-vida ¿no se puede proceder a intercambios y, de equivalente en equivalente, no se podría intercambiar una vaca por oro? La distinción del intercambio simbólico y del intercambio económico se hace, por lo visto, muy relativa.

Verdier denuncia el intercambio económico entre vengadores, por una parte, y donadores, por la otra, con la idea de oponerles el intercambio simbólico; pero aceptando el principio del intercambio entre imaginarios diferentes (entre un donador y un vengador) establece, a nuestro parecer, un valor de intercambio. La mujer, en este sentido y como lo había considerado Lévi-Strauss, se convierte en una moneda de intercambio.

Pero volvamos a nuestro problema: tomemos las cosas desde un punto de vista puramente simbólico. ¿Se trata,

---

[398] *Ibíd.*, p. 28-29.

entonces, para las comunidades de reciprocidad, de restaurar el capital-vida de cada una de ellas, o de restaurar la relación de reciprocidad, matriz de valores humanos cuyo símbolo debe dar cuenta por encima de toda representación? ¿A qué se llama simbólico?

Verdier precisa como, según él, el acuerdo permite realizar el pasaje del asesinato al matrimonio:

> En ese sentido, la composición equivale a un don de vida, al mismo título que la dote equivale a donar una mujer en lugar de otra. Cada homología entre "precio de la sangre" y "precio de la novia» explica que se puede designar por la misma palabra uno y otro depósito y que los mismos bienes puedan servir para el pago del "precio de la sangre" y el "precio de la novia".

¿Se debe la equivalencia del «precio de la sangre» y el «precio de la novia» a una misma identidad de referencia, la del capital-vida de la comunidad, o bien, al contrario, es la última consecuencia de una homología entre dos sistemas de reciprocidad: reciprocidad positiva y reciprocidad negativa?

Cuando Verdier reduce la relación de reciprocidad a un intercambio entre dos imaginarios ya constituidos, supone resuelto el problema de la génesis del valor. El honor, la sangre, etc., son imaginarios que se convierten en propiedades del clan. Tales propiedades podrían ser reinvertidas en la reciprocidad de dones. Y si el objetivo de esas transacciones es la posesión de la plusvalía, tales inversiones se concebirán como depósitos a interés. Así Mauss conciliaba el desinterés por las cosas materiales y el interés por los objetos de lujo o de arte. Pero, para ser representados en un imaginario bajo forma de diademas, coronas, tesoros, pedrería u oro, los valores de estima, de amistad, de gracia, etc., que se subsumen bajo el término de honor o de prestigio, deben ser producidos previamente. No surgen del azar y, según nosotros, nacen del principio de reciprocidad. Consecuentemente, la posesión de sus símbolos en un imaginario particular está subordinada a la instauración o reinstauración de la reciprocidad que las da a luz.

Si tales riquezas son reinvertidas en el ciclo de la reciprocidad, se debe plantear la pregunta por saber si el objetivo de esa reinversión es el de crear más ser social o de adquirir solamente sus representaciones en un ciclo de prestaciones que serían la inversa del ciclo que engendra el valor. Parece que para las comunidades «indígenas» la apropiación de los tesoros simbólicos no es legítima, sino en la medida en que está ordenada según la reproducción de estructuras de reciprocidad de las que procede el valor. La tesorización les parece, en efecto, como un desvío del flujo creador. Es lo que observaba Malinowski cuando comentaba el *uvalaku*, la gran *kula* de los Trobriandeses. En las islas Trobriand, se está feliz por recibir un presente simbólico de gran precio en homenaje a su generosidad, pero sólo a condición de desprenderse de él inmediatamente para engendrar más amistad. Y Malinowski había señalado perfectamente la contradicción del intercambio y de la reciprocidad, cuando decía que los Trobriandeses son tan deseosos de propiedad como los ingleses, pero con la condición, añadía, de comprender que poseer, para ellos, es donar.

Si se considera, al contrario, el valor como un capital innato de cada grupo, entonces es posible reducir la reciprocidad al intercambio. En este caso, se debería borrar la observación de Malinowski en relación a la superioridad del «goce por la creación del ser» sobre el «goce de poseer sus imágenes». Pero si se hace un salto por encima la creación del ser social, se puede también hacerlo por encima de cualquier otra creación, en particular cuando los objetos, que representan el renombre adquirido, a su vez están invertidos en el don.

Se puede imaginar, así, que el objetivo final de toda empresa de reciprocidad es un intercambio en vista de la acumulación de valores simbólicos reificados en su propio imaginario. Pero, desde ese momento, la contradicción que los autores quieren instituir entre el valor simbólico y el valor económico se hace incierta. Si esta contradicción se mantiene en el interior de un ciclo de reciprocidad positiva o bien en el interior de un ciclo de reciprocidad negativa, desaparece, como se lo vio, entre los dos sistemas: desde que, en el imaginario de un grupo, el valor está considerado como propiedad, el intercambio puede instaurarse con otro grupo que dispone de un imaginario equivalente. La cuestión es la de saber si las comunidades se comprometen en esta vía, lógicamente a su disposición, o la recusan por el gozo de crear su humanidad y siempre más humanidad, a través de la reciprocidad.

Para mantener la oposición, del valor de intercambio y del valor simbólico, debemos hacer intervenir una distinción entre imaginario y simbólico: lo imaginario se refiere a la manera en la que cada asociado se representa el ser social al que aspira; lo simbólico al ser social mismo tal como nace de una relación de reciprocidad, es decir, que los dones no adquieren un valor simbólico sino en la medida en que se inscriben en una relación de reciprocidad. El símbolo no se refiere a un hombre o a una mujer o a una vida. Se refiere a aquello de lo que el guerrero o la esposa no son sino los garantes: la relación ella misma de reciprocidad, única matriz del ser.

Aquí hay que reemplazar el capital-vida de cada uno de los grupos por su relación de reciprocidad que crea el ser social. Mauss tenía razón de llamar al *mana* un lazo entre las almas. De este lazo, que es el ser de lo que lo simbólico pretende dar cuenta, cuando es confundido con la identidad propia de uno u otro de los asociados, puede decirse que hay degradación de lo simbólico en lo imaginario, que preludia su degradación en lo económico.

El vocabulario de las comunidades de reciprocidad indica, frecuentemente, esta primacía de la relación sobre los términos que conjuga. Él mismo tiene valores simétricos contradictorios cuyo sentido está dado por el contexto. Nos parece que Michel Panoff expresa bien esta referencia mayor a la relación misma, cuando estudia el vocabulario de la venganza, entre los Maenge de Nueva Inglaterra:

> Si *koli*, empleado como verbo, puede traducirse como "pagar" tanto como por "hacer pagar", es porque, lejos de toda preocupación económica, sólo se apunta a la ejecución de una obligación como operación decisiva. Y esta obligación es doble, evidentemente porque se supone que el Maenge debe, a la vez, vengar las víctimas de su propio grupo e indemnizar a aquellas del grupo adverso (o de sufrir su contra violencia)[399].

(¡Doble y contradictorio!)

Se señala también, a propósito de la palabra *milali*, que el autor traduce por «deuda», que:

> El acreedor no justifica sus reclamaciones por referencia a la noción de propiedad, ni invocando una estratificación de la sociedad que lo situaría por encima del deudor y le permitiría exigir un tributo en cualidades, lo que estaría en armonía con la concepción igualitaria de los Maenge y con su débil grado de individualismo en la posesión de objetos. Reconocerse deudor y comprometerse a reparar una lesión o a devolver su integridad física a otra, para ellos, son sinónimos. Puede concebirse, entonces, que no pueda haber una verdadera diferencia de naturaleza entre las tres situaciones siguientes: la del hombre, a quien se ha matado un hermano de clan, la del soltero, cuya novia prefiere esposar a otro hombre, y la del *big man* que organiza una fiesta a la cual sus rivales rehúsan asistir después de haber sido invitados.

---

[399] Michel Panoff, « Homicide et vengeance chez les Maenge de Nouvelle-Bretagne », en *La vengeance, op. cit.*, vol. 2, p. 141-161, (p. 146-147).

Lo que aquí está considerado como igual es la ruptura de relación, no los términos de las relaciones. Y las relaciones consideradas como rotas son relaciones de reciprocidad.

La liberación del *Tercero incluido* de los imaginarios de la venganza y de la alianza

La confrontación de la muerte y del asesinato es necesaria para que nazca el sentido entre las dos conciencias biológicas antitéticas de morir y de matar. Y bien, a partir de aquí aparece otra relativización. La relativización de la reciprocidad de venganza misma, que conduce a formas atenuadas de muerte y de asesinato. Esas formas atenuadas se oponen a formas más radicales, como si la reciprocidad se estrecharía alrededor de un Tercero incluido superior al de la venganza.

El Tercero en cuestión entra en lucha, entonces, con los imaginarios en los cuales apareció. Esta lucha de lo simbólico contra lo imaginario puede ser ilustrada por el estudio de la sociedad de los Gamo de Etiopia, hecha por Jacques Bureau:

> Para los Gamo, la venganza, personal o clánica, sería antinómica con la organización política que sobrepasa las redes de relaciones elementales, parentesco, vecindad e, incluso, amistad, para *fundarse en lazos contractuales entre territorios federados*[400].

Hay, pues, un sobrepasamiento de las formas de reciprocidad primitiva por un contrato.

---

[400] Jacques Bureau, « Une société sans vengeance: le cas des Gamo d'Éthiopie », en *La vengeance, op. cit.*, vol. 1, p. 213-224 (p. 214). (subrayado por Bureau).

¿Qué significa ese lazo contractual más fuerte que la alianza, más fuerte que la venganza?

> Los alrededor de 500.000 amo –nos dice Bureau– viven en una cuarentena de federaciones –*deré*– o países (de 5 a 30.000 almas) en un macizo montañoso del sudoeste Etíope.

Se nota una organización clánica patrilineal con una preponderancia de ancianos; el mayor es el primer sacrificador para estar en comunicación con los espíritus, los ancestros y Dios; pero la sede territorial, que reagrupa a muchos clanes o partes de clanes, está bajo la autoridad de un jefe ritual, el *ka'o*, su primer sacrificador. En el interior de cada uno de los países, la autoridad suprema pertenece a los que están en asamblea.

Encontramos las grandes líneas de una organización de clanes y la doble actualización del principio de oposición y del principio de unión. Los valores éticos producidos por la reciprocidad son codificados por la tradición:

> El *woga* es un cuerpo de reglas en relación al cual todo acto puede ser calificado. (...) Es la referencia de todas las acciones humanas. (...) El *woga* no es inmutable, (...) cambia con la sociedad, pero sus cambios son, en realidad, el hecho de hombres y mujeres que un consenso general reconoce que tienen un poder sobrenatural –*téma*– particularmente fuerte[401].

Sin duda ocurre lo mismo en la mayor parte de las comunidades de reciprocidad, pero la descripción de Bureau tiene el mérito de poner en el primer plan ese *téma* que compara al *mana* polinesio, y le reconoce la fuerza real que orienta las inversiones humanas. A propósito de la justicia, por

---

[401] *Ibíd.*, p. 216.

ejemplo, Bureau precisa que en las querellas menores los interesados se remiten a la *saga*:

> Para que un individuo sea *saga* basta que un consenso suficientemente vasto le reconozca el carácter de intercesor entre los hombres y las potencias sobrenaturales[402].

La fuerza específica del *saga*, de amenazar al individuo que se rehúsa a la ley, es su *téma*. Es entonces aquí el Tercero superior el que habla por el tercero, el *téma* por la *saga*. Y esta palabra basta normalmente, ya que el que está en falta y no se pliega a las conminaciones del *saga* se expone a sanciones sobrenaturales.

En caso de fracaso del *saga*, la justicia de las asambleas se convierte en el último recurso, por mucho que hayan sido utilizadas en la primera instancia... Pero basta que el acusado no reconozca sus faltas para que la asamblea, en caso de no haber pruebas, se remita el uso del juramento (*chako*) por el cual las partes se declaran en lo cierto (*tsilo*):

> Desde este instante, el asunto está terminado, pero quien es un perjuro se expone a la muerte[403].

Si se reconoce culpable al ofensor pero éste enfrenta a la asamblea, será objeto de una sanción suprema: el ostracismo.

> Sus efectos son la interdicción, para los miembros del territorio alcanzado, de dar agua o fuego al excluido, bajo la pena de ser sometidos a ostracismo.

> De esta manera, la venganza queda excluida de la solución de los conflictos individuales, y de dos maneras: por una parte, por estos jueces-árbitros cuyo poder tiene

---

[402] *Ibíd.*, p. 219.
[403] *Ibíd.*, p. 221.

un fundamento místico, y por otra, por las asambleas que tienen un poder secular preciso, el de pronunciar el ostracismo[404].

El ostracismo es una ruptura de comunicación, simbolizada por el rechazo del agua y el fuego.

Como ya hemos observado entre los Beti, donde se llama *ntsig-ntol* al sabio convertido en mediador —el «mayor dirimidor de palabras»—, la palabra ya no es la proclamación del nombre de uno u otro de los asociados: vengador o donador, ni siquiera el nombre de la totalidad de la comunidad, el nombre del rey-sacerdote o de su espíritu protector o vengador. La palabra está liberada de las calificaciones de lo imaginario y de sus aparatos de poder. La palabra se refiere a una presencia «mística» —dice Bureau— tanto en los juicios que pueden establecerse por el principio de oposición, como por los que se refieren a las actualizaciones del principio de unión. El poder mismo, como forma de coerción física, es olvidado. La palabra del Tercero superior basta normalmente para restablecer el lazo social. En caso de rechazo de la conciliación, la sociedad se remite al poder inmanente de lo sobrenatural. El tercero mismo se borra ante el Tercero, invocado en la filosofía de *Ghiorghis* (St. Georges)[405].

La justicia es el poder de la palabra. La comunidad sólo interviene si está puesta en peligro por un culpable comprobado que se rehúsa a reconocer su culpabilidad. Interviene entonces a nivel de la estructura fundadora de lo sobrenatural. La exclusión es la supresión de la pertenencia a la matriz del Tercero mismo, a la comunidad de reciprocidad: es una excomunicación.

---

[404] *Ibíd.*, p. 221 y p. 223.
[405] *Ibíd.*, p. 218.

El Tercero habla, pues, entre los Gamo, sin estar privatizado ni por una casta de sacerdotes ni por una clase de aristócratas. Bureau habla incluso de democracia directa:

> La sociedad gamo no tiene organización política fuerte, ni aparato judicial especializado (...). Al contrario, los Gamo se organizan en pequeñas federaciones bajo la autoridad de asambleas en las que el hombre adulto puede participar activamente[406].

Los Griegos de la Antigüedad también habían dado preeminencia a esta forma de reciprocidad sobre la reciprocidad positiva y negativa con el lazo contractual que fundaba la ciudad: al final de la *Odisea*, como Ulises reencuentra a los suyos, pero también debe afrontarlos, Atenea se dirige a Zeus para liberar a la reciprocidad de sus imaginarios. Y Zeus le responde mediante la idea de un juramento... Esquilo, en las *Euménides*, hace oscilar la suerte de Orestes entre la venganza de las Erinias y la protección de Apolo, hasta que Atenea inventa un tribunal de ciudadanos imparciales.

Así se comprende por qué los imaginarios parecen motores que están en sitio y lugar de las estructuras. Son el dicho del Tercero en la palabra, cuando el Tercero no está liberado aún de la empresa de los imaginarios iniciales o aún de sus significantes. El significante, ya sea tributario del principio de oposición o del principio de unión, retiene, en efecto, al Tercero en su propia lógica. Se podría reproducir la crítica del fetichismo del valor de cambio a propósito del fetichismo del renombre, ya sea éste el del donador o del guerrero o aún el del sacerdote. El renombre de los primeros representa el blasón o el escudo que los nobles fetichizan en la sangre de su linaje, el otro en la divinidad que fetichizan los

---

[406] *Ibíd.*, p. 213.

sacerdotes. En uno y otro caso, el poder de lo imaginario se impone sobre el ser.

La primera prueba de los orígenes, para el hombre, es la liberación de lo real, la segunda la de sus imaginarios. El ser naciente es como la cigarra de los campos. Ella sale de una crisálida debajo de la tierra, pero todavía tiene que dejar la tierra con sus propias alas.

7. Intercambio o génesis del valor

La equivalencia de la reciprocidad positiva y de la reciprocidad negativa

¿Puede decidirse si la razón de las transacciones, en las comunidades interrogadas por Verdier, es la reciprocidad o el intercambio; y si de lo que se trata es de lo simbólico (tal como lo definimos nosotros) o de lo imaginario (el capital-vida)?

La mujer, el «mayor de los bienes» según Lévi-Strauss, y que según la antropología clásica occidental serviría de moneda de intercambio ¿es una representación de capital-vida o el elemento de una estructura de reciprocidad?

Los ejemplos elegidos por Verdier mismo muestran que si los símbolos de venganza son idénticos a los de las alianzas matrimoniales, no pueden ser reemplazados por la mujer que, cuando entra en escena, inaugura una estructura nueva de reciprocidad de alianza. Es pues, la reciprocidad, y no el intercambio, la que es el objetivo de las comunidades.

Entre los Beduinos de Jordania, desde que el muchacho nacido de una mujer dada en compensación por un asesinato está en edad de portar armas:

(...) su madre lo viste con trajes de hombre, lo ceñe con un puñal y lo presenta a la asamblea de los notables. Entonces se cumple su misión: de *ghorra*, sirviente, ella se convierte en *horra*, libre. Ella deja a su marido, quien ya no tiene poder sobre ella; si trata de retenerla, su padre o el jefe de su familia apelará a un garante (alguien que responda, nombrado por el tomador, que debe velar durante su retorno a su parentesco agnático una vez cumplida su misión). Sin embargo, el esposo podría guardarla si obtuviera el acuerdo de sus suegros, a quienes tendría que pagarles, entonces, una dote[407].

No es, pues, la mujer la que es dada en prenda, sino el guerrero que ella puede dar a luz por cuenta del adversario. De lo que se trata es de reconstruir la relación de reciprocidad restituyendo un guerrero al enemigo. Sin duda se considera al muchacho como un capital guerrero. Se reequilibran las potencialidades del asesinato. Pero la mujer será devuelta a su familia desde que haya dado a luz a un guerrero enemigo.

En realidad se ofrecen dos vías para restaurar el potencial de la reciprocidad negativa: el préstamo de una mujer hasta que ella cree un guerrero, o el don de un muchacho que se convertirá en guerrero en el clan enemigo. Sin embargo, la mujer puede ser guardada por el esposo si éste obtiene el acuerdo de sus suegros y les aporta una dote. Esta segunda prestación no es la compensación de un asesinato. Cuando una relación matrimonial está atada entre las dos partes para suceder a la relación de asesinato, ella debe, en efecto, ser confirmada por la promesa de un matrimonio en el otro sentido, simbolizado por la dote. Lo mismo ocurre entre los Moundang del Chad.

Entre los Moundang, el rey puede atribuir, en lugar de los bueyes de la composición, una mujer a un hermano de

---

[407] Chelhod, *op. cit.*, vol. 1, p. 135.

la víctima; si ésta da a luz a un muchacho, se considera que la reparación fue hecha completamente; entonces el marido debe depositar una compensación matrimonial a sus suegros[408].

La unión matrimonial no sólo sirve para restablecer el equilibrio de reciprocidad entre homicidios, sino que, una vez restaurada la reciprocidad entre guerreros, la transforma en reciprocidad de alianza. La mujer es el instrumento de una estructura de reciprocidad positiva que sustituye a una estructura de reciprocidad negativa. Y la relación matrimonial, para ser una alianza, debe estar completada por prestaciones de dotes. Por otro lado, se ve que el asesinato puede tener un equivalente simbólico que le es propio (bueyes sacrificados o destinados al sacrificio). Esas prestaciones tienen por efecto el restaurar la reciprocidad guerrera en términos simbólicos antes de que ella sea reemplazada por una reciprocidad de alianza.

> Entre los Moundang, la familia del homicida, antes de cumplir la composición, lleva a la orilla del río al "buey de la herida" para sacrificarlo; se recoge su sangre y los mayores, de cada uno de los dos clanes en disputa, hunden sus manos en ella. Si el sacrificio es aceptado por los espíritus ancestrales, la violencia ha terminado.

> Entre los Georgianos de la montaña, los ritos de conciliación tienen lugar en el gran santuario del clan ofendido; los parientes del asesino vienen a sacrificar en él muchos animales, y cada clan bebe entonces la cerveza que el otro ha suministrado y consagrado[409].

La cerveza es, universalmente, símbolo de alianza, razón por la cual se puede ver en la sucesión del sacrificio sangriento y de la libación el pasaje de una estructura de reciprocidad

---

[408] Verdier, *op. cit.*, vol. 1, p. 29.
[409] *Ibíd.*, p. 29-30.

negativa a una estructura de reciprocidad positiva. Pero el pasaje requiere, primero, el reequilibrio de la reciprocidad negativa. No son vidas las que se intercambian, aunque sean vidas simbólicas capitalizadas en el imaginario de los grupos, sino estructuras de reciprocidad que se restauran porque son las matrices del ser social, las matrices de los lazos de almas. Y las almas mismas no son imaginadas sino para atar entre ellas nuevas relaciones de reciprocidad.

Laburthe-Tolra confirma que, entre los Beti:

> (...) todo daño cometido exige reparación antes de la reanudación de los intercambios: en una pieza de Ayissi (Los Inocentes, Yaoundé, S. D., p. 25-26), la madre del héroe explica a su hijo cómo sería posible su matrimonio con una muchacha ndog mbang cuyos ancestros derrotaron y humillaron a los suyos: "Si batís a los *ndog mbang*, la sangre de vuestros ancestros está vengada, y el matrimonio con una *ndog mbang*, cautiva de guerra o esclava, se hace posible para ti"[410].

Todas esas operaciones de venganza y de composición, están ordenadas según el agrandamiento de la matriz del ser social, y si hay capitalización simbólica, como en el caso de las mujeres portadoras de futuros guerreros, este es inmediatamente invertido, para continuar con la metáfora económica, en la estructura de producción de lo simbólico. Es decir que el imaginario está enfeudado a lo simbólico, el tener al ser, y no a la inversa.

Si se podía intercambiar una mujer por un asesino, entonces el intercambio sería, sin duda, el de una parte del capital-vida por otra, y se quedaría prisionero del imaginario propiamente dicho, con cada uno haciendo valer sus derechos. Si de lo que se trata es de la reciprocidad, en tanto que matriz de valor, es necesario que antes de pasar de un sistema al otro,

---

[410] Laburthe-Tolra, *op. cit.*, vol. 1, p. 163.

el primero sea restaurado en su integridad, a fin de que el valor producido en ese sistema —el lazo de almas, como dice Mauss— no sea alterado. De ahí la distinción entre dos operaciones, la restauración de la reciprocidad negativa y el pasaje a la reciprocidad positiva. La primera prestación se efectúa en los términos de la reciprocidad negativa (un guerrero por un guerrero), la segunda reemplaza una estructura por otra.

Hasta aquí hemos considerado sociedades patrilineales, pero en las sociedades matrilineales, el papel de la mujer no podría ser el mismo. Sería inútil dar a una mujer si simplemente quieren reproducirse las condiciones de reciprocidad negativa, ya que sus hijos no pertenecerán al clan enemigo sino a su propio clan. Las teorías del intercambio y de la reciprocidad se presentarán entonces de la siguiente forma: si hubiera intercambio de vidas, una mujer valdría siempre por un hombre y, en ese caso, se podría pagar el asesinato de un hombre con una mujer. Pero si esta mujer tuviese que restablecer una relación de reciprocidad, no podría intervenir sino con el objeto de reemplazar una relación de venganza por una relación de alianza, y el don de la mujer significaría, exclusivamente, la reciprocidad en términos de reciprocidad positiva. Habrá entonces disociación entre las dos prestaciones. Para restablecer la reciprocidad negativa, habrá que proceder al don de un niño que será adoptado por el clan enemigo. En cambio, el don de una mujer significará la apertura de una nueva relación de alianza que se sustituiría a la relación de venganza... ¿Qué hay de ello?

Entre los Maenge de Nueva Inglaterra, Panoff observa que es el mismo objeto, el *page*, el que sirve al «pago del precio de sangre» y al «pago del precio de la novia». Los *page* son objetos de calidad que tienen un nombre y una historia, como los *mwali* o los *soulava* de los Trobriandeses. Tienen poder liberador cuando se trata de obtener un matrimonio o de indemnizar una vida humana.

La regla era ―dicen los informantes― que el sub-clan pudiera evitar el talión en caso de homicidio por la remisión de una muchacha a casarse en el grupo de la víctima. Las narraciones de intercambio hostiles muestran, en efecto, que los vengadores potenciales han renunciado muchas veces a la contra-violencia para aceptar a una mujer en vez de un page[411].

Se podría pensar entonces que una mujer equivaldría a una víctima, ya que valdría un *page,* y que el *page* podría servir de moneda entre ellos. Pero he aquí cómo Panoff disipa esta impresión:

> Se dirá, tal vez, que al ser el *page* el medio de obtener una mujer para el matrimonio, los dos arreglos vienen, a fin de cuentas, a ser lo mismo. Sin embargo, lo que hay que ver, es que es imposible, en una sociedad matrilineal, repetir ese razonamiento para explicar que la obtención de una esposa suplementaria pueda indemnizar a un sub-clan por la pérdida de uno de sus miembros. Cualquiera que sea el control ejercido por un grupo tal sobre las capacidades reproductivas de la mujer que recibe en matrimonio, los niños por nacer no pertenecerán, en efecto, al sub-clan del marido y no podrán llenar los vacíos hechos en sus efectivos.

La mujer no sirve, pues, para restablecer un potencial de reciprocidad negativa.

Probablemente es por ello que ciertas sociedades matrilineales de la Melanesia tenían la costumbre de ofrecer al clan de la víctima la elección entre el talión y la adopción irreversible de un niño o de un adolescente perteneciente al clan de los asesinos (Ivens 1927: 223). Los Maenge hubieran podido recurrir a esta forma de

---

[411] Panoff, *op. cit.*, vol. 2, p. 157.

compensación directa, la más directa que haya, pero no lo
hicieron[412].

Proponen, entonces, otra evolución: reemplazar la
reciprocidad negativa por la reciprocidad positiva. Una mujer
sustituye al *page* de la reciprocidad negativa. El ofensor
sustituye una alianza a un *page*, símbolo de reciprocidad
negativa. No es, pues, una vida humana la que el *page*
simboliza, ya sea un hombre o una mujer, sino la mitad de una
estructura de reciprocidad, positiva o negativa —juzgadas
equivalentes en cuanto a su capacidad de engendrar el ser
social para una comunidad dada—, mientras la otra mitad es
necesariamente ora un asesino, ora una esposa.

La alienación en la reciprocidad negativa

¿Pero no puede el imaginario imponerse sobre lo
simbólico? ¿No se aliena el valor de reciprocidad en el
fetichismo de sus representaciones?
    Un estudio de George Charachidzé, que compara las
sociedades europeas que testimonian de los cuatro diferentes
tipos de vendetta, permite aportar una respuesta a la pregunta.
Entre los Abkhaze, que ocupan la parte montañosa de la
región cercana al Mar Negro de un lado al otro de la cadena
del Cáucaso, la venganza se ha convertido en un fenómeno
desmesurado:

> El derecho abkhaze multiplica a gusto las ocasiones que
> desencadenan una serie de asesinatos y contra
> asesinatos[413].

---

[412] *Ibíd.*, p. 157-158.

Entre los Cherkes, que están establecidos entre el mar de Azov y la cadena del Cáucaso, la estructura social es idéntica a la de los Abkhaze (estructura clánica más jerarquía nobiliaria y vasálica), pero:

> A la inversa de lo que pasa en Abjasia, aquí es la composición la que regula la mayor parte de los conflictos y suplanta casi enteramente el ejercicio de la violencia, sobre todo cuando los miembros de la aristocracia se encuentran implicados en ella. En sus menores detalles, el sistema estaba concebido y funcionaba en beneficio del príncipe[414].

Es decir, que el monto de la composición era tan elevado que engendraba una deuda perpetua de las víctimas.

> Finalmente, pero por razones inversas, los Abkhaze y los Cherkes llegaban al mismo resultado: la vendetta se hacía propiamente interminable, sea por exceso de violencia o por el abuso de la composición. (...) Esos dos tipos de vendetta, si aún se le puede dar ese nombre, se oponen cada uno a su manera al sistema vindicatorio tal como lo practican los Georgianos de la montaña[415].

Entre los montañeses Georgianos orientales (Pshav y Xevsur en torno al monte Kazbeg) y occidentales (Svanes al sur del macizo de l'Elbrouz) se penetra en otro mundo. En esos altos valles, casi inaccesibles, queda intocada, a

---

[413] Charachidzé, *op. cit.,* vol. 2, p. 85. «Subrayemos bien que cada uno de esos prejuicios (lista no exhaustiva) no da lugar, como en otras partes es el caso, a una compensación en relación con su carácter e importancia, sino a un asesinato, que él mismo engancha el proceso de la venganza sangrienta. El proceso no se apaga con el tiempo, el derecho consuetudinario no prevee ningún retraso que acarree la extinción de la obligación. Es lo que expresa un dicho abkhaze: "la sangre no envejece"».

[414] *Ibíd.,* p. 89 y p. 90.

[415] *Ibíd.,* p. 92.

mediados del siglo XX, una suerte de conservatorio natural de tipos de vida tradicionales con los modos de pensamiento que los acompañan[416].

Mientras que para los Abkhaze:

> (…) el asesinato deliberado está previsto por la ley como contra parte de un perjuicio cualquiera. Entre los Georgianos, al contrario, sólo el contra asesinato que desencadena la vendetta, es considerado lícito: no se tiene el derecho de matar a menos que el asociado ya lo haya hecho[417].

Por otra parte, el clan del asesino está obligado a cierto número de gestiones rituales de orden religioso, efectuadas desde el primer homicidio y prolongadas durante varios años y que dan cuenta de la composición: ninguna mediación es posible en tanto que no haya pasado un año entero después del asesinato, pero enseguida comienza el ritual de la conciliación con dos tipos de ritos, los unos sacrificiales y los otros que inauguran relaciones de reciprocidad positiva.

La igualdad entre los clanes, lo previo de la muerte sufrida para justificar la venganza, el restablecimiento del equilibrio de la reciprocidad negativa, antes de su relevo por la reciprocidad positiva, son otros tantos rasgos de una reciprocidad equilibrada originaria y que da a luz a dos evoluciones. Charachidzé prosigue, en efecto:

> Ese sistema de regulación extremadamente poderoso dio lugar a dos tipos de evoluciones que desembocan respectivamente en situaciones inversas la una de la otra.

---

[416] *Ibíd.* «Dos unidades de cuenta estaban en uso: la "cabeza" (*shxa*), ella misma dividida en 60 a 80 "bueyes". El baremo se establecía así, a fines del s. XVIII: muerte de un príncipe = 100 "cabezas", es decir, de 6.000 a 8.000 "bueyes" (…)». (*Ibíd.*, p. 90).

[417] *Ibíd.*, p. 94.

Una de ellas fue estudiada en nuestro trabajo sobre la feudalidad georgiana. (...). Del siglo XI al XIII, los reyes y los príncipes instituyeron leyes que tenían en cuenta el derecho arcaico de costumbres pero sometiéndolo a una distorsión interesante: evacuaron toda compensación violenta del sistema de la vendetta, reteniendo sólo el principio de la composición. (...)

El segundo tipo de evolución se efectúo a la inversa del precedente: del sistema de la vendetta sólo subsistió el carácter violento y la obligación moral de matar en respuesta al menor perjuicio. El concepto de composición a desaparecido totalmente. Ese tipo de vendetta no ha sido estudiado todavía, es propio de los Georgianos musulmanes[418].

Las dos evoluciones antitéticas de los Georgianos, ora la violencia que elimina la otra, ora la composición que la sojuzga definitivamente, llegan a los dos primeros tipos, los de los Abkhaze y los Cherkes. Estamos, pues, retrotraídos sólo a tres tipos de venganza. Las dos dialécticas están articuladas sobre un tronco común en el que ni la acumulación del honor ni la de la riqueza son la apuesta principal de las prestaciones humanas, sino el valor espiritual, como lo indican estas observaciones de Charachidzé:

El poder político y militar está en las manos de los sacerdotes sacrificadores elegidos por elección divina. (...) El respeto del derecho consuetudinario se funda en la fuerza de obligatoriedad de la religión y la fe, que tratan, por decirlo así, del interior[419].

Esta acción del interior es la clave del sistema. Es del interior de la estructura sacrificial (la reciprocidad unificada

---

[418] *Ibíd.*, p. 97-98.
[419] *Ibíd.*, p. 93.

por el principio de unión) que brota la fe, lazo social unificado. La fe indica el cegamiento de toda conciencia o representación singular en provecho de un lazo de almas único. Al sacerdote le es devuelto el papel de un tercero intermediario y le está reservada la función de dar al Tercero, mediante el sacrificio ritual, ese carácter de unidad.

Si hay una reversión en la primacía entre lo imaginario y lo simbólico, como lo testimoniarían ciertas comunidades del Cáucaso, entonces se constituye un capital-vida imaginario, que los clanes tratan de aumentar indefinidamente. La dialéctica, que ciertamente tiene efectos innovadores cuando está al servicio de la reciprocidad, también puede conducir a la alienación del ciclo en su polaridad: al donar se adquiere prestigio en el imaginario y cuanto más se dona, más grande se es; al sufrir asesinatos se adquiere alma de venganza en lo imaginario y cuantos más asesinatos se sufre, tanto más el poder de venganza es grande. ¿No se deben considerar tales evoluciones, sin embargo, como alienaciones o desvíos de la estructura fundamental?

Los Georgianos de la montaña conservaron la estructura fundamental asegurando una constante conmutatividad entre los dos sistemas, la relativización del uno por el otro, incluso la neutralización del uno por el otro. Los Abkhaze y Cherkes despliegan dialécticas sin fin ni medida. ¿Pero es una de esas estructuras más arcaica que las otras dos? Ismael Kadaré tradujo relato, en una magnífica novela *Avril Brisé*, la desesperación de un hombre vencido por la fatalidad de deber su propio ser a dos tiros de fusil después de que vio brillar el amor puro como un relámpago por una entreabierta puerta que se cerraba.

¿Intercambio o Génesis del valor?

Las diversas contribuciones que reúne Raymond Verdier abundan en las tesis clásicas del intercambio simbólico.

Si bien Verdier trató, como Mauss, de recusar el intercambio económico como paradigma de la venganza, se queda sin embargo con la venganza en las redes del intercambio (el intercambio simbólico) ya que imagina a propietarios de valores cuyo problema de génesis no se plantea.

Como Mauss y Lévi-Strauss, Verdier capitaliza lo simbólico en lo imaginario de los protagonistas de la reciprocidad y antes que revelar la estructura generadora de ese capital, supone que todo comienza con un intercambio. Incluso somete este intercambio al interés egoísta del grupo. Propone ver en la obligación de venganza en relación al exterior, y en la interdicción de la venganza en relación con sus próximos, no solamente una manifestación de solidaridad entre los miembros del grupo sino una causa de ésta. Se une así a Florestan Fernandes que interpretaba la venganza como una fuerza de *solidarización*. Jesper Svenbro va incluso más lejos. La ventaja de esta solidarización sería tal que se estaría interesado en provocar la venganza. Matar al otro para que él mate en su territorio, tendría como resultado el reforzar la unidad del grupo. El intercambio de asesinatos sería un intercambio de solidarizaciones[420].

Pero la cuestión fundamental es la génesis de esos valores simbólicos. ¿Heredan los hombres un capital innato, como proponen Breteau y Zagnoli?:

---

[420] Cf. Svenbro, *op. cit.*, p. 47-63.

La venganza capitaliza el honor; ya sin afrenta a reparar, no se puede administrar la prueba de su verdadero valor, autentificar el honor que todo hombre dispone "por naturaleza" (capital fijo). Tener la ocasión de probar su honor permite pasar de lo latente a lo manifiesto, de la esencia a la existencia...[421].

¿O es que más bien engendran ese capital mediante la reciprocidad?

No obstante la reducción de la reciprocidad a un intercambio simbólico, Verdier considera el lugar de la adversidad como la sede de un reconocimiento social:

> (...) el grupo adverso es aquel en relación al cual uno se sitúa en un enfrentamiento recíproco: se podría buscar evitar el frente a frente, pero si uno injuria al otro, este último no puede renunciar a devolverle la injuria sin aceptar someterse y perder entonces la cara[422].

Ahí ya estaba, para Mauss, de lo que se trataba en el don y el contra-don. Aquel que rechaza el don –decía Mauss– pierde la cara, y es para reconquistar la cara perdida que se da un *potlatch*.

Hemos sostenido que en el sistema de los dones, la identidad no es anterior al don: el prestigio nace del don, es proporcional al don. El nombre es el rostro del don. Y bien, un sentido semejante del don no puede nacer, ser reconocido por el donador mismo sin que haya un donatario que pueda, a su vez, ser un donador. Donar no es perder. La relación del donador y el donatario no es sinónima de adquirir un rostro de humanidad para el donador, a menos que para el donatario ella sea sinónimo de perder esa cara. La relación adquirir un nombre-perder un nombre es simultánea del don para aquel

---

[421] Breteau y Zagnoli, *op. cit.*, vol. 1, p. 49.
[422] Verdier, *op. cit.*, vol. 1, p. 25.

que da y para aquel que recibe, ya que, para cada uno de los participantes, donar recibe su sentido de recibir y recibir de donar[423].

Una posibilidad tal no se ofrece por la estructura de intercambio sino por la estructura de reciprocidad que se convierte así en una condición del don mismo, como matriz de sentido. Puede defenderse la misma tesis mediante la reciprocidad negativa.

> Tanto como el cumplimiento de un deber, la venganza es el poder de preservar y restaurar su identidad y su integridad frente a un grupo adverso –dice Verdier[424].

Pero, así como no poder donar o volver a donar es perder la cara o reconocer la superioridad del otro,

> (...) no poder ejercer la venganza es reconocer la superioridad del adversario, perder su prestigio, si no su estatus, y lo mismo ocurre, paralelamente, para aquel que no acepta sufrirla.

Este paralelo entre obligaciones de dar, recibir y de devolver, por una parte, y, por otra, aceptar la muerte, devolverla y aceptarla de nuevo, muestra que el reconocimiento social no es reconocimiento de eso que cada uno es para sí mismo, sino del ser hombre frente al otro, cualquiera sea su calidad de donador o de asesino. El rostro al que cada uno trata de corresponder no es el que lleva y que ya

---

[423] La palabra es requerida para autorizar la venganza cuando ella es significativa de valor: el asesino debe ser nombrado o nombrarse. Los nombres van a constituir, entonces, entre ellos nuevos sistemas de reciprocidad. De ahí el carácter a menudo colectivo de los enfrentamientos de reciprocidad. Se pertenece a un sistema clasificatorio, a un parentesco, etc. Pero el Tercero no deja de emanciparse de lo imaginario para alcanzar la transparencia.

[424] Verdier, *op. cit.*, vol. 1, p. 30.

conoce, sino el que reconoce como el que debe ser el suyo y que aún no tiene: un rostro humano. El reconocimiento mutuo es el de un ser inter-grupal que ejerce una fascinación mayor sobre los hombres que el ser propio del grupo, hasta el punto de formar en el hombre el amor a la guerra, si la guerra es el medio utilizado para actualizar la reciprocidad.

Los sistemas de don y de la venganza son similares ya que son sistemas de reciprocidad. El prestigio del don y el honor del guerrero tienen una esencia común ya que son producidos por estructuras de reciprocidad. La reciprocidad es la matriz del Tercero –que Mauss llama *lazo*– ya sea ésta, reciprocidad de venganza o reciprocidad de alianza o reciprocidad de dones.

*

III

LOS FUNDAMENTOS DE LA
ECONOMÍA DE RECIPROCIDAD

1

LA DIALÉCTICA DEL DON

ENSAYO SOBRE LA ECONOMÍA DE LAS COMUNIDADES INDÍGENAS

1ª publicación: *La dialectique du don. Essai sur l'économie des communautés indigènes*, Paris, Diffusion Inti, 1983.
Publicación en castellano: La Paz, Hisbol, 1986, 2ª ed. 1995.

*

La antropología considera los sistemas de redistribución y reciprocidad como las expresiones económicas de sociedades primitivas, y se separa difícilmente del postulado que el don es una forma arcaica del intercambio. No se imagina otra economía posible que la del intercambio.

Discutamos este postulado.

La dialéctica del don es polarizada por la adquisición del prestigio social. En las sociedades de don, «cuanto más damos, más grandes somos». Este principio justifica la competición en la producción y promueve un tipo de economía diferente a la economía de intercambio, por añadidura ¡una economía de abundancia!

Pero el imaginario del don puede no estar sometido al principio de reciprocidad y, por tanto, conducir también al despotismo.

LA DIALÉCTICA DEL DON

1. El Don, vida y muerte

En su *Ensayo sobre el don*, Mauss observa lo siguiente:

> En un proverbio [maorí], afortunadamente recogido
> por sir G. Grey y C. O. Davis, se les pide [a los dones] que
> destruyan al individuo que los ha aceptado[425].

De lo cual deduce:

> Es que contienen en sí mismos esta fuerza [el *mana*],
> para el caso en que el derecho, y sobre todo la obligación
> de devolver, no se cumpla[426].

Se supone entonces que el don destruirá a quien lo
acepta, no porque esta aceptación fuese una forma de muerte,
sino porque el don estaría dotado de una fuerza mágica que
representaría la ideología del donador. Por otro lado, esta
fuerza castigaría esencialmente la abolición de la necesidad de
devolver. Esta obligación «jurídica» de devolver se refiere al
intercambio. Pero he aquí que ahora la ideología de referencia
ya no es la ideología del *mana* sino la del intercambio. De la
representación atribuida a los «indígenas», Mauss pasa a la de
los occidentales, y en este contrabando hermenéutico modifica
el proverbio: no se les pide a los dones que destruyan a los
consumidores, sino a quienes no restituyen los dones. De esta

---

[425] Marcel Mauss, « Essai sur le don », en *Sociologie et anthropologie*, Paris,
PUF (1950), 1991, p. 157.
[426] *Ibíd.*, p. 157-158.

manera el precepto se invierte; puesto que «aceptado» y «restituido» no son sinónimos; serían más bien contradictorios.

Sin embargo, el proverbio puede ser tomado al pie de la letra: el don sería la *muerte* para el que lo acepte, porque será la *vida* para quien lo otorgue.

Según esta interpretación, se *moriría* al no distribuir, y no al dejar de devolver. Si se dice que quien recibe el don *muere*, es porque éste se halla en la situación dialéctica de la muerte con relación a la vida, de recibir y no de dar. La muerte del receptor es la antítesis dialéctica de la vida del donador.

Podemos, pues, imaginarnos que, a través de la producción de la riqueza, la conciencia de la acción refleja la conciencia de un hecho natural y que esta reflexión le permita al hombre reconocerse y nombrarse a partir del don: le permita llamarse viviente. Esta apropiación, que es también una separación de la naturaleza original, le conferiría al hombre no sólo su dignidad, su nombre, su «rostro» ‒como dicen los «indígenas», sino asimismo un poder, el poder de la vida que entonces se convertiría en el del nombre, que nosotros llamamos prestigio o crédito.

Así tendríamos que la reproducción del don podría ser el signo del reconocimiento del prójimo como otro viviente. La reflexión se daría entonces entre donantes y ya no entre el hombre y la naturaleza.

Esta reflexión, qué duda cabe, permitiría fundar la sociedad como un sistema económico-político. La reproducción del don connota socialidad y asimismo traduce su comprensión social y define el contorno genérico de la humanidad. *El espíritu del Nombre* deviene el *espíritu del Nosotros*.

Ahora bien, si el don es consumido sin ser reproducido, el ciclo de la abundancia se interrumpe y sobreviene la muerte. Por el contrario, si el don se convierte en otra fuerza de producción y luego de redistribución, entonces recobra su forma primigenia; es la vida humanizada, la vida social.

2. La reproducción del don

En el famoso texto maorí, cuya discusión concentra las teorías acerca del don, cuando Tamati Ranaipiri trata de explicar lo que entiende por el espíritu del don, el *hau*, tiene el cuidado de anunciar un sistema abierto de redistribución-reciprocidad, en el que el movimiento de las riquezas no puede ser interpretado como un intercambio entre dos socios; es más, para alejar cualquier idea de igualdad entre los dones, precisa que no hay acuerdo alguno entre los socios en cuanto al valor del don. El don pasa a un tercero y retorna sólo después de un lapso durante el cual ha sido transformado, lo que implica su consumo y su reproducción.

¿Cuál es la fuerza que hace circular los dones? Mauss resuelve el problema postulando la respuesta desde el comienzo de su ensayo, lo cual lo obliga a adecuar la pregunta a esta respuesta; así pide:

> ¿Cuál es la regla de derecho y de interés que hace, en las sociedades de tipo atrasado o arcaico, que el presente recibido sea obligatoriamente devuelto?[427].

Por cierto, no es la idea de restitución, puesto que ésta implicaría una contrapartida inmediata que es, justamente, la idea desechada por la tesis indígena. También es evidente que para explicar el retorno del don, basta que el movimiento de las riquezas sea circular. No basta, pues, la tesis de la restitución; y de lo que se trata es de descubrir la fuerza que pone en movimiento al don.

Mauss sostiene que es la ideología del donador la que, al situar en el don una parte de su poder, exige su retorno.

---

[427] *Ibíd.*, p. 148.

Ranaipiri responde que es más bien el temor de morir; el temor de que el consumo del don no se convierta en producción y que no reproduzca la distribución que asegure a su autor su estatuto social, su ser: su nombre de viviente.

De lo que se colige, entonces, que *es la reactualización del ciclo económico lo que hace circular más bien las riquezas*; es decir, *la fuerza del don sería el principio de la economía política de los sistemas de redistribución y de reciprocidad*.

La interpretación indígena del *hau* está ciertamente más cerca de la verdad que la versión de Mauss que introduce, interpretando el concepto de *mana*, categorías contradictorias y ajenas a las del contexto indígena: por ejemplo, «restitución» en lugar de «producción».

Si nos atenemos por el momento a la interpretación indígena, el cese de la redistribución significaría el cese del ciclo económico, que por la inserción del prójimo en la relación del don es la que funda la sociedad. Esto implicaría el fin de la generación social, el fracaso del hombre comunitario.

«Si yo guardase para mí ese objeto, me volvería *mate*».

¿Qué quiere decir *mate*? Para Mauss significa: *Podría sobrevenirme una enfermedad seria e incluso la muerte*; y para Sahlins: *Me pondría enfermo y aun moribundo*[428]. Las dos traducciones retienen bien el efecto dialéctico del don: *la muerte*.

Puesto que el hombre social está vivo, él es la naturaleza transformada, dominada; es la fuente de la riqueza, de la distribución, de la vida, del don. La conciencia de la vida y de la muerte se trueca en conciencia social, de tal forma que se convierte además en un medio de comunicación entre los hombres. El don es una de esas palabras que abarca, contiene e implica al otro en su comprensión. Nada raro entonces que

---

[428] Sahlins, *Âge de Pierre, âge d'abondance, op. cit.*, p. 202.

la primera interpretación política, por la cual el hombre se separó de la naturaleza, fuese quizás una llamada silenciosa.

Así, el don puede propagarse hasta los límites del campo social, donde se refleja como una onda. En adelante, los movimientos de retorno o de circulación contraria no podrán ser interpretados como intercambios; es la fuerza misma del don la que explica la ida y la vuelta. La multiplicación de los centros de redistribución no cambia en nada su principio; multiplica más bien su efecto extendiéndolo sobre una totalidad social aún más vasta. Teóricamente, la estructura más simple que expresa esta aventura del don en relación al otro es *triádica*.

El tercero es el que permite escapar de la bipolaridad del intercambio, de significar la generación social del don, de figurar el primer ciclo de economía política de una sociedad de redistribución.

Mauss, en cambio, declara que el recurso a un tercero, en la descripción de Ranaipiri, es: «la única *oscuridad* del texto indígena»; esto sería así, si se quisiera interpretar el don de retorno como restitución. Deja de serlo, en cambio, si se considera que el don debe ser más bien reproducido y no restituido, pues el recurso al tercero permite precisamente hacer la diferencia entre reproducción del don y restitución.

Mauss pensó que la referencia al tercero era una manera de apoyar la metafísica indígena; una forma de dar rostro a la ideología a la que habría recurrido el indígena para representarse el intercambio. Pero es Mauss, en realidad, quien propone este recurso metafísico y esta solución espectacular, y no el pensador indígena que tiene el cuidado de precisar: «qué es el *hau* (el espíritu del don), que no es el espíritu del bosque» (es decir, el espíritu del don de la naturaleza).

Esta observación nos introduce a la problemática del hombre social, fuente de vida por su trabajo y competidor de la naturaleza. Aquí se trata obviamente del espíritu del don como principio de la economía política de una sociedad, de la comprensión social del don y de la inteligencia de éste como fundamento del ciclo económico. De modo que no hace falta recurrir a la *oscuridad* de Mauss para explicar la «claridad» de Ranaipiri.

Incluso se podría sostener que si el «otro» no aceptase el don, el donador debería desesperarse, puesto que se vería privado del derecho a dar; privado del derecho a la vida. El rechazo del don se convertiría en una declaración de guerra que «instituiría» la venganza, pero esto, tal vez, es anticipar juicios sobre la moral y el derecho de las sociedades de redistribución, y sobre el principio de la reciprocidad negativa.

Una de las formas, pues, de trascender la muerte sería entonces la reproducción del don o, si se prefiere, un consumo del don que se convirtiese en producción y luego en su reproducción. Así se constituyen las cadenas horizontales de reciprocidad, características de las sociedades en estado «disperso», que describen las redes y los encadenamientos circulares de las sociedades igualitarias.

Sin embargo, puede que exista otra forma de trascendencia de la «muerte económica»: la adhesión al centro de redistribución que induce la participación en la producción; la solidaridad productiva es el origen de las sociedades de redistribución «centralizadas». Hay una suerte de resurrección de la vida bajo forma colectiva.

De modo que es posible volver a encontrar, en el seno de la comunidad, la fuente de la vida y del poder. La reciprocidad productiva libera al hombre de lo que de otro modo no sería sino el caos. Es el origen de las sociedades de reciprocidad centralizada y de los sistemas de redistribución a donde hay una especie de resurrección de la vida bajo forma colectiva.

De modo que no es menester recurrir a la tesis del intercambio para explicar los sistemas de reciprocidad o redistribución, ni en sus formas horizontales en el caso de las sociedades dispersas, ni en sus formas verticales en el caso de las sociedades centralizadas. El ciclo económico es el único que da cuenta de cada una de estas categorías y el principio del ciclo es el don. La vida y la muerte entonces se dan en este sistema como dos fases de su propia dialéctica.

3. La «crecida» del don

Hasta ahora hemos visto que la reproducción del don es suficiente para engendrar sociedades de reciprocidad, siempre y cuando el don se dirija sistemáticamente a un tercero, cuya presencia hace evidente que la reproducción del don no se reduce a una mera restitución, sino que el don vuelve necesariamente a su origen y toma la forma del contra-don.

Por lo tanto, teóricamente, el don de retorno no puede reducirse a la simple restitución sin perder su ser, y el contra-don, por ser don, sólo puede ser superior al don de origen. El don dejaría de ser un flujo económico si de retorno fuese equivalente a sí mismo. Para ser don, en su movimiento de retorno, como lo era en su movimiento de ida, debe ser por lo menos superior a lo que era. Toda la esencia del don, contenida en el contra-don, se vuelve a encontrar en esta sobrepuja.

Si la comprensión del don funda la relación social y el ciclo económico, eso quiere decir que todo contra-don será don con relación al don primigenio; habrá no sólo reproducción de lo que se ha recibido, sino producción de un nuevo don. Esta sobrepuja es, para hablar con propiedad, el don reproducido y en ella resume la reproducción del don.

Esto ocurre cuando se considera un conjunto de relaciones de reciprocidad entre donadores. El don volverá a pasar necesariamente por sus orígenes, pero aumentado por la sucesión de los dones que se sumarán a la reproducción de los bienes recibidos. La comparación del valor del don en su fuente y cuando vuelve a pasar por el mismo lecho, pone de manifiesto este crecimiento. Esta «crecida», por así decir, es lo peculiar del movimiento del don. Es en este sentido que sostenemos que el don se convierte en el motor del crecimiento y de la producción.

En su comentario sobre Mauss, Sahlins supo descubrir en la noción del *hau* indígena la idea de productividad o, al menos, de beneficio, que él llama precisamente «crecida»; una expresión acertada, puesto que hace pensar en el desbordamiento: la crecida de un río. El *hau* sería el beneficio que pertenece a la productividad del don. He ahí una tentativa interesante; pero, desgraciadamente, esta crecida es conceptualizada en términos productivistas, con categorías tomadas de la economía política occidental, cuando lo adecuado hubiera sido conceptualizarlas dentro de las categorías de la economía de redistribución.

Sahlins deduce que la devolución del beneficio al capital se adecua a la justicia, al derecho de propiedad, dentro de la economía primitiva, que no conoce todavía el principio de la explotación del trabajo ajeno: por tanto, según esta deducción, sería la regla moral la que se impondría naturalmente a todos ¡para ligar el beneficio al capital! Sahlins no se desprende de las ideas de Mauss, quien comparaba ya el don con un préstamo usurero: el donador intentaba recuperar su capital con un interés: «Ahora bien, el don —decía Mauss— conlleva necesariamente la noción de crédito».

No hay, pues, necesidad alguna de apelar a la moral para explicar el retorno del don, ni al crédito para explicar el crecimiento del don. El aumento del don pasa por el mismo lecho del don porque el ciclo de la riqueza atraviesa necesariamente por una fase de reproducción. El indígena no dice otra cosa cuando afirma que el espíritu del don, el *hau*, que es el aumento del don en el don de retorno, es la diferencia engendrada por la vida misma —como el mismo Sahlins lo ha referido en sus citas:

En tanto que cualidades espirituales, el *hau* y el *mauri* (símbolo visible del *hau*) están asociados de una manera muy particular con la fecundidad. Best se refiere a ellos frecuentemente como "principios vitales". De varias de sus observaciones se desprende que la fertilidad y la productividad eran los atributos esenciales de esta "vitalidad". Así, por ejemplo:

– "El *hau* de la tierra es su vitalidad, su fertilidad y otra, y también es una cualidad que, a mí parecer, no se puede traducir más que con la palabra *prestigio*". (Best, 1900-1901, p. 193) (…)

– "El *hau* y el *mauri* no son propios del hombre exclusivamente, sino también de los animales, de la tierra, del bosque e incluso de las casas de la aldea. También es conveniente vigilar cuidadosamente el *hau* para proteger la vitalidad o la productividad de un bosque, por medio de ritos apropiados… puesto que sin *hau* no hay fecundidad". (Best, 1909, p. 436)[429].

4. El *potlatch*

Sin embargo, Mauss se había dado cuenta que los hechos que él observaba con las categorías de la economía política de su tiempo, estaban plagados de contradicciones. Posiblemente en las descripciones de *potlatch* es donde la contradicción entre intercambio y don se hace más perceptible:

En cierto número de casos, ni siquiera se trata de dar y de recibir, sino de destruir, con el fin de no dar siquiera la impresión de desear que a uno se le devuelva. Se queman cajas enteras de aceite de olachen (pex candela) o de aceite de ballena; se queman las casas y miles de mantas; se quiebran los cobres más caros; se los echa al agua para aplastar, "aplanar", a su rival. De este modo no sólo

---

[429] Sahlins, *op. cit.*, p. 219-220.

progresa uno mismo, sino que se hace progresar a la familia en la escala social. He ahí un sistema de derecho y de economía donde se gastan y se transforman constantemente riquezas considerables. Si se quiere, se puede llamar a estas transferencias con el nombre de intercambio o, aun, comercio o venta, pero este comercio es noble, lleno de etiqueta y de generosidad, en todo caso, cuando se realiza con otro espíritu, en búsqueda de una ganancia inmediata, es objeto de un desprecio muy acentuado[430].

Se afirma que la autoridad no depende de la acumulación sino, más bien al contrario, de la prodigalidad. Mauss opone el nombre del intercambio a algo que no precisa y deja desaparecer bajo la sombra de la nobleza.

La concurrencia y el comercio entre rivales se ordenan persiguiendo fines contrarios a los del sistema económico que nosotros conocemos; no se trata de concurrencia en la productividad en pos de formar la acumulación sino, a la inversa, de concurrencia en la «consumición» de las riquezas. Si hay sobreproducción con relación al consumo doméstico, no queda ninguna sobreproducción con relación a la consumición; sobreconsumo tan imperativo que cuando todos los deseos pueden parecer saturados, no por ello deja de seguir actuando como por necesidad; por el placer, podríamos creer, de revelarnos la lógica abstracta del don. La estructura del ciclo económico se desnuda: impone la idea de un sobreconsumo motor de la producción, aun cuando ya no hay consumo.

Si hubiera observado el orden lógico de estas categorías, inverso al de la economía occidental, Mauss habría descubierto el antagonismo de los dos sistemas, pero se contentó con señalar que las diversas operaciones económicas

---

[430] Mauss, *op. cit.*, p. 201-202.

se realizaban dentro de «otro espíritu», y puso sobre la escena el velo de la moral, el telón del honor. Cuando Mauss dice: la obligación de devolver es todo el *potlatch*, en la medida en que éste no consiste en pura destrucción; habría que seguir esta perspectiva y considerar que la esencia del *potlatch*, es pura destrucción, puesto que, en tanto que devolución, trata de anular la fuerza del don del prójimo; no es una restitución para satisfacer una igualdad en la acumulación de riquezas, es la anulación de las riquezas del prójimo. El hecho de que el don pueda ser destruido prueba, si fuese necesario, que lo que cuenta no es la acumulación de riquezas, sino su consumo o su distribución.

> *La obligación de dar es la esencia del potlatch.* (...) en el noroeste americano, perder el prestigio es perder el alma; y es de verdad la "cara", la máscara de danza, el derecho de encarnar un espíritu, de llevar un blasón, un tótem, es de verdad la *persona*, lo que se pone así en juego, lo que se pierde con el potlatch, en el juego de los dones, del mismo modo que se pueden perder en la guerra o por cometer una falta en el rito[431].

Es lo que Ranaipiri llamaba la muerte: la pérdida del nombre de hombre frente al prójimo, en la medida que el nombre se identifica con el don, con el poder de la vida y la soberanía de la conciencia, con el origen de la economía política como apropiación de la vida por el hombre; en una palabra: el prestigio.

> *No es menor la obligación de recibir.* No se tiene derecho a rechazar un don, a rechazar el *potlatch*, pues actuar de ese modo pone de manifiesto que se tiene miedo de tener que devolver y de quedar "rebajado" hasta que no se haya devuelto. En realidad, es quedar ya "rebajado", es "perder

---

[431] *Ibíd.*, p. 205-207 (subrayado por Mauss).

el peso" de su nombre, es declararse vencido de antemano o en algunos casos proclamarse vencedor e invencible. (...) Pero entonces el *potlatch* es obligatorio para aquel que ha rechazado el don[432].

La obligación de restituir es todo el *potlatch* –concluye Mauss– al menos en la medida en que éste no consiste en destrucción pura. Pero normalmente, el *potlatch* siempre debe ser restituido en forma usuraria. (...) La sanción de la obligación de devolver es la esclavitud por deuda (...). El individuo que no ha podido devolver el préstamo o el *potlatch*, pierde su rango, incluso su cualidad de hombre libre[433].

Según Mauss, el contra-don no sería tanto «otro don», sino «lo que se debe», y el movimiento contrario de los dones no sería tanto el resultado de una generalización del don, la confrontación de poderes de redistribución diferentes, sino el reembolso de un préstamo; préstamo y restitución son referencias tanto más extrañas, por cuanto todas las partes están saturadas de valores distribuidos y no sienten ninguna necesidad. Entonces haría falta que el principio de restitución naciese del principio de autonomía para que el intercambio procediese del don; pero la coacción atañe esencialmente al contra-don, y el contra-don no es el equivalente del don. El contra-don es superior al don y esta diferencia lo hace un don diferente; la coacción pesa sobre la producción de esta diferencia: así volvemos a la situación de origen, la obligación, la coacción del don y no una restitución.

Parece que la expresión «obligación de devolver» limita al pensamiento de Mauss al concepto de intercambio, puesto que la sobrepuja del contra-don, esta diferencia capital, causa de una asimetría irreducible, es marginada bajo la categoría

---

432 *Ibíd.*, p. 210.
433 *Ibíd.*, p. 212.

del honor. Por cierto, el honor, el prestigio, están bien reconocidos en el poder de redistribución. En el epígrafe de sus libro, Mauss cita el *Havamál*, uno de los viejos poemas de la Edda escandinava:

> Nunca he encontrado un hombre tan generoso (...),
> que *recibir no fuese recibido*. (que el hecho de recibir no fuese
> el mismo bien recibido).

Mauss constata que la nobleza indígena es proporcional a la jerarquía de las capacidades de redistribución, pero parece admitir que esta nobleza prima en las decisiones económicas de manera metafísica, como si el ser de hombre fuese percibido fuera del campo económico y viniese a imponer su ley a las actividades económicas cuando, para el indígena, el nombre y el don, son la misma cosas.

5. El *kula*

También se podría poner en evidencia la contradicción entre el don y el intercambio a propósito del *kula*, cuando Mauss comenta los descubrimientos de Malinowski en las Islas Trobriand. El *kula*, que Mauss traduce por círculo, «se distingue cuidadosamente del simple intercambio económico de mercancías útiles» que lleva el nombre de *gimwali*.

Según los Trobriandeses, toda comunidad alejada es una eventual enemiga y por tanto, buscar su alianza es uno de los objetivos primordiales. Los indígenas tratan de provocar el don del prójimo con el objeto de prevenir toda hostilidad, por una forma de vasallaje relativa y preventiva, a través de obligaciones, que Mauss llama «solicitatorias», las cuales, una vez convenidas, obligan a donar; los Trobriandeses entonces luchan entre ellos con los presentes más seductores, para conciliarse los mejores aliados.

Una vez que el aliado solicitado se decide por el don, el *vaga*, esté pronto es sancionado por un contra-don equivalente, el *yotile*, al que Malinowski llama con un nombre evocador: el «cerrojo», el cual obliga al donador a una «sobrepuja», la de un *vaygu'a*. Este es un valor supremo de reciprocidad:

> No son cosas indiferentes como monedas, sino todo lo contrario –dice Mauss (...): cada uno tiene un nombre, una personalidad, una historia y no sólo esos brazaletes y esos collares, sino todos los bienes, ornamentos, armas, todo lo que pertenece al compañero está tan animado de sentimiento cuando no de alma personal que toma parte en el contrato[434].

Mauss las llamas con acierto «moneda de renombre»; es la moneda del don, la medida del prestigio, del poder de redistribución de una comunidad, cuyo jefe político es también el centro de la retribución.

Por lo tanto, en el *kula* no es sólo la capacidad de redistribución la que impulsa el ciclo económico social. También el sistema es movido por el don inferior que provoca un proceso de alianzas selectivas. Hay en el *kula* una forma de estímulo por «inversión» del *potlatch* primitivo y que somete al poder establecido por el *potlatch* a una relativización a través de la selección de alianzas, cuya iniciativa pertenece a los vasallos.

> Según Malinowski –añade Mauss– estos *vaygu'a* están animados por una suerte de movimiento circular: los *mwali* (brazaletes femeninos), se transmiten normalmente de Oeste a Este, y los *soulava* (brazaletes masculinos), viajan siempre de Este a Oeste. (...) Es propiedad (...) que se

---

[434] *Ibíd.*, p. 180-181.

entrega sólo con la condición de que sea usada por otro, o de transmitirla a un tercero (...)[435].

En cuanto a la supuesta restitución, en realidad, ésta se confunde con el «gasto» y «reproducción de la fiesta», pero en ningún caso en una restitución:

> Se tienen y deben guardarse desde un *kula* hasta el otro. (...). Incluso hay ocasiones, (...) en que está permitido recibir siempre, sin devolver nada. Pero esto es solamente para devolverlo todo, gastarlo todo cuando se dé la fiesta.

Conclusión

Si Mauss muestra que el don es la representación de la vida, que el contra-don la amplifica, que la comprensión del don conlleva a la obligación de reproducirlo y conduce a la reciprocidad, podemos preguntarnos ¿por qué no fundó él la economía política de las sociedades de redistribución y reciprocidad, en oposición a la economía política de las sociedades de intercambio? y ¿cómo puede concluir que las sociedades de redistribución y reciprocidad son más primitivas que las del intercambio?

Sin duda, Mauss observa que las sociedades humanas estaban hasta hace poco casi todas organizadas por la dialéctica del don, y que este principio puede ser considerado anterior; pero al decir que el don es un intercambio arcaico quiere indicar no obstante que el intercambio es el hecho que le da origen y que el don no es más que la forma de representación consciente en las sociedades primitivas, lo cual,

---

[435] *Ibíd.*, p. 179-180.

por lo demás, Lévi-Strauss le reprocha de no haber postulado más claramente:

> Mauss aparece, y con razón, dominado por una certidumbre de orden lógico, a saber, que el intercambio es el común denominador de un gran número de actividades sociales aparentemente heterogéneas entre ellas. Pero él no alcanza a ver este intercambio en los hechos. La observación empírica no le revela el intercambio, sino solamente, como lo dice él mismo: "tres obligaciones: dar, recibir, devolver"[436].

Para nosotros, por el contrario, es porque Mauss respeta los hechos, es que estos desmienten su lógica, la lógica con la que él los aprehende.

Es al escapar un poco al *a priori* del intercambio que Mauss hace posible, no sólo una teoría indígena, sino una concepción radicalmente antagónica de la del sistema occidental y que abarca hechos nuevos.

Puesto que las obligaciones del don, aun cuando se reduzcan a las tres categorías: dar, recibir, devolver, por último no se dejan encerrar dentro de la simplificación de la dualidad y de la igualdad del intercambio, se descubre la asimetría irreducible (el «tercero», la «crecida») de una realidad que no se puede ocultar.

La ideología indígena no recubre una interpretación del intercambio que sostenga su originalidad sobre metafísica alguna; es diferente a la ideología occidental puesto que la realidad que traduce es diferente a la que aprehendemos. Difiere por la existencia de un excedente, que es el don. Se debe cuantificar esta diferencia en términos reales: no se puede reducirla a la imprecisión de un origen arcaico, solución que parece más oscura que el fondo de un pozo. La imprecisión es

---

[436] Lévi-Strauss, Introduction à l'œuvre de Marcel Mauss, *op. cit.*, p. XXXVII.

en realidad un excedente del don; la esencia del don, principio de un ciclo económico opuesto a aquel del que participa el intercambio y esta imprecisión constituye, del mismo modo, toda la diferencia de una lógica que está justamente basada sobre la diferencia.

El don impone entonces su necesidad a la producción y crea un desequilibrio entre la producción y el consumo, a partir del cual el ciclo económico experimenta una dinámica de crecimiento y una polaridad dialéctica que, evidentemente, son inversas de las de nuestro sistema de producción y tal es, justamente, la fuente de numerosas confusiones; por tanto nos las habemos con un excedente de consumo que es en cierto modo el equivalente (antagónico) de la plusvalía de nuestro sistema occidental.

No obstante, en la última parte de su Ensayo, Mauss encuentra también el don de nuestras sociedades industriales bajo formas extrañas, como supervivencia del pasado, pero asimismo y sobretodo las encuentra en el sentimiento revolucionario de las masas sociales, como una fuerza capaz de re-actualizar y restaurar la paz, allí donde los excesos de la concurrencia y del librecambio engendran la guerra o la desgracia. Pero este sentimiento resulta más bien vago, una suerte de inspiración de orden meramente moral.

Mauss sitúa el don más acá o más allá del intercambio, nunca empero como su antagonista. Ahora bien, con sólo situarlo como tal hubiese podido mostrar que los espacios-tiempos de los sistemas del don y del intercambio son incompatibles y que a menos que se distribuyan los territorios del planeta, sus triunfos respectivos no puedan darse (al menos en tanto que el derecho no tome una medida) más que como una sucesión de actualizaciones contradictorias.

Con todo, es una premonición notable el haber visto, en los sentimientos revolucionarios de la época, el anuncio de una ola de «solidaridad» capaz de augurar una nueva generación que habría de suceder en aquélla, en el curso de la cual la ideología del intercambio había reinado sin oposición.

Sin embargo, el principio de esta fuerza no debe buscarse en las nubes. Constituye el único objeto de la obra de Mauss, pero le hacía falta encontrar su nombre y éste es: la dialéctica del don.

*

ENSAYO SOBRE LA ECONOMÍA
DE LAS COMUNIDADES «INDÍGENAS»

Según Marshall Sahlins, las sociedades antiguas serían improductivas o se paralizarían por el cese de la producción, cuando ésta satisfaría el consumo familiar. Sería necesario que la ideología personal de un *big man* se produjera para cambiar este equilibrio estático, y obligase a los más débiles a producir un excedente.

Se opone a esta tesis, sobre el cacicazgo primitivo, la tesis que sostiene que el don produce el renombre del donante y, en consecuencia, una ideología social capaz de promover no solamente la abundancia sino también la sobreproducción. La competencia por ser el más grande donante (los dones agonísticos) motiva la producción de excedentes destinados a medir la potencia de los donantes y establecer una jerarquía social.

Lo mismo ocurre en el sistema de reciprocidad negativa (por lo que se refiere a los asesinatos, los robos y los raptos).

1 -La *redistribución* según Sahlins

En el prefacio a la edición francesa de la obra de Sahlins, *Stone Age Economics* (1972), Pierre Clastres escribe:

> Nos enseña y nos recuerda que en las sociedades primitivas la economía no es una "máquina" de funcionamiento autónomo; es imposible separarla de la vida social, religiosa, ritual, etc. No sólo que el campo económico no determina el ser de la sociedad primitiva,

sino que más bien la sociedad determina el lugar y los límites del campo de la economía. No sólo las fuerzas productivas no alcanzan al desarrollo, pero además, la voluntad de sub-producción es inherente al Modo de Producción Doméstico. La sociedad primitiva no es el juguete pasivo del juego ciego de las fuerzas productivas; por el contrario, es la sociedad la que ejerce sin cesar un control riguroso y *deliberado* sobre su capacidad de producción. Lo social regula el juego económico y, en última instancia, lo político es lo que determina lo económico. *Las sociedades primitivas son máquinas anti-producción*[437].

2 - ¿Máquinas de anti-producción o máquinas de sobre-consumo?

Si bien esta introducción tiene el mérito de resumir claramente una tesis clásica, hay que sin embargo devolverle justicia a Sahlins, porque, afirmar que las fuerzas productivas de la sociedad de redistribución o de reciprocidad no tienden al desarrollo, o también que la voluntad de sub-producción es inherente al modo de producción doméstico, parece una extrapolación bien rápida de sus ideas.

Mientras que Clastres designa a la sociedad primitiva como una máquina de anti-producción, Sahlins la describe como un sistema en el que la redistribución organiza la producción y ve en eso un principio de desarrollo «diametralmente opuesto al del sistema capitalista».

Las fuerzas de producción no tienen el monopolio del poder, y la dinámica del desarrollo puede ser determinada

---

[437] Pierre Clastres, Prefacio, en Marshall Sahlins, *op. cit.*, p. 28-29 (subrayado por Clastres).

tanto por el consumo como por la producción: resultaría extremadamente difícil privilegiar, a través de la teoría, la fuerza propia del uno o de la otra. La crítica de la economía política constata que la producción es efectivamente determinante en los sistemas de intercambio y de competencia; pero no ocurre lo mismo en los sistemas de redistribución y reciprocidad, donde, por el contrario, el consumo es el que determina la producción. Más que máquinas anti-producción, son máquinas –si se quiere decir así– de sobre-consumo.

De este modo, el hecho que la producción pueda ser sub-producción con relación a la demanda, no implica entonces que las fuerzas productivas no estén integradas dentro de una tendencia al desarrollo y que no participen en el crecimiento económico, según leyes determinadas.

3 - Representación política y relaciones económicas en las sociedades de redistribución y reciprocidad

Por lo tanto, no es tal vez la sociedad la que ejerce un control deliberado sobre los sistemas de redistribución y reciprocidad, sobre su capacidad de producción, en virtud de alguna sabiduría misteriosa o sobre-conciencia política, sino algunas leyes inherentes al crecimiento económico determinado por la redistribución. Si bien parece evidentemente verosímil que en ninguna parte la sociedad es «un juguete pasivo de las fuerzas productivas», a la inversa, en ninguna parte la sociedad parece capaz de determinar de manera deliberada el lugar y los límites del campo económico. Más que dejar imaginar una voluntad de sub-producción arbitraria, los trabajos de Sahlins revelan una determinación de «sobre-consumo», y es, en última instancia, lo económico que determinará lo político, en la medida que la redistribución y la reciprocidad sean expresiones del consumo y de la producción comunitaria, y en razón de lo cual, categorías de la economía política.

Antes de Marx, la economía política de las sociedades occidentales se confundía en lo esencial con sus ideologías, e incluso con un fetichismo político-religioso. Se convirtió en ciencia particularmente cuando la crítica de Marx permitió separar el objeto del análisis de sus formas de representación. Para autorizar nuevas investigaciones, basta con cuidar que el campo económico de las sociedades de redistribución no sea confundido *a priori* con el de los sistemas de intercambio y de concurrencia de nuestras sociedades.

Por cierto que las categorías económicas del sistema capitalista son totalmente inadecuadas para traducir la realidad de los sistemas de redistribución y reciprocidad, que estas categorías sean marxistas o no, ¡en particular las categorías del intercambio! Más, pretender que las categorías marxistas fracasen ante el proceso de redistribución sería emitir un juicio de intención, puesto que no es su carácter marxista lo que se acusa, sino su pertenencia al sistema criticado por Marx, y esto también es reconocer que se privilegia las categorías no marxistas apropiadas para el mismo sistema, y de las cuales se espera que sean más eficaces.

Sería necesario, en el fondo, hacer la crítica de la economía política de la reciprocidad y la redistribución, de la misma manera como Marx hizo la crítica de la economía política del intercambio y la concurrencia. Se revelaría así que si estas sociedades tienen caracteres religiosos, culturales, etc., muy diferentes de los de las sociedades organizadas según el intercambio y la concurrencia, estos caracteres no son menos esclarecedores de sus relaciones económicas.

4 - La redistribución

El intercambio primitivo –y éste es uno de sus rasgos distintivos– está ligado, por regla general, más bien a la distribución de productos terminados en el seno del grupo y no, como el intercambio mercantil, a la adquisición de medios de producción[438].

Este rasgo característico permite a Sahlins interpretar el centro de un sistema de redistribución como el lugar privilegiado donde convergen diferentes relaciones de reciprocidad, y en el que cada protagonista puede entonces depositar algunas de sus riquezas para obtener otras. Es así cómo la redistribución aparece como la realización de numerosas relaciones de reciprocidad.

Para Sahlins, el hecho de que la redistribución concierna esencialmente a los productos terminados, indica que la redistribución cumple una función primordial, que Malinowski había ya reconocido y que Sahlins menciona al citar a este autor:

> Creo que encontraríamos que las relaciones entre lo económico y lo político son constantes por el mundo: en todas partes, el jefe detenta el rol de banquero tribal: reúne los alimentos, los almacena, asegura su vigilancia y luego dispone de ellos para el provecho de la comunidad. (Malinowski, 1937, p. 232-233)[439].

En cuanto a «las prácticas de ayuda mutua en la producción», éstas no dependerían –según esta interpretación– más que del contexto de la redistribución. La producción se

---

[438] Sahlins, *op. cit.*, p. 239.
[439] *Ibíd.*, p. 242.

organizaría en interés de todos porque la redistribución instaura la unidad colectiva.

El hecho que la producción colectiva esté organizada por la redistribución, se explicará por una relación inmediata entre la redistribución y la producción; esta afiliación de la producción a la redistribución sólo sería una consecuencia de la «centricidad», para emplear una expresión de Polanyi[440], instaurada en las relaciones de reciprocidad por la función de aglutinamiento que cumple la redistribución. Esto se debería a que la redistribución sería una forma de organización de las conductas de reciprocidad.

De este modo, se nos remite a la reciprocidad en la cual, según Sahlins, sólo intervienen relaciones de intercambios simétricos para los productos terminados, los valores de uso y los bienes de consumo.

Antes de analizar el concepto de reciprocidad propuesto por Polanyi, quisiéramos precisar el rol tan importante de la función de redistribución, que Malinowski designa con la expresión de «banquero». En efecto, el rol de banquero de un jefe indígena no excluye el de accionista (para quedarnos con la terminología de Malinowski). La observación de las sociedades indígenas muestra que el hombre, cuya producción es la más eficaz, y que por lo tanto dispone de mayores posibilidades de redistribución, recibe la consideración de los beneficiarios. Dicho de otra manera, para ser banquero hace falta primero ser jefe, y para ser jefe, se debe redistribuir más que los demás.

Esta precisión nos deja entrever que la redistribución no puede definirse solamente como la organización de las relaciones de reciprocidad, y que la función de banquero no da justa cuenta de lo que podríamos llamar la génesis de la redistribución. Esta génesis plantea un origen de la

---

[440] Cf. Karl Polanyi y Conrad M. Arensberg, *Trade and Market in the Early Empires: Economics in History and Theory* (1957).

redistribución diferente a la génesis propuesta por la función de organización de las conductas de reciprocidad. El principio según el cual «se redistribuye colectivamente aquello que se produce colectivamente», ya no depende de la unidad introducida por una generalización y centralización de las relaciones de reciprocidad, sino que depende desde su origen del principio de redistribución. La redistribución conduce obligatoriamente a una reciprocidad productiva.

5 - El sistema de redistribución-reciprocidad

Examinaremos ahora la concepción de reciprocidad según Polanyi a la que Sahlins nos remite.

La colecta de bienes no es considerada aquí como término de una cosecha, última expresión de una fase de producción, sino como la suma de transacciones bilaterales de socios, quienes se encontrarían en situaciones de reciprocidad si no compartiesen sus intereses. La reciprocidad, tal como la concibe Sahlins, es una relación de intercambio de dones entre personas que están frente a frente.

Se puede considerar, al contrario, que lo que crea una relación de reciprocidad entre los miembros de una sociedad, es el don. Pero el don debe ser producido, por poco que significa una expresión de la conciencia. Su reproducción manifiesta su comprensión social, su significación social; reproducción que entonces se convierte en reciprocidad. Esta diferencia entre reproducción y restitución permite precisar que la re-producción del don está dirigida a un tercero, así como el don se dirige al prójimo.

Tal es la razón de ser del don que, al sistematizarse, permite la construcción de sociedades de reciprocidad. El movimiento de reproducción del don basta para explicar la génesis de los sistemas de reciprocidad sin que sea necesaria la intervención de la obligación de restitución.

Por consiguiente, no hay *a priori* necesidad alguna de limitar la dinámica del don desde el origen encerrándola dentro de lo que Polanyi llama dualidad del intercambio.

Al esquema que podemos dar de la reciprocidad según Polanyi:

$$A \xrightleftharpoons{\qquad} B$$

podemos oponer otra imagen para indicar que no hay don que no comprometa al prójimo en su comprensión y que no cree una relación social si no es reproducido por la producción del otro don, es decir que la reciprocidad es una obligación de producción del don que se puede llamar reciprocidad productiva:

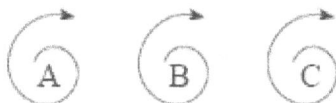

$$\circlearrowright A \quad \circlearrowright B \quad \circlearrowright C$$

Sin embargo, por último, en las sociedades de redistribución, el prestigio ligado a la capacidad del don mide la autoridad; es la redistribución que es la expresión del poder.

6 - La reciprocidad, forma de organización de la redistribución

Recibir un don implica socialmente la reproducción de éste, y el ciclo debe poder continuarse lógicamente de esta manera por la integración del prójimo al consumo.

Es evidente que la cadena así abierta se cierra, tarde o temprano, y forma un círculo de reciprocidad.

La reciprocidad se convierte, según nuestro punto de vista, en la obligación para cada uno de reproducir el don; una forma pues de organización de la redistribución o aún, el derecho de todos a que cada uno reproduzca el don.

Polanyi, al que se refiere Sahlins, tuvo el mérito de sacar de las interpretaciones etnocéntricas tradicionales la idea de la existencia de sociedades cuyo comercio no depende del intercambio mercantil. Se dedicó, sobre todo, a describir tres organizaciones fundadas por principios empíricos: el intercambio, la redistribución, la reciprocidad.

Es posible, ahora, traer la reciprocidad al don, a la redistribución, y en cuento la reciprocidad no es más que la reproducción del don, no existe ya tres principios, como proponía Polanyi, ni uno, como lo quisiera la economía política tradicional, pero dos: surge entonces el antagonismo entre el don y el intercambio.

El movimiento recíproco, que involucra una simetría bilateral, podría existir si el círculo de las relaciones de reciprocidad se redujese a la relación de dos socios. Robinsón y Viernes, por ejemplo, sobre una isla desierta; pero entonces, se debe observar que cada don tiende a ser superior al precedente y que, a excepción de algunas sociedades, uno de los protagonistas se convertirá en el amo, y el otro en el esclavo.

Podemos considerar también que la obligación de restitución, sobre la que Polanyi pretendería fundar la reciprocidad, se opone a la dinámica del don, la inmoviliza desde su fuente.

En efecto, ¿cómo podríamos explicar que tal sistema económico, constituido a partir de esas relaciones de equilibrio simétrico, pueda trascender sus límites iniciales y proseguir su desarrollo si, en realidad, la redistribución no tiene una propensión natural para sobrepasar estos estados de inercia; si la dinámica del crecimiento no está dada por el principio mismo de la economía: el don? Habría que introducir factores irracionales desde el punto de vista de la ciencia económica (culturales, ideológicos, religiosos, etc.).

7 - La ideología de la redistribución

Sahlins prefiere recurrir a la ideología para explicar el crecimiento en las economías indígenas de redistribución:

En las formas de cacicazgos más evolucionados, (...) podemos admitir que al hacer obra de beneficencia comunal y al organizar la actividad comunal, el jefe promueve un bien colectivo más allá de lo que grupos domésticos, tomados en forma aislada, pueden concebir y advertir. Instituye una economía pública que trasciende la suma de sus partes constitutivas, las unidades domésticas. Pero ese bien colectivo se consigue a costa de las partes, a costa entonces de la casa. Los antropólogos atribuyen, demasiado a menudo y automáticamente, la emergencia del cacicazgo a la producción de excedentes (por ejemplo, Sahlins, 1958). En el curso del proceso histórico, la relación entre los dos fenómenos parece por lo menos como recíproca, y en el funcionamiento de la sociedad primitiva es más bien el revés que se observa: *el ejercicio del poder es constantemente generador de excedente doméstico*, y el desarrollo de las fuerzas de producción va junto con el del orden jerárquico y el cacicazgo[441].

Sahlins deduce de ello una contradicción entre la igualdad presupuesta por la reciprocidad y la desigualdad que depende de la autoridad del jefe.

> Pero desde el punto de vista estrictamente material, la relación no podría ser "recíproca" y "generosa" a la vez, ni el intercambio "equivalente" y "más que equivalente". Por consiguiente, es cuestión de ideología en tanto que el principio de la prodigalidad del jefe debe necesariamente hacer abstracción del flujo de bienes que circulan en sentido inverso, del pueblo hacia el jefe, asimilándolo, por ejemplo, a un tributo[442].

Vemos entonces que la interpretación de la redistribución en términos de reciprocidad, y de ésta en relaciones de igualdad (interpretación fundada sobre el *a priori* del intercambio) plantea un enigma: la desigualdad que la reciprocidad supone entre los bienes recibidos y redistribuidos. Si hay un intercambio, éste debe ser igualitario; pero hay desigualdad, entonces se debe explicar esta última por la intervención extraña, la ideología.

Si consideramos, al contrario, que la redistribución es el origen de la reciprocidad (al menos de la reciprocidad productiva), la contradicción desaparece. Existe desigualdad desde el principio. No hay necesidad de explicar el poder, recurriendo a una ideología extraña. Sin embargo, la reciprocidad productiva conduce a la redistribución, puesto que se convierte en una participación en la redistribución: multiplica su eficiencia.

---

[441] Sahlins, *op. cit.*, p. 190-191 (subrayado por Sahlins).
[442] *Ibíd.*, p. 183.

La ideología del poder, generadora de excedente, se convierte aquí en la traducción de las correlaciones de fuerzas conforme a las determinaciones económicas. La ideología de la redistribución se actualiza como expresión política del sistema.

Aunque observa en los cacicazgos evolucionados que la redistribución ordena los estatutos de producción según sus imperativos, como sitúa la redistribución en su origen a formas de reciprocidad, y ésta a un intercambio, Sahlins carece el principio dialéctico que explica el crecimiento de estas sociedades, su evolución. Para explicar esta evolución se ve entonces obligado a recurrir a las ideologías, y esto lo lleva a oponer, bajo el término de «modos de producción», sistemas económicos que en realidad son diferentes fases del mismo proceso de desarrollo, engendrado por la dialéctica del don.

8 - ¿Existe el modo de producción doméstico?

Por ejemplo, Sahlins considera −y es esa su tesis principal− que un sistema doméstico, cuya producción estuviese determinada por el consumo interno, correspondería a un «modo de producción». Pero él priva a este sistema de la trascendencia del don para encerrarlo dentro de las características y límites del consumo familiar, de manera que puede afirmar que la satisfacción de las necesidades domésticas confiere al sistema un carácter anti-excedentario; en términos económicos occidentales, tendría una estructura de sub-producción. «Tal estructura −observa Sahlins− conduce evidentemente al caos»; y, por consiguiente, habría que trascender este caos recurriendo a las ideologías políticas: nacen así los cacicazgos que van a oponer a la dinámica negativa del modo de producción doméstico una tendencia contradictoria, una dinámica de productividad. Como hay que atribuir esta última contradicción a algún principio fundamental, Sahlins la atribuye a la contradicción naturaleza-cultura.

Sahlins considera que la producción doméstica, confiada a sí misma, representa el caos primitivo, cuyo miedo obliga a la trascendencia ideológica y al recurso a la autoridad política. La ideología sería el elemento motriz del ciclo, y sería en su origen el temor a la muerte. En realidad, eso es volver a encontrar las primeras representaciones de la dialéctica del don, pero de una manera paradójica ya que *la ideología dominante que acompaña al don no es la del temor a la muerte, sino la conciencia de la vida*.

¿Cómo podemos admitir que el sistema de producción y consumo doméstico esté limitado en forma natural por el consumo familiar y replegado sobre sí mismo, que su principio sea la subproducción, que se oponga a los principios del cacicazgo o de cualquier otra organización política? Por el contrario, de la extensión de la redistribución doméstica pueden nacer estas formas políticas. Si hay una contradicción, ésta podría ser dialéctica, lo que implicaría reintegrar el sistema de producción doméstico dentro de un modo de producción del cual no sería más que una fase de desarrollo. Según este punto de vista, una vez que esta forma de desarrollo –la distribución familiar– es trascendida por otras más evolucionadas, ella se convierte en una traba para la redistribución generalizada y existe, efectivamente, contradicción entre las esferas de reciprocidad. Parafraseando a Marx se puede decir: Todavía ayer formas de desarrollo de la redistribución, esas condiciones se transforman en pesadas trabas[443].

Por cierto que Sahlins lo constata:

---

[443] «Todavía ayer formas de desarrollo de las fuerzas productivas, estas condiciones se convierten en fuertes obstáculos». Karl Marx, Avant-Propos à la Contribution à la critique de l'économie politique (1859), en *Œuvres*, vol. 1 *Economie*, Paris, La Pléiade, 1965.

Toda evolución social del mundo primitivo tiende, al parecer, a sustraer a la economía doméstica del control de la estructura de parentesco y de las obligaciones de solidaridad, para sujetarla más estrechamente a la estructura política. (...) La influencia persistente de la economía doméstica imprime entonces su marca sobre la sociedad toda; una contradicción entre la infraestructura, por un lado, y, por otro lado, la superestructura de parentesco, que jamás se resuelve completamente[444].

Los hechos que Sahlins subraya están pues más próximos a las leyes generales, que Marx desprende de otra sociedad de la que Clastres hace suponer en su extraño prefacio.

Por consiguiente, nos parece que si se admite que el desarrollo puede ser impulsado de dos maneras (ya sea por la redistribución, o bien por el intercambio) se observan dos determinismos opuestos pero que tendrán en común lo siguiente: resolver sus contradicciones sin que sea necesario apelar a ideologías metafísicas. La ideología, en el sistema de redistribución y reciprocidad, correrá una suerte equivalente a la que le está reservada en el sistema de intercambio. Pero, dice Marx:

(...) hay también las formas jurídicas, políticas, religiosas, artísticas, filosóficas; en suma: las forma ideológicas, dentro de las cuales los hombres toman conciencia del conflicto y lo empujan hasta el final.

En este sentido, lo que llamamos la reciprocidad de parentesco, por ejemplo, pronto aparecerá como la ideología que las fuerzas de redistribución deberán derribar para instaurar nuevas relaciones de reciprocidad, más extendidas y más generalizadas: ¡también hay revoluciones «indígenas»!

---

[444] Sahlins, *op. cit.*, p. 178-179.

Cuando considera más en detalle los sistemas de redistribución, Sahlins observa que:

> La forma cotidiana, corriente, de redistribución consiste en comprar los alimentos en el seno de la familia, basada, al parecer, sobre el principio según el cual los productos de todo esfuerzo colectivo de aprovisionamiento deben ser mancomunados, sobre todo cuando esta cooperación implica una división del trabajo[445].

Este principio es situado aquí como el origen del ciclo producción-consumo de la unidad familiar, y hay que reconocer que sería difícil de concebir una estructura más esencial.

> Formulada de esta manera –añade Sahlins–, la regla se aplica no sólo a la ayuda mutua dentro de la unidad familiar, sino también a tipos de cooperación más elaborada implicando a grupos más amplios que la familia, reunidos con motivo de toda empresa que procure alimento, por ejemplo, la batida de bisonte en las llanuras del norte de los Estados Unidos, o las grandes pescas al trasmallo en las lagunas formadas en los atolones polinesios.

9 - El principio de reciprocidad productiva

Hay que señalar las expresiones que conciernen a la producción: solidaridad productiva, esfuerzo colectivo, ayuda mutua y cooperación… todas estas fórmulas traducen prácticas que no podrían ser incluidas inmediatamente dentro

---

[445] *Ibíd.*, p. 242.

de la noción de reciprocidad si restringiésemos dicha noción a la posesión mancomunada de los productos terminados.

No obstante, Sahlins no excluye de esta solidaridad productiva la calidad de reciprocidad desde el origen del ciclo:

> La redistribución supone un centro social hacia el que convergen los bienes para emanar a partir de allí hacia la periferia; y también límites sociales dentro de los cuales la gente (o los subgrupos) mantienen una *relación de ayuda recíproca*[446].

Por otra parte, se tiene la costumbre de confundir todas las formas de ayuda social mutua con relaciones de reciprocidad.

Por lo tanto, proponemos llamar a este tipo de relaciones de ayuda mutua: «reciprocidad productiva». La reciprocidad se confunde con la reciprocidad productiva en los sistemas unificados, y ello desde la construcción de la familia; vemos entonces que estamos en presencia de un ciclo económico donde la colecta de bienes terminados es también la última fase de una producción dispuesta para el consumo del prójimo. Como la redistribución no podría en este caso poner en movimiento otros bienes que los producidos por tal comunidad de reciprocidad, esto implica que la reciprocidad productiva es la forma de la producción del sistema de redistribución.

Por su relación lógica con la redistribución, la reciprocidad se convierte en un «derecho», según la expresión sugerida por Sahlins, un derecho a la redistribución. Redistribución y reciprocidad, en tanto que poder y derecho, consumo y producción de una comunidad, tales son las bases lógicas de un desarrollo diametralmente opuesto al del sistema capitalista.

---

[446] *Ibíd.*, p. 241 (subrayado nuestro).

Hay que destacar que si bien las relaciones de la reciprocidad están organizadas y ordenadas por la redistribución, no por ello el concepto de reciprocidad desaparece. La obligación de reproducir el don contiene toda la esencia de nuestra concepción de la reciprocidad. Se observará entonces que la reciprocidad se confunde con toda forma de actividad productiva dispuesta ya sea para el don, o bien para la redistribución; es decir, que es una extensión de lo que hemos llamado «reciprocidad productiva».

Por lo tanto, la redistribución abarca el concepto de consumo colectivo, y la reciprocidad el de producción, cuando estas últimas categorías se presentan bajo su forma social dentro de un ciclo dominado por la redistribución.

Podemos considerar que la reciprocidad y la redistribución son dos formas de desarrollo de categorías fundamentales y dialécticas del ciclo económico, resguardadas de toda injerencia ideológica, metafísica, cultural, ritual, mágica, por las cuales y según los autores, son elevadas al cielo de lo imaginario.

10 - El ciclo de la redistribución y de la reciprocidad

Resumamos la tesis clásica: la reciprocidad sería una forma de intercambio de bienes entre dos personas, una frente a la otra; una relación de simetría entre centros económicos distintos. La redistribución sería el funcionamiento de un conjunto de relaciones de un sistema centralizado donde los bienes convergen y luego divergen. Como consecuencia de esta unidad, la producción se organiza en forma colectiva.

Hemos subrayado que la producción colectiva podía contarse como reciprocidad productiva, y que la articulación de la producción con la redistribución podía existir desde el origen de la familia. Es necesario aún mostrar que el principio según el cual la redistribución organiza la reciprocidad productiva, asegura el crecimiento del sistema de redistribución. Hemos interpretado el don como una dinámica de consumo dirigida al prójimo, y la reciprocidad como la reproducción del don; o lo que es lo mismo: la reciprocidad como una forma de organización de la redistribución.

En las sociedades unificadas por el predominio de un centro de redistribución, la reciprocidad se reduce a la reciprocidad productiva. En el presente, basta que la diferenciación y la complementariedad de los estatutos aumenten la productividad para que el excedente sea, a su vez, la causa de relaciones más extendidas de reciprocidad.

Por consiguiente, habrá que reinterpretar los esquemas que permiten a Sahlins ilustrar sus conceptos de redistribución y reciprocidad.

> Desde un punto de vista muy general, el inventario de las transacciones económicas, tal como la etnografía las ha levantado, se deja reducir a dos tipos: primero, la serie de movimientos "viceversa" entre dos partes, conocido familiarmente bajo el termino de "reciprocidad"

$$A \longrightarrow \; \longleftarrow B$$

> y, en segundo lugar, la serie de movimiento centralizados: colecta, entre los miembros de un grupo, de bienes muchas veces reunidos en manos de uno solo y redistribuidos luego dentro del grupo de cuestión: es compartir los recursos, o mejor, la "redistribución"[447].

---

447 *Ibíd.*, p. 240.

(Esquema D. Temple)

En la serie de transacciones llamadas de predistribución, Sahlins declara que se debe reunir los bienes para que estos sean luego redistribuidos.

Según nuestro punto de vista, el hecho de reunir se opone al de distribuir, ya que interpretamos la colecta de bienes como una *cosecha;* es decir, la última fase de une producción social. Entonces hay aquí dos tiempos del ciclo económico. Por lo tanto, no se puede dotar del mismo valor al sentido de las flechas en cada una de estas figuras; deben estar señaladas por un índice especifico (p), por ejemplo, para producir las riquezas, y (c) para su distribución colectiva:

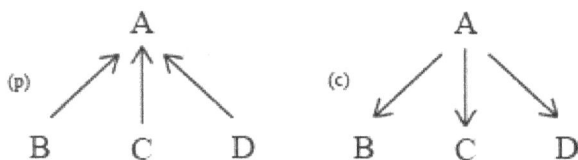

478

Basta con añadir este índice al esquema llamado de la reciprocidad, para darse cuenta de que la fórmula:

$$(A \rightleftharpoons B)$$

Expresa en realidad:

$$(A \overset{(c)}{\rightleftharpoons} B) \quad ou \quad (A \overset{(p)}{\rightleftharpoons} B)$$

Esta fórmula puede ser considerada como la expresión más simple (binaria) de una formula circular más general:

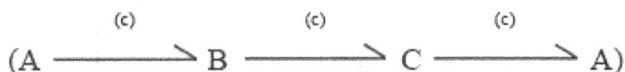

$$(A \overset{(c)}{\longrightarrow} B \overset{(c)}{\longrightarrow} C \overset{(c)}{\longrightarrow} A)$$

que describe una forma más conocida de redistribución de los valores producidos en las sociedades de redistribución y reciprocidad no centralizada. Teniendo en cuenta el vector de la producción, el esquema debe traducir que la reciprocidad es la reproducción de la producción del don (p).

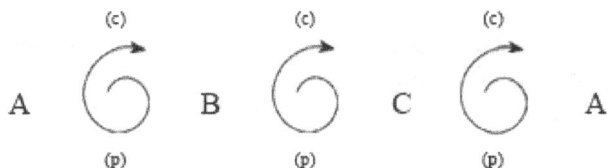

479

El mecanismo de la reproducción del ciclo de sobre-consumo, más universalmente reconocido por las sociedades de redistribución y de reciprocidad, es la fiesta. El excedente, la abundancia, no es almacenado o intercambiado en beneficio de la acumulación, base del poder en las sociedades de concurrencia y de intercambio, sino consumido: la invitación a las comunidades periféricas es la regla de oro en las sociedades de redistribución. La fiesta se convierte en una forma de reproducción ampliada del ciclo económico, generadora de relaciones de alianza, que son una generalización de las relaciones de reciprocidad, de parentesco. No puede uno resistirse a citar, después de Sahlins, un texto de Firth:

> Quien quiera que participe en una *ana* (fiesta dada por el jefe tikopia) se encuentra comprometido dentro de formas de cooperación que van mucho más allá de sus intereses personales o familiares, puesto que engloban a la comunidad entera. Una fiesta tal reúne a los jefes y a sus parientes más próximos del clan, quienes, en otros términos, son fieros rivales, al acecho de las críticas y las maledicencias, pero que se reúnen aquí con grandes muestras de amistad... Por lo demás, una actividad a tal punto motivada sirve a un proyecto social más vasto, común a todos, en la medida en que todo el mundo, o casi, trabaja deliberadamente para promoverla. Por ejemplo, el hecho de asistir al *ana* y de contribuir a ella económicamente refuerza el sistema de poder de los Tikopia. (Firth, 1950, pp. 230-231)[448].

El principio de redistribución tiende a movilizar las fuerzas productivas para engendrar riquezas que no pueden ser producidas únicamente por las comunidades de base; pero también para sostener los gastos de prestigio de la autoridad establecida, lo que se convierte en una forma de «explotación»

---

[448] Sahlins, *op. cit.*, p. 243.

características de estas sociedades de redistribución, y que anuncia la esclavitud.

Sin embargo, en tanto que la sociedad se beneficie de una distribución de riquezas superiores a las que son invertidas en el aumento del trabajo impuesto, esta última coacción puede ser socialmente aceptada.

11 - La alienación del sistema de redistribución-reciprocidad

En el origen de un sistema de redistribución, cada uno tiene el estatuto que merece según las ventajas que brinda la naturaleza, de tal manera que el estatuto aparece bajo la luz agradable de la humanización, de la diferenciación social, en beneficio de la comunidad.

El excedente económico se traduce por la extensión de las relaciones sociales, la que a su vez motiva nuevos deseos. Los estatutos se diferencian y se hacen precisos: ceramistas, tejedores, joyeros... en beneficio del *ego* colectivo, de la totalidad que expresa aquí lo esencial de la humanidad.

Pero con la jerarquía de los estatutos aparece la alienación, que va a conducir, cuando una capacidad de redistribución pueda ser ella misma redistribuida, a la esclavitud. Una esclavitud de naturaleza diferente a la de la esclavitud occidental; más bien comparable a lo que representa, en nuestro sistema, el proletariado. En efecto, cuando el trabajador se convierte en mercancía, puede ser considerado fuerza de trabajo, y los detentores de los medios de producción pueden acumular la diferencia entre el uno y el otro, la plusvalía. En el sistema de redistribución, cuando la capacidad de redistribución de un hombre o de un pueblo puede ser redistribuida, el prestigio ligado a la primera distribución puede ser arrebatado por el autor de la segunda. Este prestigio confiscado es una transcripción de la plusvalía del sistema capitalista.

Esta forma de esclavitud no tiene entonces nada que ver con la esclavitud occidental donde el esclavo no era un distribuidor redistribuido, un tallador de piedras, un creador de piraguas, un hábil comerciante. Mientras más rico o poderoso es el esclavo, más prestigio tiene su «Inca». Para el occidental, mientras más reducido a una fuerza ciega y mecánica esté el esclavo, tanto mejor para su amo. El esclavo occidental es un sub-proletario, en tanto que el esclavo oriental es el equivalente de un proletario.

Pero hay esclavos sub-esclavos, así como hay sub-proletarios. La reducción de la esclavitud puede ser tal que la capacidad de redistribución del esclavo puede ella misma ser sacrificada; así se conoce los sacrificios de esclavos, o los *potlatch* de esclavos.

De este modo, el don es lo contrario del intercambio; y la reciprocidad lo contrario de la concurrencia. Por lo tanto, existen dos evoluciones económicas antagónicas una de la otra, que manifiestan diferentes formas de integración social a partir de etapas primitivas, pero cuya unidimensionalidad dialéctica es también una causa de alienación.

12 - Formas elementales de la reciprocidad

La reciprocidad –declara Sahlins– es una categoría específica de intercambio, un *continuum* de formas. Y esto, singularmente, en el contexto restringido de las transacciones materiales, definido por oposición a aquel donde juega libremente el principio social, o la norma moral, del intercambio de dones... En un polo de este *continuum*, se situará la ayuda o la asistencia libremente otorgada, (...) el "don libre" de Malinowski, para el cual resulta indecente, e incluso antisocial, exigir una contraparte. En el otro polo, se situará la apropiación interesada, la obtención antagónica de la misma naturaleza, conforme al principio de la "ley del talión"; es lo que Gouldner llama la "reciprocidad negativa". Por lo tanto, dos posiciones extremas (...); y una serie de puntos intermedios que ilustran no sólo las gradaciones en equilibrio material del intercambio, sino también y sobre todo las gradaciones en la escala de sociabilidad[449].

El *continuum* de reciprocidad que proponemos es entonces definido por sus puntos extremos y medio, es decir tres formas caracterizadas: la reciprocidad generalizada, el polo de solidaridad máxima; la reciprocidad equilibrada, el punto medio; por último, la reciprocidad negativa, el punto de no sociabilidad máxima[450].

La reciprocidad generalizada es el «don puro» de Malinowski (...), que Price (1962) califica de reciprocidad débil. La reciprocidad negativa es el tipo de intercambio más impersonal, en el sentido, por ejemplo, del "trueque", desde nuestro punto de vista, es el intercambio económico "por excelencia". Las dos partes se enfrentan con intereses distintos, cada uno tratando de aumentar al máximo sus beneficios a costa del otro[451].

Este esquema tiene el mérito de presentarnos el intercambio económico como antagónico del don puro y, por otra parte, de asociar el don puro a la solidaridad o participación colectiva, mientras que el intercambio económico aparece aquí asociado a la competencia.

---

[449] *Ibíd.*, p. 243-244.
[450] *Ibíd.*, p. 247.
[451] *Ibíd.*, p. 249.

Si se aborda el intercambio económico, como lo hemos hecho para la redistribución, es decir, como momento de un ciclo económico, advertimos que el intercambio remite a la competencia, al igual que la reciprocidad productiva a la redistribución. Sin embargo, dentro de un sistema, la redistribución organiza la reciprocidad productiva (es decir el consumo, la producción), mientras que la concurrencia determina el intercambio en el otro sistema (o la producción, el consumo).

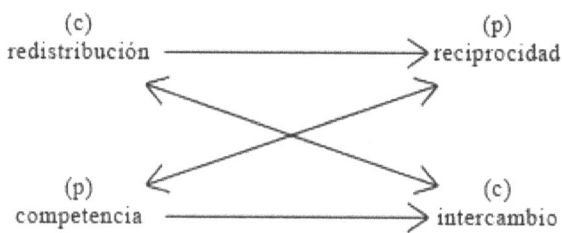

(c) = consumo
(p) = producción

Los dos sistemas son pues incompatibles, y el *continuum* no existe; existen dos sistemas económicos cuyo desarrollo es regido por leyes necesariamente contradictorias. Entonces, el antagonismo permite decir: no que el don es una generalización del intercambio, sino que el don es lo contrario del intercambio.

13 - Redistribución y reciprocidad complementarias

En el caso en que las producciones puedan ser de naturaleza diferente, las distribuciones complementarias (A produce para A y B, y B produce para B y A), estas redistribuciones pueden ser, más que ninguna otra, confundidas con intercambios: a partir del momento en que se observa más de cerca a A y B, dos centros de reciprocidad y redistribución, que interfieren para crear una esfera común en la que cada redistribución afecta a la totalidad y entonces permanece unitaria, se puede imaginar que cada redistribución es compensatoria de la otra, e interpretar esta compensación como un intercambio.

Las sociedades, en las que la reciprocidad se diversifica en el seno de la misma esfera de redistribución, establecen un tipo de complementariedad del mismo género: tal es el *estatuto* que traduce esta diferenciación.

Tal vez, a partir de estas formas desarrolladas de redistribución y reciprocidad simétrica y complementaria, ciertas condiciones históricas han permitido que el intercambio exista. Así, en lugar de ser el origen del don, el intercambio resultaría de un accidente del don, puesto que la desigualdad es la regla entre unidades de redistribución y reciprocidad. En efecto, para engendrar la unidad, el don destruye la igualdad. Si no consigue engendrar la unidad, al menos impone la jerarquía; es decir, un equilibrio desigual.

El caso en el que dos partes pueden coexistir, permaneciendo extrañas gracias a una solución de estricta igualdad, entorpecen la economía del don y pueden ser el origen del intercambio.

Se podría concluir entonces diciendo que el sistema de Sahlins puede invertirse: en suma, el don sería el origen de relaciones de reciprocidad y redistribución entre esferas económicas distintas, donde una solución paradójica, la de las relaciones simétricas, permitiría la aparición de la lógica antagonista del don, la del intercambio.

Pero parece más justo abandonar esta idea del *continuum*, puesto que si el intercambio es lo contrario del don, puede ser el origen de un sistema económico, así como el don el origen de otro sistema. Tal vez no sea necesario concebir la historia como un *continuum* unidimensional.

La confusión entre reciprocidad e intercambio, así como la confusión más radical entre intercambio y don, reposan sin duda sobre la cuestión de las relaciones de reciprocidad y redistribución complementarias. En todo caso, es éste un punto en el cual es posible observar cómo la ideología occidental interviene para interpretar los hechos. Por ejemplo, Sahlins, al citar a Goldschmidt, dice:

> "Cuando los enemigos se encuentran se llaman. Si la aldea manifiesta disposiciones amistosas, se acercan aún más y hacen despliegue de sus mercancías. Alguien lanza a su vez el artículo que ofrece en intercambio y se apodera del primer objeto. Se continúa así hasta agotar las mercancías de alguna de las partes. Aquellos que todavía tienen algo para intercambiar se burlan de los que ya no tienen nada y se felicitan mutuamente". (Goldschmidt, 1951, p. 338)[452].

Sahlins concluye:

> La reciprocidad equilibrada es la disposición para dar alguna cosa de valor equivalente a lo que uno ha recibido: al parecer en eso radica su eficacia como contrato social.

Cómo no constatar que esta igualdad está destinada a «agotarse», para dejar que la desigualdad final determine un vencedor; vale decir, la construcción de una jerarquía social. Si

---

[452] *Ibíd.*, p. 279.

hay un intercambio, éste está desprovisto de contenido hasta no dejar aparecer más que una correlación de fuerzas entre capacidades de redistribución. Está al menos sometido al juego de dos redistribuciones que compiten para sojuzgar al prójimo, y es muy probable que dentro de la *equivalencia* de los bienes materiales que compiten, cada uno sea en realidad una sobrepuja sobre el precedente; por cierto que el equilibrio de poderes puede ser la ocasión de los tratados de paz, pero estos tratados definen entonces una frontera común, una esfera de reciprocidad colectiva y de obligaciones recíprocas, pueden ser incluso considerados como factores de producción.

Mientras que en un sistema unificado, las relaciones desiguales de reciprocidad conducen a la jerarquía social, en un sistema donde ningún centro de redistribución goza de suficientes ventajas para someter a otro, donde por consiguiente la autoridad puede ser multiplicada indefinidamente, la igualdad puede favorecer las relaciones de alianza, pero sea lo que fuere, siempre la redistribución es la medida de la fuerza, del prestigio, del poder.

14 - *Potlatch* y *Kula*

La competencia de dones, los torneos de redistribución, son el origen del *potlatch* y del *kula*.

Según nuestra hipótesis, cada una dinámica de redistribución es la re-actualización del don. Entonces, hay una tendencia original de producir para una sobredistribución; e ir más allá del círculo de la reciprocidad doméstica es una necesidad lógica del sistema. Por lo tanto, basta con que varios centros de redistribución estén presentes para que, según la teoría, asistamos a un torneo de dones, una sobrepuja de redistribución, una competencia que, una vez que el consumo de todos está saturado, se prosigue como para dar cuenta del único mecanismo abstracto de la dialéctica del don: el *potlatch*, en el que se obtienen a veces demostraciones instructivas de la lógica de la redistribución. ¡El consumo puede transformarse en consumación! Los dones ya no son distribuidos únicamente, sino literalmente consumidos por el fuego; lo que tiene la ventaja de aclarar crudamente el poder de la redistribución. Estos torneos de redistribución instauran jerarquías relativas por el hecho de ser producidas periódicamente en condiciones de alianzas diferentes.

En el *kula* y el *potlatch*, cuando el don regresa a sus orígenes, debe, para seguir siendo un don, ser superior a lo que le hizo nacer. En realidad, no hay don si no hay sobreproducción. Esto es una consecuencia de que las relaciones de reciprocidad no son indefinidas; necesariamente, en un momento dado u otro, se repliegan sobre ellas mismas; forman figuras circulares o reticulares. La lógica del don conduce entonces a una sobreproducción, puesto que el contra-don es siempre superior al don; pero este sistema puede lógicamente invertirse, el donador principal puede ser invitado por el donatario (el que recibe el don) a reproducir su don, cuando éste último dirige al primero una invitación en forma de contra-don inferior al don: es, en suma, el principio de una obligación. La obligación es la medida de una autonomía relativa y, correlativamente, un control de la reproducción del don por parte de quien está en el poder, un control de la redistribución.

15 - Reciprocidad negativa

Cuando el prójimo no puede ser contado positivamente como aliado, por lo menos puede ser incluido en la economía general como «enemigo». Encuentra un estatuto dentro de la reciprocidad, un estatuto «negativo». Esta reciprocidad puede ser llamada «negativa».

Este principio permite explicar varias reglas de guerra muy hábilmente respetadas por las sociedades indígenas en el estado más disperso. Existen mitos según los cuales el primer trabajo de la tierra se convirtió en dos figuras del don: el don aceptado que conduce a la paz, y el don rechazado que instituye la venganza. Que el hombre esté marcado por el sello de la fiesta o el de la venganza, es la cuestión crítica de muchas sociedades en estado disperso.

Por tanto, ni siquiera la oposición de los centros económicos A y B constituye una condición suficiente para el intercambio. El antagonismo entre intercambio y redistribución (o si se prefiere, entre concurrencia y reciprocidad productiva) es a tal punto radical que la forma negativa del uno no puede ser la forma positiva del otro. Intercambio y don son antinómicos, y donde reinen la redistribución y la reciprocidad, sean éstas positivas o negativas, la relación con el prójimo es fundamentalmente desigual.

16 - Reciprocidad vertical y reciprocidad horizontal

No será posible enumerar todas las modalidades de la reciprocidad positiva pero se puede observar dos grandes orientaciones evolutivas que podrían merecer el título de modos de producción.

En una, interviene la redistribución centralizada y la jerarquía en la diferenciación de los estatutos −se podría llamar a este sistema reciprocidad vertical; en el otro, interviene una redistribución dispersa, y la reciprocidad obtenida podría ser llamada horizontal (las expresiones de verticalidad y de horizontalidad están tomadas de Sahlins).

En realidad, horizontalidad y verticalidad están siempre asociadas, y una u otra es dominante según las esferas de la actividad económica; el conjunto de sus relaciones define la estructura de las sociedades de redistribución.

17 - Las circunstancias del subdesarrollo

La regla de Chayanov

Hemos visto que para postular el intercambio, como origen del ciclo, en el lugar y sitio de la dialéctica del don, Sahlins llega a considerar la producción y el consumo doméstico como un modo de producción caracterizado por la inercia.

Dicho de otra manera, el Modo de Producción Doméstico encierra un principio de anti-producción; adaptado a la producción de bienes de subsistencia, tiene tendencia a inmovilizarse cuando llega a este punto. (...) Nada dentro de la estructura de la producción, la incita a trascenderse a sí misma. La sociedad toda reposa sobre este cerramiento económico y, por consiguiente, sobre una contradicción, ya que a menos que la economía doméstica sea forzada fuera de sus propias trincheras, la sociedad toda perece. Económicamente hablando, la sociedad primitiva está fundada sobre una anti-sociedad[453].

El autor toma una fórmula de Alexander Chayanov, con la cual formula la ley del modo de producción doméstico:

---

[453] *Ibíd.*, p. 131.

En un sistema de producción doméstico del consumo, la intensidad del trabajo varía en razón inversa de la capacidad de trabajo relativa a la unidad de trabajo[454].

Entre los argumentos que sostienen esta conclusión, nos parece apropiado observar que la capacidad de producción de las familias más favorecidas está limitada por la capacidad de producción de las familias menos favorecidas, puesto que:

> Las normas consuetudinarias de buen-vivir deben ser fijadas a un nivel susceptible de ser alcanzado por la mayoría, dejando sub-explotados los poderes de la minoría más activa[455].

Pero se puede dar la vuelta al argumento. Se puede sostener que la redistribución, al favorecer a las familias más desposeídas, impulsa su capacidad productiva, y se puede inferir que el equilibrio se establecerá alrededor de una media entre las capacidades más elevadas y las más débiles, equilibrio que estaríamos tentados de considerar como óptimo en una perspectiva de crecimiento comunitario.

La ley del sistema de redistribución sería más bien: que la intensidad del trabajo es proporcional a la riqueza redistribuida (pero quedaría por precisar el concepto de riqueza, ya que la economía de redistribución entiende por ésta lo que nosotros llamamos calidad de la vida).

Sin embargo, si la sociedad está condenada a la inercia, la subexplotación de la producción confirmará la regla de Chayanov: en efecto, una organización económica que no pudiese desarrollar la redistribución, se replegaría efectivamente sobre ella misma y su tendencia consistiría en

---

[454] *Ibíd.*, p. 134.
[455] *Ibíd.*, p. 132.

satisfacer el consumo establecido al menor costo. La intensidad del trabajo disminuiría.

Las brillantes variaciones de Sahlins sobre el tema de Chayanov muestran que los sistemas de redistribución llamados «políticos» tienen por efecto trascender la regla de Chayanov.

Si la regla de Chayanov expresa lo contrario de la ley característica de la sociedad de redistribución, entonces entra en vigor en todas partes donde el sistema de redistribución no puede desarrollarse. Ahora bien, en la situación actual, generalizada por el triunfo colonial de la economía occidental, todas las sociedades de redistribución han sido y son bloqueadas en su desarrollo; y este triunfo es un hecho lógico ya que la relación de los dos sistemas no es simétrica en cuanto a sus efectos respectivos.

Su encuentro, por así llamarlo, se realiza únicamente en provecho del crecimiento del sistema mercantil de producción occidental.

18 - El *Quid pro quo* histórico

Por la redistribución, en efecto, el indígena da más de lo que recibe, y se empeña en aumentar esta diferencia con la esperanza de someter al otro a las relaciones de reciprocidad o a su autoridad; es decir a los objetivos de su sociedad; pero se dirige a un extranjero que ignora todo acerca del principio de la redistribución y las obligaciones de reciprocidad. La finalidad de éste es la acumulación: por lo tanto, da lo menos posible para recibir lo más posible, y mientras menos da, más sus riquezas aparecen, para el indígena, marcadas por el sello de la rareza y del prestigio. La riqueza material se transfiere de este modo de una sociedad a la otra.

Este *quid pro quo* de dos sociedades antagónicas que se equivocan, cada una respecto de la otra, sobre el sentido de las categorías económicas, es el principal motor del subdesarrollo. Resulta que el subdesarrollo tiene por motor la contradicción de los sistemas de redistribución e intercambio, y no la naturaleza del modo de producción indígena.

19 - El frente de civilización

Si el hecho que la producción indígena sea consumida *a priori* por la redistribución, se interpreta como una incapacidad de producir un excedente, las economías domésticas, e incluso todas las economías de redistribución, serán interpretadas como trabas al desarrollo, y las economías que dependen de ella, como «sociedades arcaicas», ¡lo que justificará los procedimientos de su integración a la economía occidental!

En sentido inverso, si se reconoce que el desarrollo indígena está condenado al subdesarrollo desde el momento en que se le quita su independencia política, este hecho cuestiona esas políticas de integración.

Para todos los pueblos que han heredado una estructura política colonial y estructuras indígenas, la contradicción de las teorías del desarrollo es una línea de frente revolucionario; y para aquellos cuya independencia política protege unas estructuras autóctonas que pueden reorganizarse según su eje de desarrollo, la contradicción es remitida al interfaz de los dos sistemas, a las fronteras étnicas y nacionales, donde se convierte a través del mundo en una cadena de solidaridad que es un verdadero frente de civilización.

20 - El proletariado «indígena»

Existe una diferencia fundamental entre el proletariado occidental y el proletariado indígena. El proletariado occidental ejerce una presión sobre el sistema económico que le obliga a aumentar al máximo su rentabilidad. Ya sea para obtener una redistribución más justa de la plusvalía y reconquistar el dominio del trabajo, el proletariado conduce al mejoramiento de las estructuras de la empresa. Es cierto que desde hace medio siglo la empresa ha descubierto que le interesa el aumento del poder de compra de las masas asalariadas y ella misma ha corrido con una parte de las reivindicaciones salariales; existe entonces una comunidad de intereses entre proletariado y burguesía en torno al buen funcionamiento de la empresa para fines de producción. Este aspecto falta en el proletariado indígena.

El indígena no adopta una actividad reivindicativa de derecho al trabajo; ni se interesa, con la mayor razón, en la plusvalía; no adopta una actitud de asalariado; permanece ajeno a la lucha de clases, en tanto que pertenezca a la sociedad indígena.

Dentro del ciclo económico de su sociedad de redistribución y reciprocidad, el tiempo liberado por la mejora de la productividad del trabajo puede ser utilizado socialmente en actividades de ocio. El lujo es para el indígena una categoría económica capital. La fiesta es sabiamente controlada y estructurada como dinámica esencial de la vida económica y social.

La fiesta, la abundancia, la invitación, son exigencias del desarrollo; la fiesta, el sobre-consumo, determina el nivel de la producción, incluso los estatutos de producción; pero la fiesta, el lujo indígena, aparece ante el colono como improductivo, como un exceso que paraliza el trabajo y la producción.

También es interpretada como calamidad y condenada peyorativamente como «libertinaje».

Ahora bien, es cierto que la desorganización de las estructuras sociales indígenas libera a los individuos, quienes deben alquilarse en el territorio ocupado, y cuyas exigencias, al no deber satisfacer las obligaciones sociales de reciprocidad, se reducen considerablemente de tal manera que el salario puede disminuir con la desorganización de la sociedad de redistribución. Así, los colonos vieron muy bien, empíricamente, que la desorganización de las comunidades indígenas conlleva una caída del precio del trabajo.

Por lo demás. Dentro del sistema mercantil, no se puede transformar útilmente al indígena en consumidor, como en el sistema occidental, ya que la elevación del nivel de la vida indígena no reactiva la producción. El indígena redistribuye y engendra estructuras de reciprocidad productiva autónomas que entran en contradicción con el interés de las empresas alógenas. Hay algo como un desvío del poder de compra del consumo productivo y de la inversión productiva. Se trata de un proceso frecuente dejado de lado por los analistas del subdesarrollo.

El intercambio desigual no es sólo una forma de desarrollo del sistema capitalista, motivada por el desajuste de la movilidad de la mano de obra, hay otra razón: la condición de asalariado no tiene el mismo significado en los sistemas occidentales y marginales. La condición del asalariado indígena obliga al capitalismo periférico a aquello que aparece como una regresión, pero que en realidad es una adaptación.

El etnocidio, que es la condición de desarrollo capitalista, es también, la condición del subdesarrollo de los sistemas capitalistas periféricos.

Conclusión

La lucha por la independencia política preludia, sin embargo, el nuevo cuestionamiento del orden económico mundial y la realización de una nueva economía mundial de la redistribución. La definición de los Derechos Humanos puede servir como un primer esbozo para los objetivos de tal economía.

Algunas partes importantes del mundo están ya protegidas por fronteras políticas que cada día tiene la ventaja de una nueva significación económica y protegen sistemas de redistribución renacientes; y vemos que el paso de una economía de intercambio mundial a una economía de redistribución se efectúa ante nuestros ojos sin que, sin embargo, sus mecanismos sean comprendidos perfectamente.

El frente de civilización no se altera menos, ya que los principios de lo que podría articular sus diferentes partes dentro de la unidad son demasiado ignorados; así existen a menudo contradicciones secundarias entre las diversas esferas de reciprocidad, las que la historia de antaño había ordenado unas con otras para construir sus pirámides...

Las luchas de las minorías étnicas lo atestiguan, pero en la medida en que éstas permiten a las actuales sociedades de redistribución congraciarse con sus orígenes y sus historias, permiten profundizar el Derecho dentro del sistema de la redistribución y, tal vez, son ya la revolución dentro de la revolución.

*

2

LA RECIPROCIDAD Y LA FIESTA

El equilibrio inicial de la sociedad

En las sociedades organizadas por un sistema de parentesco, los diferentes sentimientos humanos se expresan según actitudes específicas, repartidas entre los estatutos de parentesco. Por ejemplo, la severidad se asociará al estatuto del padre, la bondad a la del tío, la autoridad moral al estatuto de la madre y la comprensión o el perdón al de la tía o inversamente...

Esas actitudes pueden siempre definirse como parejas de afectividades opuestas, tales como desconfianza-confianza, severidad-permisividad, bondad-autoridad, de manera que se puede convenir en llamar positivas a las afectividades tales como la bondad, la confianza, la tolerancia, y negativas las afectividades inversas que instauran una mayor distancia entre los miembros de la comunidad, tales como el respeto, la autoridad, el temor.

Los investigadores que estudiaron los fundamentos de las sociedades humanas percibieron que esas expresiones negativas o positivas siempre están distribuidas como para poder equilibrarse las unas a las otras para el conjunto de la comunidad y cada uno de sus miembros.

Observaron, igualmente, que si en una comunidad dada alguien cambia de situación y ya no se beneficia del equilibrio en cuestión, el respeto de ese principio tiene por consecuencia cambios de actitudes de uno o más estatutos de la comunidad hasta que el equilibrio sea restablecido por todos.

Entre los Aymaras, por ejemplo, cuando una muchacha se casa en una comunidad, en la que se someterá a la autoridad de su suegra, su madre, que era autoritaria con ella, se vuelve benevolente y comprensiva. Las afectividades positivas y negativas ‒que traduce el sistema de actitudes‒ siempre tienden al equilibrio.

El don, motor de la fiesta

Los actos fundadores de la vida, como el matrimonio, el nacimiento, la muerte, están ordenados por la reciprocidad para la producción de sentimientos comunes y compartidos por todas las personas implicadas. Tales sentimientos son referencias de humanidad, valores humanos comunes. Y bien, esos actos fundadores están, lo más frecuentemente, acompañados de fiestas.

Que celebren o no actos fundadores, las fiestas reúnen a mucha gente para un consumo excepcional. Este consumo se hace posible gracias a un don, dirigido a todos de parte de aquel o aquellos que dan la fiesta. Se dice, por otra parte, «dar una fiesta» más que «hacer una fiesta», hasta tal punto la idea del don está asociada a la de la fiesta. El don aparece así como un motor de la fiesta.

El don ya se practica, sin que se hable sin embargo de fiesta, en el interior de toda comunidad familiar, linaje e incluso clan, de manera cotidiana y ordinaria. Pero, en ocasión de celebraciones como el matrimonio o el nacimiento, aumenta considerablemente. Cuando hay un matrimonio, por ejemplo, el don no está reservado sólo para los padres alrededor de los novios, o sus padrinos, sino dirigido a un gran número de personas e incluso al mayor número posible.

Una fiesta puede ser dada por una sola persona o por todos a la vez; cada uno, en ese caso, aporta su parte para crear la abundancia común, pero se trata siempre de dones gratuitos e incondicionales. Parece, consecuentemente, que se puede atribuir al don mismo el papel de engendrar valores tales como la amistad, la confianza, la alegría, etc.

¿Qué pasa cuando la fiesta sobrepasa el marco de la reciprocidad de alianza y parentesco? La fiesta engendra el sentimiento de pertenencia a una entidad social nueva cuyas fronteras se agrandan a la etnia, la nación, la civilización.

Por ejemplo, la fiesta del Gran Poder engendra el sentimiento nacional de los bolivianos. Un sentimiento tal puede incluso devenir universal: el sentimiento de humanidad.

La fiesta y el trabajo

¿La fiesta crea solamente afectividades que pueden llamarse positivas, placer, alegría, felicidad? ¿O es que la fiesta respeta el principio que quiere que las afectividades positivas sean equilibradas por afectividades negativas?

Las fiestas que no engendran sino solo la felicidad no duran, de hecho, mucho tiempo, y las que duran compensan siempre trabajos duros.

Trabajo y fiesta, en efecto, se equilibran. Los Aymaras y los Quechuas lo saben bien, ya que alternan fiestas y trabajos agrícolas y tratan, cada vez que ello es posible, unirlos hasta el punto de que, a veces, el trabajo se convierte en fiesta y la fiesta en trabajo...

Pero, si se suprime la pena del trabajo, si se dispone de una riqueza tal que se pueda festejar de manera continua, ¿se puede ser perpetuamente feliz? ¿Si eso fuera posible, no se haría fiesta siempre? Se constata que la fiesta así concebida crea el aburrimiento.

Ello se confirma observando la envidia que suscitan, entre los colonos muy ricos, las fiestas populares que son pagadas duramente por años de trabajo de los Quechuas y Aymaras. Los grandes carnavales, de Oruro, de Río, son fiestas de trabajadores. Y cuando los colonos y los grandes propietarios quieren hacer fiestas, tratan de participar en esas fiestas populares de una forma u otra, sea imitándolos, sea integrándose a las fiestas de trabajadores.

Fiesta y sufrimiento

El sentimiento compartido por los unos y los otros, el sentimiento de humanidad, exige que las afectividades negativas sean equilibradas por afectividades positivas. Y acabamos de constatar que la fiesta se acompaña por el trabajo: se trabaja incluso más si se quiere que la fiesta sea más grande. Se consiente la pena en función de la alegría que se quiere producir. Aquí, va antes el objetivo de la alegría: es por la fiesta que se trabaja.

Pero si se da la pena primero, ¿sería siempre eficiente el principio de equilibrio? ¿No es paradójico sostener que quien lo está pasando mal se siente obligado a fabricar más felicidad?

El principio de equilibrio se encuentra verificado, sin embargo, en los duelos: la afectividad negativa, de las personas afectadas por la desaparición de un ser amado, es generalmente equilibrada por la iniciativa de una fiesta. El día de la conmemoración de los muertos se llama, por otra parte, tal cual: «fiesta de los muertos», y esta fiesta la dan las personas que están más tocadas por el duelo. Y la fiesta es tanto más importante si el duelo es reciente. Se llora y se lamenta, pero se dan abrazos. Se baila, incluso sobre las tumbas y se canta y bebe, se invita a los pasantes, se da y se perdona.

Aquí, el equilibrio se restablece espontáneamente, ya que los hombres son libres. Pero, una sociedad que estaría oprimida de forma arbitraria y por ello sometida a afectividades puramente negativas, ¿lograría restablecer el equilibrio creando la alegría en medio del sufrimiento? ¿Sería el principio de equilibrio tan suficiente como para imponerse a una situación forzada y bloqueada en la desgracia? ¿Se observan, entonces, fiestas más numerosas?

Durante la dictadura de Alfredo Stroessner en Paraguay, el pueblo guaraní estaba sometido a relaciones únicamente negativas debidas al clima de delaciones y terror generalizado. Stroessner, en efecto, declaraba periódicamente que existía un complot comunista en alguna parte del Paraguay; hacía arrestar a no importa quién, lo acusaba de ser miembro de un complot y no liberaba al desdichado si éste no aceptaba dar una dirección respecto a alguien mejor situado para conducir al supuesto complot. De delación en delación, era posible designar a tal o cual cuyas palabras podían significar una crítica al régimen. La persona, entonces, era ejecutada para servir de ejemplo. Todas las relaciones sociales, así, estaban forzadas a ser negativas, ya que todos debían desconfiar de todos temiendo que, bajo tortura, uno no sea señalado como menos stroessneriano que el denunciante. Ciertas regiones alejadas de Asunción, como Concepción, fueron particularmente martirizadas. El pueblo reaccionaba, sin embargo, organizando fiestas para restaurar los lazos de confianza, las amistades, las fidelidades y esperanzas que equilibraban la afectividad negativa del terror. Esas fiestas se hicieron tan numerosas en la zona de Concepción a medida que se intensificaba la represión, que Stroessner vio en ellas un contra-poder y decidió prohibirlas, bajo pena de multa o prisión.

Don y *agôn*

Existen también fiestas que parecen dadas exclusivamente por el goce. Sin embargo, esas fiestas felices están asociadas a competencias que permiten restablecer afectividades opuestas a aquellas que generan el don. Se habla, a propósito de esas competencias, de *agôn* (palabra griega que significa: lucha). Donde hay don, hay *agôn*. El *agôn*, en aymara el *t'inku*, es el combate.

A veces, el *t'inku* no se ve, ya que está integrado en la reciprocidad de los dones. El *t'inku* es entonces una competencia entre donadores. Los donadores se convierten en rivales. Esta rivalidad engendra las afectividades negativas que son necesarias para equilibrar las afectividades positivas de la reciprocidad de dones. Los antropólogos hablan entonces de dones agonísticos, como por ejemplo a propósito de los *potlatch* de los amerindios del norte.

Se puede poner en evidencia, en fin, el papel dinámico del equilibrio al observar que el sentimiento de pertenencia a la humanidad por la participación en la fiesta puede ser compartido por todos cuando cada uno recibe del otro, a la vez que le da, sea durante una fiesta o en la ocasión de otra.

De otra forma, el sentimiento en cuestión se desdobla en dos sentimientos opuestos, el de ser prestigioso, para el donador, y el de perder la cara, para el donatario. Es a condición de que el donador reciba, a su vez, y que el donatario (inmediatamente o más tarde) vuelva a dar, que los dos protagonistas puedan borrar esta diferencia.

Lo que se llama la «revancha» del don es un derecho del donatario, ya que debe poder acceder al prestigio y la dignidad que le reconoce al donador cuando acepta su don o que participa en su fiesta.

Se comprende, entonces, por qué el equilibrio es fundamental: es fundamental para que el sentimiento de

502

humanidad no sea desnaturalizado en un sentimiento de patrón, para el uno, y de esclavo, para el otro.

La reciprocidad negativa y la fiesta

Si la reciprocidad es el secreto de las relaciones de alianza de parentesco, del don y de la fiesta, ¿estructura también actividades antagonistas de éstas, dándoles asimismo sentido?

¡Se piensa inmediatamente en la guerra!

Efectivamente, la violencia en los hombres no es facultativa, sino que desde el comienzo de la vida en sociedad fue dominada por el principio de reciprocidad. La reciprocidad de venganza engendra un valor preciso: el honor.

¿Pero en qué consiste esta reciprocidad llamada negativa, ya que es lo contrario de la alianza?

Permite dominar la violencia con una violencia opuesta, como el hecho de volver dominante a un donador mediante un contra-don. El que golpea al otro es así un criminal, pero quien venga un crimen es un justiciero. Dicho de otra forma, la violencia es justa cuando es lo inverso de la violencia sufrida. Es por ello que ciertas comunidades dicen que nadie tiene derecho de golpear primero; otras que el primer asesinato es un accidente; otras aún que éste no cuenta en el cálculo de venganzas.

La reciprocidad de venganza produce, así como la reciprocidad de dones o de alianza, un valor que puede llamarse honor o coraje. Se mide el valor producido por los golpes recibidos o devueltos, pero no por los golpes dados; los que sólo dan golpes son tratados como cobardes, mientras que los que los devuelven, tras haberlos recibido, son llamados valerosos.

Así, las guerras tradicionales entre comunidades nunca constituyeron una amenaza para la sociedad y el género

503

humano, ya que eran absolutamente controladas: una primera vez, puesto que es necesario que el otro golpee para que uno mismo lo haga, y que los golpes tiendan hacia cierto equilibrio; y una segunda vez, como veremos enseguida, ya que el sentimiento de honor guerrero es un sentimiento de humanidad completo sólo al ser redoblado por el sentimiento que nace de la reciprocidad de alianza.

El imaginario guerrero

Los Guaraní aceleraban los ciclos de asesinatos sufridos por su comunidad y perpetrados en las comunidades enemigas de la siguiente forma: se infligían, después de una victoria, una muerte imaginaria que simulaba una venganza enemiga (que, por otra parte, no dejaba de producirse según reglas de reciprocidad). Mediante esta simulación, podían anticipar una nueva incursión enemiga. Cada muerte sufrida de forma imaginaria era, con todo, experimentada bajo la forma de una mortificación voluntaria y de una herida cuya cicatriz era tatuada. Una muerte permitía entonces una matanza de un enemigo por reciprocidad. Se podía contar los ciclos de reciprocidad o las matanzas de sus enemigos, o también los sacrificios de sus prisioneros, por las marcas de las muertas imaginarias. El tatuaje de los guerreros guaraní era su currículo vital.

Un gran guerrero, invitado a Francia como embajador de los Tupinambá en 1614, se presentó tatuado con 24 marcas, que significaban 24 sacrificios de prisioneros[456]. Esos tatuajes

---

[456] Cf. Claude d'Abbeville, *Histoire de la mission des pères Capucins en l'Isle de Maragnan et terres circonvoisines* (1614), citado en Florestan Fernandes, *A função social da guerra na sociedade tupinambá, op. cit.,* p.130 (Fig. 3).

entonces generalmente eran un principio de numeración, y como, igualmente, debían permitir reconocer la comunidad de origen del guerrero, la organización del motivo tatuado debía obedecer necesariamente a los principios de geometría ¿Sería el coraje, el valor de origen de las matemáticas?

Por otra parte, el sacrificio del prisionero, en los Guaraní, se acompañaba de grandes fiestas. En cuanto al prisionero mismo, antes de su muerte recibía una esposa de entre las hijas del vencedor y el día de su sacrificio era honrado como un Dios. ¿Qué significaban esas fiestas y esta alianza en medio de la guerra y del asesinato?

Guerra y alianza

En numerosas comunidades, la reciprocidad de venganza y la guerra no terminaban solamente por un equilibrio de fuerzas entre enemigos. La paz se acompañaba de alianzas matrimoniales. La reciprocidad de asesinato está asociada tan a menudo a la reciprocidad de alianza que ciertas comunidades pretenden que uno sólo puede casarse con sus enemigos.

Por otra parte, un elemento sustitutivo permite a menudo el pasaje entre dos formas de reciprocidad de alianza y de venganza. Esta palabra, que uno puede llamar simbólico, los occidentales lo llamaban una «composición», en la reciprocidad negativa, y una «compensación» en la reciprocidad positiva.

¿De qué se trata? Cuando en una comunidad, fundada en la reciprocidad de parentesco, tiene lugar un matrimonio que aventaja a una familia, ésta promete un matrimonio en el sentido inverso a título de reciprocidad: esta promesa está representada por una prenda, es decir, un símbolo de alianza por venir. Esta prenda es llamada compensación por los occidentales, ya que la interpretan como un valor de intercambio, reduciendo así la relación matrimonial a ventajas materiales. Pero en el pensamiento de las comunidades de reciprocidad, la compensación es un valor simbólico y no un valor de cambio. Significa que las dos familias están ligadas por una promesa de reciprocidad. Cuando se cumple la promesa, se devuelve la prenda bajo la forma de otra prenda en sentido inverso, a manera de constituir una nueva promesa y así sucesivamente.

En la reciprocidad negativa ocurre lo mismo. La promesa de aceptar una revancha del vencido se expresa por una prenda, que los occidentales llaman, esta vez, una composición.

Es importante remarcar que, muy frecuentemente, la composición por una reciprocidad de asesinato y la compensación por una reciprocidad matrimonial se traducen por el mismo símbolo. Un asesinato puede ser compensado por un matrimonio y, a la espera de su realización, por una composición. El símbolo permite así pasar de una reciprocidad de asesinato a una reciprocidad matrimonial y equilibrar el valor engendrado por la reciprocidad negativa por aquel engendrado por la reciprocidad positiva. De hecho los dos campos no pueden renunciar al equilibrio y, para neutralizar las afectividades de la guerra, se ofrecen las afectividades de la alianza.

El juego y el deporte

La génesis de lo simbólico puede ser descrita como una liberación de las actividades biológicas, como la reproducción o la lucha por la vida suscitadas por la reciprocidad para engendrar el valor.

Mientras que la alianza de parentesco es una especie de cuerpo a cuerpo con el otro, por los dones sólo se ofrece una pequeña parte de sí mismo. El don está separado de sí pero es, al mismo tiempo, una representación de sí mismo, es decir, un valor simbólico.

Asimismo, la reciprocidad de venganza es un cuerpo a cuerpo con el otro, pero el juego, que puede reemplazarla o sucederla, no movilizará sino una parte de sí mismo, y esta parte de sí es igualmente simbólica. Así como los hombres han sobrepasado los límites de la reciprocidad de alianza por la reciprocidad de dones, pueden sobrepasar los límites de la reciprocidad de venganza por el juego.

La ventaja del recurso al símbolo no es solamente la de alcanzar, como se verá, valores más puros sino la de permitir incluso la expansión de la reciprocidad más allá del parentesco. La competencia deportiva, por ejemplo, es un juego que permite escapar a las condiciones originales de la reciprocidad negativa. Los equipos deportivos, en efecto, se afrontan como guerreros, pero con el respeto a ciertas reglas que transforman los golpes en tiros al blanco.

Honor y Vergüenza en la reciprocidad negativa

Aquí todavía, el sentimiento de los unos y los otros no es el mismo si el resultado es desigual.

Cuando, al final de la copa del mundo de fútbol, los franceses adquieren el prestigio, los brasileros lo perdieron, ya que los franceses ganaron con tres tantos a cero. Si los brasileros no pudiesen esperar una revancha, que restablecería un día el equilibrio, tendrían que vivir eternamente con la amargura de la derrota.

Es por ello que, cuando la revancha no está asegurada para evitar la desigualdad, ciertas comunidades inventaron la siguiente regla: cuando un jugador de uno de los campos marca un tanto, pasa al otro campo y así seguidamente hasta que los dos campos hayan marcado el mismo número de tantos.

Se comprende que, según esta regla, se juega no para ganar, sino para satisfacer el equilibrio, cuyo resultado es el de engendrar un sentimiento igual sin exceso ni defecto.

La reciprocidad simétrica y la fiesta

La preocupación o el deseo de sentir un sentimiento de humanidad es tan poderoso que los hombres exigen su nacimiento de todas las fuerzas de la naturaleza y, para ello, las someten todas –tanto las fuerzas de la vida como las fuerzas de la muerte– al principio de la reciprocidad.

Así, la vida está dominada y transformada en alianza, la violencia y muerte también son transformadas... y todas las actividades naturales, a su vez, están ordenadas por la reciprocidad para asegurar la producción de valores que son dichas sobrenaturales ya que no existen en la naturaleza, pero que de hecho son lo propio del hombre: los valores humanos.

Sin embargo, las fuerzas que actúan por la reciprocidad y condicionan esos valores, deben ser reproducidas para asegurar su perennidad. Los valores son entonces retenidos por sus orígenes: el honor no prescinde de la violencia, la amistad, del parentesco. Así como la llama recibe su color de la madera que se quema, así también los valores (como el sentimiento de justicia, por ejemplo) no tienen las mismas cualidades según cuando son producidos por la reciprocidad de venganza o la reciprocidad de alianza. El sentimiento de justicia, nacido de la reciprocidad negativa, prohíbe hacerle al otro el mal que uno mismo no quiere sufrir, mientras que el sentimiento de justicia, nacido de la reciprocidad de dones, obliga a la repartición de bienes de forma igual y apropiada en relación con el otro; el uno es restrictivo, el otro emprendedor.

¿Es posible neutralizar esas diferencias para engendrar valores totalmente liberados de los condicionamientos de la naturaleza?

Desde el origen, es decir, desde la organización de las fuerzas de la naturaleza por la reciprocidad, a nivel de lo que se llama entonces lo real, es posible alcanzar un sentimiento de humanidad muy puro mediante una forma de reciprocidad específica y que todas las comunidades humanas supieron descubrir. La llamaremos «reciprocidad simétrica».

Nacimiento de lo simbólico

En el interior de la reciprocidad de dones, el sentimiento de ser humano parece completo, pero basta compararlo al sentimiento, que nace de una relación de reciprocidad guerrera, para darse cuenta de que no lo es, ya que no son idénticos. Ya no se sabe entonces quién debe tener mayor mérito, el gran donador o el gran guerrero, y cada cual trata de ser el uno y el otro.

Sin embargo, los hombres se dan cuenta de que los dos sentimientos rivales están limitados por su origen y que esos sentimientos son tributarios de la fuerza puesta en juego para producirlos. Esta fuerza unilateral engendra la pasión de ser el más grande o el más fuerte y desnaturaliza el valor transformándolo en voluntad de poder. Esta voluntad de poder se sobre-impone al valor y lo transforma incluso en poder de abuso, por lo cual se le dice vano, y se llama al valor desnaturalizado vanidad.

Se trata entonces de suprimir esta vanidad relativizando el prestigio por el honor, el honor por el prestigio o, más exactamente, la reciprocidad positiva por la reciprocidad negativa e inversamente, tal como para producir un sentimiento de humanidad que no sea ni el prestigio ni el honor sino pura humanidad.

La reciprocidad simétrica es esta relativización. Somete el don del donador a la demanda del otro —y se hace imposible aplastarlo mediante la magnificencia de los dones— o, a la inversa, y consiste entonces en una relativización del amor propio, nacido de la reciprocidad negativa.

La reciprocidad simétrica, por esta relativización, abre la vía a una nueva expresión desprendida de las fuerzas de la naturaleza (vida y muerte). Conduce a la invención de medios de comunicación que se sustituyen a las relaciones de origen y que expresan los valores por ellos mismos. Esas expresiones son los dones y los juegos. Los dones y los juegos significan la liberación de lo real y son una primera manifestación del lenguaje simbólico.

¿Cómo neutralizar la reciprocidad negativa por la reciprocidad positiva o, a la inversa, cómo instituir la reciprocidad simétrica? Para ello es necesario que los hombres que se den la cara, en el marco de la reciprocidad, para engendrar el sentimiento común de humanidad participen, a la vez, en la reciprocidad positiva y la reciprocidad negativa.

El *T'inku*

En las comunidades aymaras de los Andes, la preocupación o el deseo de sentir un sentimiento de humanidad completo es tan poderoso que cuando dos familias o dos mitades están forzadas a tener sólo relaciones de reciprocidad de alianza entre sí, como a menudo es el caso entre las mitades *Puna* y *Valle*, ya que deben asegurarse mutuamente los servicios indispensables para cada una, entonces los mismos hombres y las mismas mujeres de esas mitades se organizan en dos nuevas mitades perpendiculares a las dos precedentes (por ejemplo lado derecho y lado izquierdo de la montaña) para enfrentarse en relaciones de reciprocidad exclusivamente de venganza. La violencia del *t'inku* (combate ritual) viene a equilibrar la reciprocidad de los dones.

En ese caso, el *t'inku* es claramente distinto de las relaciones de dones y las relaciones matrimoniales, pero esta separación no se comprende sino porque la reciprocidad positiva de alianza o de don es ella misma obligatoriamente positiva. El *t'inku* aparece a su vez exclusivo, pero solamente porque es indispensable para equilibrar una reciprocidad positiva sobredeterminada y porque esta reciprocidad positiva por sí sola no es suficiente para engendrar un sentimiento de humanidad completo.

No hay pues contradicción entre el hecho de que el *t'inku* esté separado de las relaciones de reciprocidad de dones, cuando éstos están forzados a no tener mezclas, y el hecho de que otras situaciones en las que las dos reciprocidades, positiva y negativa, pueden ser asociadas, el *t'inku* aparece tan unido a la fiesta que el término *t'inku* es utilizado para decir, a la vez, la reciprocidad positiva y negativa.

La cuadripartición y la organización dualista

Equilibrar la reciprocidad positiva por la negativa no quiere decir añadir los excesos de una a los excesos de la otra, como ello ocurre en el caso excepcional que acabamos de tratar, sino que, al contrario, consiste en relativizar la una por la otra tanto como ello sea posible. El ideal hacia el que tiende el equilibrio de lo más y lo menos es el de una relativización mutua que haga aparecer un sentimiento de humanidad que no sea ni el del donador (el prestigio) ni el del guerrero (el honor) ni siquiera la coalición de ambos sentimientos, sino un sentimiento superior: la gracia.

Hemos visto que, en los casos en los que la naturaleza fuerza a las dos mitades a no tener sino relaciones de reciprocidad de alianza, los hombres inventan otras dos mitades del todo distintas y que, esta vez, los oponen exclusivamente para enfrentarse en la lucha. Se habla entonces de cuadripartición. Hay, en efecto, dos mitades: dos para la reciprocidad positiva (por ejemplo Puna/Valle) y dos para la reciprocidad negativa (por ejemplo *Urinsaya/Aransaya*), pero son los mismos hombres los que participan de las dos mitades de reciprocidad positiva y de las dos mitades de reciprocidad negativa. Así, el sentimiento engendrado por la reciprocidad positiva se encuentra superpuesto a aquel engendrado por la reciprocidad negativa.

Pero, en la mayor parte de los casos, la naturaleza no obliga a esta cuadripartición y son las dos mitades las que permiten, a la reciprocidad positiva, hacer un juego igual a la reciprocidad negativa. No es necesario suponer entonces dos prácticas diferentes, por un lado la alianza y, por el otro, el asesinato: las alianzas están temperadas por una exigencia de respeto y una cierta autonomía del otro o, aún, la hostilidad hacia el otro está relativizada por la solidaridad. Los dones toman el relevo de las alianzas o las prolongan y los juegos sustituyen a los enfrentamientos y la comunidad se mantiene unida para formar una ciudad.

La organización de la ciudad

La ciudad occidental se construyó alrededor del mercado de intercambio, de la ganancia, de la propiedad privada, del capital y del interés.

Una parte de la ciudad de La Paz está construida alrededor de edificios, los bancos en los que se venera el valor de cambio, como a la gracia en los templos griegos, y villas encerradas tras altos muros que protegen los intereses privados de unos y otros; las calles, en fin, están del todo consagradas a los comercios individuales, las tiendas. Esta parte de la ciudad está vacía de gente y brilla de mercaderías expuestas tras vitrinas. No tiene sitio para la convivialidad, lugares de encuentro o incluso de competencia.

Pero también es posible organizar la ciudad alrededor de los mercados de reciprocidad.

También se ven en La Paz grandes barrios con plazas para las fiestas, patios para deambular o mostrarse, kioscos para la música y los bailes. Las casas no están separadas por altas palizadas, la calle es un mercado, los jardines están abiertos, los mercados oficiales son comunitarios, de manera que cada ciudadano puede convertirse en ellos en un compadre o comadre, las fiestas en ellos son constantes, las fanfarrias suenan cada instante, las plazas no se vacían de bailarines y los niños juegan al básquet o al fútbol en todas partes.

Sin embargo, pocos arquitectos y urbanistas comprenden la importancia de las canchas de deporte, las plazas de baile y los patios de música para hacer la fiesta y dinamizar los mercados, ya que generalmente están al servicio de la economía del provecho.

Así, las relaciones de reciprocidad, que engendran la vida social, que destruyen la pobreza, y que generan el sentimiento nacional y los valores de humanidad, en vez de ser ritualizados o institucionalizados, como en las ciudades de los Andes, en donde se producen de manera espontánea.

*

513

3

Un contrato de reciprocidad:
El contrato shipibo

Publicado en *La Revue de la Céramique et du Verre*, n° 64,
Suplemento: *El Arte Cerámica Shipibo*,
Vendin-Le-Vieil, 1992.

*

1. El contrato con dos precios

El «precio retorno»

En los años 1980, el economista y financiero belga Bernard Lietaer[457] trataba de resolver en diferentes países del Tercer Mundo, el problema del intercambio desigual. Proponía ajustar el precio de compra de las producciones «indígenas» con su precio de venta en los países occidentales... una suerte de derecho de continuación sobre el curso del valor o todavía de «precio retorno» sobre el valor monetario establecido en Europa, de ahí el nombre de «contrato con dos precios».

---

[457] Bernard Lietaer, *L'Amérique Latine et l'Europe de demain: le rôle des multinationales européennes dans les années 1980*, Paris, PUF, 1979.

Una institución internacional, la Bolsa Mundial del Desarrollo debía asegurar las transacciones. El «precio retorno» debía suprimir las especulaciones facilitadas por el hecho de que los productores autóctonos no disponen de los medios para presentarse ellos-mismos en los mercados.

Este tipo de contrato era muy apropiado para las comunidades indias que tienen pocos medios de defensa frente a los intermediarios.

El contrato shipibo, propiamente dicho, es un «contrato con dos precios» para las cerámicas creadas por artistas de comunidades shipibo (Amazonía peruana), que respeta también las condiciones de producción específicas de las comunidades indias. El «precio retorno» está dirigido a la comunidad misma por medio de la organización shipibo responsable. El Consejo étnico asegura él mismo la mediación entre el sistema occidental y la comunidad shipibo. Las relaciones de reciprocidad entre las diversas familias shipibo así están preservadas o por lo menos toda evolución está controlada por los mismos Shipibo.

Los precios están establecidos de común acuerdo entre artistas europeos, expertos en cerámicas de arte, y expositores. Los expositores pueden modular, según su deseo, esta estimación básica; sin embargo aceptan limitar en 30% su margen comercial. Entonces 70% pueden ser restituidos a las comunidades indias. Estas toman a su cargo los gastos de compra a sus propios artistas, de flete y seguro. Los Shipibo ven en los expositores que aceptan este tipo de contrato no sólo a interlocutores comerciales, sino a «amigos».

Una primera tentativa de este contrato se llevó a cabo en 1979, bajo mi iniciativa, con la galería *Mont-des-Arts* de Daniel Abras (Bruselas) y la galería *Quadri* de Madeleine Witzig (Lausana). Pero el éxito de este contrato ha provocado un rechazo por parte de quienes no compartían este punto de vista y la reacción negativa de varias instituciones occidentales.

Unas organizaciones de Ayuda al Tercer Mundo crearon una cooperativa de acopio y almacenamiento de las cerámicas que fueron puestas a la disposición de los turistas, especuladores y cadenas de comerciantes organizados, lo que provocó una caída de los precios y una baja en la calidad de la producción. Diversas iniciativas tales como la construcción de un horno, la comercialización de las arcillas... tienden en transformar el arte shipibo en artesanía industrial. Los responsables Shipibo reaccionan con fuerza en contra de este etnocidio.

En 1990, la unidad india se formó de nuevo alrededor de un acuerdo entre las tres organizaciones representativas de los Shipibo-Conibo: ORDESH, FECONBU y FECONAU[458] para tentar de reconquistar el control de la comercialización de las cerámicas de arte. Enfrentan a instituciones que tratan de sustituir a las relaciones de reciprocidad comunitaria por relaciones de competencia, substitución que he llamado el «economicidio»[459].

El precio retorno siempre ha suscitado una intensa alegría entre los Shipibo, no sólo porque la plata libera posibilidades inesperadas para las comunidades, sino porque, para los Shipibo, el prestigio, la emoción de ser reconocido desempeña un papel motor muy importante. Aún lo lleva sobre la satisfacción material, incluso cuando este tiene un carácter de necesidad. Las comunidades homenajean a sus artistas que entonces siguen creando nuevas obras asombrosas.

Todo lo contrario ocurre cuando se presentan los agentes del comercio ordinario: las comunidades indias parecen deprimidas por sentimientos de frustración y humillación. Las

---

[458] ORDESH: Organización de Desarrollo Shipibo, FECONBU: Federación de Comunidades Nativas del Bajo Ucayali, FECONAU: Federación de Comunidades Nativas de Ucayali y Afluentes.

[459] D. Temple, «El economicidio», *IFDA Dossier*, n° 60, Suisse, 1987, reed. en *Alternatives au Développement*, Monchanin (Canadá), 1989.

artistas ya no están motivadas por razones espirituales y
fabrican sólo objetos sin alma. Así que hoy día la decisión de
los Shipibo parece muy determinada: volver a encontrar el
contacto directo con socios leales en Europa que respetan el
contrato con dos precios.

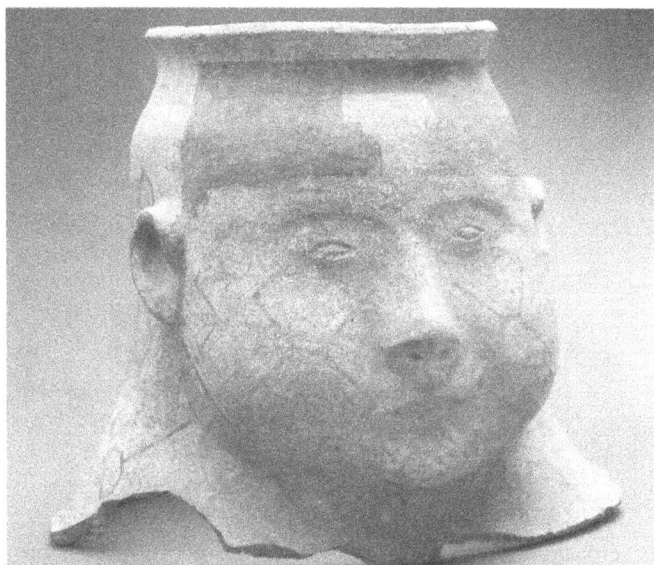

Antigua cerámica shipibo, Ucayali, Perú

(colección personal)

2. EL SELLO DE LA SERPIENTE

En 1980, gracias a la exposición de Bruselas, por primera vez, los Shipibo cobraban por su producción, el valor monetario establecido en Europa. Grande fue su sorpresa frente al precio tan elevado. Pero sobre todo, era la primera vez que recibían un homenaje tan explícito de parte de las «comunidades del mundo exterior».

El «precio retorno» fue recibido no sólo como un gesto de honestidad sino también como un don de reciprocidad, creador de amistad.

Durante una velada, en el río Ucayali, que juntaba a varias artistas, una de ellas, Inés Quito, se puso a cantar:

Una serpiente de barro, le doy vueltas y vueltas

Y viene nuestro rey

Vamos a sentar en esa serpiente a nuestro rey

Con la serpiente de barro diseñada con tierra blanca

Vamos a hacerlo sentar.

Que su genio lo lleve a su tierra

Después que lo lleve con sus alas blancas

A su tierra nuestra serpiente de barro

Que admiren sus paisanos

Lo que nuestras mujeres han hecho.

El segundo canto celebra la resurrección del arte shipibo:

Al pájaro precioso del creador

Le he hecho hablar

El mensaje que trajo

del tiempo de nuestros antepasados

Estamos recordando otra vez

Estamos alegrándonos

Después que nos hayan abandonado

Estoy dando los mensajes para mi pueblo

Que siempre nos vamos a acordar

Están captando mis canciones

Que yo les dedico

Vienen anunciándonos

Como podemos superar con nuestro arte

Después de anunciarlos

Doy un paso atrás y doy un paso adelante

hacia los que van a ayudar

Las garzas blancas

Llevan nuestro mensaje a su tierra...

Es posible que la serpiente represente el río generoso que no para de enrollar y desenrollar sus anillos en la selva con sus aguas abundantes en peces y sus aluviones sobre los cuales crecen la yuca y el maíz. Entonces la mujer domestica a la naturaleza. Produce abundancia de víveres y la chicha de yuca con la cual la invitación y la fiesta van a poder establecer amplias alianzas. Instaura una economía de don y reciprocidad.

Colección del **Museo Fabre** en Montpellier (Francia)
Cerámicas Shipibo adquiridas en 1980

El canto de Inés se ilustra con aquel de un pueblo vecino. Los Amuesha (Yanesha) ya no producen cerámicas, pero han guardado la memoria de un sueño que lo evoca, y que R. C. Smith acaba de revelar dentro de dos magníficas versiones[460].

Eso ocurría cuando los hombres eran «hermanos enemigos». La sociedad estaba estructurada, pero en base de la reciprocidad guerrera. Inconsolable por la muerte de su marido, una mujer se dirige a un pájaro. ¡Si era un ser humano, la llevaría cerca de su compañero! El pájaro la lleva al país de los muertos donde reconoce a su marido con sus asesinos, víctimas a su vez de las correrías de venganza. Ellos están a punto de hacer una fiesta con una bebida extraña: la sangre de sus heridas, fermentada en grandes jarrones. Una música, producida por tubos de bambú amarrados entre sí, reúne a todos los que encontraron la muerte en la matanza. Los hombres tocan la flauta, las mujeres cantan y bailan. La mujer observa cómo se hace fermentar la sangre en los grandes jarrones y se lleva uno de ellos mientras que su hijo observa cómo se corta los bambúes y agarra una flauta. De vuelta sobre la tierra, ella hace fermentar jugo de yuca en un gran jarrón, luego canta y su hijo toca la flauta. La gente se acerca, incluso los asesinos de su marido. Miran. Ella les invita… Y es así como los Amuesha entraron en relaciones sociales de amistad.

He aquí una explicación de estos grandes cerámicas: se destinan a la fermentación del jugo de yuca, porque esta libación autoriza la fiesta, pone fin a las muertes recíprocas e instaura relaciones de alianza y paz. Tan grandes son que se quiere honrar a más invitados y mostrar su poder de donar. Este canto celebra, como el de la cerámica shipibo, el descubrimiento de la agricultura, la fermentación del jugo de

---

[460] Richard Chase Smith, *Deliverance from chaos for a song: a social and a religious interpretation of the ritual performance of amuesha music*, (Tesis en antropología cultural), Cornell University, Ithaca, 1977.

yuca y la fabricación de grandes jarrones. Sin embargo, hace referencia también al tiempo de la reciprocidad guerrera (de las muertes recíprocas). La mujer sustituye la fermentación de la sangre por la del jugo de la yuca. Es la fiesta, nueva matriz del ser social, el acto que celebran todas las generaciones y que, en la Amazonía, hace de la mujer la madre de la alianza.

Pero hay más: lo que la mujer trae de este viaje a aquel mundo sobrenatural, son cantos, música y bailes.

Inés Quito, al cantar, no decía otra cosa: *doy un paso atrás, un paso adelante, hacia los que van a ayudarnos...* Entonces los cantos, bailes y dibujos comunican valores espirituales de un mundo sobrenatural. Para narrar este carácter sobrenatural, se necesitan imágenes que no son corrientes, sonidos que tampoco lo son, gestos y actitudes extrañas a lo natural. Para imaginarlos, los Shipibo usan varias prácticas ascéticas, vigilia, el jugo del tabaco, los alucinógenos.

> Antaño, las artistas más extraordinarias practicaban ciertas disciplinas espirituales y físicas tales como el ayuno, la continencia, la pintura mental de los dibujos y el crecimiento del *tena* (imaginación) por medio de plantas medicinales. A menudo, estaban "coronadas" por el chamán de la invisible *quene mati*, la corona de dibujos. Estas coronas aumentaban su prestigio social de la misma manera que el poder de su *shina* (pensamiento).

Angelika Gebhart-Sayer[461] ha recogido informaciones decisivas sobre la relación entre mujeres ceramistas y chamanes shipibo, en el seno de la comunidad de Caimito, ubicada sobre un lago de Alto Ucayali, en donde consiguió la amistad de mujeres ceramistas y chamanes.

---

[461] Angelika Gebhart-Sayer, *The Cosmos Encoïled: Indian art of the Peruvian Amazon*, Catálogo de la exposición organizada en 1984 por el Center for Inter-American Relations, New York (traducción en francés por el Groupo *Amérique Indienne*, de Crest y D. Temple, Francia).

Uno de los métodos que disponen espíritus y chamanes para enfermar a alguien, consiste en trazar sobre su cuerpo un dibujo que trae mala suerte, dibujo que se parece a una punta de flecha…

Los cantos o dibujos de origen pueden ser mortales. Ahí, hemos vuelto al tiempo de la reciprocidad guerrera, al tiempo en el cual la anaconda rivalizaba con el jaguar. En las visiones provocadas por la *ayahuasca*, la anaconda compite con el jaguar. Cuando los Shipibo eran un pueblo guerrero, *Ronín*, la gran serpiente mítica shipibo, como *Tsuni* entre los Shuar, tal vez era el chamán de los chamanes y el más poderoso de los guerreros. Entonces habría que referirse al tiempo de la guerra y de la reciprocidad de venganza para descubrir el origen de los dibujos. Tal vez es por esta razón que las mujeres pretenden no conocer su significado.

Dos monografías, una sobre los Tupinambá[462] y otra sobre los Shuar[463] nos han traído informaciones tajantes. Recordemos que, para los Shuar, el ser guerrero resulta de una reciprocidad de muertes. La dialéctica de la muerte, como se pensó mucho tiempo, no se resume en la fórmula: *tanto más poderoso es uno, mata a más enemigos*, sino en otra muy diferente. *Tanto más poderoso es uno que acumula más ciclos de venganzas recíprocas*, o sea, es preciso que, al alternar con muertes sobre el enemigo, el guerrero sufra la muerte de uno de los suyos (sus próximos, sus hermanos, su familia). Dicho de otra manera, el que mata no gana sino «pierde» su alma de guerrero (alma de venganza): volverá a encontrar otra sólo cuando su comunidad sea víctima de una muerte enemiga. La sucesión de alma de venganza aumenta el prestigio del guerrero. En realidad, es el frente a frente, la simetría hacia el otro que, al producirse esta

---

[462] Fernandes, *A função social da guerra na sociedade tupinambá* (1952).
[463] Harner, *The Jívaro. People of the Sacred Waterfalls* (1972).

sucesión de muertes sufridas y dadas, genera el «poder del ser» del guerrero que los Shuar llaman el *kakarma*.

Así las alma de venganza son el prestigio de un poder espiritual más profundo, nacido de la reciprocidad propiamente dicha y cuya actualización específica es la palabra. Al salir al combate, los Shuar anuncian su nombre guerrero. Esta proclamación vuelve irrevocable la decisión de una matanza. De pronto, cualquier muerte, accidente, herida sufrida de la naturaleza puede ser interpretado como el efecto de la palabra enemiga. Recíprocamente, en cuanto un acontecimiento natural golpea al enemigo, puede interpretarse como una prueba de la eficacia de su palabra. El mundo está encantado con palabras, palabras asesinas. Entonces los guerreros se vuelven chamanes.

Al igual como los Shuar, los Tupinambá asumían la muerte de sus próximos para conquistar un alma de venganza, pero se ahorraban la venganza enemiga: en efecto, los guerreros se infligían a sí mismos incisiones sobre el cuerpo, incisiones profundas que provocaban hemorragias y podía alcanzar el aturdimiento.

Las cicatrices de estas incisiones atestiguaban el número de almas adquiridas y la cantidad de ciclos de venganza cumplidos, o sea, la gloria de los guerreros. Dibujaban el rostro de gloria del ser Tupinambá.

No se hacían al azar estas cicatrices con el mero fin de contusionarse, sino que estaban dibujadas según códigos que permitían contar los ciclos de venganza y conocer a qué familia o grupo étnico pertenecía el guerrero. Así en las riñas, entre los contrincantes, los guerreros reconocían a sus aliados o enemigos.

De igual modo, los chamanes Tupí-Guaraní hacían incisiones sobre los enfermos. Los antropólogos han creído que ellos querían practicar aperturas en el cuerpo para que puedan escapar los espíritus malignos. Me parece más probable que se trataba de infligir al paciente una «muerte» ficticia para que

merezca un nuevo nombre, una nueva alma de venganza, capaz de triunfar del hechizo enemigo.
Para curar a un enfermo, el chamán Shipibo viste una gran toga *(tari)*, admirablemente pintado: ahí está la piel del hombre antiguo que lleva el secreto de los dibujos primitivos. El chamán curandero trata de ver el dibujo mortal de un chamán enemigo, para, luego, desenlazarlo del enfermo y enrollarlo fuera de él.

Se cura así muchas enfermedades provocadas por un chamán enemigo, el espíritu de un animal, de una planta o por otro espíritu –dice Gebhart-Sayer.

Entonces el chamán impone al paciente un nuevo dibujo para comunicarle una vida sobrenatural, una nueva alma cuya imagen consigue con el uso de alucinógenos.

Nishi Ibo, es el espíritu soberano de la chicha de *ayahuasca. Nishi Ibo* proyecta figuras geométricas luminosas frente a los ojos del chamán... En la medida que el rasgo aéreo toca sus labios y su corona, el chamán emite melodías que corresponden a su visión luminosa. Su canto es el resultado de su visión de los dibujos; lo visual se transforma directamente en acústica. Al mismo tiempo, estos cantos son vistos, escuchados y cantados por *Nishi Ibo.* El chamán se junta al coro de los espíritus mientras que los lugareños sólo escuchan su voz[464].

Estos últimos repiten el canto del chamán:

Como las voces suben y serpentean en los aires, se lleva a cabo una segunda transformación que sólo ve el chamán. El canto toma ahora la forma de un dibujo geométrico, un

---

[464] Angelika Gebhart-Sayer, *The cosmos Encoïled, op. cit.*

kikinquene que entra y queda definitivamente en el cuerpo del enfermo.

Uno ya no se sorprenderá al ver que los dibujos shipibo hacen pensar en líneas melódicas: ellos son cantos, son temas con sus variaciones, sus estribillos, sus armonías. Entre estas líneas melódicas, los espacios llenos y coloreados se contestan como arpegios musicales, playas sonoras. Los dibujos shipibo son cantos del alma, la expresión de espíritus benéficos que desarrollan la vida espiritual de los hombres.

Los dibujos son expresiones espirituales que pertenecen a la tradición shipibo. Finalmente, los dibujos a los cuales se refieren los chamanes, son eficaces porque son *kikin*.

Gebhart-Sayer define así el término:

> Este concepto indígena que atañe a criterios estéticos, se refiere a un conjunto de nociones sobre lo que es "correcto" y "bello". En su origen, *kikin* implica una experiencia visual, acústica u olfativa, provocada por la armonía, la simetría, de las realizaciones cumplidas con la mejor exactitud posible o de los refinamientos culturales; *kikin* indica un contraste marcado con la naturaleza salvaje, indomada e in-organizada que rodea la aldea. Pero el término no se limita a una experiencia sensorial, incluye valores morales como sutileza, la pertinencia, la viveza y la conveniencia cultural.

Este sentimiento espiritual nace de la reciprocidad de las relaciones humanas en el seno de la comunidad, y no se puede menos de pensar, que la simetría de los dibujos shipibo refleja esta relación sistemática, hasta el punto de que:

> Se dice que antes, las muy grandes piezas estaban pintadas, al mismo tiempo, por dos mujeres sentadas frente a frente, a ambos lados de la cerámica. Esforzándose para acordar sus voces, ellas cantaban para así poder dibujar

ambas mitades de tal manera que se armonicen y se correspondan. (…)

Generalmente, las mujeres que, juntas, ejecutaban esta práctica intelectual y emocional, llamada el "encuentro de las almas", eran hermanas que, claro, compartían la misma tradición familiar de pintura. Se conseguía una adecuación adicional por medio de una melodía específica al dibujo.

Melodías, bailes y dibujos sobrenaturales expresan los valores nacidos de la reciprocidad: de la reciprocidad antigua, tal vez, la guerrera la de los hombres, pero también de la reciprocidad de los dones, la que pertenece a las mujeres. Son la expresión del ser nacido de la reciprocidad.

Nuevas formas, aún hoy en día, ornamentos realistas, testigos de la gloria del don, tales como collares de perlas, coronas, se sobreponen a los dibujos geométricos de la Serpiente. La cara del hombre, antes estilizada y ahora más realista, emerge y se vuelve escultura.

Sin duda, mucha confianza recíproca será necesaria para que los Shipibo revelen los secretos de su arte. Hoy observamos sólo un encaje de los decorados. Cada uno corresponde a un momento de la génesis de la sociedad. El significado de los más antiguos se esconde en las tradiciones de los chamanes; el de los más recientes puede ser profético…

Hijos, miran el trabajo

Para seguir el camino nuestro

El trabajo que nosotros realizamos

Va a ver la gente que nunca nos ha conocido

Nosotros somos las que damos el buen camino

A las chicas futuras.

Este trabajo se va a un lugar

Que nunca hemos nosotros conocido.

Viene el dios creador que nos ha puesto un gran ejemplo

Para seguir de los antepasados de crear las cerámicas

Que ahora nos trae el mensaje

A nuestra tierra

Yo soy como una piedra preciosa

Para que me siga el ejemplo de nuestro trabajo.

Sentada en mi banco, haciendo nuestro trabajo,

Moliendo con las rocas de nuestra tierra

Para que lleven en su tierra

Mi tierra montañosa, hecha cerámica

Convertite en un pájaro.

Iñés Quito, Ucayali, Perú

Ediciones: *La Revue de la Céramique et du Verre*,
n° 64, Vendin-Le-Vieil, mayo-junio de 1992.

4

LA HONDA DE DAVID

O

LA TESIS DEL *LABEL*

Ilustraremos la tesis del *label* refiriéndonos a una profesión agrícola que, por haberla adoptado, se encuentra hoy en plena expansión, cuando hace unos años atrás estaba agonizando.

El Languedoc francés producía cantidades considerables de vinos de poco grado alcohólico, cortados luego con vinos muy alcoholizados procedentes de Argelia. Los viñadores competían entre sí por la cantidad, lo que producía la sobreproducción. Sólo los más grandes propietarios podían esperar sobrevivir.

Los viñadores del Languedoc reaccionaron y definieron sucesivamente:

– la apelación «vino de país», que prohíbe el corte fuera de cierta área geográfica: el *terruño*.

– la apelación «vino de calidad superior», que implicaba la selección de *cepas* (variedad de vid cultivada) llamadas «nobles».

– la apelación «de origen controlado», que imponía reglas estrictas de *vinificación*[465].

– la apelación «personalizada» (dominio, castillo, etc.), que garantiza una calidad dada bajo el *nombre* del productor.

---

[465] Proceso según el cual el jugo de uva molido se transforma en vino.

El *label*, cuando llega a la personalización, constituye una protección tanto del trabajo propio como una interdicción a la explotación del trabajo del otro.

Gracias al *label*, concebido como la conjunción de un terruño, de garantías de calidad y de un «savoir-faire» autentificado por el nombre, del autor, todo productor puede encontrar interesados en el mercado porque existe siempre algún consumidor que busca la especificidad propuesta.

Un ejemplo extraordinario y algo provocador nos es dado por los habitantes del Alto Languedoc, quienes acostumbraban hacer las vendimias en el Bajo Languedoc; traían a sus casas toneles de vino de donde sacaban directamente. Luego de algunos días, el vino, al aire, empezaba a «picar»[466]. Los consumidores se adaptaron a este gusto y hasta distinguieron los vinuchos[467] según sus diferentes sabores. Existía toda una jerarquía entre estos vinuchos, que los viñadores no tomaban para nada y que llamaban «vinagres». Con el desarrollo de las máquinas de vendimiar, la tradición desapareció, pero la demanda quedó tan importante que ciertos viñadores de las llanuras fabrican hoy vinuchos para los consumidores del Alto Languedoc.

Cada consumidor quiere encontrar en el vino que compra, más aún si el vino está asociado al recuerdo de la fiesta, un rasgo característico que aprecia particularmente. Una persona que va de vacaciones a alguna región querrá el vino de la región, porque le traerá buenos recuerdos y hasta lo preferirá a otros vinos clasificados.

Frente a la personalización de los vinos, las empresas comerciales no se quedaron de brazos cruzados. Inventaron los vinos de cepas que pueden agrupar, bajo el título de una cepa noble, producciones de orígenes diversos.

---

[466] Volverse agrio.
[467] Nombre dado a estos vinos picantes.

Pero estos vinos son homogéneos y aburridos. A la larga, no podrán competir con vinos personificados por conjuntos de cepas diferentes, cada conjunto constituyendo la especificidad de un dominio y la característica de un terruño.

El *label* se ha vuelto una *honda de David* contra la explotación capitalista. Ya nadie se puede enriquecer de manera desmesurada, puesto que no es posible colocar bajo su nombre el trabajo de otro; por tanto, nadie conoce tampoco a la quiebra y la pobreza.

El *label* interesa hoy a otras profesiones que constatan que la viticultura se ha vuelto rica, cuando estaba en una situación desesperada hace menos de treinta años. Es toda la agricultura francesa que debería proceder muy pronto a la generalización del *label*.

Los campesinos encontraran así razones de producir, que no serán ya tributarias del provecho, sino del reconocimiento social, y el trabajo será un arte de vivir.

Pues el *label* está ligado a un *nombre*, es decir, a la capacidad de cada uno de dar algo de sí a otro.

Por cierto, el renombre de algunos puede ser comparado al de otros y, por lo tanto, sancionada en términos de valor de intercambio. La demanda da la ventaja a los más originales, a los mejores y más bellos productos. El *label* despierta la competencia, pero fuera de los caminos de la explotación capitalista.

La competencia, este placer irreductible de la vida, se vuelve emulación. La emulación implica la diferenciación de la producción y con ella la innovación; por ejemplo, en el caso de la viticultura meridional, la explotación de terruños particulares, la utilización de toneles en roble para el envejecimiento de los vinos, la producción de estos toneles y la plantación de los robledales, la invención de nuevas formas de vinificación…

Nuevas relaciones se crean que proporcionan la ocasión de ferias, de mercados y de fiestas.

Es, aquí, el límite al provecho, el que ha decuplicado la invención y la producción, y no el provecho.

Si el provecho sin límites conduce la sociedad (campesina u otra) a su pérdida, entonces es el provecho el que debe ser vencido, dominándolo primero, en casa, antes de denunciarlo ante los otros. Quizás la suerte de los campesinos está en poder inventar la sociedad post-capitalista, una ambición que puede dar a los que son hoy los más pobres en términos materiales, la conciencia de ser los más ricos en términos de porvenir.

La política del *label* es una de la políticas que puede conducir, de manera progresiva, a la transformación del trabajo alienado en trabajo libre.

Pero el secreto del renacimiento económico es la conciencia que toda relación de reciprocidad es creadora de un nuevo valor que se añade al valor de uso. Este valor exige ser manifestado, quiere expresarse por la calidad, el arte, la belleza...

La fiesta hace verter el vino y, para la fiesta, se produce buenos vinos...

La amistad es la causa de la música, la música la causa de la producción de flautas y arpas...

*

534

5

LA ECONOMÍA HUMANA

1ª publicación en francés: « L'économie humaine »,
La revue du M.A.U.S.S., n° 10, Paris, 1997.

*

La economía es comprendida por la economía política occidental como un sistema que obedece a compromisos racionales. Las cosas se intercambian como si el intercambio fuese conducido por una mano invisible que establecería entre ellas relaciones conformes a la lógica que las instituye las unas con respecto a las otras como complementarias. Al menos, el mercado debe tender hacia este ideal.

La explotación del hombre por el hombre demuestra que la racionalidad de las cosas puede enfeudarse a la voluntad de poder.

Pero la relación de las cosas entre sí puede también enfeudarse a otro objetivo diferente que el del poder de los unos sobre los otros o del interés privado, y puede obedecer a otra lógica diferente que la lógica de las cosas, por poco que la razón se dé la ambición de dar cuenta de otra realidad que la de la física del mundo.

Si las cosas tienen un valor de uso, que corresponde a su función y que justifica la ideología utilitarista, ellas se inscriben también en otras relaciones.

Cuando se enfeudan a las relaciones de reciprocidad que generan el «ser común» de la sociedad, las cosas participan en la construcción del bien común. Llamamos «economía

humana» una economía que suscribe la primacía de las
relaciones productoras de los valores específicos de la sociedad
humana.

1. La reciprocidad, sede del ser social

Sabemos, a partir de los trabajos de Mauss y Malinowski,
que todas las sociedades humanas sin excepción conocen la
reciprocidad, y sabemos a partir de Lévi-Strauss, que las
estructuras   elementales   del   parentesco,   primeras
organizaciones sociales, están regidas por el principio de
reciprocidad. Pero los antropólogos apelaron, para dar cuenta
de esos descubrimientos de la economía política de su tiempo,
al intercambio y al interés. Trataron de situar la reciprocidad,
como una forma arcaica del intercambio, y el intercambio
económico, como la forma más evolucionada de una evolución
universal.

Es posible otro camino: distinguir lo primitivo de lo
primordial y mostrar que, si las estructuras de reciprocidad
originarias son naturalmente primitivas, no por ello el
principio de reciprocidad deja de estar por doquier y ser
siempre primordial: estar en el origen de los valores humanos
fundamentales.

La reciprocidad reproduce, en sentido inverso, la
situación del uno y el otro, obliga a aquel que actúa a padecer
y al que padece a actuar. Redobla para cada uno su
percepción de la de quien tiene en frente. Según la teoría de la
conciencia de Stéphane Lupasco[468] el medio, entre dos
percepciones contrarias, es el hogar en el que se aclaran los
términos opuestos, el origen del sentido. Ese medio, en sí

---

[468] Lupasco, *Du devenir logique et de l'affectivité* (1935).

536

contradictorio, se manifiesta como una pura sensación de la conciencia de sí misma. Es revelación. El ser aparece exterior a sí, como si viniese de afuera, ya que se representa en el otro antes de encarnarse en sí. Pero este ser habla y dice Yo. El yo no significa una apropiación del ser social, ya que nace de la presencia del otro y encuentra un cuerpo visible en el otro. Pero el ser dice Yo en nombre y en beneficio de quien toma la iniciativa.

A las prestaciones de reciprocidad originales, sede de esta revelación, Mauss las llama prestaciones totales. Por consiguiente, ellas se distinguen las unas de las otras. Unas, se convierten en relaciones de parentesco, otras en relaciones de don, otras en relaciones de venganza...

No es una complementariedad entre uno y otro la que motiva la preocupación que uno adquiere por el otro, sino aquello que no sé de sí mismo ni del otro y que se encuentra más allá del otro y de sí mismo. El cuidado por el otro es una apertura a lo que es irreducible a sí mismo o al otro como diferente; es apertura a lo que es sin determinación ni límite, a lo que es infinito. Pero el cuerpo del otro presencia este infinito que se convierte en una singularidad absoluta, la humanidad de cada uno. La finitud del cuerpo distingue los infinitos de humanidad. El cuerpo del otro merece, desde ahora, lo que Ricœur llama la *solicitud*.

El cuidado por el otro es solicitud; es tener consideración por las condiciones de existencia de la humanidad, cosas prácticas, finitas, limitadas, que no requieren esfuerzos considerables o heroicos, que están al alcance de todos. Así, la primera manifestación concreta de la reciprocidad es la hospitalidad, la segunda la protección, la tercera el don de víveres...

2. Los límites de lo imaginario

Detengámonos en el don de los víveres. La fórmula de la reciprocidad se convierte en *cuanto más doy más soy*. El don se refleja bajo forma invertida en la conciencia del donador[469]. Lo inverso de dar es recibir. El ser engendrado en el seno de lo recíproco es, desde ahora, prisionero de un imaginario que la comunicación entre los unos y los otros debe respetar, de ahí la influencia de significantes materiales que tienen su propia lógica. Este constreñimiento se convierte, para otro, en dificultad en descifrar las apariencias.

El riesgo es que el *más dono y más soy* se convierta en *más dono más grande soy*, es decir, que el ser se mida por la cantidad donada. El conocimiento del don favorece, en efecto, más a la imagen del donador que al ser social y puede aprisionar al ser desde su nacimiento en el poder y la competencia. Ahí nace el cálculo y el interés.

La fórmula de la economía primitiva, *si para ser hay que donar, para donar hay que producir*, se convierte en, *si para ser el más grande hay que donar más, para donar más hay que producir más*. La dialéctica del don genera así una economía sin límite; instaura una jerarquía que descalifica a aquellos que no están en condiciones de donar. El que no encuentra un estatuto de donador puede ser excluido de la identidad comunitaria. Los excluidos son, aquí, excluidos de la humanidad. Serán tratados como animales: los esclavos. Y los animales serán concebidos como humanos caídos.

---

[469] Siempre según la teoría de Lupasco, la actualización de un fenómeno va unida a la potencialización de su contrario, y esta es une conciencia elemental: aquí, la actualización es el gesto de donar, la conciencia elemental es pues, *recibir*.

3. El valor en la reciprocidad

Numerosas experiencias e investigaciones (economía solidaria, plural, autónoma, no monetaria, paralela, subterránea, comunitaria, alternativa, etc.) encuentran la misma dificultad muy a menudo expresada por la oposición entre las relaciones acreditadas, por crear un lazo social cuya incidencia económica es innegable, y las prestaciones, con carácter netamente económico, que son acusadas de destruir ese lazo. El término mismo de lazo social es vago. Hace, para los sociólogos, el papel del *mana* para los etnólogos, el rol de un significante flotante[470] que da cuenta de una comunión de los sentidos entre aquellos que lo emplean, al mismo tiempo, que soporta imaginarios muy diferentes.

Debemos pedir a los investigadores que se interesan por el lazo social, que precisen lo que llaman lazo. Mauss lo definía por la palabra mágica *mana*. Lévi-Strauss le respondió que esta palabra mágica era un significante vacío. ¿Había previsto Mauss la crítica reenviando el *mana* al ser del donador, apoyándose en Radcliffe-Brown que lo definía como valor moral?[471].

Lévi-Strauss rechaza, de hecho, el que se construya una teoría del intercambio con la ayuda de un cimiento afectivo que vendrá a sellar las operaciones discretas en las cuales la vida social descompondría el intercambio. Los indígenas no podrían reconocer el intercambio como la estructura de conjunto propia a la función simbólica. Evocarían el *mana* para significar el carácter obligatorio de las prestaciones, que Mauss describió como las obligaciones de dar, recibir y devolver.

---

[470] La expresión es de Lévi-Strauss.
[471] Mauss, *Ensayo sobre el don, op. cit.*, p. 173.

Sí, pero... si Lévi-Strauss tiene razón de criticar la elaboración de una teoría del intercambio a partir de un cimiento afectivo, no es, tal vez, el intercambio el que esté en cuestión, cuando intervienen las obligaciones de las que Mauss lleva el carácter obligatorio al *mana*. Si Mauss recurría al intercambio, para comprender las prestaciones de origen como relaciones simbólicas, tal vez, era por falta de una teoría adecuada, y se puede comprender su proposición de las obligaciones no como incapacidad para imaginar el intercambio, sino como la intuición de que hay que abandonar, al contrario, esta tentación y construir un concepto nuevo. El *mana* no es un cimiento afectivo para armar un simulacro de intercambio; es el producto de la estructura que revelan las famosas obligaciones. Estas no son reductibles al intercambio, como lo propone Lévi-Strauss. Su razón está en otra parte: la reciprocidad.

El intercambio está motivado por el interés que se dedica a las cosas mismas o por su valor simbólico. Está enfeudado a la posesión, si no a la acumulación. Otro es el don recíproco, en el cual el acto permanece prioritario en relación a la cosa. La privatización de la propiedad es recusada e igualmente el poder. El don no se encierra en la satisfacción de un interés privado y no se limita a un imaginario particular pero se abre hacia un sentimiento, un estado de gracia que, cuando tiene un rostro, se llama amistad.

Pero el intercambio a veces es llamado recíproco, ya que satisface el interés de cada participante. ¿En qué difiere, pues, de la reciprocidad? La reciprocidad implica el cuidado del otro, y ello a fin de establecer el *mana*, es decir, valores afectivos, tales como la paz, la confianza, la amistad, la comprensión mutua. El intercambio utiliza esos primeros valores humanos para hacer la economía de la violencia. La razón aconseja establecer la competencia de los intereses sobre la confianza, la paz y la comprensión mutua. El intercambio es una relación de intereses, aunque supone una reciprocidad mínima. Se comprende entonces que se pueda confundirlo con una forma de reciprocidad. El intercambio, como quiera, reinvierte el movimiento de reciprocidad ya que en vez de apuntar por el bien del otro, busca la satisfacción del interés propio. Es específicamente esa reversión, esta transformación de la reciprocidad en su contrario.

Los hombres en las comunidades de reciprocidad echaron el intercambio fuera de las murallas de la ciudad...

4. El *quid pro quo* histórico

Si se confunden las dos prestaciones y uno da para crear amistad o para establecer su autoridad de prestigio, creyendo que el otro también es un donador, mientras que éste no da y no reconoce la autoridad de prestigio, pero igual toma tanto como puede y devuelve lo menos posible, ya que interpreta toda prestación como un intercambio, necesariamente el *quid pro quo* tiene como efecto que los dos prestatarios actúen en el mismo sentido, transfiriendo los bienes materiales en beneficio del uno sin retorno para el otro. El occidental es el beneficiario de tales *quid pro quo*. Sella inmediatamente la acumulación, de la que es beneficiario, mediante la propiedad privada. La privatización de la propiedad le confiere una posición de fuerza frente a quien se rebelará al darse cuenta del «quid pro quo».

Los imperios de reciprocidad o de redistribución han desaparecido, pero el *quid pro quo* continua siendo eficaz a nivel de las comunidades domésticas. Y cuando el *quid pro quo* es desvelado, ya es demasiado tarde: las comunidades de reciprocidad están obligadas a adoptar el librecambio que domina todas las relaciones internacionales. Puede, por otra parte, asfixiar a todo pueblo que pretenda explorar una vía nueva. Para insertarse en el orden mundial y beneficiarse de conocimientos o riquezas de la humanidad, cada uno debe producir para el mercado de intercambio. Las sociedades de don son así forzadas a adoptar el librecambio. No tienen otra elección para sobrevivir. Destruyen entonces, ellas mismas, las últimas estructuras de reciprocidad, generadoras de sus valores y de su cultura, para sustituirlas por sistemas de producción de intercambio.

Mientras que, en el mundo occidental, el desarrollo del librecambio tiene una larga historia marcada de compromisos y compensaciones –la separación de lo religioso y lo político, la reserva de territorios a la reciprocidad por la costumbre y la tradición– en otras partes del mundo su advenimiento es brutal y produce el caos en los valores de referencia tradicionales.

La noción de *quid pro quo* parece incluso no tener pertinencia en las sociedades occidentales. Cada uno, en efecto, es donador–donatario e intercambiador, según las circunstancias, sin engañarse a sí mismo. Cada uno define un territorio mercantil de librecambio y un territorio reservado a la reciprocidad, una sociabilidad secundaria y una sociabilidad primaria[472]. En la primera, dominan la compra y la venta, la acumulación y la ganancia; en la otra, los dones obran al lazo social. No es cierto, en efecto, que el campo reservado sea solamente el de las tradiciones familiares o clanicas, ni que el sistema de librecambio no pueda concernir a la vida privada. Existen dones de alcance universal (el don de sangre, por ejemplo) y la intimidad puede ser monetizada como en la prostitución, pero, es cierto, que el intercambio comercial irriga la vida social, la reciprocidad, las relaciones de parentesco o de afinidad.

No hablaremos aquí de la confrontación de las sociedades, que conceden la preeminencia a la reciprocidad y enfeudan el intercambio, con las sociedades que proceden a la

---

[472] Cf. Alain Caillé, *Critique de la raison utilitaire. Manifeste du M.A.U.S.S.*, Paris, La Découverte, 1989.

inversa. Observaremos solamente que, en las sociedades en las que triunfa el intercambio, los hombres sufren por la reducción del campo de reciprocidad. Son mutilados del lazo social. Ciertamente, los consumidores del sistema capitalista desean la riqueza, esencialmente el dinero que permite enfrentar las necesidades o aún ejercer un poder, pero muchas de estas riquezas son adquiridas para nada. Un consumo importante revela un puro gasto, como si el reconocimiento social no pudiera ser obtenido sino de una relación de donador.

El mismo fenómeno, aunque inverso, aparece en los trabajadores explotados para quienes la plusvalía alienada es inconscientemente asimilada a un tributo −como si pagar una deuda imaginaria les permitiría ser reconocidos socialmente− y que esta ilusión sea preferible a la toma de conciencia de que el trabajo asalariado no tiene, para el sistema capitalista, sino un valor de cambio (de ahí la sobrevaloración del trabajo asalariado como factor de integración social). El sufrimiento por la pérdida del lazo social no es, finalmente, confesada sino cuando suena la hora de las cuentas. Cuando la exclusión final del mismo intercambio disipa toda ilusión.

5. Las dos economías

Encarar la articulación de la reciprocidad con el intercambio o la del intercambio con la reciprocidad, supone reconocer lo que es propio del don y lo que es propio del intercambio; supone reconocer la interfaz de los dos sistemas. Fuera de esta distinción, las perspectivas más generosas se hacen chicas y la confusión conduce al daño. Hay que sobrepasar el postulado según el cual no existiría sino una economía que prohíbe la alternativa y funda el pensamiento único. El término *plural,* que hace su aparición en muchas investigaciones recientes, debería poder dividir el concepto de que existe una sola economía.

Producir para donar es otro motor de la economía, diferente que el de producir para acumular. La acumulación de bienes y medios de producción es fuente de poder, pero la razón del don es otra. Es cierto que no aparece inmediatamente, lo que puede ser una dificultad. Se trata, primero, de instaurar la reciprocidad. *Do ut des*, doy para que tu des, porque la reciprocidad produce la amistad. La dimensión económica de esta invitación no se percibe sino en segundo lugar: la amistad, la justicia, la responsabilidad, exigen, para su propio nacimiento, las mejores condiciones de existencia para el otro y, por consiguiente, una economía que calificaremos de humana para oponerla a la economía natural de los primeros teóricos de la economía liberal.

Por economía natural, éstos entienden una economía fundada en el cálculo y la razón. Al ser llamada natural la razón del hombre, llamaron a la economía de librecambio "economía natural", en tanto que racional, pero a esta economía racional la enfeudaron al interés, le dieron como resorte una ley de la naturaleza. Para evitar esta humillación de la razón, han postulado que el hombre era, a la vez, animal (¡un lobo!) y dotado del sentido de la justicia, de la responsabilidad, por el otro, dotado de una conciencia de los valores más altos. Pero ¿de dónde les llega tal sabiduría?

Los hombres están en realidad a la búsqueda de relaciones que les permitan hacerse amigos, ser justos y responsables. Las descubren de manera empírica y las viven en el respeto de su cultura, de sus tradiciones, por las alegrías que les dan, pero las ignoran en su realidad objetiva. Recogen los frutos del árbol pero no conocen las raíces del árbol. Todavía no han sabido reconocer las estructuras que les permitirían construir a voluntad los valores de justicia, de libertad, de responsabilidad, a partir de los cuales es posible crear la abundancia para todos y el tiempo necesario para las obras del espíritu. Incluso están obligados a combatir los unos contra los otros para sobrevivir en condiciones cada vez más precarias, a pesar de que la ciencia ofrece los medios de asegurar la seguridad para todos ¡la paz y la vida feliz!

6. Las matrices de los valores humanos

¿Sugeriría este análisis el primado de la vida buena y la definición de un bien *a priori* según el cual deberían ordenarse las relaciones sociales, perspectiva que se califica a veces de aristotélica? El liberalismo, revisado y corregido por los principios de justicia[473] desea que se haga de la economía la definición de la vida buena para evitar enfrentamientos a los cuales conducen ideales diferentes: las guerras de religión.

Pero la filosofía de Aristóteles atañe más a las condiciones del bien soberano que a la definición del bien. Las condiciones del bien soberano son la *isotes*, es decir, una relación de reciprocidad equilibrada por la igualdad, y la *mesotes*, es decir, el «justo medio» entre contrarios, que Paul Ricœur traduce por la «justa distancia», lo que hemos señalado como lo contradictorio que da sentido a los opuestos. Aquí no hay ninguna definición del soberano bien.

Aristóteles constata, sin embargo, que el producto de la *isotes* y de la reciprocidad es la gracia (*charis*), y que cuando ese sentimiento nace en una estructura de cara a cara, se convierte en amistad (*philia*), ya que la gracia hace resplandecer el rostro del otro... Pero es cierto que si se deifica la gracia, que si se hipostasia la amistad, las divinidades se disputan el cielo y la tierra. Cada uno da su versión del bien... No se trata, pues, de apelar a valores trascendentales ni de fundar la economía o la política sobre la ética definida *a priori*, ni de sugerir un orden

---

[473] John Rawls, A *Theory of Justice* (1971).

de preeminencia entre los bienes. Se trata de tener la opción de engendrar esos bienes, la responsabilidad, la justicia, la amistad... por el reconocimiento de las diferentes estructuras que las producen. Nuestra atención debe dirigirse a las matrices de los valores.

Todo imaginario debe ser, pues, recusado en beneficio de las estructuras generadoras de valores. De la misma forma en que se le reconoce al intercambio, el producir valor de intercambio, y que uno se inquieta de que no sea capaz de producir la justicia, la amistad, ni siquiera la libertad, o que uno se interroga por saber a qué condiciones mínimas debería suscribirse para evitar llegar a lo peor, de la misma forma, debemos reconocer las diversas estructuras de reciprocidad, y los valores de los que son las matrices, e interrogarnos sobre las condiciones mínimas a ser respetadas para que cada uno pueda disponer de ellas con toda libertad.

*

6

EL MERCADO DE LA RECIPROCIDAD POSITIVA

1. EL ORIGEN DEL MERCADO DE RECIPROCIDAD POSITIVA

La extrapolación peligrosa de Adam Smith

Adam Smith dice:

En casi todas las especies animales, cada individuo que
llega a su crecimiento pleno es del todo independiente y,
mientras queda en su estado natural, puede prescindir de la
ayuda de toda criatura viviente. Pero el hombre casi
continuamente tiene necesidad de sus semejantes y sería
vano que esperara algo de su sola benevolencia. Estaría
más seguro de tener éxito si se dirigiese a su interés
personal y los persuadiera de que su propia ventaja les
ordena hacer lo que él quiere de ellos. Es eso lo que hace el
que propone a otro un negocio cualquiera; el sentido de su
proposición es este: "Dadme lo que necesito y obtendréis
de mí lo que vosotros mismos necesitéis". La mayor parte
de esos buenos oficios que son necesarios se obtienen de
esta forma. No es la bondad del carnicero, del mercader o
del cervecero que esperamos nuestra comida, sino del
cuidado con que cuidan sus intereses. No nos dirigimos a
su humanidad, sino a su egoísmo y nunca es de nuestras
necesidades que hablamos, sino de sus ventajas[474].

---

[474] Adam Smith (1776), *Recherches sur la nature et les causes de la richesse des
nations*. Paris: Gallimard, 2ª ed. 1976.

Ciertamente no tiene sentido discutir la opinión de Adam Smith: describe su sociedad, la de la clase burguesa en la Inglaterra de su siglo. Sin embargo, postula una continuidad entre los hechos observados y aquellos de los orígenes. Y, sin duda, a falta de información sobre el tema, extrapola:

> Como resulta que es, por tratado, trueque o compra, que obtenemos de los otros la mayor parte de los buenos oficios que nos son mutuamente necesarios, es esta misma disposición para traficar la que originalmente habría dado origen a la división del trabajo. Por ejemplo, en una tribu de cazadores o pastores, un individuo hace arcos y flechas con más celeridad y habilidad que otro. Trocará esos objetos con sus compañeros frecuentemente por ganado o caza, y no tardará en darse cuenta de que, por este medio, podrá procurarse más ganado o caza que si él mismo iría a cazar. Por cálculo de intereses, entonces, hace de los arcos y las flechas su principal ocupación y helo ahí convertido en una especie de armero. Otros es bueno para construir las pequeñas chozas o cabañas móviles; sus vecinos se acostumbran a emplearlo para este menester y a darle en recompensa ganado o caza, de manera que, al final, él encuentra que va en interés suyo dedicarse exclusivamente a esta necesidad y de hacerse de alguna forma carpintero y constructor. Un tercero se convierte de la misma forma en herrero o carbonero; un cuarto es el teñidor o el curtidor de pieles y de cueros que forman el principal vestido de los salvajes…

Pero ¿en qué parte del mundo encontraría Adam Smith una comunidad de cazadores que truequen su arco? En todas partes, el arco vive y muere con el cazador o se transmite de padres a hijos o de tíos a sobrinos.

Los reajustes de Étounga Manguelle y Édouard Gasarabwe

En «¿Tiene necesidad el África de un programa de ajuste estructural?», el sociólogo Daniel Étounga Manguelle[475], citando a Robert Dimi[476], dice cómo el arco obliga a su heredero al respeto de las costumbres de su primer dueño. Si el padre tenía la costumbre de cazar al alba o al crepúsculo, el hijo no podrá cazar a ninguna otra hora y deberá servirse del arco del padre toda su vida a despecho de otras técnicas que podría utilizar:

> La milenaria sabiduría africana, a imagen de la sabiduría Boulou (Sur del Camerún) es una sabiduría de la conservación de lo que hay, de la fijeza y de la in-usabilidad de las esencias. Es una sabiduría que excluye lo nuevo y lo inédito hasta tal punto que los mismos Boulou, cuando uno hereda un arco, que está considerado como indisolublemente ligado a su antiguo propietario, ocurre que el uso de este arco no puede hacerse sino en las condiciones y circunstancias análogas en las cuales lo usaba su precedente dueño. Si el difunto iba de caza únicamente al caer la noche, el heredero debe hacer lo mismo.

También Étounga Manguelle considera la herencia del arco como un mecanismo anti-económico en una economía de tipo occidental.

En otra economía, sobre todo en una economía de reciprocidad, el uso en cuestión esta dictado, sin embargo, por cierta performance: es al alba o al crepúsculo que cazar es más conveniente, y si el arco es preferido a otros instrumentos más

---

[475] Étounga Manguelle, *¿Tiene necesidad el África de un programa de ajuste estructural?*, Ivry-sur-Seine, Éd. Nouvelles du Sud, 1991.

[476] Robert Dimi, *Sagesse Boulou et Philosophie*, Paris, Silex, 1982.

eficaces, es porque le permite al cazador tener acceso a la presa allá donde otros crearían desigualdades, destruirían la reciprocidad o provocarían la extinción de las presas.

¿Le va mejor a Adam Smith con el ejemplo de los constructores y techadores de pequeñas chozas?

En su libro *El gesto Ruanda*, el antropólogo africano Édouard Gasarabwe dice:

> Sobre una colina de Ruanda, hace algunos años, antes de las divisiones étnicas y la cristianización, cada habitante podía contar con todos los otros: los trabajos de importancia, que amenazaban con durar mucho tiempo, unían a todos los hombres válidos para construir, incluso cultivar. (...)
>
> Se instala un *rugo* y se añade un *umuhana* a la colectividad. El *umuhana* se analiza de la siguiente manera: '*umu*': indicador de clase, '*ha*': donar, '*na*': '*y*' (...) partícula que expresa la reciprocidad al final de los verbos; la asociación entre los términos independientes. El *umuhana*, como dice su nombre, significa entonces el asociado, aquel con quien se intercambian dones[477].

Una reciprocidad de la que hay que tomar la medida: ella no liga a cada asociado al otro a cargo de desquite, sino a cada uno con todos los otros. Dejemos hablar al autor para expresar este matiz:

> La construcción –entre los Ruandeses– es en verdad un pacto. Como los compañeros de guerra que se juran asistencia y fidelidad en todas las circunstancias, en casa como en el extranjero, intercambiando su sangre simbólicamente, los habitantes de una colina concluyen un

---

[477] Édouard Gasarabwe, *Le geste Rwanda*, Paris, Union Générale d'Éditions 10/18, 1978, p. 243-244.

pacto tácito para la cooperación del que acabamos de
señalar los rasgos esenciales[478].

Es justo definir una categoría que dé cuenta de esta fusión
del espíritu del don de los unos y los otros. Esta forma de
reciprocidad, es el compartir.

El ejemplo del techador de paja sirve entonces mucho
mejor para la tesis «africana» que para la tesis «inglesa».

Se podría continuar así, ya que el ser herrero en África es
un estatuto que obliga a suministrar sistemáticamente la azada
a todos los cultivadores de la ciudad, por ejemplo, entre los
Balantes.

Y, si se fuese más lejos, el ejemplo del curtido de la piel
para el vestido contra el frío, también sería desafortunado para
Adam Smith.

Se diría que el autor inglés fue a tomar sistemáticamente
contra-ejemplos para construir un mito de origen que satisfaga
su prejuicio: la idea de que todas las sociedades del mundo
están construidas sobre el mismo principio: el interés privado.

Karl Marx no se privaba de ironizar sobre esas fantásticas
imaginaciones:

> El cazador y el pescador individuales y aislados, por los
> que comienzan Adam Smith y Ricardo, hacen parte de las
> bastas ficciones del siglo XVIII. (...) Se trata, en realidad,
> de una anticipación de la *sociedad burguesa* −dice Marx desde
> la primera página de la "Introducción a la economía
> política"− que se preparaba desde el siglo XVI y que, en el
> XVIII, marchaba a pasos de gigante hacia su madurez. En
> esta sociedad en la que reina la libre competencia, el
> individuo aparece despegado de los lazos naturales, etc.,
> que hacían de él, en épocas anteriores, un elemento de un
> conglomerado humano determinado y delimitado. Para los
> profetas del siglo XVIII −Smith y Ricardo todavía se sitúan

---

[478] *Ibíd.*, p. 244.

completamente en sus posiciones– este individuo del siglo XVIII –producto, por una parte, de la descomposición de las formas de sociedad feudales; por otra, de las nuevas formas de producción que se desarrollaron desde el siglo XVI– aparece como un ideal que habría *existido en el pasado*. Ven en él no un resultado histórico, sino el punto de partida de la historia, ya que consideran a este individuo como algo natural, conforme a su concepción de la naturaleza humana, no como un producto de la historia, sino como un dato de la naturaleza. Esta ilusión ha sido, hasta ahora, compartida por toda la edad moderna.

Lo sigue siendo. Incluso el redescubrimiento del antagonismo entre la economía de los Melanesios y la economía anglosajona por Malinowski; incluso el descubrimiento del antagonismo de la economía de todas las sociedades del mundo y de la economía de la sociedad occidental por Mauss, a principios del siglo veinte, no pudieron modificarla. Lévi-Strauss mismo anula la perspectiva abierta por sus predecesores cuando trata de arrimar la reciprocidad a una relación de intercambio, ya se trate de las mujeres, reducidas entonces a un estado de objetos o se trate de las palabras las que, como valores, habrían sido cosas preciosas que las primeras comunidades habrían intercambiado con precaución y respeto hasta que la fuerza de la costumbre impuso su uso.

No imagina que el sentido de la palabra pueda resplandecer como el valor ético de una relación de reciprocidad y que se pueda constituir como el nuevo sujeto de los individuos, nuevo en relación al sujeto biológico, nuevo en tanto expresión propia de humanidad. Más grave aún, los teóricos no dejaron de tratar de interpretar la reciprocidad como un intercambio primitivo para fundamentar la especulación de los economistas occidentales sobre el origen. Mauss mismo se demandaba cuál era la regla de interés que explicaría que los intercambios se presenten bajo la forma de dones y contra-dones. Del valor, que constataba que era lo que estaba en juego en el don y el contra-don, hacía no el producto de la relación, sino una propiedad del donador, una experiencia que comprometía en el juego de los dones como una inversión de la que el donador esperaría un interés. Marx observaba, sin embargo:

No es sino en el siglo XVIII, en la "sociedad burguesa", que las diferentes formas del conjunto social se presentan al individuo como un simple medio de realizar sus fines particulares, como una necesidad exterior. Pero la época que engendra este tipo de punto de vista, la del individuo aislado, es precisamente aquella en la que las relaciones sociales (que desde ese punto de vista revisten un carácter general) alcanzaron el mayor desarrollo que hayan conocido. El hombre es, en el sentido más literal, un *zoon politikon* (animal político), no solamente un animal social, sino un animal que no puede aislarse sino en la sociedad. La producción realizada fuera de la sociedad por el individuo aislado –hecho excepcional que puede a un civilizado transportado por azar a un lugar desierto y que ya posee en potencia las formas propias a la sociedad– es algo tan absurdo como lo sería el desarrollo del lenguaje sin la presencia de individuos viviendo y hablando *conjuntos*. Inútil detenerse más en ello. No hay ninguna razón para abordar ese punto, si esa tontería, que tenía un sentido y una razón de ser en la gente del siglo XVIII, no hubiera sido reintroducida muy seriamente por Bastiat, Carey, Proudhon, etc., en plena economía política moderna.

Pero ¿qué quiere decir *conjuntos*? La pregunta queda abierta. ¡Conjunto, ciertamente, no quiere decir conjunto de individuos aislados! ¿Cuál es entonces la estructura o las estructuras que les permiten a los hombres estar juntos y hablar comprendiéndose mutuamente, ya que se trata primero de eso: de comprenderse? ¿Cuál es el origen de esta sociabilidad primordial, en la que cada uno que reconoce en el otro la humanidad a la cual aspira, se preocupa de crear las condiciones de existencia de los unos y los otros en la paz y la seguridad, gracias a lo que se llama el mercado? ¿Sería la aptitud para traficar e intercambiar, como lo propone Adam Smith? ¿O bien la capacidad humana para inventar una nueva relación en la naturaleza, la reciprocidad? ¿Cuál es el origen de los mercados: el intercambio entre intereses privados, o la reciprocidad?

2. EL ORIGEN DEL MERCADO SEGÚN GUINGANÉ

El origen del mercado de reciprocidad positiva según la leyenda de los Mossi

En una conferencia que hizo sensación en África, Jean-Pierre Guingané[479] les da a los mercados un origen totalmente distinto al propuesto por Adam Smith, refiriéndose a la tradición de los Mossi (Burkina Faso):

> En el país de Moaga, es decir, entre los Mossi, no se sabe exactamente cuándo se instituyó el primer mercado. Algunos lo hacen remontar al reino del Mogho Naaba Zombré, que reinó de 1681 a 1744, cuya madre habría sido la iniciadora del primer mercado. Parecería que la gente venía a ver a su hijo porque éste daba audiencias y ella se apiadó de todos los que estaban sentados y que durante días y días no tenían nada que comer. Demandó autorización a su hijo para hacer galletas para que esa gente pueda comer. Y otros tuvieron, ciertamente, la idea

---

[479] Jean-Pierre Guingané, «Le marché africain comme espace de communication. Place et fonction socio-culturelles du Marché Africain» (El mercado africano como espacio de comunicación. Lugar y función socio-culturales del Mercado Africano), conferencia-debate al *Centro Lacordaire*, Montpellier, mayo 2001.

hacer el *dolo*[480], etc. Y, finalmente, he ahí el primer mercado que se creó. Y la actual ciudad de Ziniaré parece haber sido el lugar en el que se instaló el primer mercado del país Moaga. Hasta tal punto que es eso lo que dio su nombre a la ciudad Ziniaré. Ziniaré quiere decir "lo nunca visto". Y así, los otros Mossi venían a ver qué se vendía, se intercambiaba galletas por otra cosa, decían "nunca se ha visto eso". A fuerza de decir "nunca se ha visto" acabaron por dar el nombre de "nunca visto" al lugar. Así, pues, Ziniaré, ahora la capital de la provincia de Oubritenga y de la región de la Meseta Central de Burkina Faso, quiere decir "nunca visto". Y es el mercado que habría creado la madre del rey, que le dio su nombre.

Aquí el principio del mercado está claramente enunciado: asegurar el don de los víveres. Primero es distribución, una distribución manifiestamente gratuita, sin compensación, un don: el don de la madre del rey a la gente que venía a las audiencias del hijo, ya que esperaban y tenían hambre. El alimento es dado al que puede ejercer el derecho de la demanda legítima. Pero esta demanda compromete al demandante a la reciprocidad: *Y otros tuvieron ciertamente la idea de hacer el dolo*, etc. El mercado es el lugar en el que todo el mundo alimenta a todo el mundo. Es la reciprocidad de los dones generalizada. Es la obligación moral la que preside a la generalización, y esta obligación es el resultado de la reciprocidad, la comprensión de los unos y los otros del sentido mismo del don. La norma social de la necesidad de alimento permite entonces definir un equivalente general entre las diversas producciones. En todos los mercados del mundo se compra y se vende e incluso se intercambia, pero respetando un precio justo y no según la oferta y la demanda del mercado

---

[480] Bebida a base de mil que podría comparase a la bebida de bienvenida a base de mañoca que los Shipibo ofrecen a sus visitantes: el *masato*.

de librecambio o del mercado capitalista. El precio justo no depende aquí del más fuerte sino, al contrario, del más débil. ¡Lo nunca visto!, dice entonces la Tradición. ¡Sí! La naturaleza no conoce ni el don ni la reciprocidad. La naturaleza (la naturaleza física y biológica) produce abundantemente y tanto más abundantemente cuanto el riesgo de que todo se pierda es grande, pero ella no dona a nadie y tampoco conoce la demanda.

La humanidad sobrepasa las relaciones de fuerza entre los vivientes. Como observaba Peirce a principios del siglo pasado:

> A dona B a C. Ello no consiste en que A tire B y que B golpee accidentalmente a C, como la pepa de dátil golpea al Djinn en el ojo. Si sólo fuera eso, no sería una relación triádica auténtica, sino solamente una relación diádica seguida de otra relación diádica. El movimiento de la cosa donada no es necesario. Donar es una transferencia del derecho de propiedad. Y bien, el derecho es un asunto de la ley, y la ley es un asunto de pensamiento y significación[481].

Ciertamente, ya no empleamos los términos de diádico o triádico en ese sentido, pero la idea está clara. La Ley es una tercera instancia entre fuerzas opuestas. Y la significación se refiere a la Ley. Don y demanda exigen algo que no existe en la naturaleza: la comprensión mutua y ésta nace de la reciprocidad como Ley. Y es por ello que la reciprocidad es lo «nunca visto», desde el comienzo del mundo! Aquí, lo «nunca visto» es la generalización de la reciprocidad, anteriormente confinada al interior de las relaciones de parentesco.

---

[481] Charles Sanders Peirce, «On the Algebra of Logic: A Contribution to the Philosophy of Notation», *American Journal of Mathematics*, 7, 1885, p. 180-202.

Pero es también una reciprocidad simétrica, es decir, en la que cada uno dona de tal manera que el otro también pueda donar, como para que el equilibrio sea perfecto; perfección necesaria para que el sentimiento de humanidad engendrado sea tan puro como posible: el de una conciencia libre cuya eficiencia sea un verbo creador. Es el equilibrio lo que es requerido, sea inmediatamente (un cabrito por un cabrito), sea mediatizado por un equivalente simbólico o una prenda, el equivalente de la reciprocidad, la moneda de reciprocidad, una moneda que establece un lazo entre los unos y los otros que permitirá que se pueda separar la prestación recíproca en prestaciones complementarias: vender y comprar –como dice Jean-Pierre Guingané–, una reciprocidad que funda entonces una comunidad engrandecida por encima de las familias, los clanes y lenguajes... y que puede llamarse sociedad de mercado, pero entendamos bien: ¡de mercado de reciprocidad!

En la segunda narración de los orígenes a la que se refiere Guingané, se trata de los genios, espíritus divinos:

Otros piensan que el mercado ha existido en Ouagadougou [la capital] mucho antes de la llegada y la estructuración del poder Moaga. El Naaba por ejemplo que reinó de 1495 a 1518, de niño habría llegado a los mercados organizados por los habitantes de la zona de Dassasgho [hoy un barrio importante de la capital]. Para aquellos que han venido a Ouagadougou, Dassasgho es el lugar donde se encuentra el espacio cultural Gambidi, y Dassasgho significa, literalmente, "recaudador del mercado". Y cuando se pregunta a los viejos de este barrio cómo llegaron aquí, dicen que eran genios que descendían, de tiempo en tiempo, a través de un hilo, para mirar a los hombres. Y, un día, mientras estaban mirando, un tipo malvado cortó el hilo. Los genios no pudieron volver a subir a su cielo de genios. Entonces fueron a ver al jefe del lugar y le dijeron: "¡y bien! somos sus huéspedes forzados ya que no podemos volver a subir". Pero tenían una cualidad: comían mucho. Al cabo de 2 o 3 días, el jefe se cansó de alimentarlos y acabó por decirles: "vayan al mercado y saquen todo lo que quieran". Es así que este pueblo se convirtió en un barrio llamado Dassasgho. Y, tradicionalmente, si los jefes de Dassasgho se ponen a pillar los mercados, creo que eso va a crear un problema, pero el viejo jefe que viene a verme cada tanto, si va a alguna plaza, se hace reconocer como jefe de Dassasgho, puede tomar entonces todo lo que quiera, nadie puede preguntarle nada. Todavía hoy tiene ese poder. Solo que, como no están obligado a reconocerlo, creo que debe tener miedo de que se lo pegue antes de que se reconozca su identidad. Pero tiene ese poder hasta hoy. Me ha explicado que instaló en Ouagadougou 150 mercados desde que está en el poder. ¡150 mercados!

¿Robar, pillar, tomar, exigir el don, imponer el don puro al huésped, significan recordarle el principio del don como obligación de reciprocidad o, por el contrario, el rapto y el pillaje se refieren a otra dinámica de reciprocidad? Volveremos a hablar de ello.

Por el momento, interpretemos en el sentido regio: los espíritus, los genios, les vienen a decir a los hombres, perentoriamente: «¡Somos vuestros huéspedes!» Al comienzo es la hospitalidad, el don, incluso si está precedido por la demanda, ya que aquí es demanda de hospitalidad, la demanda del don: «Somos vuestros huéspedes, tenemos necesidad de ustedes, los forzamos a interpretar nuestra demanda como la del don». Los fundadores del mercado, del mercado de reciprocidad, recuerdan que, en el origen, el mercado es la hospitalidad, o que habiendo precedido la hospitalidad al mercado, el mercado debe ser la organización de la hospitalidad o aún de la reciprocidad. Es exactamente el sentido que la palabra hospitalidad tenía antes en la misma tradición occidental. Los pueblos indoeuropeos no se distinguen en ello de los otros pueblos de la tierra, más bien al contrario. En el mundo indoeuropeo, la hospitalidad significaba, según Benveniste, la reciprocidad, y las cosas iban aún más lejos, ya que el indoeuropeo conocía otro nombre para huésped, hoy conservado por el iranio.

Aryman es el Dios de la hospitalidad. En el *Rig Veda*[482], como el *Atharva-Véda*, está especialmente asociado al matrimonio. (...) Se verá en la continuación de esta obra que *arya* es la designación común y recíproca por la cual los miembros de una comunidad se designaban a sí mismos[483].

El nombre del hombre es el nombre de aquello mismo que nace de la reciprocidad: el dios de la alianza y de la filiación, para los ancestros de los mismos occidentales...

Cuando el rey está harto de redistribuir, invita a los genios a imponer a todo el mundo la hospitalidad de la que es el garante en el sistema de redistribución: la reciprocidad generalizada, no centralizada, es el mercado de reciprocidad. Y la obligación social, creada por la reciprocidad, se convierte en la responsabilidad para todos de alimentar a todos.

La leyenda sobre el origen del mercado de Ouagadougou opone entonces dos formas de distribución, la una centralizada: la Redistribución, y la otra el mercado, el mercado de reciprocidad. Las dos formas tienen el mismo paradigma del don y el mismo símbolo: la obligación de cada uno de alimentar al otro.

He ahí lo que nos recuerda eso que Lewis Hyde hizo evidente: el don es alimento (título de uno de los capítulos del maravilloso libro: *The Gift*[484]). Lewis Hyde dice que el don siempre debe ser consumido, utilizado, «comido». En los cuentos tradicionales, el don es un bien que perece. Es por ello que, a menudo, se lo llama «alimento», incluso cuando se trata

---

[482] El libro de los himnos más ancianos de los textos hindú llamados *Véda* (sabiduría).

[483] Émile Benveniste, *Le vocabulaire des institutions indo-européennes* (1966-1967), Paris, Éd. de Minuit, 1987.

[484] Lewis Hyde, *The Gift* (1983).

de bienes que nunca perecen. Hyde multiplica los ejemplos: en las Islas Trobriand, los donadores tiran a tierra los collares de conchas y los bronces (una forma de donar con desprecio, o desafiar al otro por no poder hacer lo mismo), diciendo: «He ahí una comida que nosotros no podemos comer». En el noroeste americano, las tribus indias llaman al *potlatch* «gran alimento». Mauss traduce el verbo *potlatch* por «alimentar» o «consumir»[485]. Utilizado como nombre, un *potlatch* es un «alimentador» o «un lugar en el que uno se sacia». Los *potlatch* comportaban bienes durables y el objetivo de la festividad era el de hacerlos perecer como si fueran alimentos. Las casas se quemaban, se rompían y se tiraban al mar los objetos rituales. Una de las tribus con *potlatch*, los Haida, llamaban a su fiesta el «asesinato de la riqueza». Decir que el don es consumido, comido, significa a veces que es verdaderamente destruido, pero más precisamente que el don perece para la persona que lo distribuye. En África, el verbo francés «comer» significa, hoy, recibir un salario, recibir de la Administración del Estado, ya que éste está asimilado a un poder de redistribución. En Camerún, se ha instalado un término que hace resaltar esta acepción de la economía política: la «política del vientre»[486].

El don es alimento para el que dona, pero desde entonces, no puede sino ser consumido por el que lo recibe: es la obligación de recibir. El don no deja de ser consumido: es consumido por uno al ser consumido por el otro. Lewis Hyde toma un lindo ejemplo prestado de Wendy James, antropólogo inglés. Si en la tribu de los Uduk del noreste africano se ofrece una cabra, es imposible transmitir esta cabra en intercambio por otras cosas, pero también es imposible guardarla para sacarle leche. Todo cálculo de interés es una injuria al don. La cabra debe ser sacrificada para ser comida. Entonces, el que

[485] Mauss, *Sociologie et Anthropologie, op. cit.*
[486] Jean-François Bayart, *L'État en Afrique: la politique du ventre*, Paris, Fayard, 1989.

recibe la cabra debe dar una fiesta... en honor del donador. He ahí por qué el don alimenta.

Pero el don es alimento en otro sentido. Lewis Hyde dice que el don siempre debe ser consumido, utilizado, «comido», pero que le da su nombre al donador. Y cita a Mauss, que nos recuerda que si alimentar se dice donar, donar también es nombrarse. Maurice Leenhardt observaba esta relación alimentar = donar = nombrarse, de manera sorprendente. Entre los Kanak:

> En toda ceremonia familiar, se prepara un pequeño montón de víveres, dispuesto cuidadosamente sobre hierbas rituales, y cuando todo está listo y decorado, la gente se dispone en un medio círculo y el orador se adelanta: esos víveres, dice, son nuestra palabra, y explica su razón de ser. No ocurre de otra forma con la ofrenda sacrificial. Así el don lleva en sí mismo su significación y la declaración que lo acompaña en varios rituales, es además un acto adicional[487].

El don es nuestra palabra, por él se hace reconocer nuestra naturaleza humana, uno se hace reconocer como aliado, como pariente, como ser viviente y donador. El don es el nombre del hombre cuando de la reciprocidad de los dones brota una conciencia común con la que se nombra al ser hablante. El don está investido de un valor simbólico: el valor producido por la reciprocidad.

La reciprocidad es la matriz de la función simbólica. Y es ahí que se crea el valor. Con este valor se nombra a lo viviente, al alimentador, al donador y, desde entonces, la palabra-don produce la reciprocidad al dirigirse al otro: ella es una orden (la orden de los genios, la orden de volver a dar so pena de morir socialmente). El que recibe el don recibe, inmediatamente, la orden de participar en la reciprocidad; ese

---

[487] Maurice Leenhardt, *Do kamo* (1947), Paris, Gallimard, 1985.

es el sentido del don (*do ut des*). Se comprende, entonces, que el demandador ¡demanda el don! E, incluso en los mercados tradicionales occidentales, no es raro escuchar al comprador decirle al vendedor: «dame... un pan, por favor» y añadir antes de cualquier reparo del vendedor, que le fijará el precio: «¡Y dígame cuánto le debo!». La venta es demandada como un don, y la demanda del don se acompaña por la obligación moral, inmediatamente reivindicada por el comprador, de pagar el precio justo. El comprador demanda el don para inscribirse en la estructura que socialmente lo autoriza a nombrarse con el nombre de hombre. ¡Y, sin embargo, ahí estamos en los mercados de librecambio! Incluso, en esos contextos, los hombres y las mujeres se vuelven espontánea e inmediatamente a la relación primordial de reciprocidad. Así el don alimenta el sentimiento de humanidad.

En un mercado de reciprocidad, se hace entonces imposible donar sin exigir reciprocidad. Un don que pretendería imponerse unilateralmente, sin respetar el principio de reciprocidad, sería sentido como una ruptura de relación, o sentido como una agresión, una violación del principio moral, una violación de la obligación a la que aspira el comprador, una injuria al sentido que la reciprocidad dona al don mismo y consecuentemente al contra-don. Un semejante don sin reciprocidad privaría al otro del derecho de volver a donar y a participar del sentimiento común producido por la reciprocidad. Sería un insulto a su humanidad y una ruptura del flujo vital que es la reciprocidad en la creación de referencias éticas comunes. Y es el olvido de esta exigencia moral de la reciprocidad que hace creer que los dones recíprocos son intercambios e incluso que sólo pueden ser intercambiados. Y ya que los dones son necesariamente seguidos de contra-dones, el olvido de la obligación moral, que impone la reciprocidad con el don, acarrea la confusión con la idea de que los dones... ¡están interesados en el contra-don! En realidad, los dones no dejan de ser donados como dones puros, aunque de manera obligatoriamente recíproca, so pena de ya no ser dones y transformarse en desafío o desprecio.

Si uno se encuentra en un sistema en el que predomina la reciprocidad centralizada, el don de todos alimenta el sentimiento común que entonces es único para todos. La ofrenda ritual, por otra parte a menudo una ofrenda de alimentos, representa el hecho de que el don alimenta el sentimiento de humanidad compartido por todos pero bajo un solo significante. La ofrenda alimenta el sentimiento que parece detentar este único significante y que, al ya no pertenecer propiamente a nadie, se llama entonces «Dios». El sentimiento de gracia parece recibido de más allá de cada uno y en una estructura centralizada parece venir del centro de la comunidad. El sentimiento creado por esta estructura centralizada es la gracia, a menudo considerada como alimento celestial... ¡He ahí por qué el don alimenta!

Esos diferentes sentidos de la palabra *alimentar* se relacionan con mismo principio: la obligación moral que Mauss puso en evidencia como el criterio de referencia de las economías de reciprocidad.

El alimento está ligado a la obligación de donar: la cosa donada perece como perece el alimento para el donador, pero alimenta su sentimiento de ser humano. El segundo sentido de alimentar está ligado a la obligación de recibir, ya que el donatario no puede derogarse al consumo del don, aunque esta obligación está ligada a la tercera obligación descrita por Mauss: la de volver a donar y para ello producir con qué volver a donar, con la reproducción del don que se convierte entonces en la obligación de un trabajo productor en el origen de la economía de reciprocidad.

Pero es importante reconocer que si el don reenvía a la producción del sentimiento de humanidad o de la gracia, él se expresa, concretamente, por la preocupación del cuerpo del otro y de sus condiciones de existencia. Cuando el Gran Hijo Kanak envía sus *ñame* al extranjero, diciendo: «he aquí nuestra palabra», es claro que la palabra es alimento espiritual, pero el *ñame* también es un símbolo que nos recuerda que se debe alimentar al huésped materialmente, protegerlo, calentarlo, abrigarlo, cuidarlo.

El hombre que ha dejado su hogar ya no está en condiciones de asegurar sus condiciones de existencia incluso si se presentó con la intención de instaurar una relación de reciprocidad en la que se crea el valor por la palabra y no para adquirir ñames. La relación material o económica está suspendida a la exigencia ética que implica el advenimiento de una nueva humanidad aunque es obligatoria. Es esta materialidad la que es incluso la fuente de la energía espiritual, la que nos recuerda los símbolos o rituales de la metamorfosis de los valores de uso en valor espiritual: la ofrenda y el sacrificio. He ahí por qué la reciprocidad es el advenimiento en la naturaleza de un umbral a partir del cual se descubre la espiritualidad y el horizonte de la cultura.

Las obligaciones descritas por Mauss son, desde entonces, el verdadero motor de la economía, y es la eficiencia misma del hecho de ser humano el que es mandamiento original.

Guingané dice todavía:

> A veces esta moral social hace "prohibiciones", como es el caso entre los Lobi, entre los cuales ello ocurre con lo que se llama los cultivos amargos, los productos como el mijo, que constituyen la base de la supervivencia alimenticia, y cuya venta está prohibida. En el país Lobi no se pueden vender productos básicos.

Esos productos están destinados a alimentar a la familia, los niños, el pueblo, y alimentar es donar. Los Lobi no ignoran el mercado de reciprocidad, pero para algunos víveres lo duplican por un compartir generalizado que instituye la gratuidad absoluta. Por otra parte, están confrontados, desde la colonización, a prácticas comerciales que no responden a las normas de la reciprocidad positiva y de las que hablaremos pronto con el mercado de reciprocidad negativa, mientras que la compra y venta se practican fuera de la comunidad Lobi. Es entonces imposible vender en un mercado semejante, en el que se practican otras prestaciones que aquellas de reciprocidad positiva, con bienes que deben ser donados. El mijo es un alimento que no puede ser intercambiado...

Lo prohibido del que hablan los Lobi dice de la génesis de la Ley pero bajo una forma negativa, como la prohibición del incesto dice de la obligación de reciprocidad exogámica de manera negativa: tú no puedes producir para ti, así como no puedes esposar a tu hermana. Pero con mayor razón, no puedes intercambiar a tu hermana. Es posible aliarse de manera recíproca, como es posible distribuir de forma recíproca el *ñame* o el mijo, pero no es posible intercambiar el *ñame* o el mijo, así como es imposible intercambiar una hermana. Eso es porque la reciprocidad no tiene por finalidad la adquisición de una esposa o de mijo, sino la satisfacción del deseo del otro para construir una humanidad común de referencia.

3. DE CLAUDE LÉVI-STRAUSS A KARL POLANYI

Lévi-Strauss, el teórico del intercambio, fue el primero en reconocer esta imposibilidad de intercambiar una hermana, en su célebre controversia con Frazer que se preguntaba por qué, en las organizaciones dualistas, uno no puede casarse con una prima paralela pero solamente con su prima cruzada. ¿No son idénticas? En tanto que objetos de consumo sexual, o como fuerzas de trabajo o matrices de fuerza de trabajo, en tanto que objetos de intercambio, cualquiera sea en definitiva el valor de cambio invocado a su respecto, si no su función social, ¿acaso no son iguales? ¿Por qué la prohibición concierne a las primas paralelas?

Y Lévi-Strauss responde: sólo puede haber reciprocidad entre las familias que no son idénticas entre sí. Por ejemplo, en el régimen patrilineal, la hija del hermano de la madre es una extranjera, puesto que lleva el nombre de un padre extranjero, así como la hija de la hermana del padre: son primas cruzadas. La hija del hermano del padre lleva en cambio el mismo nombre y se la llama paralela. Entre dos nombres idénticos, no puede haber alteridad, por tanto reciprocidad, por tanto alianza matrimonial. Para que haya reciprocidad, primero debe haber alteridad, como lo recuerdan incansablemente todas las tradiciones. Y, sin embargo, Lévi-Strauss se detiene a medio camino. Reconoce como primera a la reciprocidad, pero como una regla para… ¡justificar intercambios pacíficos!

Lo que, según él, está prohibido sólo es el librecambio. Para Lévi-Strauss, la diferencia del otro no sería un requisito sino para poder intercambiar su producción con la del otro de forma recíproca: entonces propone considerar las alianzas matrimoniales como intercambios recíprocos entre los hombres. ¿Pero por qué esta reciprocidad? Lévi-Strauss salva la teoría del intercambio así: los hombres intercambiarían las mujeres de manera recíproca para establecer la paz entre ellos.

En vez de ser el medio que relativiza la identidad de cada familia para abrir un espacio sin determinaciones, en el que pueda desplegarse una conciencia de conciencia libre de sí misma, libertad que se llama, para los unos y los otros, con el nombre de humanidad, la reciprocidad sólo sería una especie de regla psicológica que cada uno aplicaría al otro para asegurarse de un intercambio cuya contraparte satisfaría al otro participante o le garantizaría una satisfacción futura. Y, por supuesto, la condición más racional o más segura para que sea satisfecho es entonces la estricta igualdad de los intercambios o aún la identidad de la cosa intercambiada cuando los intercambios alternan en tiempos diferentes. Y bien, ¡he ahí lo que permite la regla de reciprocidad! «El intercambio recíproco de mujeres» sería así el paradigma del intercambio:

Ya que el matrimonio es intercambio, ya que el matrimonio es el arquetipo del intercambio –insiste Lévi-Strauss– el análisis del intercambio puede ayudar a comprender esta solidaridad que une el don y el contra-don, el matrimonio a los otros matrimonios[488].

Y el intercambio recíproco en cuestión estaría dictado entonces por el temor al otro y la necesidad de seguridad. De Hobbes a Lévi-Strauss, es el temor al otro el que funda la teoría occidental del intercambio. Para todas las otras teorías – llamadas «indígenas» por Lévi-Strauss– los que funda la sociedad humana es la revelación de ser humano, de la que la reciprocidad es el principio.

Volvamos a los mercados: si el mercado respeta la prohibición del incesto de comida ¿no es él el nombre de la reciprocidad generalizada?

Pero si se olvida cómo se producen los valores humanos, las prestaciones materiales aparecerán encastradas en normas y representaciones que parecerán preestablecidas, encofradas en un imaginario que puede enmascarar las matrices originales...

La ignorancia deja cernirse una duda: si sus matrices son ignoradas, sólo se puede plantear la pregunta ¿pero de dónde vienen esos valores, de dónde vienen esas normas?, y ¿qué significan esos altares o esos rituales, esos sacrificios y esas ofrendas?

Más grave aún, la ignorancia de las matrices autoriza a prestar a los valores el mismo origen que al imaginario en el cual se expresan, y a descalificarlas cuando esos imaginarios son sobrepasados por la modernidad.

¿No es entonces de la mayor urgencia el reconocer el origen de los mercados de reciprocidad, en vez de extrapolarlos a partir de observaciones destinadas a dar el

---

[488] Lévi-Strauss, *Les Structures élémentaires de la parenté*, p. 554

primado a la teoría del intercambio? ¿No es tiempo de reconocer que es el hecho de ser humano el que es la forma y razón de los mercados de reciprocidad y no el interés privado? Nada, en el origen, obliga al hombre a producir bienes materiales, ya que para su subsistencia está tan asegurado por la naturaleza como todo otro ser biológico. Todos los animales son carnosos. La única necesidad de producir, para el ser humano, es simbólica. La producción para sí fue, sin duda, golpeada en todas partes por la misma prohibición que el incesto. La producción material es así, desde el origen, una producción para el otro. El sentido de la economía es el de ser humana y, entonces, toda mercadería es una palabra y no a la inversa.

Si la reciprocidad es el medio de producción de sentimientos que no son la propiedad de nadie sino la humanidad de todos, y si tales sentimientos se expresan por representaciones colectivas, tales representaciones deben ser respetadas por todos, y es lógico que se acompañen de prescripciones e interdictos.

Desde entonces, cada uno puede confiarse a la eficiencia de la palabra sin hacer intervenir las condiciones de su génesis. Sin duda esa es la razón por la que nadie se inquieta por esta génesis. Así, la Redistribución parece un principio: la expresión del Rey, y poco importa que su motivación esté engendrada por la reciprocidad centralizada. Y la reciprocidad llamada segmentada parece igualmente un principio, sin que sea necesario tomar en cuenta que valores de libertad, de responsabilidad y de justicia sean la razón de ello, y que cada uno de esos valores sea el fruto de una estructura de reciprocidad particular. ¿De dónde vienen entonces los valores invocados por cada uno o dichos por el Rey, si no se conoce su matriz? Hay que suponer un origen exterior a la reciprocidad misma: los genios, el parentesco divino del rey, o la cultura emergente de la historia o de las formas más organizadas de la vida.

La reciprocidad, entonces, está desconectada de esos valores y privada de razón. Desde ese momento, el análisis teórico no llega a disociar la reciprocidad del intercambio: en efecto, al separar la reciprocidad de los valores que ella produce, no encuentra más que prestaciones imposibles de diferenciar de los intercambios recíprocos. Hay que darle otra razón a esas prestaciones llamadas intercambios recíprocos y no puede ser, por tanto, sino la razón del intercambio: el interés.

En el mejor de los casos se reconocerá que el don transforma al otro en asociado y confiere al producto dado, en la virtud simbólica de testimoniar de la bondad para desarmar al adversario y llevarlo a la conciliación, pero tal efecto estará ordenado por el intercambio. Y si se reconoce, aún, un rol a la reciprocidad, será la función de autorizar la comprensión, siempre y cuando esté ordenada según el éxito de los intercambios y la satisfacción de los intereses de los unos y los otros. Parece, luego, racional medir la eficacia de las inversiones de los unos y los otros en términos de rentabilidad. Los economistas, pero también los antropólogos, están llevados a pensar que los valores éticos, sobre todo cuando están expresados en imaginarios particulares o tradicionales, son obstáculos a la génesis de precios objetivos y al desarrollo de la economía de librecambio, ya que desequilibran, por sus exigencias, la confrontación rigurosa de la oferta y la demanda.

En realidad, en los mercados de reciprocidad, la demanda no se reduce a la demanda tal como es concebida en el sistema capitalista, es decir la demanda interesada, por ello es una demanda más amplia: la demanda de que el otro se considere como un donador, lo que supone, para aquel que demanda, la obligación de dar a su vez, es decir, la obligación de reciprocidad.

El donatario que demanda sabe entonces que pagará la cosa demandada a su precio justo, ya que en ello se le va su humanidad. Y es, justamente, a la humanidad del panadero, al contrario de lo que cree Adam Smith, que uno se dirige cuando le pide pan, ya que se supone pagarle bien y que uno exija de sí mismo dar a su vez lo que uno debe.

La costumbre lo dice claramente: *Dame un pan, por favor, y dígame cuánto le debo*. Ya se trate de reciprocidad, o de que el consumidor rechace el intercambio estricto, o de que trate de restablecer una relación de reciprocidad en un sistema de intercambio, o de que disfrace el intercambio por reciprocidad para no parecer inhumano, se trata siempre de crear por lo menos un poco de humanidad. La demanda se inscribe desde entonces en otro contexto diferente que la sola competencia de intereses privados. La demanda satisface una necesidad, cierto, pero ella se inscribe muy a menudo en la reciprocidad, para ser humana.

Así se comprende que ir al mercado, para satisfacer una demanda motivada por la necesidad, es una gestión que se inscribe en una relación de reciprocidad en la que el precio, es decir el equilibrio, se obtiene no por una relación de fuerzas, sino por la preocupación de vivir el sentimiento de ser humano.

Es lo que observaba Aristóteles:

> todos o casi todos aspiran a lo bello pero más bien prefieren lo útil. Es que es bueno hacer el bien sin espíritu de retorno, pero es útil recibirlo[489].

*

---

[489] Aristote, *Étique à Nicomaque*, VIII, 15, (1162 b 34).

7

EL MERCADO DE LA RECIPROCIDAD NEGATIVA

1. EL ORIGEN DEL MERCADO DE RECIPROCIDAD NEGATIVA

Hemos discutido acerca del mercado desde la perspectiva de los dones recíprocos, pero no hemos discutido sobre el mercado desde la perspectiva de la competencia. En un sistema de reciprocidad de dones, sin duda, más valdría hablar de emulación antes que de competencia, ya que ésta es un resorte esencial de la máquina productiva capitalista. En el sistema de reciprocidad del que hemos hablado hasta ahora, la emulación está ordenada según el bien común. Cuando los hombres descubren las condiciones de su libertad, no paran, en efecto, de reproducirlas y luchan entre sí para ser los primeros en esta producción. Ganan autoridad moral y prestigio social.

Sin embargo, la cuestión de la competencia no está zanjada con la emulación, ya que el hombre no está siempre en situación de ser competitivo para ser el mayor donador. Aún es necesario que tenga los medios de producir y, por tanto, de donar. No se puede, entonces, pasar por alto la cuestión de la rareza que invoca la teoría liberal para justificar la fábula de la guerra de todos contra todos (es necesario, en efecto, que algo sea raro para que sea codiciado por unos y otros). Así, los partidarios de esta tesis presumen que, desde el origen, algunas cosas eran raras en relación a la demanda, de donde la codicia de unos y otros y una violencia generalizada a la cual el intercambio hubiera puesto fin.

Pero ello es ignorar, sin embargo, que en todas las sociedades humanas, la violencia también fue dominada por la reciprocidad. La parte agredida constataba fácilmente que disponía de un equivalente virtual del bien perdido, un sentimiento de venganza del que también podía constatar fácilmente que desaparecía una vez que la venganza se cumplía. Y bien, la reciprocidad permite a dos adversarios reconocerse como dos detentores de una conciencia que es tanto la del agresor como la del agredido; y la cuestión viene de elegir entre este reconocimiento de un valor común, nacido de la confrontación entre dos violencias dominadas, y el no reconocimiento de este valor, con la guerra sin otro objetivo que el de aniquilar al enemigo para conservar el dominio de los bienes.

En la reciprocidad, que relativiza la violencia de cada uno por la del otro, aparece un sentimiento común, como en la reciprocidad de los dones, que permitirá a cada uno llamarse, para el otro como para sí mismo, un «hombre prestigioso». Los hombres, en todas partes, eligieron inscribir la violencia en la reciprocidad. El que domina la violencia por la reciprocidad es incluso reconocido como un héroe, es decir, libre de todo tributo a la naturaleza primitiva. Son incontables las comunidades humanas que se refieren a un héroe fundador de ese tipo.

Para empezar, reinaba el cazador, que afrontaba la naturaleza bajo el modo de la recolección. El cazador ignoraba la acumulación o la propiedad privada. En cambio, no ignoraba la reciprocidad bajo una forma precisa: el compartir. Se dice a menudo que el cazador no puede consumir su presa. La dona a los otros mientras que recibe una parte de la caza de ellos. Ese tabú sobre su propia caza indica que el hombre se llama hombre por la institución de la reciprocidad, contra la ley de la naturaleza, ya que las bestias consumen su propia presa. ¡Siempre la misma antinomia entre la reciprocidad y el interés privado! Esa es una de las grandes lecciones del cazador: ¡la de la prohibición del incesto de comida, al nivel de los alimentos, a nivel de los víveres!

Pero ya el cazador interpelaba la naturaleza como partícipe de la reciprocidad negativa. En América, los Enawenê Nawê[490], pueblo indígena de Mato Grosso brasileño, nos cuenta Bartomeu Melià, imaginaban que antes los peces devoraban a uno de los suyos, a su *primer hijo bien amado*, y que así fueron habilitados para la venganza... desde esos tiempos, cada año, construyen sobre un río afluente del Amazonas un gran dique, atravesado por agujeros, en los que disponen las redes. Cuando los peces vuelven de desovar, quedan atrapados en las redes. Una venganza de todos modos relativa, ya que cuando la pesca es suficiente, se destruye el dique y se destruyen las redes... Se hacen secar a los peces pescados. Entonces el ritual es admirable: cada pescador da un pez con una mano a un pescador y con la otra mano a otro pescador hasta que todos los pescadores hayan dado un pez a cada pescador y recibido un pez de cada pescador. Los niños llevan los peces dados por su padre y vuelven con los peces ofrecidos por los otros[491].

Esta pesca moviliza la mitad del pueblo, y cuando esta mitad vuelve a casa, sus miembros se disfrazan con máscaras de follaje. Así se convierten en espíritus de la floresta o espíritus de venganza, ya que vuelven de una guerra con los peces,

---

[490] «*Enawenê Nawê*, es lo más usual y correcto. se descompone de la siguiente manera: *Ena*: hombres; *wenê*, he aquí; *Nawê*: auténticos: He aquí los hombres auténticos, verdaderos» –dice Melià: «Uno de los rituales principales de los Enawenê-Nawê, llamado *Yaokwa* o "Fiesta de los Espíritus", dura unos siete meses. Este ritual fue reconocido por la UNESCO como Patrimonio Cultural Inmaterial de la Humanidad en 2011, e incluido en la lista de aquellos que requieren medidas inmediatas de salvaguarda». Bartomeu Melià, Estancia entre los Enawenê-nawê del Mato Grosso do Sur, Brasil (1977-1980), Centro Cultural de España "Juan de Salazar", Asunción del Paraguay, Mayo de 2016.

[491] Ver a ese respecto el documental de Virginia Valadão: «*Yãkwá o Banquete dos Espíritos*», Centro de Trabalho Indigenista, São Paulo, 1995.

regida por la reciprocidad negativa. La otra mitad del pueblo se figura que es asaltada, saca las lanzas y simula aceptar un combate, pero los asaltantes muestran los peces secos y los ofrecen, mientras los otros deponen las lanzas y van a buscar calabazas llenas de vino de mandioca.

Con la naturaleza, la violencia fue convertida en reciprocidad negativa: los hombres toman los peces porque un pez comió uno de los suyos, pero enseguida esta reciprocidad negativa se convierte en reciprocidad positiva cuando los pescadores, disfrazados de espíritus de venganza retornan al pueblo y ofrecen los peces. Inmediatamente, la reciprocidad positiva reemplaza a la reciprocidad negativa.

Ese ritual da sentido a lo real, ya que los peces acumulados servirán de alimento hasta el próximo año, con cada familia ofreciendo dicho alimento a todas las otras, cada una a su vez. En esta comunidad no es posible comer de su propia producción de forma egoísta: ya que eso, es incesto de comida.

Tomo esta alusión a las tradiciones de los Enawenê Nawê para disipar el error muy frecuente que consiste en confundir el intercambio y la reciprocidad. Con cada uno que ha recibido un pez del otro y habiéndole dado a su vez un pez, se podría decir: he ahí el principio del intercambio que los Enawenê Nawê aprenden, y poco importa que sea con pez por pez o pez por mandioca. Recordemos, pues, el principio del intercambio: está regido por la codicia de lo que el otro posee. Pero si el otro sólo posee algo idéntico a lo que uno posee, el hecho de que lo posea añade a esto un carácter esencial: es de él. Y es de esta posesión de la que se puede estar celoso.

Nada autoriza esta interpretación, en el ritual: los pescados están escondidos bajo las máscaras de follaje, las calabazas de cerveza están bajo los techos de malocas e incluso los hombres están disfrazados de espíritus de la floresta.

Lévi-Strauss fundó el intercambio en estos celos, al observar ese mecanismo en los niños que, en un estado precoz, dicen *es mío*. Y el antropólogo concluyó:

Lo que es desesperadamente deseado, sólo lo es porque alguien lo posee.

Luego, siempre según Lévi-Strauss, ante la resistencia del otro, el niño aprendería a satisfacerse con una igualdad que lo conduciría a alcanzar su turno mediante la siguiente reflexión: *si no puedo ser supremo, debemos ser iguales.* En otros términos, prosigue Lévi-Strauss:

> La igualdad es el más pequeño común denominador de todos esos deseos y de todos esos temores contradictorios[492].

El intercambio se convertiría entonces en el principio según el cual se puede obtener algo del otro evitando el enfrentamiento. La necesidad de seguridad sería la razón por la cual cada individuo consentiría al intercambio con otro. En esta perspectiva, ninguna creación tiene valor humano.

A ello podemos oponer que el niño que dice «es mío» dice pronto, y muy pronto: «¡toma!» y así aprende a donar para ver lo que produce donar. Y bien, el niño se desinteresa del objeto que dona para repetir incansablemente el gesto de donar, hasta vaciar vuestros cajones de todos los cubiertos y vuestros armarios de sus vajillas porque siente que en el acto de donar y recibir hay más que en el objeto dado. ¿Qué es este más? Es eso lo que nos importa, pues es por lo menos el sentimiento de integrarse a un orden de relaciones que pertenecen a la socialización del que sus padres testimonian por la palabra, ya que en el seno de esta reiteración de donar y recibir aparece inmediatamente el campo de la palabra que nombra el sí mismo y el otro mediante las dos primeras personas del verbo dar, luego nombra las cosas que están comprometidas en el don.

---

[492] Lévi-Strauss, *Las Estructuras elementales del parentesco, op. cit.*

Las cosas donadas son percibidas por los sentidos que recibirán, al ser donadas y recibidas, un sentido nuevo en relación a su uso y que es de orden simbólico. Esta relación de reciprocidad es, pues, la matriz del lenguaje. No es nada, y allá no estamos en una relación de intercambio, sino en una relación diferente, o antinómica, a la del intercambio, y que hay que llamar de otra forma, so pena de confusiones interminables...

El ritual de los Enawenê Nawê es incluso explícito al respecto. Son los niños los encargados de llevar los pescados de los unos a los otros. Son así introducidos en el campo de la reciprocidad. Pero la respuesta social, a la que están invitados a participar, no es, como lo pretende Lévi-Strauss, el deseo de poseer («el deseo de poseer es primero y sobre todo una respuesta social. Y este respuesta debe ser comprendida en términos de poder o más bien de impotencia» –dice Lévi-Strauss, que explica que los celos responden «a una necesidad primitiva: la necesidad de seguridad».)

Nada de ello: el niño tiene seguridad cerca de su padre y cada vez que recibe un pez, recibe también una designación de aquel a quien debe darlo, lo contrario de apropiárselo y, si aprende a donar, es para aprender a hablar.

Uno puede interrogarse entonces sobre aquello en que se convierte la reciprocidad de venganza cuando está situada en el nivel del lenguaje, y que lo que está en juego ya no son la vida entera de unos u otros sino únicamente riquezas materiales o simbólicas... Es aquí que interviene entonces lo que llamo el mercado de reciprocidad negativa.

En todos los mercados, o casi, se observan competiciones que parecen asemejarse a la concurrencia, ya que están ordenadas a partir de la adquisición de bienes. En algunos mercados tienen lugar palabreos entre compradores y vendedores, que no parecen preocuparse por la necesidad del otro sino por la propia, cada uno tratando de obtener del otro las condiciones más favorables, aunque, a veces, llega a ser solamente un juego –lo que es una forma de reciprocidad negativa sublimada. Entonces, no se puede invocar la preocupación por el interés del otro como el motor de la transacción. Parece que sería el interés propio el que motiva las discusiones. Es necesario, pues, considerar lo que está en juego en esas discusiones.

Bartomeu Melià lo examinó en América. En Paraguay – constata él– los Guaraní practicaban antes la reciprocidad positiva pero también la reciprocidad negativa, la reciprocidad de venganza. Y bien, hoy en día, la palabra guaraní *tepy* significa «paga» y «venganza».

> Los ejemplos que ilustran la semántica del término giran en torno de los significados de rescate y liberación (...). Transferida hacia la cultura cristiana, la palabra tomará una significación como la siguiente, siempre según Montoya, así: *Ñande Jára guguy pypé ñande repy* = "Nuestro Señor nos redimió, rescató, libró con su sangre". Esa venganza es el pago de un precio y es el precio en sí: *ahepy enói* = "dale su precio"; *Hepy mirï* = "tiene poco precio". La misma palabra significará también venta, de la cual se traen ejemplos, inscritos ya en el contexto colonial (...). De hecho, en el guaraní paraguayo, lengua indígena que es hoy expresión de una sociedad no indígena que desde hace siglos ha adoptado la economía de mercado, el término *tepy*, pasó a significar "precio" y "mercadería". *Hepy eterei* = "es muy caro, tiene mucho precio", que retrotraído al significado antiguo vendría a significar "su venganza es muy grande". Si el *tepy* como venganza lo aplicaron también a paga, a precio y a venta, es porque hay una analogía fundamental en el campo de lo que hoy llamamos economía. El que se venga es como el que pone precio, el que rescata, y el que libera mediante paga. Quien paga un precio acepta la venganza del otro, pero dispuesto a cobrarse a su vez su propia venganza[493].

---

[493] Bartomeu Melià y Dominique Temple, *El don, la venganza y otras formas de economía guaraní*, Centro de Estudios Paraguayos "Antonio Guasch", Asunción del Paraguay, 2004, p. 144.

La observación de Melià permite aprehender el comercio, la demanda, la oferta e incluso la acumulación, de forma completamente diferente de aquella cuya economía política la considera desde la costumbre adoptada más bien en las sociedades capitalistas. El acto de venta y el de compra aparecen, en efecto, como una relación de tomar (la compra) y de ceder (la venta) –donde la demanda precede a la oferta– como una agresión inmediatamente redoblada por la venganza de aquel que cede: esta venganza es el precio.

El que sufre la primera injuria dispone de un alma de venganza y puede instaurar el rescate. De ahí la queja eventual de aquel que está sometido a este rescate cuando éste es considerado muy alto. Al pagar el precio, en efecto, se convierte, a su vez, en agredido y adquiere, a su vez, un alma de venganza que le permite reivindicar el tomar ventaja y de ahí la discusión, que tiende entonces al equilibrio de la reciprocidad, hacia la reciprocidad equilibrada. ¿Pero no se está aquí en lo que llamábamos el palabreo, el regateo, es decir, el juego de una demanda y de una oferta entre dos interlocutores?

El precio final aparece entonces como el valor creado por la relación de reciprocidad negativa. Se convierte en el símbolo de esta relación. El palabreo parece ser la interlocución por la cual se trasciende la reciprocidad negativa en lo real (rapto y contra-rapto), para instituir la reciprocidad en el lenguaje.

La reciprocidad negativa instituye un lazo privilegiado entre el comprador y el vendedor, que obliga al vendedor, a su vez, a ser el comprador de su comprador. La relación de reciprocidad acopla entonces a cada comprador a su vendedor, y la variación del precio pagado en relación al precio anunciado, conduce a construir un precio aceptado (y la desigualdad, si la hay, será a su vez revertida –como dice Melià– cuando el comprador se convierta en vendedor: la relación de reciprocidad negativa implica, en efecto, que cuando el vendedor se convierta en comprador de una mercancía, de que su comprador es su depositario, se dirige por preferencia a él bajo pena de falta moral).

La discusión tiene por objeto una palabra que expresa el sentimiento nacido de la reciprocidad entre el vendedor y el comprador. Más precisamente, la reciprocidad negativa engendra un sentimiento mutuo que sitúa a los protagonistas como sede de una palabra que busca su verdad (el precio justo). Se imagina entonces cómo está tejido el mercado de la reciprocidad negativa: mercado de relaciones personalizadas, creadoras de valores éticos y no tributario de la ley del más fuerte.

La reciprocidad negativa induce a una teoría del precio, ya que desde que se instaura entre el comprador y el vendedor, lo que tiene lugar, en su discusión, tiende a un equilibrio en el que el interés está sometido a un valor reconocido por los dos participantes como el sentido mismo de la transacción. La transacción puede tener por objeto la satisfacción de las necesidades de uno u otro de los asociados, la satisfacción de uno será sentida como una obligación moral por uno y otro. Basta imaginar que cada uno compra y vende a un socio diferente para encontrar la estructura del mercado que ya hemos encontrado con la reciprocidad positiva de tipo ternario, lo que implica que la discusión sea pública, condición realizada en los mercados. En el mercado de reciprocidad negativa, es la reciprocidad la que crea el precio justo.

En un imaginario común, la transacción de reciprocidad negativa determina un precio para una mercadería M, pero es el mismo procedimiento el que determina el precio de cada mercadería, de suerte que se pueden igualar las mercaderías entre sí: $M = A = M'$. En un procedimiento semejante, la moneda deber ser considerada como un instrumento de medida, como una unidad de cuenta. El interés privado no prima sobre la obligación de reconocer la necesidad del otro como la razón social de la transacción, y es la razón −la razón práctica, diría el Filósofo− la que dicta finalmente su conclusión a la discusión, incluso si esta solución tiene en cuenta la superioridad de uno u otro, o del imaginario al que cada uno recurre, y que pueden no ser necesariamente compatibles entre sí, ya que, en ese caso, la reciprocidad invertirá las posiciones en otra transacción en la que el vendedor será el comprador y el vendedor el comprador.

Pero basta imaginar que cada socio compre y venda a un socio diferente para reencontrar la estructura del mercado que ya hemos encontrado con la reciprocidad de tipo ternario. El mercado, decía Guingané, es el lugar en donde nace y se alimenta la palabra: y por lo tanto el precio justo, que se obtiene en una relación de reciprocidad, binaria o ternaria, positiva o negativa, entre el comprador y el vendedor.

Si queremos escribir en términos marxistas la ley del mercado de reciprocidad negativa, tenemos que formularla así: el comerciante que compra una mercadería la revende con un precio de venganza (A-M-A'), pero cuando comprará de su comprador la mercadería de ese, aceptará el precio de ese, A" (su venganza). Para ese último, la fórmula es entonces: A'-M'-A". Pues hay que tomar en cuenta la reciprocidad subrayada por Melià: «Quien paga un precio acepta la venganza del otro, pero está dispuesto a cobrar a su vez su propia venganza». La diferencia A'-A tiene que ser igual a la diferencia A"-A', de tal manera que la fórmula del mercado de reciprocidad sea una relación de igualdad: A-M-A'=A'-M'-A".

Vemos, sin embargo, que basta romper la reciprocidad e instaurar una frontera de propiedad (la privatización de la propiedad), para que la formula (A-M-A'/A'-M'-A") pueda ser cortada en dos (A-M-A') (A'-M'-A"). Y cada una de estas fórmulas siendo independiente de la otra, alcanza entonces aquella del Capital (A-M-A'). La competencia capitalista se sustituye enseguida a la reciprocidad negativa.

¿Qué significa esta ruptura? Significa el fin de la reciprocidad y en consecuencia la suspensión de la génesis del valor, cuya matriz es la reciprocidad, y de su expresión en el *precio justo*. Pero, en cambio, inicia la libertad de cada uno hacia los demás y le permite imaginar el crecimiento de su beneficio en su solo interés, aún en desmedro del interés ajeno: el provecho.

Si la relación de compra y venta es recíproca, se debe hablar de reciprocidad negativa. Este comercio no parece reducible a aquel de la economía capitalista, ni tampoco al librecambio. Insisto en esta diferencia porque los investigadores que reconocen que el intercambio no puede provenir de la reciprocidad de dones podrán imaginar que el intercambio proviene de la reciprocidad negativa. En mi opinión, esta idea es tan falsa como la idea de hacer proceder el intercambio de la reciprocidad de dones. Pues no es lo mismo contar como botín para acrecentar su capital los raptos o robos perpetrados hacia otros, que contar las venganzas de tales raptos o robos cuando están destinado a establecer o restablecer el sentimiento de ser reconocido por el otro como concurrente de reciprocidad o como miembro de una misma comunidad.

Las redes mercantiles de reciprocidad negativa tienen otra finalidad que la sola acumulación de las riquezas. Primero establecen valores humanos, tal como lo hacen los mercados de reciprocidad positiva. Y se empeñan luego en transformar la reciprocidad negativa practicada con el exterior en reciprocidad positiva dentro de la comunidad.

2. EL INTERCAMBIO Y EL MERCADO DE RECIPROCIDAD NEGATIVA

Para evitar la guerra, más precisamente las guerras de religión, entre ideales o imaginarios irreductibles, es necesario que el interés por el otro no esté forzado por una definición *a priori* de la humanidad, o por valores que ya estarían constituidos, sino que se inscriba en una relación de reciprocidad. La reciprocidad apela, en efecto, a cada uno de sus protagonistas a relativizar su punto de vista por el del otro, en beneficio de un espacio de libertad propicia a la aparición de valores compartidos. El interés superior que prevalecerá desde entonces, ya no será el del uno o el otro, sino aquel que podrá ser atribuido simultáneamente tanto al uno como al otro. Un tal interés superior es el bien común, un parentesco espiritual, un sí mismo irreducible a la identidad del uno o del otro. Como desaparece desde que se rompe la reciprocidad, a menudo es desplazado a una potencia sobrenatural. En realidad, según la estructura de reciprocidad considerada, es sentimiento de amistad, de justicia, de responsabilidad, etc.

La reciprocidad no es solamente la matriz del sentimiento de humanidad, sino que, desde que también es la vida específica de «lo mejor del hombre» ‑como dice Aristóteles‑ la inteligencia. La reciprocidad se convierte en matriz de sentido por todo lo que pone en juego entre sus participantes.

En la reciprocidad de los dones, la cosa donada se convierte en un símbolo: el don es una palabra silenciosa, palabra de amistad, de paz, de alianza... Pero si la reciprocidad es la matriz de la comprensión, si le da sentido al don, ella le impone su ley, es decir, a quien dona, de aceptar, a quien recibe, de donar... las famosas *obligaciones* redescubiertas por Marcel Mauss.

¿Es la reciprocidad de los dones un principio de economía política?

En las sociedades supuestamente más próximas a las sociedades de origen, la reciprocidad moviliza todas las actividades de la vida: alimentarse, sanar, proteger... Para entrar con el otro en relación de reciprocidad, hay que tener en cuenta, en efecto, sus condiciones de existencia. Además del principio, retenido por los economistas del librecambio, del interés propio, existe otro principio de organización política que induce a una economía, ya que para donar hay que producir.

Si la esfera de la circulación está regida por dos principios, que se reducen al intercambio y la reciprocidad, ocurre lo mismo con la de la producción: la mayor parte de los seres humanos producen más para donar que para poseer.

¿Deriva el intercambio de la reciprocidad de los dones?

Algunos autores tratan de hacer aparecer el intercambio como una nueva forma de reciprocidad, lo que resulta en interpretar la reciprocidad de los dones como una forma arcaica de la economía. La tesis reposa en la idea de Marcel Mauss de que las comunidades de origen mezclarían relaciones objetivas y subjetivas, materiales y espirituales. Con el tiempo, esas prestaciones llamadas prestaciones totales se escindirían en relaciones intersubjetivas, de reciprocidad pura, en la base del derecho y la moral, y relaciones objetivas sometidas al interés propio de los individuos. Una vez hecha la paz y establecida, por la reciprocidad, la confianza, los hombres podrían dar libre curso a todos sus deseos y restaurar el primado de su propio interés. A partir del siglo XVIII, el intercambio se impone, en efecto, en las sociedades occidentales. Las transacciones ya no son consideradas para engendrar los valores humanos, sino, cada vez más, por el valor de cambio cuyo estatuto se precisa: el intercambio ya no es un término medio entre dos mercancías, sino un poder de acumulación que permitirá, pronto, definir a los unos y a los otros, para su ventaja, el precio del trabajo de los otros. Aristóteles distinguía el intercambio para la ganancia, del intercambio para el servicio a la comunidad; pero si ya en la Antigüedad, la ganancia era echada fuera de los muros, o confiada a los parias, como indigna de un ciudadano, ahora es justificada como principio moral, suponiéndose que hace la felicidad de los ricos, además de mejorar, también, la condición de los pobres. Para Adam Smith, por ejemplo, por mucho que el rico construya palacios y haga solo buena comida, debe apelar a los obreros y pagarles, de manera que la producción entraña, a pesar suyo, una cierta redistribución:

una justificación del sistema capitalista que Marx analiza con más rigor...

El intercambio y la reciprocidad negativa

La tesis de Mauss, sobre el origen del intercambio, no trata de una forma de reciprocidad tan antigua como la de los dones, sin duda tan importante como ella: la «reciprocidad negativa», llamada aún «reciprocidad de venganza». Sin embargo, el que la reciprocidad de venganza y la reciprocidad de dones tengan un rol comparable en las sociedades primitivas, es algo que se muestra fácilmente por el hecho de que las compensaciones y los acuerdos, que sirven de prendas para fijar las deudas de la una y la otra, son a menudo idénticos.

Y bien, en ciertas comunidades de reciprocidad, sometidas por la sociedad occidental al librecambio, son los términos de la reciprocidad negativa los que introdujeron las categorías de la venta y la compra. Por ejemplo, en la lengua guaraní, el término *tepy* vino a significar «precio» (*Hepy eterei*, «es muy caro», se traduciría por «tu venganza es muy grande», si uno se referiría al sentido original de *tepy*.

«El que impone su precio es como aquel que se venga» – observa Melià[494]. Desde que se disipó el *quid pro quo* colonial entre el don y el intercambio, los Guaraní interpretaron el intercambio con los colonos como un sistema de venganza: «La palabra *tepy*, según Montoya (*Tesoro*, 1639, f. 381v-382.), significa *paga* y *venganza*» – recuerda Melià.

---

[494] Bartomeu Melià, *El Guaraní conquistado y reducido. Ensayo de etnohistoria*, Biblioteca Paraguaya de Antropología, vol. 5, Asunción, Centro de Estudios Antropológicos de la Universidad Católica (1986), 1988.

Que el intercambio económico pueda interpretarse más fácilmente en términos de reciprocidad negativa que de reciprocidad positiva, hace problemática la idea de una evolución continua desde las relaciones de reciprocidad de dones a las de intercambio económico. Parece, sin embargo, posible revertir esta duda redoblando el argumento evolucionista: la competencia de intereses privados sería una forma evolucionada de la reciprocidad de venganza, y el intercambio una forma evolucionada de la reciprocidad de dones.

Pero esta manera de ver tropieza con la siguiente dificultad: en la reciprocidad negativa, hay que haber sufrido una injuria, afrenta, violencia, robo o asesinato para tener derecho a una venganza. La primera ofensa es accidental o, dicho de otra forma, es imposible justificar el primer asesinato. El desafío da cuenta, a su vez, de que para engendrar el honor hay que padecer antes de actuar o, más bien, sufrir para poder actuar; aceptar una violencia con el objeto de adquirir un espíritu de venganza. También hay que prohibirse aniquilar al adversario, ya que hay que poder volver a pedirle la ofensa inicial. Que la reciprocidad de venganza exija sufrir antes de actuar, que exija aceptar un asesinato para matar, antes de inaugurar un ciclo de asesinatos creadores de sentido, está explícito en el código de venganza de los Georgianos montañeses, que Georges Charachidzé considera como los detentores de las fuentes y las tradiciones del Cáucaso:

> Entre los Georgianos, al contrario, solo el contra-asesinato, que desencadena la vendetta es tenido por lícito; no se tiene el derecho a matar si el partícipe no ha matado ya. Pero el primer asesinato mismo es siempre considerado como accidental cualesquiera sean las circunstancias[495].

---

[495] Charachidzé, « Types de vendetta au Caucase », *op. cit.*, p. 83-105.

No podría decirse mejor que el imaginario de la venganza es el de la muerte subida antes que el de la muerte donada. Pero para el vengador que sobrevive, nada impide contar las muertes sufridas (por los suyos) por las venganzas consumadas, ya que ello es materializar su conciencia de venganza en un acto que autoriza la reproducción del ciclo y, consecuentemente, el crecimiento del ser del guerrero. Esta dialéctica del asesinato es la matriz del *kakarma*, el sentimiento de humanidad en los Shuar del Perú y de Ecuador, y es una dialéctica comparable la que engendraría el sentimiento de lo divino en los Tupinambá del Brasil...

La reciprocidad de venganza (el talión) aparece como el medio de atajar la violencia y de sojuzgarla al honor −el valor equivalente al prestigio engendrado por la reciprocidad de dones. No es, pues, lo mismo contar los raptos o robos perpetrados en los otros como botín para acrecentar su capital, que no contar como justificadas sino las venganzas de tales raptos y robos, ya que restablecen el sentimiento de ser reconocido por el otro (a título de guerrero o de enemigo).

Se encuentra, entonces, la misma antinomia entre la competencia de los intereses privados y la reciprocidad de venganza, que entre el intercambio y la reciprocidad de los dones. Están orientadas diametralmente en sentido inverso incluso si puede parecer que, en términos contables, sus resultados sean idénticos. La competencia tiene, ciertamente, necesidad de una reciprocidad mínima para existir, pero invierte en su contrario a la reciprocidad negativa: en vez de que la violencia se justifique para aquel que sufre la injuria, ella se justifica para aquel que toma la iniciativa... La interpretación por las sociedades de reciprocidad del intercambio como reciprocidad negativa no significa, pues, que pueda deducirse la una de la otra.

Las confusiones del intercambio y de la reciprocidad de dones

Aunque todos tengan la experiencia de la producción para el don, por ejemplo los padres por los hijos, las familias aliadas por una relación matrimonial las unas por las otras, etc., la razón de la economía de reciprocidad es más difícil de explicitar que la razón de la economía del intercambio, ya que no faltan las ocasiones de confusión.

1) Si el intercambio se ordena, según el interés bien comprendido de cada uno de los participantes, supone, con todo, una reciprocidad mínima que permita la comprensión mutua y sin la cual la confrontación de los intereses privados podría resolverse por el enfrentamiento. El intercambio requiere, en este punto, de la reciprocidad como su condición, tanto que Lévi-Strauss propuso incluso la idea de que sea su razón. Así, también creyó poder ordenar la prohibición del incesto según el intercambio de mujeres. Hay que precisar, entonces, que el intercambio cambia el sentido de la reciprocidad a la inversa, ya que las prestaciones económicas ya no se efectúan en el interés por el otro sino en el interés por sí, y la paz o la comprensión mutuas ya no son el objeto de la relación sino un medio para adquirir bienes.

La simetría entre esos movimientos inversos puede, a su vez, ser confundida con una relación de reciprocidad, ya que ella está correlacionada con la misma preocupación de obtener del otro una mayor ventaja por la paz que por la guerra. Se trata, esta vez, de una correlación entre las tentativas de subordinación del reconocimiento del otro a su interés privado. Adam Smith, Karl Marx, Marshall Sahlins, por ejemplo, llaman al intercambio el robo recíproco, y Sahlins lo llama reciprocidad negativa, pero pronto veremos que es necesario corregir esta aproximación.

2) Si el donatario se siente obligado a volver a dar, y el donador a recibir el contra-don, está también el riesgo de confundir esta obligación con la obligación que ejerce el interés privado en el corazón del intercambio. Marcel Mauss mismo se presta a esta confusión cuando imagina que si el sentimiento del primer donador no se alimenta de un contra-don, se muda en un espíritu de venganza que significaría, según él, el alma del donador. El don, en realidad, es libérrimo, pero se inscribe en una relación de reciprocidad que obliga al donador a donar, al donatario a recibir y volver a donar, y al donatario, a su vez, a recibir bajo pena de que el don no tenga sentido y no pueda, entonces, ser entendido como un gesto libérrimo. Mauss observa, entonces, la sustitución de la venganza por la reciprocidad de los dones y la interpreta como el cuidado por preservar su propio ser, si no su interés. Mauss reduce el bien común de los unos y los otros al imaginario de ambos. Sitúa el origen del bien común en el imaginario de los individuos, en vez de hacerlo nacer de las relaciones de reciprocidad. Los valores son imaginados como constituidos, antes de las relaciones entre los hombres, mientras que son esas relaciones, justamente, las que constituyen de esos valores. ¿Se imaginaría el primer donador ser el garante del sentimiento de humanidad, y parecería este perjudicado por el no retorno del don? Es, sin duda, el punto de vista de los indígenas a los cuales se refiere Mauss. El no retorno del don significa, en efecto, la destrucción de una estructura de reciprocidad y traduce el rechazo del donatario de reconocerle al donador su acceso al título de humanidad. La venganza se interpreta, inmediatamente, como otra estructura de reciprocidad, ya que el contra-asesinato da sentido a una violencia tal contra la humanidad del donador: los protagonistas podrán, efectivamente, reconocerse como enemigos a falta de reconocerse como amigos. La venganza puede, entonces, ser interpretada como el interés de cada quien de ser reconocido como humano (el interés superior de Adam Smith). Pero un sentimiento tal de humanidad es

también un bien común que no se reduce al imaginario del primer donador.

3) En fin, si los dones recíprocos tienden a satisfacer las condiciones de existencia, de los unos y los otros, y si el intercambio satisface las condiciones de existencia, de los unos y los otros, el resultado final parece el mismo, de suerte que un experto en la economía de intercambio, que mide y compara entre sí los bienes materiales, se considera habilitado para reducir la reciprocidad a un intercambio. Que la reciprocidad promueva entre los participantes un lazo social de amistad, de justicia, de responsabilidad, de confianza, etc. (según la estructura de reciprocidad considerada), valores que no se cuentan en cantidades materiales, le parece, entonces, dar cuenta de una disciplina fuera de su competencia. Ya no se trata, aquí, de confusión entre intercambio y reciprocidad, sino de una reducción de la reciprocidad al intercambio que mutila la economía de su humanidad.

El principio de equivalencia y el mercado de reciprocidad

La reciprocidad de los dones y el intercambio conducirán a principios de regulación económicos diferentes: la equivalencia de reciprocidad y el equilibrio de la oferta y la demanda. El principio de equivalencia significa que la producción de cada uno se adapta a las necesidades de todos. El compartir es la práctica más común para definir la cantidad que cada uno debe a otro. En los mercados de reciprocidad, el compartir cede el sitio a la reciprocidad generalizada, con cada uno que dona a asociados aliados y recibe de otros asociados.

En la reciprocidad generalizada prevalecen dos sentimientos: el sentimiento de responsabilidad y el sentimiento de justicia.

Como si aquello que se debe y puede dar a cada uno variara según las comunidades, los equivalentes de reciprocidad varían igualmente, pero las comunidades tienden a la reciprocidad entre sí, y los equivalentes de reciprocidad más comunes se convierten pronto en referencias para el mercado: las monedas de reciprocidad. Sin embargo, el valor se traduce en prestigio, y ya que el prestigio es proporcional a la generosidad del don, los donadores más prestigiosos serían los más desposeídos si el ciclo no se reprodujera sin cesar, con los donatarios invirtiendo para dar más. Toda interrupción del ciclo por acumulación privada destruye el sistema. En las comunidades de reciprocidad, el que acumula, en detrimento de la circulación de dones, puede ser considerado no solo un ladrón sino un criminal. ¡Se comprende que la antinomia, entre librecambio y la reciprocidad, resulte a veces en violencia! Por otra parte, si los mercados de reciprocidad sólo están abiertos a los asociados que respetan sus reglas, estos imponen, igualmente, el respeto de los valores elegidos por sus comunidades; una elección que puede parecer un constreñimiento, sobre todo cuando esos valores se expresan en un imaginario exclusivo. La moneda de reciprocidad (los *cauris* africanos, las nueces de cola…) permite esquivar esos constreñimientos, ya que pueden corresponder a equivalencias totalmente diferentes, pero importa subrayar la dimensión cultural de esos mercados que los hace irreductibles los unos a los otros y que justifica que sus relaciones sean controladas por contratos de naturaleza política. Sin el reconocimiento explícito de sus especificidades culturales, esos mercados se desorganizan en provecho del librecambio. Pero en ausencia de una teoría de la génesis de sus valores, esta justificación puede significar que cada uno se arrogue una autoridad en función de su imaginario sobre la ética, una pretensión discutible…

Si la comunidad parece una frontera que desacelera la circulación de mercancías, en el interior del mercado de reciprocidad, el principio de las equivalencias asegura, al contrario, una gran fluidez, a la inversa del mercado de librecambio, donde el interés favorece la circulación general de mercaderías, y las desigualdades constituyen otros tantos obstáculos al desarrollo general.

En las sociedades no-occidentales, la reciprocidad es el resorte más importante de la circulación y de la producción de bienes. El principio de equivalencia domina al de la oferta y la demanda. En este sentido, los mercados de los Andes son típicos al estar divididos en varias secciones en las que se practica el trueque y en otras la reciprocidad, lo que ilustra muy bien el hecho de que un comerciante debe incluso cambiar de traje cuando cambia de sección; en una vestido a la occidental, para el intercambio, y en otra con su poncho tradicional, para la reciprocidad...

Donde se practica la reciprocidad, el que ofrece su producción se cuida de indicar la equivalencia; luego, añade una parte de don (la *yapa*). El don puede ser proporcional a la importancia de la transacción y a la calidad del cliente. Este último llama inmediatamente a su asociado *casero* o *casera* (miembro de la casa, familiar). Cuando se ve actualmente esto en África, se constata lo mismo, ello comprendido cuando la transacción es efectuada por poblaciones que sólo del comercio hacen oficio, como los Diula, en los que el don de amabilidad se llama *condo*. La prestación es ocasión de largas discusiones, «palabreo» que giran tanto en torno al precio del objeto, como a la estima recíproca que están a punto de brindarse los implicados. Y si el don es parsimonioso, el que adquiere se queja por no ser amado. En las costas africanas, en las que el mercado debe confrontarse con el librecambio, el don se hace simbólico, pero significa más la pena por no poder inscribirse en la lógica de la reciprocidad que un convite al intercambio. Incluso en los mercados occidentales, en los que el librecambio se impone y la competencia domina, el don de amabilidad testimonia, a menudo, de que es tan importante para el comerciante el tener relaciones de amistad con sus clientes como el satisfacer su interés monetario. El que los mercados de reciprocidad no tengan la misma finalidad que las bolsas de cambio, es algo que se ve fácilmente: en los primeros, los productores, comerciantes y clientes, se presentan los unos a los otros, entablan entre ellos relaciones a menudo festivas: en el mercado de Ouagadougou (Burkina Faso), la fiesta es perpetua, con cada barrio que la organiza por turno. Los hombres y las mujeres se muestran y para ello se adornan, a veces magníficamente, ya que tienen el sentimiento de poner en juego su dignidad y sus valores morales. En los mercados africanos, las mujeres jóvenes van allá a «mostrarse». Y, en los mercados andinos, los mayores van para «dar el tipo». En las bolsas de cambio, al contrario, solo cuentan, hoy, las transacciones monetarias, y los hombres aparecen lo menos posible, considerándose todo lazo social como un obstáculo para la fluidez de las especulaciones financieras.

La articulación del don y del intercambio: el quid pro quo histórico

¿Es importante el matiz del don de amabilidad? ¿Qué quiere indicar un tal don si no pone sino muy ligeramente en causa la igualdad material, tan bien realizada, tanto por el intercambio como por la reciprocidad? Si en la economía de intercambio de lo que se trata es de vender lo más caro posible, en tanto lo permita la competencia, una producción obtenida al menor costo posible, y si en la de reciprocidad cada uno trata de poner la producción más cualificada al alcance del otro, la estructura del precio engendrada por esas dos motivaciones es opuesta, que es lo que trata de significar el don de amabilidad.

¿Pero no actúa la competencia como para hacer bajar los precios y el intercambio, con tal que sea concurrente, no tiene entonces el mismo resultado que la reciprocidad de los dones? Se percibe que el resultado no es idéntico cuando los dos sistemas están articulados el uno en el otro, ya que las dos motivaciones de la apropiación privada y del don se añaden para transferir los bienes materiales a favor del intercambiador en detrimento del donador.

La noción de intercambio desigual, invocada en el marco de un análisis marxista tradicional para explicar la transferencia del valor en beneficio de los occidentales, sería del todo pertinente, sin duda, si todos los productores trabajaran para el intercambio, pero resulta ser, por lo menos en parte, inadecuada desde que algunos de ellos producen para la reciprocidad. En el intercambio desigual, el más favorecido se enriquece en detrimento del menos favorecido, contra la voluntad de este último. Al contrario, el donador contribuye voluntariamente al enriquecimiento del intercambiador, en tanto que lo considere como otro donador. Es lo que llamo el quid pro quo histórico, que parece un motor muy poderoso de lo que se llama el subdesarrollo…

La crítica clásica sostiene que el donador está, en realidad, forzado por el intercambiador.

El reconocimiento social y el precio justo

En el altiplano andino se cuenta la historia de una muchacha que llevaba sus huevos al mercado local. Sus caseros los revendían en la capital. Ella respondió, a la sugerencia de un economista occidental de vender todo a mejor precio a una empresa comercial de la capital: «¿Quiere que nadie me reconozca?» La razón de la reciprocidad aparece claramente: crea valores éticos de los que emerge el sujeto de cada uno, como humanidad. En la primera fila de los valores producidos, está el reconocimiento social, pero también la amistad: se citará a esas mujeres de Senegal que venden en el mercado los peces pescados por los hombres. Como una de ellas se beneficiaba de la pesca de numerosos hijos y estaba aventajada, los economistas europeos le hicieron notar que podía invertir fácilmente en un barco de mayor tonelaje, a lo que ella respondió que así, no sólo pondría en problemas a los otros pescadores, sino que perdería a sus amigas. Es una respuesta que se escucha a menudo en los mercados de reciprocidad.

En la primera fila de los valores producidos por la reciprocidad, se debe poner, con todo, el sentimiento de justicia: en las manifestaciones populares contra la pobreza en los Andes, se advierte esta exigencia: «queremos un precio justo». El precio justo no hace alusión a ninguna reivindicación salarial frente a la patronal. El precio justo es el precio que se puede aceptar para el producto necesario y no el precio impuesto por el que está en posición de fuerza. Está, pues, determinado por el principio de equivalencia y no por el equilibrio de la oferta y la demanda. La reivindicación del precio justo es la de una reciprocidad generalizada.

Como quiera, la búsqueda del precio justo tropieza hoy con una paradoja. La eficiencia de la técnica, puesta al servicio del sistema capitalista por la ciencia y la eficiencia de la acumulación del capital, conducen a que el precio de una producción motivada por el provecho sea inferior al precio de una producción idéntica en un sistema de reciprocidad, y esta paradoja desanima a la reciprocidad. La apuesta de la economía de reciprocidad es, entonces, la de afirmar la necesidad de los valores éticos universales y de negociar una interfaz entre las territorialidades respectivas del intercambio y de la reciprocidad, en función de los valores que desea producir la sociedad.

8

LA RENTA BÁSICA UNIVERSAL

1ª publicación: «L'allocation universelle est un don nécessaire»,
Portal web du *Revenu de base*, 4 avril 2013.

*

Los análisis concernientes a la Renta Básica Universal RBU o Renta Básica Incondicional (RBI)[496] pueden tener una u otra de las dos finalidades: liberar un espacio de producción para el intercambio o la reciprocidad.

1) En el marco del intercambio, lo que es cedido debe ser medido con el mismo rasero de lo que es ganado, según el principio de que cada parte no actúa, respecto a las otras, sino en su propio interés. Es lógico de imponer un trabajo en contra parte de la Renta Básica Incondicional: se trata entonces de un ingreso mínimo.

Ya que es a través del trabajo que se participa en la sociedad, la reinserción debe ser asociada al Ingreso Mínimo, cuando no ser su objetivo principal, bajo pena de que ello resulte en una pérdida de dignidad. Sería entonces legítimo

---

[496] En estricto sentido, la Renta Básica Universal es un monto de dinero que se entrega de forma periódica y sin condiciones, a todas las personas residentes de una comunidad para garantizar su subsistencia económica. Es decir, la RBU es universal, individual, suficiente e incondicional.

considerar el Ingreso Mínimo como una ayuda a la reinserción social[497].

Pero la cantidad de trabajo remunerable, no deja de disminuir, y la reinserción no es posible, a su vez, si el trabajo no es liberado por los asalariados mismos por la reducción del tiempo de trabajo. Si se mantiene al asalariado en pleno empleo, se traslada al exterior del mundo del trabajo el tiempo liberado por las máquinas: la exclusión se desarrolla. Los asalariados prosiguen entonces la lucha para que sea compensada la alienación del trabajo por una redistribución justa, y la disminución del tiempo de trabajo.

La dificultad es que no es el trabajo el que es raro, lo es el trabajo remunerado, y compartir el trabajo asalariado, conduce a la precarización de las condiciones de trabajo.

Finalmente, uno puede imaginar que el ingreso mínimo de inserción sea el inicio de una libertad para crear nuevas empresas y, por tanto, más empleos. Se promueve el intercambio de servicios, antes asegurados por el don y la reciprocidad en la esfera de las relaciones de parentesco o de alianza. El ingreso mínimo de inserción puede ser un «avance sobre las potencialidades de intercambio»[498].

2) La segunda categoría de investigaciones consideran la renta básica universal en el marco de la reciprocidad. La renta básica universal puede ser considerada como algo que es debido, de modo incondicional, con dos argumentos:

a) El argumento de Paine: ya que la naturaleza le ofrecía al hombre los medios inmediatos de su existencia, la

---

[497] Ver Jean-Marc Ferry, « Revenu de citoyenneté, droit au travail et intégration sociale », *La Revue du M.A.U.S.S.*, n° 7, 1er sem. « Vers un revenu minimum inconditionnel? », Paris, La Découverte, 1996.

[498] Yoland Bresson, « Le revenu d'existence: réponses aux objections », *La Revue du M.A.U.S.S., op. cit.*

sociedad debe ofrecerle al menos el equivalente[499], lo que, en una sociedad de intercambio, se expresa por cierto poder monetario.

b) La sociedad ha creado un patrimonio colectivo que debe ser transmitido a cada generación de forma igual[500].

La renta básica universal puede ser considerada entonces como un don, y desde este punto de vista, debe ser un don de los medios de producir el don, ya que de otra forma no satisface sino la buena conciencia del donador y hace perder la cara al donatario. Un don de los medios de producción del don debe permitir al beneficiario volver a donar, según sus capacidades, para merecer una dignidad social[501].

Ya que por mucho que tenga consigo la ley moral, esta tesis tropieza con la indiferencia de los economistas del librecambio, que no responden más que para satisfacer la libertad de donar según sus capacidades, habría que imaginar máquinas que liberen al hombre de trabajos penosos produciendo gratuitamente las riquezas necesarias. Pero es eso justamente lo que permite considerar la técnica moderna.

Como, en esta hipótesis, la producción de máquinas satisface las necesidades materiales, la producción de los beneficiaros de la renta básica universal deberá ser inmaterial, en la esfera cultural.

---

[499] Thomas Paine, « La justice agraire opposée à la loi et aux privilèges agraires » (1796), citado en *La Revue du M.A.U.S.S.*, *op. cit.*

[500] Cf. Jean-Luc Boilleau, en *La Revue du M.A.U.S.S.*, *op. cit.*

[501] Cf. Alain Caillé, en *La Revue du M.A.U.S.S.*, *op. cit.*

¿Cómo conciliar las dos perspectivas?

La reciprocidad ya es el motor de una parte importante, aunque no inventariada, de la actual producción, pero está escondida y explotada por la razón de que va en menoscabo del interés.

Será difícil persuadir a los investigadores que leyeron a Marx de que el trabajo alienado no es el valor central de las relaciones humanas, ya que es a partir de las luchas sociales respecto al trabajo alienado por el librecambio, que se construyó la sociedad moderna. Las fuerzas sociales se movilizan para la redistribución de los frutos del trabajo asalariado.

Sin embargo las condiciones no son las mismas que las de ayer y las dos estrategias son complementarias y deben ser llevadas adelante, la que tiene por objeto la disminución del tiempo de trabajo asalariado, y la que tiene por objeto el trabajo para la reciprocidad.

La emancipación de los individuos, su libre florecimiento, la recomposición de la sociedad, pasan por la liberación del trabajo. Es gracias a la reducción de la duración del trabajo que pueden adquirir una nueva seguridad, un retroceso en relación con las "necesidades de la vida" y una autonomía existencial que los llevarán a exigir su creciente autonomía en el trabajo, el control político de sus objetivos, un espacio social en el cual puedan desplegar las actividades voluntarias y auto-organizadas[502].

El tiempo liberado del trabajo asalariado no debe ser reivindicado para instaurar una sociedad sobre el principio del

---

[502] André Gorz, *Métamorphoses du travail: quête de sens*, Paris, Galilée, 1988.

interés-para-sí, sino para instaurar una sociedad sobre el principio del interés-para-el-otro, es decir, el principio de reciprocidad.

Para los asalariados de hoy, no se trata de oponer solamente los intereses de los débiles a los intereses de los fuertes, los intereses de la totalidad a los intereses de la mayoría o de una minoría, sino de oponer al interés lo contrario del interés, es decir el bien común.

La interfaz entre la economía capitalista y una economía post-capitalista no pasa entre los intereses de los unos y los otros, sino entre la explotación del trabajo y el trabajo como condición de su libertad, o si no los privilegios enmascararán la explotación acordando a cada uno un dominio privado en el que será posible practicar la reciprocidad con su familia, su parientes, su corporación; construirán una sociedad dual, de la que una parte tendrá acceso a la alta tecnología, al saber, mientras que la otra parte estará confinada a las obras sociales y a las actividades de interés local. Frente a la amenaza de su servidumbre, la reciprocidad debería ser proclamada inmediatamente un derecho universal[503].

---

[503] Karl Marx opuso el trabajo estructurado por el intercambio y el trabajo estructurado por la reciprocidad. He aquí el trabajo por el intercambio:

«Cuando produzco más de la que me falta inmediatamente, el sobrante de ese producto se calcula con refinamiento teniendo en cuenta tu necesidad. Es solo en apariencia que produzco ese excedente. En verdad, produzco otro objeto, el objeto de tu producción, que quisiera intercambiar por ese excedente, un intercambio que ya he realizado en mi mente. El lazo social en el que me encuentro en relación a ti, mi trabajo para satisfacer tu necesidad, no es entonces sino una apariencia y nuestra integración mutua no es, también ella, sino una apariencia: su base, es el pillaje recíproco. La intención de robar y de engañar se disimula necesariamente bien, al ser interesado nuestro intercambio, tanto por mi lado como por el tuyo, con cada egoísmo queriendo sobrepasar al otro, tratamos entonces de robarnos mutuamente. Es cierto que el grado de poder que reconozco a mi objeto sobre el tuyo reclama tu aprobación para convertirse en un poder real. Pero nuestra aprobación recíproca del poder respectivo de nuestros objetos es un combate por y para vencerlo, hay que tener más energía, fuerza, inteligencia o habilidad. Si la fuerza física basta, te robo directamente. Si la fuerza física no basta, tratamos de engañarnos recíprocamente y el más hábil engaña al otro. Poco importa, desde el punto de vista del sistema en su conjunto, cuál de los dos obtuvo la ventaja. El engaño ideal descuenta; opera de los dos lados; dicho de otra forma, cada uno engaño al otro según su propio juicio (…) El único lenguaje comprensible que podamos hablar, el uno al otro, es el de nuestros objetos en sus relaciones mutuas. Seriamos incapaces de comprender un lenguaje humano, éste quedaría sin efecto. Sería comprendido y sentido como una oración e imploración, y, por ello, como una humillación expresada avergonzadamente con un sentimiento de desprecio, sería recibido por el otro lado como una impudicia o una locura y rechazada como tal; hasta tal punto somos extranjeros a la naturaleza humana que un lenguaje directo de esta naturaleza se nos aparece como una violación de la dignidad humana: al contrario, el lenguaje alienado de los valores materiales nos parece el único digno del hombre, la dignidad justificada, confiada en sí y conciente de sí. En verdad, a tus ojos, tu producto es un instrumento, un medio para hacerte de mi producto y para satisfacer entonces tu necesidad. Pero, a mis ojos, es el objetivo de nuestro intercambio. No eres, para mí, sino el instrumento para producir este objeto, que es un objetivo para mí, así como, inversamente, te encuentras en la misma relación hacia mi objeto. Pero, 1) cada uno de nosotros actúa bajo la mirada del otro; tu te has trasmutado realmente en medio, en instrumento, en productor de tu propio objeto a fin de hacerte con el mío; 2) tu propio objeto no es para ti sino el sobre producto concreto, la forma escondida de mi objeto. Te has convertido, de hecho, en tu propio medio, el instrumento de tu objeto del que tu deseo es el esclavo, y tu aceptaste trabajar como esclavo a fin de que el objeto ya nunca sea una limosna para tu deseo. Si en el origen del desarrollo, esta dependencia recíproca frente al objeto aparece de hecho, para nosotros, como el sistema del amo y el esclavo, esa no es sino la expresión sincera y brutal de nuestras relaciones esenciales. El valor que cada uno de nosotros posee a los ojos del otro es el valor de nuestros objetos respectivos. Consecuentemente, el hombre mismo no tiene valor para cada uno de nosotros».

¿Como Marx imagina entonces el trabajo para el don recíproco?:

«Supongamos que producimos como seres humanos, cada uno de nosotros se afirmaría doblemente en su producción, a sí mismo y al otro. En mi producción, yo realizaría mi individualidad, mi particularidad; experimentaría, al trabajar, el goce de una manifestación individual de mi vida y, en la contemplación del objeto, tendría el goce individual de reconocer mi personalidad como una potencia real, concretamente

Pero ¿cuáles serían entonces las ventajas de la renta básica universal?

Ella le permitiría al asalariado negociar sin estar forzado a aceptar cualesquiera condiciones.

Sería, para los «excluidos», el fin de la desesperanza. Daría a cada uno la posibilidad de elegir una actividad que expanda su creatividad en beneficio de la sociedad. Los hombres provistos de lo necesario tendrían, ciertamente, la elección de producir para acumular o donar. Pero la gran mayoría de los hombres tiene sed de producir para dar. A partir del reconocimiento de la razón de la reciprocidad, se convertirá en la principal dinámica de la producción humana.

A partir del momento que la sociedad tenga el poder de organizarse por la reciprocidad, gracias a la renta básica universal, desde que disponga de una territorialidad en la que volcarse en actividades que ya no podrán ser desnaturalizadas por la ganancia, suprimirá inmediatamente la pobreza material y engendrará la riqueza espiritual.

*

---

aprehensible y que escapa a toda duda. En tu goce y tu empleo de mi producto, tendría la alegría espiritual inmediata de satisfacer por mi trabajo una necesidad humana, de realizar la naturaleza humana y de suministrar a la necesidad de otro el objeto de su necesidad. Tendría conciencia de servir de mediador entre tú y el género humano, de ser reconocido y sentido por ti como un complemento de tu propio ser y como una parte necesaria de ti mismo, de ser aceptado en tu espíritu y en tu amor. Tendría, en mis manifestaciones individuales, el goce de crear la manifestación de tu vida, es decir, de realizar y de afirmar en mi actividad individual mi verdadera naturaleza, mi sociabilidad humana (*gemeinwesen*). Nuestras producciones serían otros tantos espejos en los que nuestros seres irradiarían el uno hacia el otro. En esta reciprocidad, lo que sería hecho de mí lado lo sería también del tuyo». Karl Marx, «Cuadernos de lecturas» previos à los *Manuscritos de 1844*. Amplios extractos de estos cuadernos fueron publicados en *Œuvres*, vol. II *Économie*, Paris: Gallimard, p. 31-33.

BIBLIOGRAFÍA DEL TOMO II

ARISTOTE,
1998 *Éthique à Nicomaque*, (Texte, traduction, préface et notes par Jean Voilquin), Paris: Garnier. [1ᵉ éd. 1940].

1970 *Éthique à Nicomaque*. Introducción, traducción y comentarios por René-Antoine Gauthier y Jean-Yves Jolif, Paris, Louvain-la-Neuve. [1ᵉ éd. 1958-1959].

2002 Versión en español: José Luis Calvo Martínez, *Ética a Nicómaco*, Madrid: Alianza Editorial.

ADLER Alfred,
1980 « La vengeance du sang chez les Moundang du Tchad », en Verdier R., *La vengeance*, vol. 1, Paris: Cujas, p. 75-90.

BEIGBEDER Marc,
1972 *Contradiction et nouvel entendement*, Paris: Bordas.

BAYART Jean-François,
1989 *L'État en Afrique: la politique du ventre*, Paris : Fayard.

BENVENISTE Émile,
1966-1967 *Le vocabulaire des institutions indo-européennes*, t. 1 *Économie, parenté, société*, t. 2 *Pouvoir, droit, religion*, Paris: Éd. de Minuit.

1966-1967 *Problèmes de linguistique générale*, Paris: Minuit.

BOHR Niels,
1971 *Physique atomique et connaissance humaine*, Paris: Gauthier-Villars :

« Le problème de la connaissance en physique et les cultures humaines », Discurso en el Congreso internacional de antropología y etnografía de Copenhague. [1ᵉ éd. 1938];

« Discussion avec Einstein sur des problèmes épistémologiques de la physique atomique ». [1ᵉ éd. 1949].

BOILLEAU Jean-Luc,
1995 *Conflit et lien social. La rivalité contre la domination*, *M.A.U.S.S.*/La Découverte.

BRETEAU Claude H., ZAGNOLI Nello,
1980 « Le système de gestion de la violence dans deux communautés rurales méditerranéennes: la Calabre et le N.-E. Constantinois », dans Verdier R., *La vengeance*, vol. 1, Paris: Cujas, p. 43-73.

BRESSON Yoland,
1996 « Le revenu d'existence : réponses aux objections », *La Revue du M.A.U.S.S.*, n° 7, 1er sem. « Vers un revenu minimum inconditionnel ? », p. 105-114.

BROGLIE Louis (de),
1937 *Matière et lumière*, Paris: Albin Michel.

1953 Obra colectiva: *Louis de Broglie. Physicien et penseur*, (textos reunidos por André George), Paris: Albin Michel.

BUREAU Jacques,
1980 « Une société sans vengeance: le cas des Gamo d'Éthiopie », dans Verdier R., *La vengeance*, vol. 1, Paris: Cujas, p. 213-224.

CASSIRER Ernst,
1993 « Le langage et la construction du monde des objets », *Psychologie du langage*, Paris: Éd. de Minuit.

CERECEDA Verónica,
1978 « Sémiologie des tissus andins: les *talegas* d'Isluga », *Annales*, année 33, vol. 34, n° 5-6, p. 1017-1035, Paris: Armand Colin.

2010 Versión en español: «Semiología de los textiles andinos: las *talegas* de Isluga», *Revista de antropología chilena*, vol. 42, n° 1, p. 181-198.

1990 «A partir de los colores de un pájaro...», *Boletín del Museo Chileno de Arte precolombino*, n° 4, Santiago de Chile, p. 57-104.

CERECEDA Verónica, DAVALOS Johnny, MEJIA Jaime,
1993   *Una diferencia, un sentido: los diseños de los textiles Tarabuco y Jalq'a*, Sucre: Ed. ASUR Antropólogo del Surandino.

CHANGEUX Jean-Pierre,
1983   « Remarques sur la complexité du système nerveux et sur son ontogenèse », *Information et communication*, Séminaires interdisciplinaires au Collège de France, Paris: Maloine.

CHARACHIDZE Georges,
1980   « Types de vendetta au Caucase », dans Verdier R., *La vengeance*, vol. 2, Paris: Cujas, p. 83-105.

CHELHOD Joseph,
1980   « Équilibre et parité dans la vengeance du sang chez les Bédouins de Jordanie », dans Verdier R., *La vengeance*, vol. 1, Paris: Cujas, p. 125-144.

CLAVERO Bartolomé,
1996   *La Grâce du don. Anthropologie catholique de l'économie moderne*, Paris: Albin Michel. [1ᵉ éd. *Antidora, antropología católica de la economía moderna*, Milano, 1991].

DESHAYES Patrick, KEIFEMHEIM Barbara,
1994   *Penser l'Autre chez les indiens Huni Kuin de l'Amazonie*, Paris: L'Harmattan.

2003   Versión en español: *Pensar el otro. Entre los Huni Kuin de la Amazonía peruana*, Lima: IEFA/Centro Amazónico de Antropología y Aplicación Práctica, 2003.

DIMI Robert,
1982   *Sagesse Boulou et Philosophie*, Paris: Silex.

DUBY Georges,
2009   *Le chevalier, la femme et le prêtre*, Paris: Hachette. [1ᵉ éd. 1981].

EINSTEIN Alfred,
1953   Introduction, en *Louis de Broglie, physicien et penseur*, (textos reunidos por André George), Paris: Albin Michel.

ÉTOUNGA-MANGUELLE Daniel,
1991 *L'Afrique a-t-elle besoin d'un programme d'ajustement structurel*, Ivry-sur-Seine: Éd. Nouvelles du Sud.

FERNANDES Florestan,
1970 *A função social da guerra na sociedade tupinambá*, 2ª ed. Biblioteca Pioneira de Ciências Sociais Editora, Universidade de São Paulo. [1ª ed. *Revista do Museu Paulista*, Nova Série v. VI, 1952, p. 7-425].

FERRY Jean-Marc,
1996 « Revenu de citoyenneté, droit au travail et intégration sociale », *La revue du M.A.U.S.S.*, n° 7, 1er trim., « Vers un revenu minimum inconditionnel ? », p. 115-134.

GARINE Igor (de),
1980 « Les étrangers, la vengeance et les parents chez les Massa et les Moussey », dans Verdier R., *La vengeance*, vol. 1, Paris: Cujas, p. 91-124.

GASARABWE Édouard,
1978 *Le Geste Rwanda*, Paris: Union Générale d'Éditions.

GEBHART-SAYER Angelika,
1984 *The Cosmos Encoiled: Indian art of the peruvian amazon*, Catálogo de la exposición organizada en 1984 por el Center for Inter-American Relations, New York.

GODBOUT Jacques, CAILLE Alain,
1993 *L'esprit du don*, Paris: La Découverte.

GORZ André,
1988 *Métamorphoses du travail: quête de sens*, Paris: Galilée.

GRANET Marcel,
1988 *La civilisation chinoise : la vie publique et la vie privée*, Paris: Albin Michel. [1e éd. 1929].

GREIMAS Algirdas Julien,
1964 « La structure élémentaire de la signification en linguistique », *L'Homme*, n° XV, vol. 4, n° 3, p. 5-17. [In *Sémantique structurale*, 1966, p. 18-29, rééd. PUF, 1986].

GUINGANE Jean-Pierre,
2001 « Le marché africain comme espace de communication Place et fonction socio-culturelles du Marché Africain ». Aportes a los ciclos de conferencias de la Asociación Cauris, Montpellier (Francia).

HAMAYON Roberte,
1980 « Mérite de l'offensé vengeur, plaisir du rival vainqueur. Le mouvement ascendant des échanges hostiles dans deux sociétés mongoles », dans Verdier R., *La vengeance*, vol. 2, Paris: Cujas, p. 107-140.

HANDEM Diana Lima,
1986 *Nature et fonctionnement du pouvoir chez les Balanta Brassa*, Instituto Nacional de estudos e pesquisa, Guiné Bissau.

HARNER Michael J.,
1977 *Les Jivaros: Peuples des cascades sacrées*, Paris: Payot. [1ᵉ éd. *The Jivaro*, Berkeley, 1972].

HEISENBERG Werner,
1971 *Physique et philosophie*, Paris: Albin Michel. [1ᵉ éd. *Physics and philosophy. The revolution in modern science*, New York, 1958].

HOBBES Thomas,
1971 *Léviathan*, Paris: Sirey. [1ᵉ éd. *Leviathan*, London, 1651].

HOMERE,
1960 *L'Iliade*, (traduction nouvelle par Eugène Lasserre), Paris: Garnier, coll. « Classiques ». [1ᵉ éd. 1933].

HYDE Lewis,
1983 *The Gift: Imagination and the Erotic Life of Property*, New York : Vintage Books.

ITEANU André,
1984 « Qui as-tu tué pour demander la main de ma fille? Violence et mariage chez les Ossètes », dans Verdier R., *La vengeance*, vol. 2, Paris: Cujas, p. 61-81.

JAKOBSON Roman,
1963 *Essais de Linguistique Générale*, Paris: Éd. de Minuit, t. 1 (1963), t. 2 (1973); rééd. 2003.

JAULIN Robert,
1973 *Gens du soi, gens de l'autre*, Paris: Union Générale d'Éditions 10/18.

1981 *La mort sara*, Paris: Plon.

1993 *L'Année chauve*, Paris: Métailié.

1994 Préface, dans DESHAYES Patrick et KEIFEMHEIM Barbara, *Penser l'Autre chez les indiens Huni Kuin de l'Amazonie*, Paris: L'Harmattan, p. 5-27.

JORION Paul,
1994 « L'économique comme science de l'interaction humaine vue sous l'angle des prix. Vers une physique sociale », *La revue du M.A.U.S.S.* sem., n° 3, « Pour une autre économie », p. 161-181.

KADARE Ismaël,
1978 *Avril brisé*, Paris : Fayard.

LABURTHE-TOLRA Philippe,
1980 « Note sur la vengeance chez les Beti », dans Verdier R., *La Vengeance*, vol. 1, Paris: Cujas, p. 157-166.

LEENHARDT Maurice,
1930 *Notes d'Ethnologie Néo-calédonienne*, Travaux et mémoires de l'Institut d'Ethnologie, Paris.

1985 *Do kamo. La personne et le mythe dans le monde mélanésien*, Paris: Gallimard, coll. « Tel ». [1ᵉ éd. 1947].

LEMAIRE André,
1984 « Vengeance et justice dans l'ancien Israël », dans Verdier
R., *La Vengeance*, vol. 3, Paris: Cujas, p. 13-33.

LEROY LADURIE Emmanuel,
1975 *Montaillou, Village occitan de 1294 à 1324*, Paris: Gallimard.

LEVI-STRAUSS Claude,
1948 « La vie familiale et sociale des Indiens Nambikwara »,
Journal de la Société des Américanistes, vol. 37, Paris, p. 1-132.

1955 *Tristes Tropiques*, Paris: Plon.

1958 *Anthropologie Structurale*, Paris: Plon.

1991 Introduction à l'œuvre de Marcel Mauss, dans Marcel
Mauss, *Sociologie et anthropologie*, Paris: PUF, coll.
« Quadrige », p. IX-LII. [1e éd. 1950].

1967 *Les Structures élémentaires de la parenté*, 2e éd. révisée et corrigée,
Paris-La Haye: Mouton & Co. [1e éd. 1949].

1962 *La pensée sauvage*, Paris: Plon.

1983 *Le regard éloigné*, Paris: Plon.

1984 *Paroles données*, Paris: Plon.

LEVY-BRUHL Lucien,
1976 *La mentalité primitive*, Paris: La bibliothèque du CEPL. [1e éd.
Paris: Félix Alcan, 1922].

LIETAER Bernard,
1979 *L'Amérique Latine et l'Europe de demain: le rôle des multinationales
européennes dans les années 1980*, Paris: PUF.

LUPASCO Stéphane,
1951 *Le principe d'antagonisme et la logique de l'énergie. Prolégomènes à une
science de la contradiction*, Paris: Hermann, coll. « Actualités
scientifiques et industrielles », n° 1133; 2e éd. Monaco: Le
Rocher, coll. « L'esprit et la matière », 1987.

1962   *L'énergie et la matière vivante*, Paris: Julliard, 2ᵉ éd. 1974; 3ᵉ éd. Monaco: Le Rocher, coll. « L'esprit et la matière », 1986.

1974   *L'énergie et la matière psychique*, Paris: Julliard; 2ᵃ ed. Monaco: Le Rocher, coll. « L'esprit et la matière », 1987.

1940   *L'Expérience microphysique et la pensée humaine*, Paris: PUF, 1941; 3ᵉ éd. Monaco: Le Rocher, coll. « L'esprit et la matière », 1989. [1ʳᵉ éd. Bucarest: Fundatia Regala Pentru Literatura si Arta, 1940].

1960   *Les trois matières*, Paris: Julliard; 2ᵉ éd. Paris: Poche, coll. 10/18, 1970; 3ᵉ éd. Strasbourg: Cohérence, 1982.

1935   *Du devenir logique et de l'affectivité* (Thèse de Doctorat), vol. 1 *Le dualisme antagoniste et les exigences historiques de l'esprit*, vol. 2 *Essai d'une nouvelle théorie de la connaissance*, Paris: Vrin; 2ᵉ éd. 1973, (conforme à la première).

MALAMOUD Charles,
1984   « Vengeance et sacrifice dans l'Inde brahmanique », dans Verdier R., *La Vengeance*, vol. 3, Paris: Cujas, p. 35-46.

MALINOWSKI Bronislaw,
1963   *Les Argonautes du Pacifique occidental*, Paris: Gallimard. [1ᵉ éd. *Argonauts of the Western Pacific. An Account of Native Enterprise and Adventure in the Archipelagoes of Melanesian New Guinea*, 1922].

MARSHALL Sahlins,
1976   *Âge de pierre, âge d'abondance: L'économie des sociétés primitives*, (Préface de Pierre Clastres), Paris: Gallimard. [1ᵉ éd. 1972].

MARTINEZ Rosalía,
1994   « Musique du désordre, musique de l'ordre, le calendrier musical chez les Jalq'a (Bolivie) », (Thèse de Doctorat en Ethnologie), Paris X, Nanterre.

MARX Karl,
1965-1968 *Œuvres* (Édition établie et annotée par Maximilien Rubel), t. 1 *Économie*, t. 2 *Économie*, t. 3 *Philosophie*, Paris: Gallimard, coll. « Bibliothèque de La Pléiade ».

MAUSS Marcel,
1989 « Essai sur le don. Forme et raison de l'échange dans les sociétés archaïques », 1ᵉ éd. dans *L'Année sociologique*, 2ᵉ série, vol. 1, 1923-1924, rééd. dans *Sociologie et Anthropologie*, (Préface de Claude Lévi-Strauss), Paris: PUF. [1ᵉ éd. 1950].

1968-1969 *Œuvres*, Paris: Éditions de Minuit.

1971 *Essais de Sociologie* (extraits des vol. 2 et 3 de *Œuvres*) Paris: Minuit. [1ᵉ éd. 1921].

MELIA Bartomeu,
1986 *El guaraní Conquistado y Reducido. Ensayos de etnohistoria*, Biblioteca Paraguaya de Antropología, vol. 5, Asunción: Centro de Estudios Antropológicos de la Universidad Católica; 2ª ed. 1988.

2016 «Estancia entre los Enawenê-Nawê del Mato Grosso, Brasil (1977-1980)», Centro Cultural de España "Juan de Salazar", Asunción del Paraguay.

MELIA Bartomeu, TEMPLE Dominique,
2004 *El don, la venganza y otras formas de economía guaraní*, Asunción: Centro de Estudios Paraguayos "Antonio Guasch".

2008 Traducción en francés del capítulo: «El nombre que viene por la venganza: la reciprocidad negativa entre los Tupinambá»: *La réciprocité négative. Les Tupinamba*, coll. « Réciprocité », n° 8, Lulu Press, Inc.

MONTOYA Antonio Ruiz (de),
1996 *La Conquista espiritual del Paraguay, Hecha por los religiosos de la compañía de Jesús en las provincias de Paraguay, Paraná, Uruguay y Tape*, Asunción del Paraguay: El Lector. [1ª ed. Madrid, 1639].

1876 *Tesoro de la lengua Guaraní*, Madrid. Reed. facsim., por Julio Platzmann, f. 381v-382, Leipzig. [1ª ed. 1639].

MOREL Bernard,
1962 *Dialectiques du mystère*, (Préface de Stéphane Lupasco), Paris: Éditions du Vieux Colombier, coll. « Investigations ».

MURRA John Victor, WACHTEL Nathan,
1978   « Présentation », *Annales*, 33ᵉ année, vol. 34, nᵒ 5-6 sept.-
oct., Anthropologie historique des sociétés andines , Paris:
Armand Colin, p. 889-894.

NICOLAS Guy,
1986   « La question de la vengeance au sein d'une société
soudanaise », dans Verdier R., *La Vengeance*, vol. 2, Paris:
Cujas, p. 15-40.

NICOLESCU Basarab,
1998   « Stéphane Lupasco et le Tiers inclus. De la Physique
quantique à l'ontologie », *Bulletin Interactif du Centre
International de Recherches et Études transdisciplinaires* (CIRET),
nᵒ 13, Paris; 2ᵉ éd. dans *Stéphane Lupasco: L'homme et l'œuvre*,
Monaco: Le Rocher, 1999, et dans *Revue de synthèse*, 5ᵉ série,
année 2005/2, 2005, p. 431-441.

PANNOFF Michel,
1984   « Homicide et vengeance chez les Maenge de Nouvelle-
Bretagne », dans Verdier R., *La Vengeance*, vol. 2, Paris:
Cujas, p. 141-161.

PEIRCE Charles Sanders,
1885   «On the Algebra of Logic: A Contribution to the Philosophy
of Notation», *American Journal of Mathematics* 7, p. 180-202.

PLATT Tristan,
1978   « Symétries en miroir. Le concept de Yanantin chez les
Macha de Bolivie », *Annales*, coll. Persée, 33ᵉ année, nᵒ 5-6,
Paris: Armand Colin, p. 1081-1107.

1980   Versión en español: «Espejos y maíz: el concepto de
Yanantin entre los Macha de Bolivia», en *Parentesco y
matrimonio en los Andes*, Capítulo 4, Lima: Pontifica
Universidad Católica del Perú, p. 139-182.

POLANYI Karl, ARENSBERG Conrad M., PEARSON H. W.,
1975   *Les systèmes économiques dans l'histoire et dans la théorie*, (trad. par
C. Rivière), Paris: Larousse, coll. « Sciences humaines et

sociales ». [1ᵉ éd. *Trade and Market in the Early Empires, Economics in History and Theory*, New York: The Free Press, 1957].

RADCLIFFE-BROWN Alfred,
1922 *The Andaman Islanders, a study in social anthropology*, Cambridge University press, London.
1968 *Structure et fonction dans la société primitive*, Paris: Éd. de Minuit. [1ᵉ éd. *Structure and Function in primitive Society*, 1952].

RAWLS John,
1987 *Théorie de la justice*, (traduit par Catherine Audard), Paris: Seuil. [1ᵉ éd. *A theory of justice, A Theory of Justice*, Harvard, HUP, 1971].

1993 *Justice et démocratie*, (articles réunis et traduits par Catherine Audard), Paris, Seuil.

RICŒUR Paul,
1991 « Le juste entre le légal et le bon », *Lectures 1 Autour du Politique*, Paris: Éd. du Seuil.

RIVIERE Gilles,
1983 « Quadripartition et idéologie dans les communautés aymaras de Carangas (Bolivie) », *Bulletin de l'Institut Français des Études Andines*, t. 12, n° 3-4, p. 41-62, Lima.

SAHLINS Marshall,
1976 *Âge de pierre, âge d'abondance: L'économie des sociétés primitives*, (Préface de Pierre Clastres), Paris: Gallimard. [1ᵉ éd. *Stone Age Economics*, 1972].

1980 *Au cœur des sociétés: Raison utilitaire et raison culturelle*, Paris: Gallimard. [1ᵉ éd. *Culture and Practical Reason*, 1976].

SMITH Adam,
1976 *Recherches sur la nature et les causes de la richesse des nations*, (trad. par Claude Debyser), Paris: Gallimard. [1ᵉ éd. *An Inquiry into the Nature and Causes of the Wealth of Nations*, 1776].

613

SMITH Richard Chase,
1977 *Delivrance from chaos for a song: a social and religious interpretation of the ritual perfomance of amuesha music*, (Tese de doutorado em antropologia cultural), Cornell University, Ithaca, USA).

SUSNIK Branislava,
1965-1971 *El indio colonial del Paraguay*, t. 1 *El Guaraní colonial* (1965), t. 2 *Los Trece pueblos guaraníes de las misiones, 1767-1803* (1966), t. 3 *El Chaqueño* (1971), Asunción: Museo etnográfico "Andrés Barbero".

STEINMETZ Rudy,
1984 « Le matérialisme biologique de Lévi-Strauss », *Revue Philosophique de la France et de l'étranger*, n° 4, Paris: PUF, p. 427-441.

SVENBRO Jesper,
1984 « Vengeance et société en Grèce archaïque. À propos de la fin de l'Odyssée », dans Verdier R., *La Vengeance*, vol. 3, Paris: Cujas, p. 47-63.

TAYLOR Charles,
1998 *Les sources du moi: La formation de l'identité moderne*, Paris: Seuil. [1e éd. *Source of the Self: The Making of the Modern Identity*, Harvard University Press, 1989].

TCHERKEZOFF Serge,
1980 « Vengeance et hiérarchie ou comment un roi doit être nourri », dans Verdier R., *La vengeance*, vol. 2, Paris: Cujas, p. 41-59.

TEMPLE Dominique,
1983 *La dialectique du don*, Paris: Diffusion Inti. Traducción y publicación en castellano: *La dialéctica del don*, La Paz: Hisbol, 1986; 2ª ed. 1995.

1986 «Estructura comunitaria y reciprocidad», *Huerrquen-Admapu*, Comité Exterior Mapuche, mayo (p. 11-15 y p. 26-31) y junio-diciembre (p. 12-17); republicado por Pedro Portugal y Javier Medina, La Paz, Hisbol-Chitakolla, 1989.

1989   *Estructura comunitaria y reciprocidad, del quid-pro-quo historico al economicidio*, La Paz, Hisbol - Chitakolla.

1987   «El economicidio», *IFDA Dossier*, n° 60, Suisse, 1987; reed. en *Alternatives au Développement*, Monchanin (Canada), 1989.

1992   «El sello de la serpiente», La Céramique et le Verre, n° 64, versión en español: El Arte cerámica shipibo, Vendin-le-Vieil, mayo-Junio, Suplemento a La cerámica y el vidrio.

1997   *El Quid-pro-quo histórico. El malentendido recíproco entre dos civilizaciones antagónica*, THOA Taller de Historia Oral Andina, La Paz, Aruwiyiri, 2ª ed. Teoría de la Reciprocidad, La Paz, Padep-Gtz, 2003.

1998   « Le principe du contradictoire et les structures élémentaires de la réciprocité », *La Revue du M.A.U.S.S.*, n° 12, 2ᵈ sem., p. 234-243. 2ª ed. en D. Temple, *Principe de réciprocité*, coll. « Réciprocité », n° 19, France: Lulu Press, Inc., 2019.

TEMPLE Dominique, CHABAL Mireille,
1995   *La réciprocité et la naissance des valeurs humaines*, Paris: L'Harmattan.

TURNER Victor W,
1990   *Le phénomène rituel. Structure et contre-structure*, Paris: PUF, 1990. [1ᵉ éd. *The ritual process*, 1969].

VERDIER Raymond (dir.),
1980-1984   *La Vengeance. Études d'Ethnologie, d'Histoire et de Philosophie*, vol. 1 et vol. 2 *La vengeance dans les sociétés extra occidentales*, textos reunidos y presentados por R. Verdier (1980); vol. 3 *Vengeance, pouvoir et idéologies dans quelques civilisations de l'Antiquité*, textos reunidos y presentados por R. Verdier y Jean-Pierre Poly (1984); vol. 4 *La vengeance dans la pensée occidentale*, textos reunidos y presentados por Gérard Courtois (1984), Paris: Cujas.

VERDIER Raymond,
1980   « Pouvoir, justice et vengeance chez les Kabiyè (Togo) », *La Vengeance*, vol. 1, Paris: Cujas, p. 201-211.

1980 « Le système vindicatoire », *La Vengeance*, vol. 1, Paris: Cujas, p. 13-42.

1984 « Une justice sans passion, une justice sans bourreau », *La Vengeance*, vol. 3, Paris: Cujas, p. 149-153.

VULLIERME Jean-Louis,
1984 « La juste vengeance d'Aristote et l'économie libérale », dans Verdier R., *La Vengeance*, vol. 4, Paris: Cujas, p. 169-201.

WEBER Max,
1964 *L'éthique protestante et l'esprit du capitalisme*, Paris: Plon. [1ᵉ éd. 1905].